全国中医药行业高等教育“十四五”规划教材
全国高等中医药院校规划教材（第十一版）

中药新药研发学

（新世纪第二版）

（供中药学、中药制药、中药资源与开发、药学、
制药工程、药物制剂等专业用）

主　审　傅超美

主　编　张永萍　王利胜

中国中医药出版社
·北　京·

图书在版编目（CIP）数据

中药新药研发学 / 张永萍，王利胜主编 .—2 版
.—北京：中国中医药出版社，2023.12
全国中医药行业高等教育“十四五”规划教材
ISBN 978-7-5132-8520-9

Ⅰ . ①中… Ⅱ . ①张… ②王… Ⅲ . ①中成药—产品
开发—中医学院—教材 Ⅳ . ① TQ461

中国国家版本馆 CIP 数据核字（2023）第 206076 号

融合出版数字化资源服务说明

全国中医药行业高等教育“十四五”规划教材为融合教材，各教材相关数字化资源（电子教材、PPT 课件、视频、复习思考题等）在全国中医药行业教育云平台“医开讲”发布。

资源访问说明

扫描右方二维码下载“医开讲 APP”或到“医开讲网站”（网址：www.e-lesson.cn）注册登录，输入封底“序列号”进行账号绑定后即可访问相关数字化资源（注意：序列号只可绑定一个账号，为避免不必要的损失，请您刮开序列号立即进行账号绑定激活）。

资源下载说明

本书有配套 PPT 课件，供教师下载使用，请到“医开讲网站”（网址：www.e-lesson.cn）认证教师身份后，搜索书名进入具体图书页面实现下载。

中国中医药出版社出版

北京经济技术开发区科创十三街 31 号院二区 8 号楼

邮政编码 100176

传真 010-64405721

万卷书坊印刷（天津）有限公司印刷

各地新华书店经销

开本 889 × 1194 1/16 印张 18 字数 465 千字

2023 年 12 月第 2 版 2023 年 12 月第 1 次印刷

书号 ISBN 978-7-5132-8520-9

定价 68.00 元

网址 www.cptcm.com

服务热线 010-64405510 微信服务号 zgzyycbs

购书热线 010-89535836 微商城网址 https://kdt.im/LIdUGr

维权打假 010-64405753 天猫旗舰店网址 https://zgzyycbs.tmall.com

如有印装质量问题请与本社出版部联系（010-64405510）

全国中医药行业高等教育“十四五”规划教材
全国高等中医药院校规划教材（第十一版）

《中药新药研发学》
编 委 会

主　审

傅超美（成都中医药大学）

主　编

张永萍（贵州中医药大学）　王利胜（广州中医药大学）

副主编

许汉林（湖北中医药大学）　阎雪莹（黑龙江中医药大学）
李丽静（长春中医药大学）　方志军（南京中医药大学）
梁　洁（广西中医药大学）　曹　岚（江西中医药大学）

编　委（以姓氏笔画为序）

王　帅（辽宁中医药大学）　王　芳（广东药科大学）
白　洁（北京中医药大学）　冯素香（河南中医药大学）
兰　卫（新疆医科大学）　刘　敏（石河子大学）
李　煌（福建中医药大学）　李钦青（山西中医药大学）
李越峰（甘肃中医药大学）　肖学凤（天津中医药大学）
吴　莎（首都医科大学）　张　臻（成都中医药大学）
张军武（陕西中医药大学）　张英丰（广州中医药大学）
侯安国（云南中医药大学）　徐　剑（贵州中医药大学）
浦益琼（上海中医药大学）　曹纬国（重庆中医药学院）
盛华刚（山东中医药大学）　彭求贤（湖南中医药大学）
董　玉（内蒙古医科大学）　韩　岚（安徽中医药大学）
穆朝峰（浙江中医药大学）　魏凤环（南方医科大学）

学术秘书

徐　剑（贵州中医药大学）

《中药新药研发学》
融合出版数字化资源编创委员会

主　编

王利胜（广州中医药大学）

副主编

徐　剑（贵州中医药大学）
阎雪莹（黑龙江中医药大学）
方志军（南京中医药大学）
曹　岚（江西中医药大学）
许汉林（湖北中医药大学）
李丽静（长春中医药大学）
梁　洁（广西中医药大学）

编　委（以姓氏笔画为序）

王　帅（辽宁中医药大学）
白　洁（北京中医药大学）
兰　卫（新疆医科大学）
李　煌（福建中医药大学）
李越峰（甘肃中医药大学）
吴　莎（首都医科大学）
张军武（陕西中医药大学）
侯安国（云南中医药大学）
曹纬国（重庆中医药学院）
彭求贤（湖南中医药大学）
韩　岚（安徽中医药大学）
魏凤环（南方医科大学）
王　芳（广东药科大学）
冯素香（河南中医药大学）
刘　敏（石河子大学）
李钦青（山西中医药大学）
肖学凤（天津中医药大学）
张　臻（成都中医药大学）
张英丰（广州中医药大学）
浦益琼（上海中医药大学）
盛华刚（山东中医药大学）
董　玉（内蒙古医科大学）
穆朝峰（浙江中医药大学）

专家指导委员会

编审专家组

组　长

余艳红（国家卫生健康委员会党组成员，国家中医药管理局党组书记、局长）

副组长

张伯礼（天津中医药大学教授、中国工程院院士、国医大师）
秦怀金（国家中医药管理局党组成员、副局长）

组　员

陆建伟（国家中医药管理局人事教育司司长）
严世芸（上海中医药大学教授、国医大师）
吴勉华（南京中医药大学教授）
匡海学（黑龙江中医药大学教授）
刘红宁（江西中医药大学教授）
翟双庆（北京中医药大学教授）
胡鸿毅（上海中医药大学教授）
余曙光（成都中医药大学教授）
周桂桐（天津中医药大学教授）
石　岩（辽宁中医药大学教授）
黄必胜（湖北中医药大学教授）

前 言

为全面贯彻《中共中央 国务院关于促进中医药传承创新发展的意见》和全国中医药大会精神，落实《国务院办公厅关于加快医学教育创新发展的指导意见》《教育部 国家卫生健康委 国家中医药管理局关于深化医教协同进一步推动中医药教育改革与高质量发展的实施意见》，紧密对接新医科建设对中医药教育改革的新要求和中医药传承创新发展对人才培养的新需求，国家中医药管理局教材办公室（以下简称“教材办”）、中国中医药出版社在国家中医药管理局领导下，在教育部高等学校中医学类、中药学类、中西医结合类专业教学指导委员会及全国中医药行业高等教育规划教材专家指导委员会指导下，对全国中医药行业高等教育“十三五”规划教材进行综合评价，研究制定《全国中医药行业高等教育“十四五”规划教材建设方案》，并全面组织实施。鉴于全国中医药行业主管部门主持编写的全国高等中医药院校规划教材目前已出版十版，为体现其系统性和传承性，本套教材称为第十一版。

本套教材建设，坚持问题导向、目标导向、需求导向，结合“十三五”规划教材综合评价中发现的问题和收集的意见建议，对教材建设知识体系、结构安排等进行系统整体优化，进一步加强顶层设计和组织管理，坚持立德树人根本任务，力求构建适应中医药教育教学改革需求的教材体系，更好地服务院校人才培养和学科专业建设，促进中医药教育创新发展。

本套教材建设过程中，教材办聘请中医学、中药学、针灸推拿学三个专业的权威专家组成编审专家组，参与主编确定，提出指导意见，审查编写质量。特别是对核心示范教材建设加强了组织管理，成立了专门评价专家组，全程指导教材建设，确保教材质量。

本套教材具有以下特点：

1.坚持立德树人，融入课程思政内容

将党的二十大精神进教材，把立德树人贯穿教材建设全过程、各方面，体现课程思政建设新要求，发挥中医药文化育人优势，促进中医药人文教育与专业教育有机融合，指导学生树立正确世界观、人生观、价值观，帮助学生立大志、明大德、成大才、担大任，坚定信念信心，努力成为堪当民族复兴重任的时代新人。

2.优化知识结构，强化中医思维培养

在“十三五”规划教材知识架构基础上，进一步整合优化学科知识结构体系，减少不同学科教材间相同知识内容交叉重复，增强教材知识结构的系统性、完整性。强化中医思维培养，突出中医思维在教材编写中的主导作用，注重中医经典内容编写，在《内经》《伤寒论》等经典课程中更加突出重点，同时更加强化经典与临床的融合，增强中医经典的临床运用，帮助学生筑牢中医经典基础，逐步形成中医思维。

3.突出“三基五性”，注重内容严谨准确

坚持“以本为本”，更加突出教材的“三基五性”，即基本知识、基本理论、基本技能，思想性、科学性、先进性、启发性、适用性。注重名词术语统一，概念准确，表述科学严谨，知识点结合完备，内容精炼完整。教材编写综合考虑学科的分化、交叉，既充分体现不同学科自身特点，又注意各学科之间的有机衔接；注重理论与临床实践结合，与医师规范化培训、医师资格考试接轨。

4.强化精品意识，建设行业示范教材

遴选行业权威专家，吸纳一线优秀教师，组建经验丰富、专业精湛、治学严谨、作风扎实的高水平编写团队，将精品意识和质量意识贯穿教材建设始终，严格编审把关，确保教材编写质量。特别是对32门核心示范教材建设，更加强调知识体系架构建设，紧密结合国家精品课程、一流学科、一流专业建设，提高编写标准和要求，着力推出一批高质量的核心示范教材。

5.加强数字化建设，丰富拓展教材内容

为适应新型出版业态，充分借助现代信息技术，在纸质教材基础上，强化数字化教材开发建设，对全国中医药行业教育云平台“医开讲”进行了升级改造，融入了更多更实用的数字化教学素材，如精品视频、复习思考题、AR/VR等，对纸质教材内容进行拓展和延伸，更好地服务教师线上教学和学生线下自主学习，满足中医药教育教学需要。

本套教材的建设，凝聚了全国中医药行业高等教育工作者的集体智慧，体现了中医药行业齐心协力、求真务实、精益求精的工作作风，谨此向有关单位和个人致以衷心的感谢！

尽管所有组织者与编写者竭尽心智，精益求精，本套教材仍有进一步提升空间，敬请广大师生提出宝贵意见和建议，以便不断修订完善。

国家中医药管理局教材办公室
中国中医药出版社有限公司
2023年6月

编写说明

《中药新药研发学》为全国中医药行业高等教育“十四五”规划教材，由来自30所院校的33名在中药新药研发领域中具有丰富教学和研发经验的专家、教师共同编写。编者根据多年从事中药新药研发、教学及参与中药新药审评工作等知识积累，在全国中医药行业高等教育“十三五”规划教材的基础上，参照最新的国家药品注册管理相关法规与技术指导原则进行修订。本教材吸取了中药学相关学科的内容精华，同时充实了大量新概念与新知识，自成一体。中药新药研发学作为中药学的又一重要课程，需要学生在系统掌握基础课、专业课的基础之上融会贯通，综合运用多学科知识与技能来学习。本教材主要适用于中药学、中药制药、中药资源与开发、药学、制药工程、药物制剂等专业本科教学，亦可供广大从事中药新药研发工作的科研技术人员参考学习。

习近平总书记在二十大报告中提出“促进中医药传承创新发展”。2020年12月，《国家药品监督管理局关于促进中药传承创新发展的实施意见》要求优化具有人用经验的中药新药审评审批，充分利用数据科学等现代技术手段，建立中医药理论、人用经验、临床试验‘三结合’的中药注册审评证据体系，积极探索建立中药真实世界研究证据体系。2021年2月，国务院办公厅印发的《关于加快中医药特色发展若干政策措施的通知》提出“建立科技、医疗、中医药等部门推荐符合条件的中药新药进入快速审评审批通道的有效机制”。新的历史时期，对于建立符合中医药规律的独特的中药审评审批体系，国家的导向越来越明确。本教材以中医药理论指导为核心，按照《药品注册管理办法》及《中药注册管理专门规定》等相关法规与技术指导原则，以中药新药研究开发的立题设计、制剂工艺研究、中试研究、质量标准研究、稳定性试验、药理毒理研究、临床研究等中药新药研发的各主要环节作为主线，侧重于药学研究，结合经典案例分析，系统呈现中药新药研发学的学科内涵和体系特色。本教材充分体现学科特色、行业动态，全面反映中药新药研发的系统工程与发展水平，在体现科学性、系统性、准确性的基础上，还有以下特色。

1. 结合中药新药研发学的学科内涵及教学特点，将全书分为十二章论述。第一章为绪论，主要介绍学科的相关定义、特点和任务，新药研究的风险，学科发展及工作的法定依据；第二章为中药新药注册程序与现场核查；第三章至第十章分别介绍中药新药研发的各环节：立题与设计、制剂工艺研究、中试研究、质量标准研究、包装材料与稳定性研究、药理

学研究、临床前毒理学研究及临床试验；第十一章为中成药的二次开发；第十二章为中药新药研发过程中的知识产权保护。通过学习以上内容，使学生系统掌握中药新药研发的各环节，为学生今后从事中药新药研发工作奠定扎实的理论基础。此外，适当融入课程思政内容，并对教学资源予以补充完善。

2. 严格按照中药新药研发学教学大纲和规划教材编写原则，充分吸收现有中药新药研发相关专著的精华，紧扣《药品注册管理办法》等新药研发领域的最新国家法律法规和技术指导原则，设计了大学本科教材编写体例和结构安排，适应现代高等教育能力型、实践创新型人才培养要求，在编写中体现了政策规范性、研发系统性、知识启发性、实例应用性、技术创新性，紧跟时代步伐，充分反映了中药新药研发领域和中药制剂生产行业的整体水平。

本教材编写分工如下：第一章由张永萍、徐剑、白洁编写；第二章由曹岚、李越峰编写；第三章由许汉林、盛华刚编写；第四章由张永萍、徐剑、张臻、王芳编写；第五章由阎雪莹、曹纬国、董玉编写；第六章由王利胜、肖学凤、魏凤环、浦益琼编写；第七章由梁洁、冯素香、吴莎编写；第八章由李丽静、彭求贤、张英丰编写；第九章由李丽静、韩岚、刘敏、李钦青编写；第十章由方志军、王帅、穆朝峰、侯安国编写；第十一章由兰卫、张军武、李煌编写；第十二章由曹岚、吴莎、刘敏编写。

本教材在编写过程中得到了各编委所在院校领导和兄弟院校同行的大力支持，在此一并感谢。本教材涉及中医学、中药学、方剂学、中药化学、中药分析、中药药剂学、中药炮制学、中药鉴定学、中药药理学等学科，以及中药新药临床研究的相关理论知识和科研规范，具有知识点全面、内容要求高、实践性和应用性强等特点。由于时间仓促，且限于编者水平，书中难免有不当之处，欢迎广大师生在使用学习过程中提出宝贵意见，以便再版时修订完善。

《中药新药研发学》编委会

2023 年 10月

目 录

第一章
绪 论

第一节 概述

一、中药新药研发学的相关定义、性质与任务

（一）中药新药研发学的相关定义与性质

中药是指在中医药理论指导下认识和使用的药物，包括中药材、中药饮片和中成药。中药起源于人类生产生活实践，是经过成百上千年的口尝身受逐步积累起来的。《淮南子·修务训》谓："神农……尝百草之滋味，水泉之甘苦，令民知所辟就，当此之时，一日而遇七十毒。""神农尝百草"客观反映了我国劳动人民发现药物、积累中医药经验的艰苦实践过程，也是中医药起源于生产劳动的真实写照。后来，人们发现用单味药治疗疾病存在一些局限。单味药药力较弱，难以治疗严重疾病，不能适应比较复杂的病情，并且有些剧毒药物使用受限。人们开始把几种药物配合起来使用，逐渐出现了"药对""方剂 "和"剂型"，达到了增效减毒的目的。

中成药是指以中药饮片为主要原料，在中医药理论的指导下，按药品注册管理部门批准的处方和制法大量生产，有特有名称并标明功能主治、用法用量和规格的药品，包括中药单方制剂和中药成方制剂。伴随着中医药理论的发展、治疗经验的积累和医疗技术的提升，名方名药应运而生，进而带动中成药的发展。如补土派李东垣创制了补中益气丸、香砂枳术丸等著名中成药；明代王肯堂《证治准绳》载有使用至今的中成药如小儿羌活丸、小儿健脾丸、五子衍宗丸、连翘败毒丸等；明朝张景岳《景岳全书》记载的右归丸、左归丸、全鹿丸、天麻丸、河车大造丸等；清代吴鞠通著成《温病条辨》，创制了银翘散、桑菊饮、万氏牛黄清心丸等。这是历代中药新药创制、发展的过程，中成药逐渐成为中医临床应用的重要形式。

为了确保中药新药研究的规范性，保证药品的安全性与有效性，1985 年 7 月 1 日起施行的《中华人民共和国药品管理法》将"新药"定义为"我国未生产过的药品"，随后补充"已生产的药品，凡增加新的适应证、改变给药途径和改变剂型的亦属新药范围"。1999 年 5 月 1 日，国家药品监督管理局重新修订《新药审批办法》，明确规定"新药系指我国未生产过的药品。已生产的药品改变剂型、改变给药途径、增加新的适应证或制成新的复方制剂，亦按新药管理"。2007 年版《药品注册管理办法》将新药定义为"未曾在中国境内上市销售的药品"，2015 年对其定义进行更改，"是指未曾在中国境内外上市销售的药品"。中药新药是在中医药理论指导下，以中药材、中药饮片、中药提取物等为原料研制生产的未曾在中国境内外上市销售的中成药。根据

《中药注册分类及申报要求》，将中药新药注册按照中药创新药、中药改良型新药、古代经典名方中药复方制剂、同名同方药等进行分类。

在“促进中医药传承创新发展”“古为今用，洋为中用”等原则指引下，中成药的发展融合了现代制药理论、技术、设备和辅料，不断出现中药新制剂、新剂型。同时，伴随着《药品管理法》《药品注册管理办法》《中华人民共和国中医药法》等法律法规的颁布，广大中医药科研工作者、中药制药企业投身于中药新药的研制与开发，中药新药研发学应运而生。

中药新药研发学是以中医药理论为指导，应用现代科学技术与方法，参照国家药品注册管理相关法规与技术指导原则，开展中药新药的药学、药理毒理、临床等研究的一门综合性应用技术学科。该学科为中药新药的研制提供了理论与技术支撑，是连接中医药学科链与产业链的桥梁，其学科性质主要包含以下几点。

1. 中药新药的研发是在中医药理论指导下进行，中药制剂的处方必须符合中医药理论，方剂组成要遵循“君、臣、佐、使”的组方规律，剂型选择要考虑“理、法、方、药”的基本理念，中药新药研发的整个过程应符合《药品注册管理办法》的相关要求，通过制备工艺、质量标准等药学研究，确保工艺合理可行，并尽可能体现原方的功能主治；通过药理毒理、临床等一系列研究，确保产品的安全与有效。

2. 中药新药研发学是中药学的重要分支，需要学生在系统掌握中药学基础课、专业课的基础上融会贯通，综合运用多学科知识与技能。中药新药的研制与开发实践过程是对学生理论知识与实践应用综合能力的全面检验。

3. 中药新药研发已成为世界范围内新药研究的重要方向。随着现代科学技术的发展，采用新方法、新技术、新设备、新辅料、新工艺，力争研究开发物质基础明确、机理基本清楚、工艺与剂型合理、质量标准可控、临床安全有效的现代中药新药，是推动中药走向世界的重要途径，并在一定程度上体现了中医药行业和现代科学技术的发展水平。

（二）中药新药研发学的任务

中药新药研发学的基本任务是研制和开发中药新药，保证其制剂有效、安全、稳定、可控，以满足临床疾病治疗的需要。其具体任务如下。

1. 研制临床急需的中药新药，满足医疗卫生的需要 疾病对健康的危害始终是人们关注的焦点。目前，世界范围内有许多现代疾病在威胁着人类的生命，如恶性肿瘤、心脑血管疾病等，且随着社会环境的改变，人类疾病谱也在不断发生变化，如肺癌迅速攀升为最常见的肿瘤病种。药品作为用于预防、治疗、诊断人的疾病，维护人体健康的物质，新药的研究与开发具有重大的社会效益。一个新药的问世是人类智慧和巨额资金的结晶，也是人类医药科技发展水平的又一个新的里程碑。例如，中国药学家屠呦呦凭借创制新型抗疟药青蒿素获得诺贝尔生理学或医学奖，更为全世界几亿疟疾患者研制出新一代安全、有效的创新药，使防疟抗疟工作有了划时代的进展。目前，有很多疾病没有得到较好的治疗，随着人们对疾病和药物认识的日益加深，传统中医药正逐渐为世界所接受和认可，研发中药新药具有重要的意义。

2. 研制市场广阔的中药新药，契合经济发展的需求 为实现中医药产业成为国民经济重要支柱之一的目标，近年来我国中药工业总产值增长迅速，已超过 7300 亿元。新药是医药行业的核心主导，新药的研发对推动医药产业蓬勃健康发展起着关键性作用。每一个成功投放市场的新药给医药行业带来的利润是无可估量的。新药的价格为原研药的几倍，为仿制药的十几倍，甚至高达几十倍。高昂的价格使医药行业获得了较高的利润，因此研发新药是行业发展的第一推动力。

例如，复方丹参滴丸是在复方丹参片的基础上，根据中医药基本理论，采用固体分散新技术研制的一种纯中药滴丸剂，在质量控制、药理作用和临床疗效上均明显优于复方丹参片。其作为治疗冠心病、心绞痛的急救药物，已成为某制药公司的拳头产品，年产值达20亿元人民币。因此，加大新药研发的力度、提高新药研发能力是我国实施中药发展战略的重要措施。

3. 挖掘传统中医药宝库，实现振兴中医药产业的目标　中医药是中华民族在与疾病长期斗争的过程中积累的宝贵财富，是中华民族优秀传统文化的重要组成部分，为中华民族的繁衍昌盛和人类健康作出了不可磨灭的贡献，在世界医学史上写下了浓墨重彩的一笔。我国是中医药的发源地，药用植物资源丰富，中药制药理论、技术与经验俱丰。然而，中药产品在世界天然药物市场上所占份额较小，国际市场每年药用植物及制品（包括保健品等）的交易额超过300亿美元，日本、韩国所占比例超过70%。因此，我们需要学习、继承和整理中医药学中有关制药技术的理论与经验，充分吸收和应用现代各学科的理论知识和研究成果，采用制药新技术、新工艺、新设备和新辅料，研究和开发中药新制剂、新剂型，促进中药制药行业的发展，逐步实现振兴中医药产业的目标。

藿香正气系列制剂来源于《太平惠民和剂局方》所载藿香正气散，因其配伍精妙，功效卓越，一直是医家圣方、病家圣药。20世纪50年代，药学研究工作者通过对藿香正气散进行处方调整、炮制改进、工艺创新等一系列的二次研发，成功研制出藿香正气水，自1954年上市以来赢得了百姓的厚爱，1990年后被载入历版《中华人民共和国药典》。但藿香正气水为酊剂，乙醇含量达40%～50%，对于酒精过敏人群、老人、儿童都不适用，且口感差，患者顺应性不好。因此，从20世纪80年代开始，成都中医药大学与太极集团联合，对藿香正气水进行新一轮的研发，并最终成功研制出藿香正气口服液，是藿香正气制剂改革的重大成果，已成为太极集团的拳头产品。随着中药制剂技术的发展，目前藿香正气系列制剂已有多个剂型上市，包括藿香正气口服液、藿香正气水、颗粒、合剂、丸（滴丸、水泛丸、蜜丸）、片、胶囊（软、硬）、袋泡剂等，共有706个国药准字，生产厂家数以百计，形成了一个规模逾100亿元的巨大市场，造就了一个“藿香正气”产业，让传统中成药进入智能、高效、绿色、数字化的先进制造时代。因此，藿香正气系列制剂的成功研发是中药新药研发的典范。

二、中药新药研发学在中医药事业中的地位与作用

中药新药研发学是多学科交叉的综合性学科，涉及临床中药学、方剂学、中药化学、中药炮制学、中药药剂学、中药药理学等学科。中药新药的安全与有效直接与药材种植、饮片生产、制剂生产、质量控制、药理毒理评价、临床应用等各环节密切相关。因此，中药新药研发学在一定程度上集中体现了整个中医药行业的技术水平和发展概况，是推动中医药事业发展和中药现代化的重要学科。

中药新药研发学是中药学学科链的后端，将中药基础研究与产业化紧密结合，是联系中药研究、生产、临床的关键环节，同时也是中药现代化的核心内容。近年来，国家高度重视中医药，大力发展中医药事业，制定了一系列保护和支持中医药发展的方针政策，特别是《中华人民共和国中医药法》的颁布，为中医药事业发展带来了前所未有的良好机遇。中药新药的研制与开发拥有广阔的空间和市场，必将为继承和弘扬中医药、造福人类健康发挥重要作用。

中药新药研发学具有重大的社会效益。中药新药是医药行业的核心主导，中药新药的研发对推动医药产业蓬勃健康发展有着关键性作用，加大中药新药研发的力度、提高中药新药研发的能力是我国实施中药发展战略的重要措施。中医药行业是关系国计民生的重要支柱行业。中药新药

研发是中医药产业链的上游，中药新药研发学是中医药学科链与中医药产业链对接的纽带。利用中药多成分、多靶点的独特优势，研制开发具有自主知识产权的中药新药，振兴中医药产业，使中医药行业赶超世界医药水平，是中药新药研发学的重大历史使命。

三、中药新药研发的基本构架

中药新药的研制与开发一般按照选题立项、临床前研究、临床研究、申报审批、正式生产的程序进行。

（一）中药新药的选题立项

中药新药的开发研究是一个系统工程，其中选题是关键。中药新药研究选题时应重点解决好选题的思路和研究开发课题处方的选择与研究，应考虑疾病谱的变化、临床需求、技术、政策、风险等因素，应当提供处方来源和选题依据，国内外研究现状或生产、使用情况的综述，以及对该品种创新性、可行性等的分析，包括已有国家标准的同类品种的比较。中药还应提供有关传统医药的理论依据及古籍文献资料等。

（二）中药新药的临床前研究

1. 中药新药的药学研究

（1）*原料前处理研究*　中药制剂的原料包括中药材、中药饮片、提取物、有效部位和有效成分。为保证中药新药的科学性、有效性、安全性和可控性，应对原料进行必要的前处理，包括原料的鉴定与检验、炮制与加工。

（2）*提取纯化工艺研究*　中药化学成分复杂，为提高疗效、减小剂量、便于制剂，药材需要经过提取、纯化处理，并且后续常需通过浓缩、干燥等工艺过程，以达到作为制剂原料或半成品的要求。研究过程应遵循药品研究的一般规律，注重对其个性特征的研究，尊重传统组方、用药理论与经验，结合生产实际进行必要的研究，以明确具体工艺参数，做到工艺科学、合理、稳定、可行，以保证产品安全有效、质量稳定。

（3）*制剂工艺研究*　制剂工艺研究关系到中药制剂的安全、有效与可控。制剂工艺研究包括剂型选择依据、制剂处方研究、制剂成型工艺研究、直接接触药品的包装材料的选择。制剂研究的基本原则是根据临床用药需求，结合提取、分离、纯化等工艺研究，从安全、有效及生产的稳定性和质量的可控性等方面进行研究，使制剂达到“三效”“三小”“五方便”的要求。

（4）*中试研究*　中药新药的中试研究是指在实验室完成系列工艺研究后，采用与生产基本相符的条件进行工艺放大研究的过程，是对实验室工艺合理性的验证与完善，是保证工艺达到生产稳定性、可操作性的必经环节。中试研究是药物研究工作的基础和核心内容之一，直接关系到药品的安全、有效和质量可控。

（5）*质量标准研究*　药品质量的可控性是药品的安全性和有效性的基础，任何药品均应建立相应的质量标准。中药制剂质量标准的建立必须在处方固定和原料质量稳定、制备工艺相对固定的前提下，用“中试”规模以上的产品研究制定。质量标准的内容包括名称、处方、制法、性状、鉴别、检查、含量测定、功能与主治、用法与用量等一系列内容，研究的主要内容包括鉴别、含量测定。

（6）*稳定性研究*　药品的稳定性是指原料药及制剂保持其物理、化学、生物学和微生物学性质的能力。稳定性研究的目的是考察原料药或制剂的性质在温度、湿度、光线等条件的影响下随

时间变化的规律，为药品的生产、包装、储存、运输条件和有效期的确定提供科学依据，以保障临床用药安全有效。稳定性研究是药品质量控制研究的主要内容之一，贯穿药品研究与开发的全过程，一般始于药品的临床前研究，在药品临床研究期间和上市后还应继续进行稳定性试验。根据研究目的和条件不同，稳定性研究内容可分为影响因素试验、加速试验和长期试验。

2. 中药新药的药理毒理研究 包括主要药效学研究、一般药理学研究、急性毒性研究、长期毒性研究，过敏性（局部、全身和光敏毒性）、溶血性和局部（血管、皮肤、黏膜、肌肉等）刺激性、依赖性等主要与局部、全身给药相关的特殊安全性试验，遗传毒性研究、生殖毒性研究、致癌试验研究、动物药代动力学研究。目的是对理法方药进行深入的现代研究，探索受试中药的作用特点，明确其对整体动物神经系统、心血管系统和呼吸系统的影响，为临床安全用药提供足够、可靠和科学的实验依据。

（三）中药新药的临床研究

药学研究、临床前药理毒理研究等完成后，即可申报进行临床研究。中药新药的临床研究包括临床试验和生物等效性试验，应按照《药品临床试验质量管理规范》（GCP）的有关规定，开展Ⅰ、Ⅱ、Ⅲ、Ⅳ期临床研究。中药新药的研究是基于中医药理论和临床实践，中医证候的观察和疗效评价是中药新药临床试验的重要内容之一，这也是中药新药临床试验最根本的特点。

四、中药新药研发的风险及管理

中药新药虽能给医药行业带来巨大的经济效益，但也具有研发周期长、耗资大、风险高的特点。由于医药环境的发展变化、技术的复杂性及研发水平的局限性等一系列原因，往往给新药的研发带来失败的风险。据统计，在美国一个创新性新药从最初的化合物筛选到最终走向市场，研发时间有数十年，研发成本平均为10亿美元。从实验室研究到新药上市是一个漫长的过程，每一个阶段都有可能失败，一旦新药研发失败，就会使巨额投资血本无归。因此，我国对中药新药研发的风险加以重视，2007年12月颁布的《中药、天然药物注射剂基本技术要求》首次将风险因素列入申报材料当中，规定中药、天然药物注射剂在申请上市时，应根据上市前的研究结果制定上市后的风险控制计划。

中药新药研发的风险是指在新药的研究、产业化及商品化过程中，由于研究项目的难度、研发主体综合创新能力及各种环境因素的制约，导致新药研发项目失败。根据中药新药研发过程的不同阶段，新药研发的风险管理可分为立项决策中的风险管理、新药研发过程中的风险管理和新药上市后的风险管理。

（一）立项决策过程中的风险管理

在新药研发中，无论是项目选择、调研论证，还是开发、生产和市场销售等环节，决策是否合理，是否有科学依据，都决定了其他各类风险的产生及其后果的危害程度。研发项目的决策，一般是经过充分的调研，科学分析技术的可行性、经济的合理性。但由于人们的认识能力、预测手段的局限性，做出的判断可能带有某些不确定性，增加新药研发的风险。新药研发项目应与单位的长期战略目标和单位当前的具体情况相适应。单位应基于自身的优势来选择项目，不能盲目地进入不熟悉的领域，否则会增加研发工作的风险。在我国，中药新药研发的过程具有探索性、创新性、不确定性，它不仅要求高新的技术，而且对新药研发人员的专业水准和管理水平也有很

高的要求。因此，应选择比较成熟的、技术条件可行的项目。

（二）新药研发过程中的风险管理

新药研发过程中的风险管理是一个复杂的环节，包括技术风险、财务风险、管理风险、生产风险、环境风险。技术风险是指现有的技术与人员对新药项目完成能力的风险。财务风险主要包括筹资风险、投资风险、资金回收的风险三个方面。如在研发初期没有事先做好资金和融资渠道的筹划准备；融资渠道选择不当，使得技术创新的资金成本上升、降低收益；资金使用计划不明确，使得新药研发项目中途无以为继，延缓了新药研发过程。管理风险是指能否有效保障新药研发的顺利组织实施。例如：计划的时间、资源分配（包括人员、设备、材料）、质量管理、管理技术（流程、规范、工具等）的采用，以及外包商的管理。生产风险是指在现有的生产条件下能否实现对药品的制造所引起的风险。比如在新药研发中原材料能否顺利采购，生产设备和生产工艺，车间操作人员的技术水平及熟练程度，生产所需费用能否得以保证，如果处理不当都可能给新药研发带来生产风险。环境风险是指由于新药研发项目受到外界环境的制约及变化而造成项目不能按预期完成的风险，主要包括法律法规的变化，以及知识产权的保护造成的侵权和技术的流失。新药的研发必须遵循国家相关的法律法规。新药研究者应随时注意法规内容与要求的变化，决定研究的方向或终止与否，还可将自己不熟悉的研发项目委托给专业研究机构进行，以降低风险。

（三）新药上市后的风险管理

中药新药上市后的风险是指新药上市后面临由市场接受能力、产品的竞争力、市场需求变动、竞争者采取的行动等带来的风险，主要包括药物安全性监测、市场的认知、同类产品的竞争和新药的寿命等所造成的风险。新药只有进入市场才能产生收益，而其存在的市场风险也是不容忽视的，包括以下几点。

（1）*市场范围及消费者接受程度所带来的风险*　许多药品都有非常宽泛的应用领域，因此准确地分析市场需求，选择合适的药品适应证范围至关重要。

（2）*产品替代风险*　新药进入市场后与已有的产品存在竞争关系，同时由于医药技术创新的不断加速，新药推陈出新的速度不断加快，因此新药疗效是不是更好、毒副作用是不是更低、剂型和剂量是不是更便于使用、价格合理与否，均会影响其在市场的竞争力和寿命。

（3）*潜在不良反应带来的风险*　新药投放市场后的安全性对新药本身和生产新药的企业会产生非常大的影响，若发生严重的不良反应，不仅会影响该新药研发的成功与否，甚至还会殃及整个企业的生存。

因此，做好新药上市后的安全性监测，制定可行的风险应对措施，全面系统地分析新药研发项目的风险，对其进行识别、分析、评价并探索相关的风险防范措施，对新药研发项目的顺利进行并取得较高的收益，都具有十分重要的意义。

第二节　中药新药研发学发展概况

一、中药新药研发学的发展历史

中药新药研发学是在漫长的中医药发展进程中逐渐形成和发展起来的。随着全世界对中医药的广泛关注与认同，随着现代的剂型理论、制备方法、加工技术、临床应用等不断发展，以及国家医药政策的逐步完善，中药新药研发学逐渐成为一门理论成熟的新兴学科。

中药新药研发学的起源可追溯到商汤时期。人们为了更好地发挥药物的疗效和适应比较复杂的病情，开始把几种药物配合起来组成复方，用水作为溶剂煎煮后应用，这就是最早、最基本、最主要的剂型之一“汤剂”。伊尹首创汤剂，并总结形成《汤液经》，为我国最早的方剂与制药技术专著，汤剂至今仍广泛应用于临床。先秦至汉出现了我国医药经典著作《黄帝内经》。该著作提出了“君、臣、佐、使”的组方原则，并记载了汤、丸、散、膏、药酒等不同剂型，记载的各种剂型均有明确的制法、用法、用量与适应证，奠定了我国中医学理论基础，更为中药新药研发学提供了基本理论依据。

前 206 ~ 220 年，两汉时期成书的《神农本草经》是现存最早的本草专著。该书论及了中药新药的制药理论和制备法则，并强调新药研发应根据药物性质选择剂型：“药性有宜丸者，宜散者，宜水煎者，宜酒渍者，宜煎膏者，亦有一物兼宜者，亦有不可入汤酒者，并随药性，不得违越。”东汉末年，大疫流行，医圣张仲景针对当时肆虐的伤寒病，总结出《伤寒杂病论》。该书被后世改编成《伤寒论》与《金匮要略》，系统总结了外感热病和内伤杂病的辨治大法。《伤寒论》收载成方 113 首，其中成药 11 种，《金匮要略》收载成方 258 首，其中成药 50 余种。其药物组成严谨，疗效确切，诸多方剂如五苓散、肾气丸、四逆散等被开发成中药新药，临床应用广泛，为中药新药研发学的发展奠定了临床实践的基础。

265 ~ 589 年的两晋南北朝时期，药物剂型的丰富及炮制方法的改进全面推动了中药新药的发展。晋代葛洪所著《肘后备急方》记载了铅硬膏、蜡丸、锭剂、条剂、药膏剂、灸剂、熨剂、饼剂、尿道栓剂等多种剂型，首次提出“成药剂”概念，主张批量生产贮备，以供急需之用。梁代陶弘景所著《本草经集注》指出“疾有宜服丸者，宜服散者，宜服汤者，宜服酒者，宜服膏煎者”，强调以临床疾病的需要来确定中药新药的剂型。书中还考证了古今度量衡，并规定了汤、丸、散、膏、药酒的制作规范，实为中药新药研究中制剂工艺指导原则的雏形。

618 ~ 907 年的唐代，政府组织编纂并颁布的《新修本草》是我国历史上第一部官修本草，也是世界上最早的一部全国性药典。唐代著名医家孙思邈所著《备急千金要方》和《千金翼方》共收载 6500 余首成方，同时他自创了多种成方药，并提到了制药使用的计量单位，如斗、升、合，以及制剂工具，如铁臼、木臼、绢罗、瓷钵等，形成了中药新药研发的基本制药用具。

960 ~ 1279 年的宋代出现了由国家设立的太医院熟药所，后改名为“和剂局”，专门制售中成药；后又出现我国第一部官方颁发的制剂规范《太平惠民和剂局方》，共收载成药配方 788 首，详述各种成药的应用范围、使用方法和制作方法，涉及临床各科，成为当时中药新药及中成药研发和制备的具有药典性质的官方制剂标准。

1115 ~ 1368 年的金元时期，中医药理论已较为全面，出现了各具特色的医学流派，在促进中医药学理论发展的同时，为中成药品种提供了大量的有效方剂，创制了各具特色的中药新药，如抱龙丸、七味白术散、六味地黄丸等。

1368 ~ 1911 年的明清时期，伟大医药学家李时珍对本草进行全面整理，编成《本草纲目》。全书 52 卷，收载方剂 13000 余首、成药剂型 40 余种。该书全面总结了 16 世纪以前的中药学成就，特别是丰富的方剂、制剂相关论述，为中药新药的发展奠定了坚实基础。

鸦片战争后的百年间，由于外敌入侵，大量洋药、伪药流入我国，严重制约了国内制药工业的发展，束缚了中医药学的发展，中药新药研发进程极度缓慢。

中华人民共和国成立后，中医药事业受到重视，国家提出以“系统学习、全面掌握、整体提

高”作为发展中医药的指导性方针。在中成药资料整理方面，各省、市、自治区等多次修订，于1962年出版《全国中药成药处方集》，收集中成药2623种；1963年版《中华人民共和国药典》首次收载中成药197种，标志着中成药的发展开始走上了标准化、规范化、法治化的道路。1985年，原卫生部药品审评委员会正式成立，特设了中药新药评审，制定了《新药评审办法》《中药新药研制与申报》《中药新药临床研究指导原则》等文件，在政策法规的指导下，中药新药研究开始蓬勃发展。1989～1998年，原卫生部根据中药新药研究的成果，先后颁布了《卫生部药品标准——中药成方制剂》共20册，收载4052个品种。2002年出版的《新编国家中成药》共收集中成药品种7260个，汇集了我国三十多年来批准上市的中药新药品种。2002年以后，由于缺乏总体思路的引领，中药新药研究进入一个看似蓬勃发展，实则低水平重复的时期。经历了近十年的虚假繁荣后，新药注册要求日趋严格，中药新药注册上市的品种甚至出现断层。近年来，国家陆续出台中药科技产业支持政策。2020年3月30日，国家市场监督管理总局发布了新的《药品注册管理办法》。同年10月，国家药品监督管理局发布了《中药注册分类及申报资料要求》，对中药新药研发提出了新的要求。中药新药研发开始遵循中药特点，走上独具特色的发展道路。

二、中药新药研发的现状及发展过程中的关键问题

（一）中药新药研发的现状

近年来，中医药防治疾病越来越受到人们的重视和认可，特别是在抗击突发的新冠疫情过程中，中医药深度介入，全程救治，在不同阶段都取得了成效，彰显了中医药在防治重大疾病中的重要作用，也为中药新药研发带来了新的发展机遇。开发现代中药新药是推动中医药走向世界的重要途径，并在一定程度上集中体现了整个中医药行业和现代科学技术的水平和发展概况。国内外许多药物研究机构都已投入大量人力、物力、财力对天然中草药进行研究，并将其作为未来新药开发的重要资源。我国中药新药研发起步虽较晚，但在党和政府的高度重视下，国家各有关部门大力推进中药现代化的进程，中药制剂的研究、生产、流通和使用等有了较大的进展。数据显示，2016～2022年上半年，我国中药注册申报的数量共有4035件，其中新药（包括按新药申请）注册申报数量为613件，占申报总数的15.19%，平均每年约82件，在新药研发市场中仅占很小的份额。因此，顺应中药新药研发的国际趋势，正确把握中药新药研发的方向，处理好传承与创新的关系，才能使中药新药研发逐步走上规范化、科学化和法治化的轨道，使越来越多的中药现代化大品种在重大疾病防治中发挥重要作用。

1. 把握中药新药研发方向，传承与创新并举 党的二十大报告提出促进中医药传承创新发展，中药新药研发同样体现了传承与创新并举的发展策略。2020年年底，国家药品监督管理局发布了《国家药品监督管理局关于促进中药传承创新发展的实施意见》，对中药新药传承创新提出了更高的标准和要求，也为中药新药研发带来了历史性机遇。新修订的《药品注册管理办法》《中药注册分类及申报资料要求》等法规文件不再仅以物质基础作为划分中药注册类别的依据，而是根据中药注册产品特性、创新程度和研制实践情况分类。其中，中药创新药要体现出“创新”，注重满足尚未满足的临床需求；在新药研究的选题定位、新药发现、成药性研究、临床前研究、临床评价、产业化转化等各个过程中，均需提供完整、科学的研究数据支撑。2017年以来批准的中药新药中，90%为中药创新药，这也说明中药创新药物研发仍然是中药新药研发的主要方向。古代经典名方中药复方制剂的研发则是传承的体现。古代经典名方有着丰富的临床应

用经验，也一直是中药新药研发的重要选题点。经典大品种六味地黄丸、藿香正气散、安宫牛黄丸、保和丸等都是来源于经典名方。在新的注册法规下，生产符合国家规定的来源于古代经典名方的中药复方制剂，在申请药品批准文号时，可以仅提供非临床安全性研究资料。注册要求的改变也使得经典名方的开发成为中药新药研发的热点。随着疾病谱的改变和医疗卫生保健需求的日益增长，中医药产业快速发展，特别是中成药临床应用越来越广泛。中药新药研发不仅是我国医药卫生事业发展的有力保障，也是带动制药企业成长及可持续发展的重要力量。

2. 吸纳现代科学技术，提升中药新药品质　中药新药的研究与开发既要坚持中医药理论的指导地位，又要充分合理地吸纳应用现代科学技术，采用或研发新剂型、新技术、新辅料，深化研究维度，提升新药品质。

药物剂型方面：首先，对中成药传统剂型及其产品的科学化、新型化、方便化、高效化等进行了许多有益的探索，取得了一定的成绩。如汤剂改制成颗粒剂（如四物颗粒）、口服液（如藿香正气口服液）、糖浆剂（如急支糖浆）、注射剂（如生脉注射液）等；丸剂改制成片剂（如银翘解毒片）、滴丸剂（如苏冰滴丸）等。或改变了给药途径，或减少了服用剂量，或提高了临床疗效，或有利于工业生产，或兼而有之。如清开灵注射液由安宫牛黄丸改制而成，原方安宫牛黄丸能清热解毒、镇惊开窍，用于热病，邪入心包，神昏谵语；中风昏迷及脑炎、脑膜炎、中毒性脑病、脑出血、败血症见上述证候者。清开灵注射液为清热剂，具有清热解毒、镇静安神之功效，主治外感风热时毒，火毒内盛所致的高热不退，烦躁不安，咽喉肿痛，舌质绛红，苔黄脉数者；上呼吸道感染、病毒性感冒、化脓性扁桃体炎、急性咽炎、急性支气管炎、高热等见上述证候者。剂型改变后丰富了临床用药，扩大了临床应用范围。以清开灵注射液为代表的 37 个品种被国家中医药管理局认定为中医医院急诊必备中成药。其次，为丰富临床用药，充分发挥药物疗效，创制出中药新剂型，如天花粉粉针剂、康莱特静脉注射乳剂、鸦胆子油静脉注射乳剂、喜树碱静脉注射混悬剂、牡荆油微囊片、复方丹参膜剂、复方大黄止血海绵、小儿解热镇痛栓剂等。

制药技术方面：新技术的推广应用对加快中药的新药研发和中药现代化起着至关重要的作用。应用现代科学技术的研究成果，结合传统中药生产的特点，有利于研制出优质、高效、安全、稳定、质量可控、服用方便，并具有现代剂型特色的新一代中药。例如创新的粉碎技术，如超微粉碎、超低温粉碎技术等，提高了细胞的破壁率，增加药物的比表面积，大大提高了溶解速度和生物利用度；先进的提取分离技术如超临界流体萃取、动态循环阶段连续逆流提取、超声提取、大孔树脂分离、膜分离、高速离心等，大大提高了产品的纯度，降低了服用量；新兴的干燥技术如冷冻干燥、喷雾干燥、沸腾干燥、真空干燥等，效率高、速度快、干燥均匀、节约能源，且避免了高温对热敏物质的破坏，确保了产品质量的稳定和临床疗效。另外，薄膜包衣、环糊精包合、固体分散、微囊化、微乳化、缓控释、pH 值梯度释药、经皮给药、靶向给药，以及原位凝胶、纳米囊泡、微型成球、脂质体等新技术及相关新设备，有的已应用于生产，有的仍在研发中。

辅料应用方面：辅料在中药新药研发中占据重要地位，不仅是原料药物的制剂成型基础，而且与制剂工艺过程的难易、药品的质量、稳定性与安全性、给药途径、作用方式与释药速度、临床疗效密切相关，是构成药物制剂的必需辅助成分。在药物制备过程中，辅料的选择将直接影响药物的生物利用度、临床药效及不良反应的严重程度。目前，一些新辅料如天然大分子物质、聚乙二醇类、纤维素衍生物、淀粉衍生物、合成半合成油脂、磷脂、合成表面活性剂、乙烯聚合物、丙烯酸聚合物、可生物降解聚合物的应用，为中药缓释、控释、靶向制剂等各种给药系统的研究提供了必备的物质基础。如复方丹参滴丸中辅料聚乙二醇 6000 能使难溶性物质在水溶性基

质形成分散状态，当基质在体内溶解时使药物迅速以微粒或分子形态释出，直接经黏膜吸收入血液，生物利用度高，作用迅速，无明显毒副作用。

3. 实行全过程规范化，构建中药新药研发标准模式 中药新药研发应在中医药理论指导下，充分利用现代科学技术的理论、方法和手段，开展中药种植、中药物质基础和作用机理、中药饮片炮制、中药制剂及质量控制的规范化研究，创建中药新药研发标准模式，生产出“精而有效、可控稳定”的中药新药。

（1）中药种植规范化 中药材质量稳定是保证中药新药有效性和安全性的重要前提。目前我国中药材资源遭到严重破坏，贵重药材和道地药材产量逐渐减少，大量假冒伪劣中药材涌入市场，中药材品质急速下降，严重影响中药在临床应用上的有效性及安全性，进而导致中药材在国际市场上竞争力不强乃至我国中医学遭到质疑等一系列问题。为此，国家制定实施了《中药材生产质量管理规范》（good agricultural practice for Chinese crude drugs，GAP），各中药生产企业先后建立规范化中药材生产基地，对中药材的生产从种植、环境、栽培方法、栽培管理、采收时间、药用部位、炮制加工、贮藏运输等进行规范化管理和控制，确保中药材的优质与稳定。国家还大力加强对中药材资源的开发研究和保护，以确保中药材资源的可持续发展利用。

（2）中药饮片炮制规范化 中药材必须炮制成饮片后才能入药，这是中医临床用药的一大特色。中药饮片炮制规范化就是建立中药饮片的质量体系，主要包括以下关键环节：中药饮片炮制工艺规范研究、中药饮片质量标准研究、建立中药饮片科研系统、建立中药知识产权保护措施、申请中药饮片生产批准文号、创立企业饮片品牌。针对中药炮制中存在的问题，目前中药炮制研究主要从以下方面进行。

①探讨中药炮制原理：通过炮制前后饮片化学成分、药理、毒理、临床功效的对比变化，探讨炮制原理，以指导临床合理用药，同时为炮制工艺筛选优化、饮片质量标准的制定提供科学依据。

②按饮片注册要求研究：对《中国药典》和《全国中药炮制规范》收载的中药及其饮片品种开展炮制工艺方法的筛选优化，确认具体的工艺技术参数，通过中试验证，为产业化炮制方法的确定及申请中药饮片批准文号提供科学依据。

（3）中药制剂工艺规范化 中药制剂研究中，必须针对制剂工艺中的各个环节做深入的探讨，促进中药制剂生产工艺的规范化。研究重点应放在中药复方制剂的浸提、纯化工艺，以及浸出物质量评价方法及指标的研究上，探究出能尽可能多地提取出有效物质并能保持复方原有功效特色的生产工艺。同时，利用现代制剂技术开发多种中药现代剂型。易霉变、不易携带的传统中药汤剂已经逐渐无法适应现代需求。根据中药特点设计临床顺应性好、易携带、易使用，便于储存的中药新剂型是中药制剂工艺研究的重点。虽然现代剂型如吸入型制剂、黏膜释放与透皮释放制剂等在化学药品和生物制品中已得到广泛应用，但由于中药复方组方大、成分复杂的特点，这类剂型与中药的适宜性还停留在研究阶段，鲜有已上市的产品。

（4）中药质量控制规范化 中药质量标准是中药生产和管理技术水平先进程度的重要标志。针对目前中药质量标准研究中存在的问题，多从以下方面推动和完善我国中药质量标准化的建设。第一，规范构建反映中药功能主治的中药复方多组分质量评价体系，建立完善多味药、多组分的含量测定鉴别方法。第二，规范建立中药制剂从原料、半成品、成品制剂管理的评价体系，最终控制产品的质量。第三，强化中药制剂有害物质检测力度，增加或加强重金属和农药残留量等有害物质的检测。第四，规范建立中药新药“原药材－饮片－中间体－成品”的多指标多环节的全过程质量控制标准，完成从药材到成品的全面质量标准提升。

（5）中药有效物质基础及作用机理研究 整体性、多靶点、多成分协同作用是中药发挥临床疗效的三大特点。中药有效物质基础及作用机理的研究是继承弘扬其整体性、多靶点、多成分协同作用特点的重要前提，是中药现代化的主要内容之一。研究中药有效物质基础及作用机理，应病证结合、方证关联，将理、法、方、证、药五位统一起来，系统分析中药及复方配伍的科学内涵、生物效应机制，形成现代化中药及复方的科学理论。

（6）中药临床应用规范化 随着“精准医学”时代的到来，对中药临床应用提出了更高的要求。现代中药临床研究应在中医药理论指导下，结合现代科学技术和方法，全面、系统、科学地考察与评价该中药新药对某一特定疾病或病证的治疗、预防、诊断的有效性和安全性。临床应用研究应有完善的评价，能够论证新药在临床应用中的正确性与安全性。临床应用研究应有先进的技术，能够建立“药－证－症”的三方关联，科学衡量分析新药的辨证论治。如在参附注射液临床应用研究中，将“回阳救逆、益气固脱”的经典方剂参附汤，精准应用于厥脱证（感染性、失血性、失液性休克等），阳虚（气虚）所致的惊悸、怔忡、喘咳、胃疼、泄泻、痹证等，拓宽了制剂临床应用范围。

（二）中药新药研发发展过程中的关键问题

1. 构建符合中药新药研发的理论体系 中药新药主要包括中药创新药、中药改良型新药及古代经典名方中药复方制剂三类，研究的理论、方法和模式与化学药品有很大不同。中药新药的研究模式是以中医药基础理论为指导思想，遵从传统的中药理论，如性味、归经、升降浮沉、君臣佐使配伍关系，采用现代科学技术与方法，针对中医“证”的物质基础，进行提取、分离、纯化、药效学、药动学和质量评价等研究，最终制成符合临床治疗疾病要求的制剂，属于从临床疗效出发的整体研究体系。第一，遵从中医药理论指导，秉承传统用法。如屠呦呦教授从“青蒿一握，以水二升渍，绞取汁”的本草记载中领悟到青蒿素的科学提取方法，从而为青蒿素的开发奠定了基础。第二，摒除“唯成分论”和“通则论”的西方思想。“唯成分论”是过于关注单体化合物，将提取探明中药单一有效成分作为现代中药研发的唯一途径。“通则论”则是普遍适用的原则，将中药新药的研究方法模式化、绝对化。在中药新药研发中，均应在中医理论指导下开展，所有中药新药均具有中药的特征、性味归经与功能主治，因此这两种一味效仿西方开发新药经验的错误观念都应摒除。第三，重视中药“活性混合物”的价值。中药“活性混合物”是指能够全面体现中药或复方的功能主治，能够发挥其综合效能，符合中医用药特点的物质基础，特别对中药复方新药的研发具有重要意义。随着科学技术的发展，多学科相互渗透，一些能够确认和提取“活性混合物”的方法和技术不断涌现，为中药新药研发提供了革新之路。第四，正确对待“衷中参西”思想。中医药是过程、演化的科学，而西方医药是结构、存在的科学。中药具有多成分、多途径、多环节、多靶点的治疗特色，而西医强调的多是点对点、局部的、单一的治疗。但21世纪以来，生命科学与中医药传统理论出现了许多相似、互通互融之处。例如，现代西方医学开始出现整体化趋势，逐步重视药物与环境相互协调治疗，这与中医药理论“整体观念”异曲同工；现代西方医学开始强调精准治疗，与中医药理论“辨证论治”不谋而合。可见，中西医之间的壁垒是能打破的，中药新药的研发应该正确对待“衷中参西”思想，重视两种不同的医药体系的取长补短。

2. 合理应用现代制药理论及技术 中药新药研发不能故步自封，而应充分利用现代科学技术，在传承、发展传统中医药理论精髓的同时不断创新，应借鉴现代医药学、生物学、信息科学和国内外天然药物研究的成果，进行多领域、多学科、多技术、多层次融合。与此同时，加强中药知识产权保护，加快推进中药标准化建设，形成具有时代特色的中医药理论和实践体系，为中药研究开发提供坚实的基础。第一，加强新药基础研究和制剂新技术的应用。基础研究方面，明确中药有效成分和药理药效间的对应关系，研究药物进入体内后各配伍组分间的相互作用，以及活性成分的转化、吸收、转运、分布、代谢等各个环节行为，说明中药作用的科学性；制剂技术方面，加强现代新技术、新方法、新辅料在制剂工艺中的应用，如超临界萃取、逆流萃取、超声波萃取、大孔吸附、凝胶分子筛选、膜分离、超速离心等技术在中药分离纯化研究中广泛应用，喷雾干燥、冷冻干燥等干燥技术在中药制剂研究中也体现出许多优势。第二，全面贯穿彻“质量源于设计”理念，加强中药生产全过程的质量控制。随着中药新药发展的进程，对于药品质量管理的理念也在不断发生变化，从“药品质量是通过检验来控制的”到“药品质量是通过生产过程控制来实现的”，进而又到“药品质量是通过良好的设计而生产出来的”，即“质量源于设计”（QbD）。“质量源于设计”理念应有效贯穿中药现代化，即药品从研发开始就要考虑最终产品的质量，在立题、研究方案制定、制剂工艺研究等各个方面都要进行科学设计，积累翔实的数据，并依此确定最佳的产品配方和生产工艺。“质量源于设计”理念将药品质量控制的支撑点进一步前移至药品的设计与研发阶段，消除因药品及其生产工艺设计不合理而可能对产品质量带来的不利影响。这一模式在中药新药研发过程中将发挥重要作用。

总之，中药新药研发是一项系统的现代化工程，涵盖中药种植、中药物质基础和作用机理、中药饮片炮制、药物制剂及质量控制等多个方面，亦是一个漫长的继承与发扬的研究行为、过程与结果。只有从中医药发展的战略高度整体把握中药新药研发的方向与路径，充分合理地利用现代科学技术与方法，才能开发出具有现代科学内涵、能适应临床并能够合法进入国际医药主流市场的现代化中药新药。

第三节　中药新药研发的工作依据

中药新药研发学是中医药学科发展的一个重要内容，是人类卫生保健事业的重要组成部分，是推动医药产业发展的支撑学科之一。中医药具有数千年悠久而辉煌的历史，具有独特、丰富的理论基础及长期的实践经验。中药新药研发学基于古为今用、与时俱进、振兴中医药的原则，针对当前影响人类健康的多种主要疾病，充分利用现代新技术、新材料、新方法，从而整体提高中药制剂水平，加快中药现代化与国际化进程。中药新药研发是科研、生产、经营与医疗的结合体，因此受到临床、药物和相关政策法规的约束。国家的相关政策法规是中药新制剂稳定、安全、有效的保证。临床要求药物性质是因病因物而异的，必须具体问题具体分析、具体处理，而政策法规是统一的。中药新药研发必须按国家、行业主管部门制定的管理办法和技术指导原则开展工作。

一、与中药新药研发相关的政策法规

（一）《中华人民共和国药品管理法》

《中华人民共和国药品管理法》（简称《药品管理法》）在加强药品监督管理、打击制售假劣药品行为、保证人民用药安全有效方面发挥了十分重要的作用，同时为中药新药研发必须遵循的大法。我国第一部《药品管理法》自 1985 年 7 月 1 日起施行。为了加强药品监督管理，保证药品质量，保障人体用药安全，维护人民身体健康和用药的合法权益，2019 年 12 月 1 日起施行了

新修订的《中华人民共和国药品管理法》。

（二）《中华人民共和国药品管理法实施条例》

《中华人民共和国药品管理法实施条例》是为了贯彻实施《中华人民共和国药品管理法》而制定的，在2002年9月15日颁布施行，分别于2016年、2019年进行了两次修订。其全文包括总则、药品生产企业管理、药品经营企业管理、医疗机构的药剂管理、药品管理、药品包装的管理等共10章、86条。

（三）《药品注册管理办法》

药品注册是指药品注册申请人依照法定程序和相关要求提出药物临床试验、药品上市许可、再注册等申请以及补充申请，药品监督管理部门基于法律法规和现有科学认知进行安全性、有效性和质量可控性等审查，决定是否同意其申请的活动。《药品注册管理办法》是为了保证药品的安全、有效和质量可控，规范药品注册行为而制定的管理办法。在我国境内申请药物临床试验、药品生产和药品进口，以及进行药品审批、注册检验和监督管理，均适用本办法。

药品注册申请分为：①新药申请；②已有国家标准的药品申请；③进口药品申请；④补充申请；⑤再注册申请。

国家市场监督管理总局根据《药品管理法》和《药品管理法实施条例》等相关规定，对药品注册管理的政策进行了全面规范和系统调整，在2020年7月1日颁布实施了《药品注册管理办法》，共分为10章、126条。《药品注册管理办法》将原中药、天然药物注册9种类型和申报资料项目33个，变为现行的4种类型和申报资料项目29个。我国对新药的研究和创制管理更加严谨、科学和有序。

（四）《中药注册管理专门规定》

为贯彻实施《中华人民共和国中医药法》《中华人民共和国药品管理法》和《药品注册管理办法》，落实中药审评审批制度改革要求，遵循中医药研究规律，体现中医药特色，传承精华，守正创新，推动中药产业高质量发展，国家药品监督管理局组织制定了《中药注册管理专门规定》。该规定共11章、82条，于2023年7月1日起颁布施行，是基于中药自身特点，将药品安全、有效、质量可控的一般性要求及注册管理的一般性程序与中药自身的特殊性相结合，在《药品注册管理办法》通用性规定的基础上，进一步对中药注册管理的各项要求进行细化和明确，彰显中药的特点和优势。

（五）药物研究相关规定和技术指导原则

为使中药新药研发步入法制与科学的轨道，需参考药物研究相关规定和技术指导。这些规定和技术指导原则是根据《药品注册管理办法》并结合我国药物研究、技术评审工作实际，为药品研发或注册提供技术参考，以及用以评价药品安全、有效和质量可控性的指导性技术要求。其阐明了药品研发与评价的基本原则和系统过程，并表达了注册管理部门的关注点，为药品研发与评价提供参考，不具备法律效力，如《同名同方药研究技术指导原则（试行）》《基于“三结合”注册审评证据体系下人用经验药学研究技术指导原则（试行）》等。药品研发与评价是一个复杂、科学的系统工程，药品研发者与评价者在遵循一般规律和原则的同时，应具体问题具体分析，以科学的试验为依据，为各种研究结论提供有效的支持。

（六）《中华人民共和国中医药法》

为继承和弘扬中医药，保障和促进中医药事业发展，保障人民健康，全国人民代表大会常务委员会于 2016 年 12 月 25 日审议通过了《中华人民共和国中医药法》（简称《中医药法》），并于 2017 年 7 月 1 日起颁布施行。该法明确指出国家鼓励和支持中药新药的研制。国家保护传统中药加工技术和工艺，支持传统剂型中成药的生产，鼓励运用现代科学技术研究开发传统中药新药；来源于古代经典名方的中药复方制剂，在申请药品批准文号时，可以仅提供非临床安全性研究资料；国家支持以医院中药制剂为基础研制中药新药。《中医药法》的施行从各方面为中药新药的研发提供了直接法律依据。

（七）其他

中药新药研发除了遵循上述法律法规外，还应遵循与其相关的其他政策法规。自 1988 年以来，国家还制定了一系列有关的规范。

《药品生产质量管理规范》（Good Manufacturing Practice of Drug，简称 GMP）系指在药品生产过程中，运用科学、合理、规范化的条件和方法保证生产优良药品的一整套科学管理方法，是药品生产和管理的基本准则，确保了制剂生产、管理的规范性。

国家食品药品监督管理局（现国家市场监督管理总局）自 1999 年 11 月 1 日起施行《药品非临床研究质量管理规范》（Good Laboratory Practice of Drug，简称 GLP），是为提高药物非临床研究的质量，确保实验资料的真实性、完整性和可靠性，保障人民用药安全而制定的管理规范。

国家食品药品监督管理局自 1999 年 7 月 23 日起施行《药品临床试验质量管理规范》（Good Clinical Practice of Drug，简称 GCP），是为保证药物临床试验过程规范，结果科学可靠，保护受试者的权益并保障其安全而制定的管理规范，是临床试验全过程的标准规范。

《中药材生产质量管理规范》（Good Agricultural Practice for Chinese Crude Drugs，简称 GAP）是为了规范中药材的生产，保证中药材质量，促进中药标准化、现代化而制定的管理规范，是中药材生产和质量管理的基本准则，适用于中药材生产企业生产中药材（含植物药、动物药）的全过程。

二、与中药新药研发相关的国家标准和地方标准

进行中药新药研发的中药材必须是国家药典、局 / 部颁标准、地方标准收载的，才能进行新药的研发，否则此中药材必须制定新标准，获得国家批准之后才能进行中药新制剂研发。

中成药若是国家药典或局 / 部颁标准收载的品种，进行仿制药品的研究，国家有严格的管理办法；若进行改变剂型的研究、增加新的功能主治的研究，另有管理规定。

（一）中国药典

药典（pharmacopoeia）是一个国家记载药品标准、质量规格的法典。药典一般由国家药典委员会组织编纂，并由政府颁布施行，具有法律约束力。药典收载的是疗效确切、毒副作用小、质量稳定的常用药物及其制剂，规定其质量标准，如制备要求、鉴别、检查、含量测定、功能与主治及用法与用量等，作为药物生产、检验、供应与使用的依据，并在一定程度上代表一个国家的药品生产、医疗和科技学术的水平。

我国是世界上最早颁布全国性药典的国家。唐代的《新修本草》（又名《唐新修本草》《唐本

草》）是我国的第一部药典，也是世界上最早的一部国家药典。

中华人民共和国成立以来，《中华人民共和国药典》（简称《中国药典》）至今已经颁发十一版，有 1953 年版、1963 年版、1977 年版、1985 年版、1990 年版、1995 年版、2000 年版、2005 年版、2010 年版、2015 年版及 2020 年版。现代分析技术的扩大应用、药品安全性保障进一步提高、药品有效性控制进一步完善、药用辅料标准水平显著提高、进一步强化药典标准导向作用，以及药典制定更加公开透明、规范有序等是其特点。

《中国药典》暂未收载的药物和辅料，可结合《美国药典》（Pharmacopoeia of the United States，简称 USP）、《欧洲药典》（European Pharmacopoeia，简称 EP）、《英国药典》（British Pharmacopoeia，简称 BP）、《日本药典》（Pharmacopoeia of Japan，简称 JP）、《国际药典》（Pharmacopoeia Internationals，简称 Ph.Int.）等其他药典进行参考。

（二）局颁、部颁药品标准

国家药典尚未收载的药品品种，可参考其他药品标准。药品标准是国家对药品质量、规格及检验方法所做的技术规定，是保证药品质量，供药品生产、经营、使用、检验和管理部门共同遵循的法定依据。我国在国家食品药品监督管理局（现国家市场监督管理总局）成立前，由卫生部（现国家卫生健康委员会）颁布药品标准，称为《部颁药品标准》，包括中药材分册、中药成方制剂分册共 20 册，共收载 4052 个品种。由国家食品药品监督管理局颁布实施的药品标准称为《局颁药品标准》。《部颁药品标准》《局颁药品标准》的性质与作用与《中国药典》类似，具有法律的约束力，都属于国家药品标准。

（三）地方标准

地方标准属于我国的三级标准之一，又称为区域标准，目前该标准只收载药材，制剂的地方标准已经取消。没有国家标准和行业标准而又需要在省、自治区、直辖市范围内统一药品的安全、卫生要求，可以参考地方标准。地方标准由省、自治区、直辖市标准化行政主管部门制定，并报国务院标准化行政主管部门和国务院有关行政主管部门备案，在公布国家标准或者行业标准之后，该地方标准即废止。

三、与中药新药研发相关的其他法律法规

（一）《药品不良反应报告和监测管理办法》

在进行新药研发的过程中及上市之后都需要进行不良反应的研究。药品不良反应监测与再评价逐渐成为药品安全监管、促进公众合理用药、保护公众用药安全的重要技术保障。为加强药品的上市后监管，规范药品不良反应报告和监测，及时、有效控制药品风险，保障用药安全，依据《中华人民共和国药品管理法》等有关法律法规，《药品不良反应报告和监测管理办法》已于 2010 年 12 月 13 日经原卫生部部务会议审议通过，自 2011 年 7 月 1 日起施行。

（二）《麻醉药品和精神药品管理条例》

当研究的新药为麻醉药品或精神药品时，需遵守《麻醉药品和精神药品管理条例》中的相关规定。为加强我国麻醉药品和精神药品的管理，保证麻醉药品和精神药品的合法、安全、合理使用，防止流入非法渠道，2005 年 7 月 26 日，国务院第 100 次常务会议审议通过了《麻醉药品和

精神药品管理条例》，自 2005 年 11 月 1 日起施行。该法对麻醉药品和精神药品的试验研究和生产（包括对麻醉药品原植物种植）、经营、使用、储存、运输、审批程序和监督管理、法律责任、管理目的等方面进行了规定，是当前管理麻醉和精神药品的重要依据。通过贯彻执行该条例，对促进麻醉和精神药品使用、规范麻醉和精神药品管理起到了良好的效果。

（三）《医疗用毒性药品管理办法》

随着我国医药卫生事业迅速发展，医疗用毒性药品的使用也得到进一步开发，大量毒性药品的制剂涌现并在临床广泛应用。为加强医疗用毒性药品的管理，防止中毒或死亡事故的发生，根据《中华人民共和国药品管理法》的规定，1988 年 11 月 15 日，国务院第二十五次常务会议审议通过了《医疗用毒性药品管理办法》，此法保证了公众用药的安全、有效。技术人员在进行新药研发时，如遇到毒性药品，需遵循《医疗用毒性药品管理办法》中的有关规定，依法开展研究工作。

（四）《中华人民共和国野生动物保护法》

野生动物是自然生态环境的重要组成部分，是国家宝贵的自然资源，在研制与开发新药的同时，需遵守《中华人民共和国野生动物保护法》，为保护、拯救珍贵、濒危野生动物，保护、发展和合理利用野生动物资源，维护生态平衡，制定此法。《中华人民共和国野生动物保护法》经 1988 年 11 月 8 日七届全国人大常委会第 4 次会议通过，自 1989 年 3 月 1 日起施行，于 2004 年、2009 年、2018 年进行了三次修正。根据该法，国家颁布了《国家重点保护野生动物名录》，将重点保护的野生动物分为一级保护和二级保护。新药研究涉及野生动物时，需遵从名录中对野生动物的保护要求。

（五）《中华人民共和国野生植物保护条例》

为保护、发展和合理利用野生植物资源，保护生物多样性，维护生态平衡，国家制定了《中华人民共和国野生植物保护条例》，于 1997 年 1 月 1 日起生效。1999 年，国家颁布了《中国国家重点保护野生植物名录（第一批）》，将重点保护的野生植物分为一级、二级、三级。新药研发的药物涉及野生植物时，需遵从上述文件中对野生植物的保护要求。

第二章 中药新药注册程序与现场核查

扫一扫，查阅本章数字资源，含PPT、音视频、图片等

第一节 概述

为深入贯彻落实党中央、国务院决策部署，解决中药创新药研发动力明显不足等关键问题，国家药品监督管理局（简称国家药监局）着力构建、完善符合中药特点的审评审批机制，依据《药品管理法》《中医药法》以及《药品注册管理办法》，于2019年9月30日公开征求，2020年7月1日起实施新修订的《中药注册分类及申报资料要求》。2023年2月10日，国家药监局发布自2023年7月1日起施行的《中药注册管理专门规定》。《中药注册管理专门规定》是在2008年国家食品药品监督管理局发布的《中药注册管理补充规定》的基础上，充分吸纳药品审评审批制度改革成熟经验，结合疫情防控中药成果转化实践探索，借鉴国内外药品监管科学研究成果，全方位、系统地构建了中药注册管理体系。《中药注册管理专门规定》对中药人用经验的合理应用以及中药创新药、中药改良型新药、古代经典名方中药复方制剂、同名同方药等注册分类的研制原则和技术要求进行了明确。《中药注册管理专门规定》通过必要的技术要求表述，进一步落实加快推进完善中医药理论、人用经验和临床试验相结合（以下简称“三结合”）的中药审评证据体系，体现中药注册管理的新理念和改革举措，并加强了对中药研制的指导，具有较强的实操性。

（一）药品注册管理机构

1. 国家药品监督管理局 国家药品监督管理局主管全国药品注册管理工作，负责建立药品注册管理工作体系和制度，制定药品注册管理规范，依法组织药品注册审评以及相关的监督管理工作。国家药品监督管理局药品审评中心负责药物临床试验申请、药品上市许可申请、补充申请和境外生产药品再注册申请等的审评。中国食品药品检定研究院、国家药典委员会、国家药品监督管理局食品药品审核查验中心、国家药品监督管理局药品审评中心、国家药品监督管理局行政事项受理服务和投诉举报中心、国家药品监督管理局信息中心等药品专业技术机构承担依法实施药品注册管理所需的药品注册检验、通用名核准、核查、监测与评价、制证送达以及相应的信息化建设与管理等相关工作。

2. 省、自治区、直辖市药品监督管理部门 省、自治区、直辖市药品监督管理部门负责本行政区域内以下药品注册相关管理工作。

（1）境内生产药品再注册申请的受理、审查和审批。

（2）药品上市后变更的备案、报告事项管理。

（3）组织对药物非临床安全评价研究机构、药物临床试验机构的日常监管及违法行为的查处。

（4）参与国家药品监督管理局组织的药品注册核查、检验等工作。

（5）国家药品监督管理局委托实施的药品注册相关事项。

省、自治区、直辖市药品监督管理部门设置或者指定的药品专业技术机构承担依法实施药品监督管理所需的审评、检验、核查、监督与评价等工作。

（二）中药新药注册分类的有关概念

1. 药品注册 药品注册是指国家药品监督管理局根据药品注册申请人的申请，依照法定程序，对拟上市销售药品的安全性、有效性、质量可控性等进行审查，并决定是否同意其申请的审批过程。国家鼓励研究创制新药，对创制的新药、治疗疑难危重疾病的新药实行特殊审批。

2. 药品注册申请人 药品注册申请人是指提出药品注册申请并承担相应法律责任的机构。

境内申请人应当是在中国境内合法登记并能独立承担民事责任的机构。境外申请人应当是境外合法制药厂商。境外申请人办理进口药品注册，应当由其驻中国境内的办事机构或者由其委托的中国境内代理机构办理。

3. 药品注册申请 药品注册申请包括新药申请、仿制药申请、进口药品申请及其补充申请和再注册申请。

境内申请人申请药品注册按照新药申请、仿制药申请的程序和要求办理，境外申请人申请进口药品注册按照进口药品申请的程序和要求办理。

（1）新药申请是指未曾在中国境内上市销售的药品的注册申请。对已上市药品改变剂型、改变给药途径、增加新适应证的药品注册按照新药申请的程序申报。

（2）仿制药申请是指生产国家药品监督管理局已批准上市的已有国家标准的药品的注册申请，但是生物制品按照新药申请的程序申报。

（3）进口药品申请是指境外生产、在中国境内上市销售的药品的注册申请。

（4）补充申请是指新药申请、仿制药申请或者进口药品申请经批准后，改变、增加或者取消原批准事项或者内容的注册申请。

（5）再注册申请是指药品批准证明文件有效期满后，申请人拟继续生产或者进口该药品的注册申请。

第二节　中药、天然药物的注册分类及申报资料要求

一、中药、天然药物的注册分类

（一）中药

中药是指在我国中医药理论指导下使用的药用物质及其制剂。

1. 中药创新药 指处方未在国家药品标准、药品注册标准及国家中医药主管部门发布的《古代经典名方目录》中收载，具有临床价值，且未在境外上市的中药新处方制剂，一般包含以下情形。

（1）中药复方制剂，指由多味饮片、提取物等在中医药理论指导下组方而成的制剂。

（2）从单一植物、动物、矿物等物质中提取得到的提取物及其制剂。

（3）新药材及其制剂，即未被国家药品标准、药品注册标准以及省、自治区、直辖市药材标准收载的药材及其制剂，以及具有上述标准药材的原动、植物新的药用部位及其制剂。

2. 中药改良型新药　指改变已上市中药的给药途径、剂型，且具有临床应用优势和特点，或增加功能主治等的制剂，一般包含以下情形。

（1）改变已上市中药给药途径的制剂，即不同给药途径或不同吸收部位之间相互改变的制剂。

（2）改变已上市中药剂型的制剂，即在给药途径不变的情况下改变剂型的制剂。

（3）中药增加功能主治。

（4）已上市中药生产工艺或辅料等改变引起药用物质基础或药物吸收、利用明显改变的。

3. 古代经典名方中药复方制剂　古代经典名方是指符合《中华人民共和国中医药法》规定的，至今仍广泛应用、疗效确切、具有明显特色与优势的古代中医典籍所记载的方剂。古代经典名方中药复方制剂是指来源于古代经典名方的中药复方制剂，包含以下情形。

（1）按《古代经典名方目录》管理的中药复方制剂。

（2）其他来源于古代经典名方的中药复方制剂，包括未按《古代经典名方目录》管理的古代经典名方中药复方制剂和基于古代经典名方加减化裁的中药复方制剂。

4. 同名同方药　指通用名称、处方、剂型、功能主治、用法及日用饮片量与已上市中药相同，且在安全性、有效性、质量可控性方面不低于该已上市中药的制剂。

（二）天然药物

天然药物是指在现代医药理论指导下使用的天然药用物质及其制剂。天然药物参照中药注册分类。

（三）其他类型

其他类型主要指境外已上市、境内未上市的中药、天然药物制剂。

二、申报资料要求

本申报资料项目及要求适用于中药创新药、改良型新药、古代经典名方中药复方制剂以及同名同方药。申请人需要基于不同注册分类、不同申报阶段以及中药注册受理审查指南的要求提供相应资料。申报资料应按照项目编号提供，对应项目无相关信息或研究资料，项目编号和名称也应保留，可在项下注明“无相关研究内容”或“不适用”。如果申请人要求减免资料，应当充分说明理由。申报资料的撰写还应参考相关法规、技术要求及技术指导原则的相关规定。境外生产药品提供的境外药品管理机构证明文件及全部技术资料应当是中文翻译文本并附原文。

天然药物制剂申报资料项目按照本文件要求，技术要求按照天然药物研究技术要求。天然药物的用途以适应证表述。

境外已上市、境内未上市的中药、天然药物制剂参照中药创新药提供相关研究资料。

下面的申报资料文件来自国家药品监督管理局2020年9月27日发布的《中药注册分类及申报资料要求》的通告（2020年第68号）的附件：中药注册分类及申报资料要求。下列为中药注册申报资料目录，详细内容及说明详见《中药注册分类及申报资料要求》。

（一）行政文件和药品信息

1.0 说明函（详见附：说明函）

1.1 目录

1.2 申请表

1.3 产品信息相关材料
1.3.1 说明书
1.3.2 包装标签
1.3.3 产品质量标准和生产工艺
1.3.4 古代经典名方关键信息
1.3.5 药品通用名称核准申请材料
1.3.6 检查相关信息（适用于上市许可申请）
1.3.7 产品相关证明性文件
1.3.8 其他产品信息相关材料
1.4 申请状态（如适用）
1.4.1 既往批准情况
1.4.2 申请调整临床试验方案、暂停或者终止临床试验
1.4.3 暂停后申请恢复临床试验
1.4.4 终止后重新申请临床试验
1.4.5 申请撤回尚未批准的药物临床试验申请、上市注册许可申请
1.4.6 申请上市注册审评期间变更
1.4.7 申请注销药品注册证书
1.5 加快上市注册程序申请（如适用）
1.5.1 加快上市注册程序申请
1.5.2 加快上市注册程序终止申请
1.5.3 其他加快注册程序申请
1.6 沟通交流会议（如适用）
1.6.1 会议申请
1.6.2 会议背景资料
1.6.3 会议相关信函、会议纪要以及答复
1.7 临床试验过程管理信息（如适用）
1.7.1 临床试验期间增加功能主治
1.7.2 临床试验方案变更、非临床或者药学的变化或者新发现等可能增加受试者安全性风险的
1.7.3 要求申办者调整临床试验方案、暂停或终止药物临床试验
1.8 药物警戒与风险管理（如适用）
1.8.1 研发期间安全性更新报告及附件
1.8.2 其他潜在的严重安全性风险信息
1.8.3 风险管理计划
1.9 上市后研究（如适用）
1.10 申请人 / 生产企业证明性文件
1.10.1 境内生产药品申请人 / 生产企业资质证明文件
1.10.2 境外生产药品申请人 / 生产企业资质证明文件
1.10.3 注册代理机构证明文件
1.11 小微企业证明文件（如适用）

（二）概要

2.1 品种概况
2.2 药学研究资料总结报告
2.2.1 药学主要研究结果总结
（1）临床试验期间补充完善的药学研究（适用于上市许可申请）
（2）处方药味及药材资源评估
（3）饮片炮制
（4）生产工艺
（5）质量标准
（6）稳定性研究
2.2.2 药学研究结果分析与评价
2.2.3 参考文献
2.3 药理毒理研究资料总结报告
2.3.1 药理毒理试验策略概述
2.3.2 药理学研究总结
2.3.3 药代动力学研究总结
2.3.4 毒理学研究总结
2.3.5 综合分析与评价
2.3.6 参考文献
2.4 临床研究资料总结报告
2.4.1 中医药理论或研究背景
2.4.2 人用经验
2.4.3 临床试验资料综述
2.4.4 临床价值评估
2.4.5 参考文献
2.5 综合分析与评价

（三）药学研究资料

3.1 处方药味及药材资源评估
3.1.1 处方药味
3.1.2 药材资源评估
3.1.3 参考文献
3.2 饮片炮制
3.2.1 饮片炮制方法
3.2.2 参考文献
3.3 制备工艺
3.3.1 处方
3.3.2 制法
3.3.2.1 制备工艺流程图

3.3.2.2 详细描述制备方法
3.3.3 剂型及原辅料情况
3.3.4 制备工艺研究资料
3.3.4.1 制备工艺路线筛选
3.3.4.2 剂型选择
3.3.4.3 处方药味前处理工艺
3.3.4.4 提取、纯化工艺研究
3.3.4.5 浓缩工艺
3.3.4.6 干燥工艺
3.3.4.7 制剂成型工艺
3.3.5 中试和生产工艺验证
3.3.5.1 样品生产企业信息
3.3.5.2 批处方
3.3.5.3 工艺描述
3.3.5.4 辅料、生产过程中所用材料
3.3.5.5 主要生产设备
3.3.5.6 关键步骤和中间体的控制
3.3.5.7 生产数据和工艺验证资料
3.3.6 试验用样品制备情况
3.3.6.1 毒理试验用样品
3.3.6.2 临床试验用药品（适用于上市许可申请）
3.3.7 “生产工艺”资料（适用于上市许可申请）
3.3.8 参考文献
3.4 制剂质量与质量标准研究
3.4.1 化学成分研究
3.4.2 质量研究
3.4.3 质量标准
3.4.4 样品检验报告
3.4.5 参考文献
3.5 稳定性
3.5.1 稳定性总结
3.5.2 稳定性研究数据
3.5.3 直接接触药品的包装材料和容器的选择
3.5.4 上市后的稳定性研究方案及承诺（适用于上市许可申请）
3.5.5 参考文献

（四）药理毒理研究资料

4.1 药理学研究资料
4.1.1 主要药效学
4.1.2 次要药效学

4.1.3 安全药理学
4.1.4 药效学药物相互作用
4.2 药代动力学研究资料
4.2.1 分析方法及验证报告
4.2.2 吸收
4.2.3 分布（血浆蛋白结合率、组织分布等）
4.2.4 代谢（体外代谢、体内代谢、可能的代谢途径、药物代谢酶的诱导或抑制等）
4.2.5 排泄
4.2.6 药代动力学药物相互作用（非临床）
4.2.7 其他药代试验
4.3 毒理学研究资料
4.3.1 单次给药毒性试验
4.3.2 重复给药毒性试验
4.3.3 遗传毒性试验
4.3.4 致癌性试验
4.3.5 生殖毒性试验
4.3.6 制剂安全性试验（刺激性、溶血性、过敏性试验等）
4.3.7 其他毒性试验

（五）临床研究资料

5.1 中药创新药
5.1.1 处方组成符合中医药理论、具有人用经验的创新药
5.1.1.1 中医药理论
5.1.1.1.1 处方组成、功能、主治病证
5.1.1.1.2 中医药理论对主治病证的基本认识
5.1.1.1.3 拟定处方的中医药理论
5.1.1.1.4 处方合理性评价
5.1.1.1.5 处方安全性分析
5.1.1.1.6 和已有国家标准或药品注册标准的同类品种的比较
5.1.1.2 人用经验
5.1.1.2.1 证明性文件
5.1.1.2.2 既往临床应用情况概述
5.1.1.2.3 文献综述
5.1.1.2.4 既往临床应用总结报告
5.1.1.2.5 拟定主治概要、现有治疗手段、未解决的临床需求
5.1.1.2.6 人用经验对拟定功能主治的支持情况评价
5.1.1.3 临床试验
5.1.1.3.1 临床试验计划与方案及其附件
5.1.1.3.1.1 临床试验计划和方案
5.1.1.3.1.2 知情同意书样稿

5.1.1.3.1.3 研究者手册

5.1.1.3.1.4 统计分析计划

5.1.1.3.2 临床试验报告及其附件（完成临床试验后提交）

5.1.1.3.2.1 临床试验报告

5.1.1.3.2.2 病例报告表样稿、患者日志等

5.1.1.3.2.3 与临床试验主要有效性、安全性数据相关的关键标准操作规程

5.1.1.3.2.4 临床试验方案变更情况说明

5.1.1.3.2.5 伦理委员会批准件

5.1.1.3.2.6 统计分析计划

5.1.1.3.2.7 临床试验数据库电子文件

5.1.1.3.3 参考文献

5.1.1.4 临床价值评估

5.1.2 其他来源的创新药

5.1.2.1 研究背景

5.1.2.1.1 拟定功能主治及临床定位

5.1.2.1.2 疾病概要、现有治疗手段、未解决的临床需求

5.1.2.2 临床试验

5.1.2.3 临床价值评估

5.2 中药改良型新药

5.2.1 研究背景

5.2.2 临床试验

5.2.3 临床价值评估

5.3 古代经典名方中药复方制剂

5.3.1 按古代经典名方目录管理的中药复方制剂

5.3.2 其他来源于古代经典名方的中药复方制剂

5.3.2.1 古代经典名方的处方来源及历史沿革、处方组成、功能主治、用法用量、中医药理论论述

5.3.2.2 基于古代经典名方加减化裁的中药复方制剂，还应提供加减化裁的理由及依据、处方合理性评价、处方安全性分析

5.3.2.3 人用经验

5.3.2.3.1 证明性文件

5.3.2.3.2 既往临床实践情况概述

5.3.2.3.3 文献综述

5.3.2.3.4 既往临床实践总结报告

5.3.2.3.5 人用经验对拟定功能主治的支持情况评价

5.3.2.4 临床价值评估

5.3.2.5 药品说明书起草说明及依据

5.4 同名同方药

5.4.1 研究背景

5.4.2 临床试验

5.5 临床试验期间的变更（如适用）

第三节　新药注册基本程序

新药注册申报与审批分为两个阶段：第一阶段是药物临床试验申请，第二阶段是药品上市许可申请。国家药品监督管理局药品审评中心（以下简称药品审评中心）负责药物临床试验申请、药品上市许可申请的审评。省级药品监督管理部门负责初审，经形式审查，对申报资料符合要求的予以受理。药品审评中心组织药学、医学和其他技术人员对已受理的药物临床试验申请进行审评，对药物临床试验申请应当自受理之日起60日内决定是否同意开展，并通过药品审评中心网站通知申请人审批结果。逾期未通知的，视为同意，申请人可以按照提交的方案开展药物临床试验。申请人在完成药物临床试验等研究后，确定质量标准，完成商业规模生产工艺验证，并做好接受药品注册核查检验的准备后，提出药品上市许可申请。其中，仿制药、按照药品管理的体外诊断试剂以及其他符合条件的情形，经申请人评估，认为无须或者不能开展药物临床试验，符合豁免药物临床试验条件的，申请人可以直接提出药品上市许可申请。综合审评结论通过的，批准药品上市，发给药品注册证书。申请人取得药品注册证书后，为药品上市许可持有人。

一、新药临床试验注册流程

申请人完成支持药物临床试验的药学、药理毒理学等研究后，在药品注册申请受理前，向中国食品药品检定研究院（简称中检院）或者省、自治区、直辖市药品监督管理部门提出药品注册检验，之后提出药物临床试验申请。申请人未在药品注册申请受理前提出药品注册检验的，则在申请受理后由药品审评中心启动药品注册检验。（图2–1）

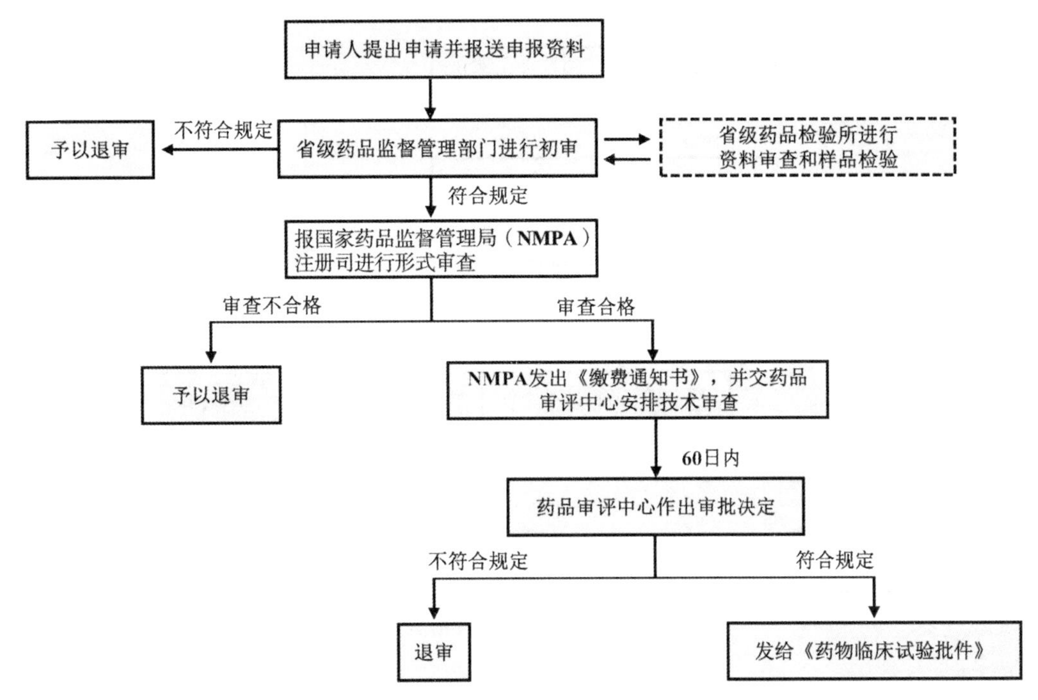

图2–1　新药临床试验注册流程图

申请人必须具有与试验研究项目相适应的人员、场地、设备、仪器和管理制度，所用试验动物、试剂和原材料应当符合国家有关规定和要求，并应当保证所有试验数据和资料的真实性。药品审评中心和省、自治区、直辖市（食品）药品监督管理部门根据需要对研究情况进行核查时，

可以要求申请人按照其申报资料的项目、方法和数据进行重复试验，并组织对试验过程进行现场核查，也可以委托食品药品检验所或者其他药物研究机构进行重复试验。申请人获准开展药物临床试验的为药物临床试验申办者。

二、新药上市许可注册流程

申请人在完成支持药品上市注册的药学、药理毒理学和药物临床试验等研究，确定质量标准，完成商业规模生产工艺验证，并做好接受药品注册核查检验的准备后，向所在省、自治区、直辖市（食品）药品监督管理局提出药品上市许可申请，按照申报资料要求提交相关研究资料。相关监督管理部门经对申报资料进行形式审查，符合要求的，经临床试验、原始资料现场核查，初审符合规定后，予以受理。由药品审评中心组织进行生产现场核查并抽取样品复核，符合规定后发给药品注册证书。经核准的药品生产工艺、质量标准、说明书和标签作为药品注册证书的附件一并发给申请人，必要时还应当附药品上市后研究要求。药品批准上市后，持有人应当按照国家药品监督管理局核准的生产工艺和质量标准生产药品，并按照药品生产质量管理规范要求进行细化和实施。（图 2–2）

《药品注册管理办法》第四章规定，以下情况可以实行药品加快上市注册程序：药物临床试验期间，用于防治严重危及生命或者严重影响生存质量的疾病，且尚无有效防治手段或者与现有治疗手段相比有足够证据表明具有明显临床优势的创新药或者改良型新药等，可以申请适用突破性治疗药物程序；治疗严重危及生命且尚无有效治疗手段的疾病的药品、公共卫生方面急需的药品、应对重大突发公共卫生事件急需的疫苗或者国家卫生健康委员会认定急需的其他疫苗，可以申请附条件批准；按要求具有明显临床价值的药品，可以申请适用优先审评审批程序；对突发公共卫生事件应急所需防治药品，实行特别审批。

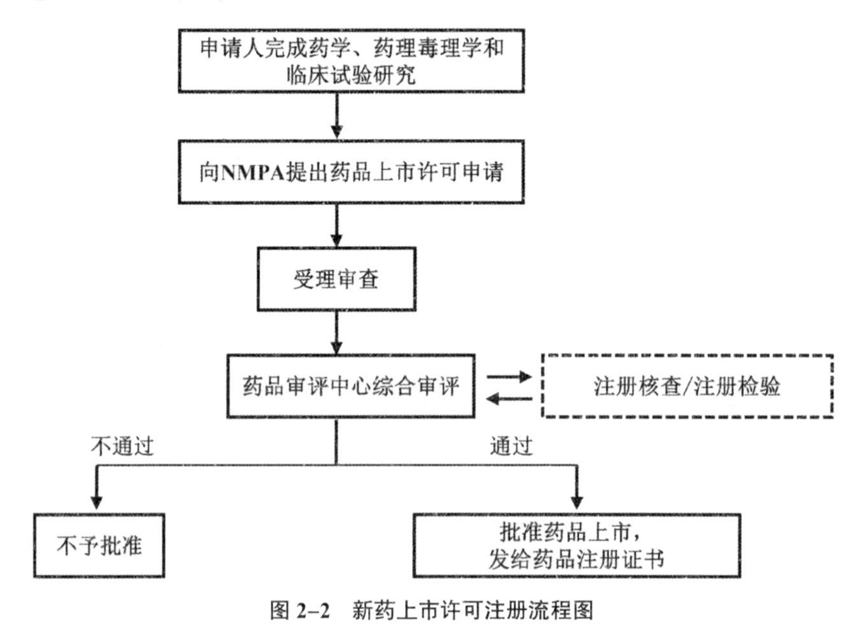

图 2–2　新药上市许可注册流程图

第四节　新药注册现场核查

药品在研发和生产设计阶段的充分研究和验证是对药品质量的强有力保证。为此，国家食品药品监督管理局（现国家市场监督管理总局）制定了《药品注册现场核查管理规定》，主要对其所受理药品注册的药学研究、药理毒理研究、临床试验、样品试制情况，以及上市申请的样品批量生产过程与核定或申报的生产工艺符合性进行核查，以确保药品注册申报资料的真实性、准确性和完整性。新药注册现场核查包括两个方面：研制现场核查和生产现场检查。

一、研制现场核查

药品注册研制现场核查是指药品监督管理部门对所受理药品注册申请的研制情况进行实地确证，对原始记录进行审查，确认申报资料真实性、准确性和完整性的过程，主要包括药学、药理毒理、临床试验等方面的核查。药品审评中心根据药物创新程度、药物研究机构既往接受核查情况等，基于风险决定是否开展药品注册研制现场核查。其中，药学研究和药效学研究等情况的现场核查是基础任务，且尤为重要。

（一）药学研究部分

1. 工艺及处方研究

（1）研制人员是否从事过该项研制工作，并与申报资料的记载一致。

（2）工艺及处方研究是否具有与研究项目相适应的场所、设备和仪器，仪器和设备的型号和数量是否和《药品研制情况申报表》一致。

（3）工艺及处方研究记录是否有筛选、摸索等试验过程的具体内容，工艺研究及其确定工艺的试验数据、时间是否与申报资料一致。

2. 样品试制

（1）样品试制现场是否具有与试制该样品相适应的场所、设备，并能满足样品生产的要求。临床试验用样品和申报生产样品的生产条件是否符合《药品生产质量管理规范》的要求。申报生产所需样品的试制是否在本企业生产车间内进行。

（2）样品试制所需的原辅料、药材和提取物、直接接触药品的包装材料等是否具有合法来源（如供货协议、发票、药品批准证明性文件复印件等）。

（3）原辅料、药材和提取物、直接接触药品的包装材料等购入时间或供货时间与样品试制时间是否对应，购入量是否满足样品试制的需求，投入产出是否平衡。

（4）样品试制用的原辅料及直接接触药品的包装材料是否有检验报告书。

（5）样品试制是否具有制备记录或原始批生产记录，样品制备记录项目及其内容应齐全，如试制时间、试制过程及相关关键工艺参数、中间体检验记录等。

（6）样品试制量、剩余量与使用量之间的关系是否对应一致，与《药品研制情况申报表》是否一致。

（7）尚在进行的长期稳定性研究是否有留样，该样品所用直接接触药品的包装材料是否与申报资料一致。

（8）申报生产所需样品的原始批生产记录是否与申报工艺对应。

3. 质量、稳定性研究及样品检验

（1）研究人员是否从事过该项研究工作，并与申报资料的记载一致。

（2）质量、稳定性研究及检验现场是否具有与研究项目相适应的场所、设备和仪器。

（3）研究期间的仪器设备是否校验合格，是否具有使用记录，记录时间与研究时间是否对应一致，记录内容是否与申报资料一致。

（4）用于质量、稳定性研究的样品批号、研究时间与样品试制时间的关系是否相对应。

（5）对照研究所用对照药品是否具有来源证明。

（6）所用的对照品 / 标准品是否具有合法来源，如为工作对照品，是否有完整的标化记录。

（7）质量研究各项目及方法学考察内容是否完整，各检验项目中是否记录了所有的原始数据，数据格式是否与所用的仪器设备匹配；质量研究各项目（鉴别、检查、含量测定等）是否有实验记录、实验图谱及实验方法学考察内容。

（8）质量研究及稳定性研究实验图谱是否可溯源，IR、UV、HPLC、GC 等数字信号处理系统打印的图谱是否具有可追溯的关键信息（如带有存盘路径的图谱原始数据文件名和数据采集时间），各图谱的电子版是否保存完好；需目视检查的项目（如薄层色谱、纸色谱、电泳等）是否有照片或数码照相所得的电子文件。

（9）质量研究及稳定性研究原始实验图谱是否真实可信，是否存在篡改图谱信息（如采集时间）、一图多用等现象。

（10）稳定性研究过程中各时间点的实验数据是否合乎常规，原始记录数据与申报资料是否一致。

4. 委托研究 其他部门或单位进行的研究、试制、检测等工作，是否有委托证明材料。委托证明材料反映的委托单位、时间、项目及方案等是否与申报资料记载一致。被委托机构出具的报告书或图谱是否为加盖其公章的原件。必要时，可对被委托机构进行现场核查，以确证其研究条件和研究情况。申请人应当对委托研究的内容进行审核，并对申报资料和数据负有最终责任。

（二）药理毒理研究部分

1. 研究条件

（1）是否建立实验研究相关的管理制度，并在研究中予以执行。

（2）研究人员是否从事过该项研究工作，并与申报资料的记载一致。

（3）研究现场是否具有与研究项目相适应的场所、设备和仪器。

（4）研究期间的仪器设备是否校验合格，是否具有使用记录，记录时间与研究时间是否对应一致，记录内容是否与申报资料一致。

2. 实验动物

（1）是否具有购置实验所用动物的确切凭证。

（2）实验动物购置时间和数量是否与申报资料对应一致。

（3）购置实验动物的种系、等级、合格证号、个体特征等是否与申报资料对应一致。

（4）实验动物的饲养单位应具备相应的资质。实验动物为本单位饲养繁殖的，是否能提供本单位具有饲养动物的资质证明及动物饲养繁殖的记录。

3. 原始记录

（1）各项实验原始记录是否真实、准确、完整，是否与申报资料一致。

（2）原始记录中的实验单位、人员、日期、数据及实验结果等是否与申报资料一致。

（3）原始资料中供试品、对照品的配制、储存等记录是否完整，是否和申报资料中反映的情况相对应。

（4）原始图表（包括电子图表）和照片是否保存完整，是否与申报资料一致。

（5）组织病理切片、病理报告及病理试验记录是否保存完整并与申报资料一致。若病理照片为电子版，是否保存完好。

4. 委托研究 其他部门或单位进行的研究、试制、检测等工作，是否有委托证明材料。委托证明材料反映的委托单位、时间、项目及方案等是否与申报资料记载一致。被委托机构出具的报告书或图谱是否为加盖其公章的原件。必要时，可对被委托机构进行现场核查，以确证其研究条件和研究情况。

药品研制所使用的部分表格见表 2–1、表 2–2。

表 2–1　药品研制情况申报表（非临床试验用）

药品名称		受理号	
申请分类	□新药申请　□按新药程序申报的申请　□仿制药申请　□补充申请第　项		
注册分类	□中药　类　□化药　类　□治疗用生物制品　类 □预防用生物制品　类　□血源筛查试剂		
剂型		规格	
申请人			
联系人		联系电话	

药学研究	研究项目	研究机构名称	研究地点	体系认证	起止日期	研究负责人
	处方 / 工艺研究		（具体楼座、实验室）	（如 GLP、GMP 等）		
	质量标准研究					
	结构确证研究					
	样品试制					
	稳定性研究					

药学研究	研究主要仪器设备	型号	研究主要仪器设备	型号
			（样品试制设备填下页）	

药学研究	对照品 / 标准品	来源	批号	数量	剩余量

续表

<table>
<tr><td rowspan="12">药学研究</td><td colspan="2">原料药 / 药材</td><td>来源</td><td>批号</td><td>数量</td><td colspan="2">注册情况</td></tr>
<tr><td colspan="2"></td><td></td><td></td><td></td><td colspan="2"></td></tr>
<tr><td colspan="2"></td><td></td><td></td><td></td><td colspan="2"></td></tr>
<tr><td colspan="2"></td><td></td><td></td><td></td><td colspan="2"></td></tr>
<tr><td colspan="2"></td><td></td><td></td><td></td><td colspan="2"></td></tr>
<tr><td colspan="2"></td><td></td><td></td><td></td><td colspan="2"></td></tr>
<tr><td colspan="2"></td><td></td><td></td><td></td><td colspan="2"></td></tr>
<tr><td colspan="2"></td><td></td><td></td><td></td><td colspan="2"></td></tr>
<tr><td colspan="2"></td><td></td><td></td><td></td><td colspan="2"></td></tr>
<tr><td colspan="2"></td><td></td><td></td><td></td><td colspan="2"></td></tr>
<tr><td colspan="2"></td><td></td><td></td><td></td><td colspan="2"></td></tr>
<tr><td colspan="2"></td><td></td><td></td><td></td><td colspan="2"></td></tr>
<tr><td rowspan="15">样品试制</td><td>批号</td><td>试制日期</td><td>用途</td><td>主药投料量</td><td>试制量</td><td>使用量</td><td>剩余量</td></tr>
<tr><td></td><td></td><td></td><td></td><td></td><td></td><td></td></tr>
<tr><td></td><td></td><td></td><td></td><td></td><td></td><td></td></tr>
<tr><td></td><td></td><td></td><td></td><td></td><td></td><td></td></tr>
<tr><td></td><td></td><td></td><td></td><td></td><td></td><td></td></tr>
<tr><td></td><td></td><td></td><td></td><td></td><td></td><td></td></tr>
<tr><td colspan="2">主要设备</td><td>试制地点</td><td colspan="2">主要设备</td><td colspan="2">试制地点</td></tr>
<tr><td colspan="2"></td><td>（具体楼座、实验室）</td><td colspan="2"></td><td colspan="2"></td></tr>
<tr><td colspan="2"></td><td></td><td colspan="2"></td><td colspan="2"></td></tr>
<tr><td colspan="2"></td><td></td><td colspan="2"></td><td colspan="2"></td></tr>
<tr><td colspan="3">试制原始记录共　　　　　　页</td><td colspan="2">负责人（签名）</td><td colspan="2"></td></tr>
<tr><td colspan="2">主要检验仪器</td><td>检验地点</td><td colspan="2">主要检验仪器</td><td colspan="2">检验地点</td></tr>
<tr><td colspan="2"></td><td>（具体楼座、实验室）</td><td colspan="2"></td><td colspan="2"></td></tr>
<tr><td colspan="2"></td><td></td><td colspan="2"></td><td colspan="2"></td></tr>
<tr><td colspan="3">检验原始记录共　　页</td><td colspan="2">负责人（签名）</td><td colspan="2"></td></tr>
</table>

续表

<table>
<tr><td rowspan="20">药
理
毒
理
研
究</td><td>研究项目</td><td>研究机构名称</td><td>研究地点</td><td>体系认证</td><td>起止日期</td><td>样品量</td><td>研究负责人</td></tr>
<tr><td>药效</td><td></td><td></td><td></td><td></td><td></td><td></td></tr>
<tr><td>一般药理</td><td></td><td></td><td></td><td></td><td></td><td></td></tr>
<tr><td>急性毒性</td><td></td><td></td><td></td><td></td><td></td><td></td></tr>
<tr><td>长期毒性</td><td></td><td></td><td></td><td></td><td></td><td></td></tr>
<tr><td>过敏性</td><td></td><td></td><td></td><td></td><td></td><td></td></tr>
<tr><td>溶血性</td><td></td><td></td><td></td><td></td><td></td><td></td></tr>
<tr><td>局部刺激性</td><td></td><td></td><td></td><td></td><td></td><td></td></tr>
<tr><td>致突变</td><td></td><td></td><td></td><td></td><td></td><td></td></tr>
<tr><td>生殖毒性</td><td></td><td></td><td></td><td></td><td></td><td></td></tr>
<tr><td>致癌性</td><td></td><td></td><td></td><td></td><td></td><td></td></tr>
<tr><td>依赖性</td><td></td><td></td><td></td><td></td><td></td><td></td></tr>
<tr><td>药代动力学</td><td></td><td></td><td></td><td></td><td></td><td></td></tr>
<tr><td></td><td></td><td></td><td></td><td></td><td></td><td></td></tr>
<tr><td></td><td></td><td></td><td></td><td></td><td></td><td></td></tr>
<tr><td>实验动物</td><td colspan="2">来源</td><td>清洁级别</td><td>数量</td><td colspan="2">合格证号</td></tr>
<tr><td></td><td colspan="2"></td><td></td><td></td><td colspan="2"></td></tr>
<tr><td></td><td colspan="2"></td><td></td><td></td><td colspan="2"></td></tr>
<tr><td></td><td colspan="2"></td><td></td><td></td><td colspan="2"></td></tr>
<tr><td></td><td colspan="2"></td><td></td><td></td><td colspan="2"></td></tr>
<tr><td colspan="8">声　明
本报告表中填写内容和所附资料均属实。如查有不实之处，本单位负法律责任，并承担由此造成的一切后果。

申报单位负责人签名：
（申请人公章）
年　　月　　日

注：其他需要说明的情况可另附页。</td></tr>
</table>

本表一式四份，其中三份原件，受理省局存一份原件，其余报送国家药品监督管理局。

表 2–2　药品注册研制现场核查报告

<table>
<tr><td colspan="2">药品名称</td><td colspan="3"></td><td>受理号</td><td></td></tr>
<tr><td colspan="2">申请分类</td><td colspan="5">□新药申请　□按新药程序申报的申请　□仿制药申请　□补充申请第　项</td></tr>
<tr><td colspan="2">注册分类</td><td colspan="5">□中药　类　□化药　类　□治疗用生物制品　类
□预防用生物制品　类　□血源筛查试剂</td></tr>
<tr><td colspan="2">剂型</td><td colspan="3"></td><td>规格</td><td></td></tr>
<tr><td colspan="2">申请人</td><td colspan="5"></td></tr>
<tr><td colspan="2">申请状态</td><td colspan="5">□申请临床　□申请生产</td></tr>
<tr><td colspan="2">核查项目</td><td colspan="5">□药物临床前研究　□临床试验　□申报生产研制</td></tr>
<tr><td rowspan="3">处方工艺研究及试制</td><td colspan="6">被核查单位：
核查地点：</td></tr>
<tr><td colspan="6">核查结果（核查中发现的主要问题）</td></tr>
<tr><td>组长签名</td><td></td><td>核查员签名</td><td></td><td>被核查单位负责人签名</td><td>（公章）</td></tr>
<tr><td rowspan="3">质量、稳定性研究及样品检验</td><td colspan="6">被核查单位：
核查地点：</td></tr>
<tr><td colspan="6">核查结果（核查中发现的问题）</td></tr>
<tr><td>组长签名</td><td></td><td>核查员签名</td><td></td><td>被核查单位负责人签名</td><td>（公章）</td></tr>
<tr><td rowspan="3">药理毒理研究</td><td colspan="6">被核查单位：
核查地点：</td></tr>
<tr><td colspan="6">核查结果（核查中发现的主要问题）</td></tr>
<tr><td>组长签名</td><td></td><td>核查员签名</td><td></td><td>被核查单位负责人签名</td><td>（公章）</td></tr>
</table>

续表

<table>
<tr><td rowspan="3">临床试验</td><td colspan="6">被核查单位（□组长单位　　□参加单位）:
核查地点：</td></tr>
<tr><td colspan="6">核查结果（核查中发现的主要问题）</td></tr>
<tr><td>组长签名</td><td></td><td>核查员签名</td><td></td><td>被核查单位负责人签名</td><td>（公章）</td></tr>
<tr><td rowspan="2">其他情况</td><td colspan="6"></td></tr>
<tr><td>组长签名</td><td></td><td>核查员签名</td><td></td><td>被核查单位负责人签名</td><td>（公章）</td></tr>
<tr><td>综合评定结论</td><td colspan="6">根据综合评定，现场核查结论为：
□ 通过
□ 不通过

有关说明：</td></tr>
<tr><td colspan="2">组长签名</td><td></td><td>核查员签名</td><td colspan="3"></td></tr>
<tr><td>省局审核意见</td><td colspan="6"></td></tr>
<tr><td colspan="6">省局经办人签名：　　　　　　　　年　　月　　日</td><td rowspan="3">（省局公章）</td></tr>
<tr><td colspan="6">省局药品注册处负责人签名：　　　　　　　　年　　月　　日</td></tr>
<tr><td colspan="6">省局负责人签名：　　　　　　　　年　　月　　日</td></tr>
<tr><td>备注</td><td colspan="6"></td></tr>
</table>

（三）临床研究部分

药物临床试验数据现场核查是指对注册申请的临床研究数据进行真实性和完整性的系统性检查，以核实临床试验条件、方案的实施、数据的记录和分析是否与申报资料一致，且是否遵守药物临床试验管理规范与其他相关法律法规的要求。临床数据核查是新药注册申报中的一个重要环节，故而必须本着严肃认真的态度，科学规范地进行临床试验。

根据国家食品药品监督管理总局（现国家市场监督管理总局）官网数据显示，近年来临床试验数据存在大量不真实、不完整的问题。研究数据涉及临床试验的各个方面，是药品开发中重要的组成部分，真实可靠的临床数据也是确保药品有效性和安全性的重要标准，而药物临床试验数据造假会给患者的健康安全带来不可预测的隐患。国家食品药品监督管理总局于 2015 年 7 月 22 日发布《关于开展药物临床试验数据自查核查工作的公告》，要求用“最严谨的标准、最严格的监管、最严厉的处罚、最严肃的问责”来对已申报生产或进口的待审药品注册申请开展药物临床试验的数据核查。

下面将从临床试验相关文件、分析条件、受试对象等各方面来综合讨论这个问题。

1. 管理方面

（1）临床试验条件与合规性

1）临床试验单位承担药物临床试验的条件与合规性

①临床试验须在具有药物临床试验机构资格的医院内进行（含具有一次性临床试验机构资格认定的批件），落实临床试验条件是否支持试验项目实际的实施过程。

②具有合法的备案证明或《药物临床试验批件》。

③核对项目开始实施时间与国家市场监督管理总局备案证明或《药物临床试验批件》时间相符性。

2）伦理审查批件及记录的原始性及完整性

①有出席伦理审查会议的签到表和委员讨论的原始记录。

②委员表决票及审查结论保存完整，且与伦理审批件一致。

3）临床试验合同经费必须覆盖临床试验所有开支。

4）申办者 / 合同研究组织（CRO）按照药物临床试验质量管理规范（GCP）原则、方案及合同承担相应职责的文件和记录。

（2）临床试验部分

1）受试者的筛选 / 入组相关数据链的完整性

①申报资料的总结报告中筛选、入选和完成临床试验的例数与分中心小结表及实际临床试验例数一致，若不一致须追查例数修改的环节。

②方案执行的入选、排除标准符合技术规范，其筛选成功率为多少。

③受试者代码鉴认表或筛选、体检等原始记录涵盖受试者身份鉴别信息（如姓名、住院号 / 门诊就诊号、身份证号、联系地址和联系方式等），由此核查参加临床试验受试者的真实性。

④对受试者的相关医学判断和处理必须由本机构具有执业资格的医护人员执行并记录，核查医护人员执业许可证及其参与临床试验的实际情况。

⑤受试者在方案规定的时间内不得重复参加临床试验。

2）知情同意书的签署与试验过程的真实完整性

①已签署的知情同意书数量与总结报告中的筛选和入选病例数一致。

②所有知情同意书签署的内容完整、规范。

③知情同意签署时间不得早于伦理批准时间，记录违规例数。

④知情同意书按规定由受试者本人或其法定代理人签署（必要时，多方核实受试者参加该项试验的实际情况）。

3）临床试验过程记录及临床检查、化验等数据的溯源

①临床试验的原始记录，如执行方案、病例报告表（CRF）、采血记录、接种记录、观察记录、受试者日记卡等保存完整，核查任何一项不完整、不真实的数据。

②核查 CRF 记录的临床试验过程与执行方案的一致性，核查任何一项不一致、不真实的数据。

③核查 CRF 中的检查数据与检验科、影像科、心电图室、内镜室等检查数据（通过实验室信息系统 LIS、影像归档和通信系统 PACS 等）一致性。

④核查 CRF 中的数据和信息与住院病历（通过医院信息系统 HIS）中入组、知情同意、用药医嘱、访视、病情记录等关联性记录，核实完全不能关联的受试者临床试验的实际过程。

⑤核查门诊受试者的 CRF 中入组、访视、病情记录等信息与门诊病历（研究病历）的关联性（必要时，可通过医院 HIS 系统核查门诊就诊信息）。

⑥受试者用药应有原始记录，如受试者日记卡或医嘱或原始病历（住院 / 门诊 / 研究病历）等，核查记录的完整性（用药时间、用药量等）及其原始性。

⑦核查 CRF/ 研究病历中的临床检查数据与总结报告一致性，落实任何一项不一致数据发生的缘由。

⑧核查 CRF 的不良事件（AE）的记录及判断与原始病历 / 总结报告一致性，核实并记录漏填的 AE 例数。

4）CRF 中违背方案和严重不良事件（SAE）例数等关键数据

①核查 CRF 中合并用药记录与门诊 / 住院病历记载是否一致，核实并记录漏填的合并用药例数，若一致则核实其与总结报告是否一致。

②核查 CRF 中违背方案的合并禁用药的记录与门诊 / 住院病历记载是否一致，核实并记录漏填合并方案禁用药的例数，若一致则核实其与总结报告是否一致。

③核查 CRF 中偏离和 / 或违背方案相关记录和处理与实际发生例数（门诊 / 住院病历）及总结报告一致性，核实并记录漏填的例数。

④核查 CRF 中发生的 SAE 处理和报告记录与原始病历（住院病历、门诊 / 研究病历）、总结报告一致性，核实并记录瞒填的例数。

5）试验用药品 / 疫苗的管理过程与记录

①试验用药品 / 疫苗的来源和药检具有合法性（参比制剂的合法来源证明为药检报告、药品说明书等）。

②试验用药品 / 疫苗的接收、保存、发放、使用和回收有原始记录，核实原始记录各环节完整性和原始性。

③试验用药品 / 疫苗接收、保存、发放、使用、回收原始记录的数量一致，核实并记录各环节数量的误差。

④试验用药品 / 疫苗运输和储存过程中的温度均符合要求。

⑤试验用药品 / 疫苗批号与药检报告、总结报告等资料一致。

6）临床试验的生物样本采集、保存、运送与交接记录。

（3）委托研究　其他部门或单位进行的研究、检测等工作，是否有委托证明材料。委托证明材料反映的委托单位、时间、项目及方案等是否与申报资料记载一致。被委托机构出具的报告书或图谱是否为加盖其公章的原件。必要时，可对被委托机构进行现场核查，以确证其研究条件和研究情况。

2. 临床研究病例数据方面

（1）临床试验条件与合规性（含各方在临床试验项目中职责落实）

1）临床试验单位承担药物临床试验的条件与合规性

①临床试验须在具有药物临床试验机构资格的医院内进行（含具有一次性临床试验机构资格认定的批件），落实临床试验条件是否支持试验项目实际的实施过程。（注：承担仿制药一致性评价临床试验项目的医院资格待总局明确）

②具有合法的备案证明或《药物临床试验批件》。

③核对项目开始实施时间与国家市场监督管理总局备案证明或《药物临床试验批件》时间相符性。

2）伦理审查批件及记录的原始性及完整性

①有出席伦理审查会议的签到表和委员讨论的原始记录。

②委员表决票及审查结论保存完整且与伦理审批件一致。

3）临床试验合同经费必须覆盖临床试验所有开支（含检测、受试者营养 / 交通费补贴、研究者观察费等）。

4）申办者 / 合同研究组织（CRO）按照药物临床试验质量管理规范（GCP）原则、方案及合同承担相应职责的文件和记录（如合同或方案中规定的项目质量管理责任及监察、稽查相关记录等）。

（2）临床试验部分（以研究数据的真实完整性为关注点）

1）受试者的筛选 / 入组相关数据链的完整性

①申报资料的总结报告中筛选、入选和完成临床试验的例数与分中心小结表及实际临床试验例数一致，若不一致须追查例数修改的环节。

②方案执行的入选、排除标准符合技术规范（如实记录体检、血尿常规、血生化、心电图等详细内容），其筛选成功率为多少（含有证据的初筛受试者例数）。

③受试者代码鉴认表或筛选、体检等原始记录涵盖受试者身份鉴别信息（如姓名、住院号 / 门诊就诊号、身份证号、联系地址和联系方式等），由此核查参加临床试验受试者的真实性。

④对受试者的相关医学判断和处理必须由本机构具有执业资格的医护人员执行并记录，核查医护人员执业许可证及其参与临床试验的实际情况。

⑤受试者在方案规定的时间内不得重复参加临床试验。

2）知情同意书的签署与试验过程的真实完整性

①已签署的知情同意书数量与总结报告中的筛选和入选病例数一致。

②所有知情同意书签署的内容完整、规范（含研究者电话号码、签署日期等）。

③知情同意签署时间不得早于伦理批准时间，记录违规例数。

④知情同意书按规定由受试者本人或其法定代理人签署（必要时，多方核实受试者参加该项试验的实际情况）。

3）临床试验过程记录及临床检查、化验等数据的溯源

①临床试验的原始记录，如执行方案、病例报告表（CRF）、采血记录、接种记录、观察记录、受试者日记卡等保存完整，核查任何一项不完整、不真实的数据。

②核查 CRF 记录的临床试验过程（如访视点、接种时间、采血点、观察时间等）与执行方案的一致性，核查任何一项不一致、不真实的数据。

③核查 CRF 中的检查数据与检验科、影像科、心电图室、内镜室等检查数据（通过 LIS、PACS 等信息系统）一致性，核实任何一项不一致 / 不能溯源的数据。

④核查 CRF 中的数据和信息与住院病历（HIS）中入组、知情同意、用药医嘱、访视、病情记录等关联性记录，核实完全不能关联的受试者临床试验的实际过程。

⑤核查门诊受试者的 CRF 中入组、访视、病情记录等信息与门诊病历（研究病历）的关联性（必要时，可通过 HIS 核查门诊就诊信息）。

⑥受试者用药应有原始记录，如受试者日记卡或医嘱或原始病历（住院 / 门诊 / 研究病历）等，核查记录的完整性（用药时间、用药量等）及其原始性。

⑦核查 CRF/ 研究病历中的临床检查数据与总结报告一致性，落实任何一项不一致数据发生的缘由。

⑧核查 CRF 的不良事件（AE）的记录及判断与原始病历 / 总结报告一致性，核实并记录漏填的 AE 例数。

4）CRF 中违背方案和严重不良事件（SAE）例数等关键数据

①核查 CRF 中合并用药记录与门诊 / 住院病历记载是否一致，核实并记录漏填的合并用药例数，若一致则核实其与总结报告是否一致。

②核查 CRF 中违背方案的合并禁用药的记录与门诊 / 住院病历记载是否一致，核实并记录漏填合并方案禁用药的例数，若一致则核实其与总结报告是否一致。

③核查 CRF 中偏离和 / 或违背方案相关记录和处理与实际发生例数（门诊 / 住院病历）及总结报告一致性，核实并记录漏填的例数。

④核查 CRF 中发生的 SAE 处理和报告记录与原始病历（住院病历、门诊 / 研究病历）、总结报告一致性，核实并记录瞒填的例数。

5）试验用药品的管理过程与记录

①验用药品的来源和药检具有合法性（参比制剂的合法来源证明为药检报告、药品说明书等）。

②试验用药品的接收、保存、发放、使用、留样和回收有原始记录，核实原始记录各环节的完整性和原始性。

③试验用药品接收、保存、发放、使用、留样和回收原始记录的数量一致，核实并记录各环节数量的误差。

④试验用药品运输和储存过程中的温度均符合要求。

⑤试验用药品批号与药检报告、总结报告等资料一致。

6）临床试验的生物样本采集、保存、运送与交接记录

①生物样本采集、预处理、保存、转运过程的各环节均有原始记录，追溯各环节记录的完整性和原始性。

②血样采集时间与计划时间的变化与总结报告一致。

③根据化学药品性质需进行特殊处理的生物样本采集、预处理应在方案中有规定，且原始记录与方案要求一致。

（3）数据库部分（以原始数据、统计分析和总结报告与锁定的数据库一致性为关注点）

①数据库锁定后是否有修改及修改说明，核实和记录无说明擅自修改的数据。

②锁定数据库的入组、完成例数与实际发生的入组、完成例数对应一致，核实和记录不一致的例数。

③核查锁定数据库与 CRF 和原始病历记录的主要疗效指标及安全性指标一致性（如有修改需进一步核查疑问表的修改记录），记录检查例数和擅自修改的数据。

④核对统计报告例数与锁定数据库的一致性。

⑤核对总结报告例数与锁定数据库的一致性。

（4）出现下列情况，视为拒绝或逃避核查

①拖延、限制、拒绝核查人员进入被核查场所或者区域的，或者限制核查时间的。

②无正当理由不提供或者规定时间内未提供与核查相关的文件、记录、票据、凭证、电子数据等材料的。

③以声称相关人员不在、故意停止经营等方式欺骗、误导、逃避核查的。

④拒绝或者限制拍摄、复印、抽样等取证工作的。

⑤其他不配合核查的情形。

药品研制所使用的部分表格见表 2–3、表 2–4、表 2–5。

表 2–3　药品研制情况申报表（非临床试验用）

<table>
<tr><td colspan="2">药品名称</td><td colspan="3"></td><td>受理号</td><td></td></tr>
<tr><td colspan="2">申请分类</td><td colspan="5">□新药申请　□按新药程序申报的申请　□仿制药申请　□补充申请第　　项</td></tr>
<tr><td colspan="2">注册分类</td><td colspan="5">□中药　　类　□化药　　类　□治疗用生物制品　　类
□预防用生物制品　　类　□血源筛查试剂</td></tr>
<tr><td colspan="2">剂型</td><td colspan="2"></td><td>规格</td><td colspan="2"></td></tr>
<tr><td colspan="2">申请人</td><td colspan="5"></td></tr>
<tr><td colspan="2">联系人</td><td></td><td>联系电话</td><td colspan="3"></td></tr>
<tr><td rowspan="4">药学药理毒理研究</td><td>研究项目</td><td>研究机构名称</td><td>研究地点</td><td>体系认证</td><td>起止日期</td><td>研究负责人</td></tr>
<tr><td>处方 / 工艺补充研究</td><td></td><td>（具体楼座、实验室）</td><td>（如 GLP、GMP 等）</td><td></td><td></td></tr>
<tr><td>质量标准补充研究</td><td></td><td></td><td></td><td></td><td></td></tr>
<tr><td>药学研究用样品试制</td><td></td><td></td><td></td><td></td><td></td></tr>
</table>

续表

<table>
<tr><td rowspan="10">药学药理毒理研究</td><td>研究项目</td><td colspan="2">研究机构名称</td><td colspan="2">研究地点</td><td>体系认证</td><td>起止日期</td><td colspan="2">研究负责人</td></tr>
<tr><td>临床试验用样品试制</td><td colspan="2"></td><td colspan="2"></td><td></td><td></td><td colspan="2"></td></tr>
<tr><td>稳定性补充研究</td><td colspan="2"></td><td colspan="2"></td><td></td><td></td><td colspan="2"></td></tr>
<tr><td>药理毒理补充研究</td><td colspan="2"></td><td colspan="2"></td><td></td><td></td><td colspan="2"></td></tr>
<tr><td></td><td colspan="2"></td><td colspan="2"></td><td></td><td></td><td colspan="2"></td></tr>
<tr><td colspan="2">研究主要仪器设备</td><td colspan="2">型号</td><td colspan="2">研究主要仪器设备</td><td colspan="3">型号</td></tr>
<tr><td colspan="2"></td><td colspan="2"></td><td colspan="2"></td><td colspan="3"></td></tr>
<tr><td colspan="2"></td><td colspan="2"></td><td colspan="2"></td><td colspan="3"></td></tr>
<tr><td colspan="2"></td><td colspan="2"></td><td colspan="2">（样品试制设备填下页）</td><td colspan="3"></td></tr>
<tr><td colspan="9"></td></tr>
<tr><td rowspan="5">样品试制</td><td>批号</td><td>试制日期</td><td>用途</td><td>主药投料量</td><td colspan="2">试制量</td><td>使用量</td><td colspan="2">剩余量</td></tr>
<tr><td></td><td></td><td></td><td></td><td colspan="2"></td><td></td><td colspan="2"></td></tr>
<tr><td></td><td></td><td></td><td></td><td colspan="2"></td><td></td><td colspan="2"></td></tr>
<tr><td></td><td></td><td></td><td></td><td colspan="2"></td><td></td><td colspan="2"></td></tr>
<tr><td></td><td></td><td></td><td></td><td colspan="2"></td><td></td><td colspan="2"></td></tr>
</table>

续表

	主要设备	试制地点	主要设备	试制地点
样品试制		（具体楼座、实验室）		
	试制原始记录共	页	负责人（签名）	
	主要检验仪器	检验地点	主要检验仪器	检验地点
		（具体楼座、实验室）		
	检验原始记录共	页	负责人（签名）	

	项目	试验机构名称	地址	体系认证	起止日期	样品量	主要研究者
临床试验	（如生物利用度试验、Ⅱ期临床等）						

声　明

本报告表中填写内容和所附资料均属实。如查有不实之处，本单位负法律责任，并承担由此造成的一切后果。

申报单位负责人签名：

（申请人公章）

年　　月　　日

注：其他需要说明的情况可另附页。

本表一式四份，其中三份原件，受理省局存一份原件，其余报送国家药品监督管理局。

表 2–4　药品研制情况核查报告表（临床试验后用）

<table>
<tr><td colspan="2">药品名称</td><td colspan="3"></td><td>注册分类</td><td colspan="2"></td></tr>
<tr><td colspan="2">药品注册申请人</td><td colspan="3">（公章）</td><td>规格</td><td colspan="2"></td></tr>
<tr><td colspan="2">核查地址</td><td colspan="3"></td><td>申请机构负责人</td><td colspan="2">（签名）</td></tr>
<tr><td rowspan="17">核查情况</td><td colspan="2">试制原始记录：</td><td colspan="2">符合要求□</td><td>基本符合要求□</td><td colspan="2">不符合要求□</td></tr>
<tr><td colspan="2">试制设备：</td><td colspan="2">适应□</td><td>基本适应□</td><td colspan="2">不适应□</td></tr>
<tr><td colspan="2">药学研究样品试制量：</td><td colspan="2">符合申报要求□</td><td>基本满足要求□</td><td colspan="2">不能满足要求□</td></tr>
<tr><td colspan="2">临床试验样品试制量：</td><td colspan="2">满足研究需要□</td><td>基本满足要求□</td><td colspan="2">不能满足要求□</td></tr>
<tr><td colspan="2">检验原始记录：</td><td colspan="2">符合要求□</td><td>基本符合要求□</td><td colspan="2">不符合要求□</td></tr>
<tr><td colspan="2">检验仪器：</td><td colspan="2">适应□</td><td>基本适应□</td><td colspan="2">不适应□</td></tr>
<tr><td colspan="2">研制项目</td><td colspan="5">以下项目是否与申报资料及《药品研制情况申报表》一致</td></tr>
<tr><td colspan="2">处方 / 工艺补充研究：</td><td colspan="2">一致□</td><td>基本一致□</td><td colspan="2">不一致□</td></tr>
<tr><td colspan="2">质量标准补充研究：</td><td colspan="2">一致□</td><td>基本一致□</td><td colspan="2">不一致□</td></tr>
<tr><td colspan="2">稳定性补充研究：</td><td colspan="2">一致□</td><td>基本一致□</td><td colspan="2">不一致□</td></tr>
<tr><td colspan="2">临床试验：</td><td colspan="2">一致□</td><td>基本一致□</td><td colspan="2">不一致□</td></tr>
<tr><td colspan="7"></td></tr>
<tr><td colspan="7"></td></tr>
<tr><td colspan="7"></td></tr>
<tr><td colspan="7"></td></tr>
<tr><td colspan="7"></td></tr>
<tr><td colspan="7"></td></tr>
<tr><td colspan="8">研制工作存在的问题：</td></tr>
<tr><td colspan="8">核查中发现的问题（对核查情况选择“基本适应”或“基本一致”等，应当进行情况说明）：</td></tr>
<tr><td colspan="8">综合评价：</td></tr>
<tr><td colspan="2">各核查人</td><td colspan="3">（签名）</td><td colspan="3" rowspan="3">（省局公章）</td></tr>
<tr><td colspan="2">核查部门负责人</td><td colspan="3">（签名）</td></tr>
<tr><td colspan="2">省局负责人</td><td colspan="3">（签名）
年　　月　　日</td></tr>
</table>

本表随申报资料报送国家药品监督管理局，原件至少三份。

表 2-5　药品注册研制现场核查报告

<table>
<tr><td>药品名称</td><td colspan="2"></td><td>受理号</td><td colspan="3"></td></tr>
<tr><td>申请分类</td><td colspan="6">□新药申请　□按新药程序申报的申请　□仿制药申请　□补充申请第　项</td></tr>
<tr><td>注册分类</td><td colspan="6">□中药　类　□化药　类　□治疗用生物制品　类
□预防用生物制品　类　□血源筛查试剂</td></tr>
<tr><td>剂　型</td><td colspan="2"></td><td>规格</td><td colspan="3"></td></tr>
<tr><td>申 请 人</td><td colspan="6"></td></tr>
<tr><td>申请状态</td><td colspan="6">□申请临床　□申请生产</td></tr>
<tr><td>核查项目</td><td colspan="6">□药物临床前研究　□临床试验　□申报生产研制</td></tr>
<tr><td rowspan="3">临床试验</td><td colspan="6">被核查单位（□组长单位　□参加单位）：
核查地点：</td></tr>
<tr><td colspan="6">核查结果（核查中发现的主要问题）：</td></tr>
<tr><td>组长签名</td><td></td><td>核查员签名</td><td></td><td>被核查单位负责人签名</td><td>（公章）</td></tr>
<tr><td>综合评定结论</td><td colspan="6">根据综合评定，现场核查结论为：
□通过
□不通过

有关说明：</td></tr>
<tr><td>组长签名</td><td colspan="2"></td><td>核查员签名</td><td colspan="3"></td></tr>
<tr><td>省局审核意见</td><td colspan="6"></td></tr>
<tr><td colspan="4">省局经办人签名：　年　月　日</td><td colspan="3" rowspan="3">（省局公章）</td></tr>
<tr><td colspan="4">省局药品注册处负责人签名：　年　月　日</td></tr>
<tr><td colspan="4">省局负责人签名：　年　月　日</td></tr>
<tr><td>备注</td><td colspan="6"></td></tr>
</table>

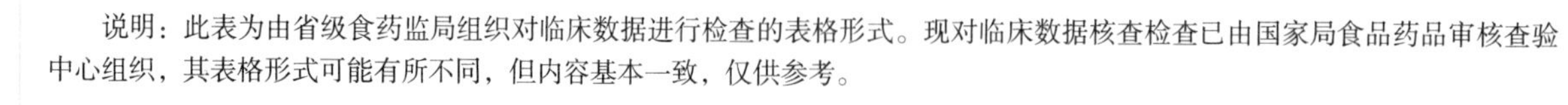
说明：此表为由省级食药监局组织对临床数据进行检查的表格形式。现对临床数据核查检查已由国家局食品药品审核查验中心组织，其表格形式可能有所不同，但内容基本一致，仅供参考。

二、生产现场检查

药品注册生产现场检查是指药品监督管理部门对所受理药品注册申请批准上市前的样品批量生产过程等进行实地检查，确认其是否与核定的或申报的生产工艺相符合的过程。药品审评中心根据申报注册的品种、工艺、设施、既往接受核查情况等因素，基于风险决定是否启动药品注册生产现场检查。生产现场检查从多方面核实申报工艺的真实性和可行性，是一种非常有力的监管手段。

（一）一致性

关注申报资料与药学研究、体外评价及实际生产过程中原辅料及内包装材料的来源、成品处方与生产工艺、生产批量的一致性。

1. 生产所需的原辅料、直接接触药品的包装材料是否具有合法来源，是否与申报的生产商一致。如有变更，是否进行了相应的研究评价及验证，变更程序是否合规。

2. 生产工艺及处方是否与申报的工艺及处方一致。核对生产现场检查的动态生产处方工艺与申报资料处方工艺的一致性，检查生产批量与关键生产设备生产能力匹配性。

3. 生产批量是否与申报的批量一致，如有变更，是否进行相应的研究及验证，是否经过批准。

4. 用于生物等效性、临床研究、体外评价的药品的生产过程应与申报资料内容一致，相关数据、记录应全部保留并具有可追溯性。

（二）物料系统

主要围绕物料的采购、接收、贮存、检验、放行、发放、使用、退库、销毁全过程进行的检查。

1. 供应商管理，是否对原辅料、直接接触药品的包装材料的供应商按照管理规程进行审计。

2. 原辅料和直接接触药品的包装材料等是否由符合相应岗位要求的人员验收和检验，是否按照相关 SOP 进行取样和检验，并出具检验报告书，是否制定了复验 SOP，并按规定复验。

3. 原辅料和直接接触药品的包装材料储存情况，是否制定合理的储存期限，以保证物料符合质量标准要求。

4. 仓库物料与产品发出量、库存量与实际生产量是否一致，物料退库和销毁情况。物料生产现场账物平衡情况。

5. 参比制剂的来源及相关证明性文件是否符合要求。

（三）生产系统

检查主要围绕生产过程中生产工艺处方与申报资料一致性、近期的批生产记录及相关的物料发放记录、防止污染与交叉污染措施的有效性等。

关注生产环境、设备、设施是否符合品种生产的要求，关键生产设备生产能力是否与品种批量生产相匹配及相关的工艺验证情况。涉及处方与工艺变更的，应关注生产工艺的再研发过程与验证情况。

1. 处方组成是否与申报资料一致，是否有相应的变更，变更是否经过相关验证研究并获批准。

2. 生产工艺是否与申报资料一致，是否有相应的变更。仅涉及生产工艺局部变更的，是否对

变更内容进行研究和验证；涉及工艺类型和参数、批量、设备等主要变更的，是否对完整的生产工艺进行研究和验证。

3. 厂房与设施、设备是否与品种批量生产匹配。

4. 批生产量是否与申报的 / 核准的批量一致，是否与验证批次一致，验证数据是否支持批量生产的关键工艺参数。

5. 关键设备的使用时间与批生产记录是否一致。

6. 批生产记录是否与申报工艺一致，批生产记录关键生产工艺参数是否在规定范围内。

7. 不同生产工序所得的产量及必要的物料平衡是否符合要求。

8. 是否有防止污染与交叉污染的措施，是否评估其措施有效性。

9. 如非专线生产，共线生产带来的风险是否被充分评估。

（四）质量控制与质量保证系统

实验室应按常规检查，重点关注产品年度质量回顾（包括 OOS、偏差、变更）、分析方法的建立与验证、药物溶出度仪确认、溶出曲线考察的探索与实验、溶出曲线相似性评价、稳定性考察情况、关键质量属性研究数据。

1. 检验仪器是否校验合格并在校验有效期内，是否有使用及维护记录，记录时间与检测品种及检测时间是否对应一致。

2. 是否按规定留样并进行稳定性考察，稳定性留样时间及数量、取样时间及数量是否符合要求，稳定性研究过程中各时间点的试验数据是否符合规定。该留样所用的直接接触药品的包装材料是否与申报的 / 核准的一致。

3. 质量研究各项目（鉴别、检查、含量测定）及方法学考察内容是否完整，各检验项目中是否记录了所有的原始数据，数据格式是否与所用的仪器设备匹配。

4. 药典对照品、其他来源的外购对照品或自制对照品的来源及原始证明性材料是否符合要求。如为工作对照品，是否有完整的标化记录。

5. 参比制剂的来源及原始证明性材料是否符合要求，是否考察了与一致性评价紧密相关的关键质量属性，如性状、晶型（原料）、水分、溶出度、含量、有关物质等。

6. 偏差调查及处理是否合理及其有效性。

7. 质量内控标准制定是否合理，不低于现行的技术指导原则与药典的要求。

8. 关注稳定性考察的加速试验和长期试验情况，应检查与产品质量相关性的分析数据（如溶出度、含量、单杂、总杂等项目的趋势报告）。

（五）数据可靠性

关注申报资料中数据的真实性与可靠性，申报数据与原始数据的一致性，确保准确真实、清晰可追溯、原始一致、及时同步记录、能归属到人、完整持久。

关注为保证数据真实、可靠、可追溯，是否采取了有效的措施和管理方法防止数据的修改、删除、覆盖等。

1. 计算机系统的用户分级管理与权限设置是否合理。

2. 计算机化分析仪器是否开启审计追踪功能。

3. 原始电子数据是否与申报的纸质数据一致。

4. 质量研究及稳定性试验原始试验图谱是否真实可信；是否有篡改图谱信息、一图多用的现象；是否存在修改进样时间，删除不合格数据等问题；IR、UV、HPLC、GC 等具数字信号处理系统打印的图谱是否具有可追溯的关键信息（如带有保存路径的图谱原始数据挖掘名和数据采集时间），各图谱的电子版是否保存完好，是否有备份及备份记录。

5. 是否制定了相关规定对数据的产生、采集、记录、处理、审核、报告、存储、存档、销毁等过程进行管理。

总的来说，新药注册现场检查是新药注册申报流程中必须经历的步骤，更是药品能否通过注册并获得上市批准的重要环节。只有充分掌握研制现场核查和生产现场检查的具体要求，才能对新药研究的过程有一个科学、系统、客观的认识，才能提高药品研发的水平和质量。新药研发过程中的每个环节都与药品的质量密切相关，因此在药物临床前、临床研究和生产上市的整个研究过程都需要建立严格的监察体制。从源头控制药品质量安全，本着严肃的态度，追求制药行业的健康持续发展，是药品研发工作者最基本的职业素养。

药品生产所使用的部分表格见表 2–6、表 2–7。

表 2–6　药品注册生产现场检查申请表

编号：

<table>
<tr><td colspan="2">药品名称</td><td colspan="3"></td><td colspan="3">受理号</td><td colspan="4"></td></tr>
<tr><td colspan="2">申请分类</td><td colspan="10">□新药申请　□按新药程序申报的申请　□仿制药申请　□补充申请第　项</td></tr>
<tr><td colspan="2">注册分类</td><td colspan="10">□中药　类　□化药　类　□治疗用生物制品　类
□预防用生物制品　类　□血源筛查试剂</td></tr>
<tr><td colspan="2">剂　型</td><td colspan="3"></td><td colspan="3">规　格</td><td colspan="4"></td></tr>
<tr><td colspan="2">申 请 人</td><td colspan="10"></td></tr>
<tr><td colspan="2">申请人联系人</td><td colspan="2"></td><td colspan="3">联系电话</td><td colspan="2"></td><td colspan="2">手　机</td><td></td></tr>
<tr><td colspan="2">电子邮件</td><td colspan="7"></td><td colspan="2">传　真</td><td></td></tr>
<tr><td colspan="2">样品生产单位</td><td colspan="10"></td></tr>
<tr><td colspan="2">样品生产地址</td><td colspan="7"></td><td colspan="2">邮　编</td><td></td></tr>
<tr><td colspan="12">该剂型生产线　□ 1 条　□ 2 条以上</td></tr>
<tr><td colspan="3">样品生产车间或生产线名称</td><td colspan="6"></td><td colspan="2">生产能力</td><td></td></tr>
<tr><td rowspan="8">拟安排生产情况</td><td colspan="2">主要生产工序名称</td><td colspan="3">计划开始时间</td><td colspan="4">计划完成时间</td><td colspan="2">主要操作人</td></tr>
<tr><td colspan="2"></td><td colspan="3"></td><td colspan="4"></td><td colspan="2"></td></tr>
<tr><td colspan="2"></td><td colspan="3"></td><td colspan="4"></td><td colspan="2"></td></tr>
<tr><td colspan="2"></td><td colspan="3"></td><td colspan="4"></td><td colspan="2"></td></tr>
<tr><td colspan="2"></td><td colspan="3"></td><td colspan="4"></td><td colspan="2"></td></tr>
<tr><td colspan="2"></td><td colspan="3"></td><td colspan="4"></td><td colspan="2"></td></tr>
<tr><td colspan="2"></td><td colspan="3"></td><td colspan="4"></td><td colspan="2"></td></tr>
<tr><td colspan="2"></td><td colspan="3"></td><td colspan="4"></td><td colspan="2"></td></tr>
</table>

续表

关键原辅料情况	名　称	规　格	标　准	生产单位
包装材料情况	名　称	规　格	标　准	生产单位
该车间生产的其他品种情况	药品名称	规　格	批准文号	是否常年生产
参与样品生产人员登记表	姓　名	部　门	职务或职称	所在岗位
其他				

（申请人公章）

年　月　日

填表说明：申请人可自行编号。本表一式四份，其中三份原件，受理省局 / 国家局认证管理中心存一份原件，其余报送国家药品监督管理局。

表 2-7　药品注册生产现场检查报告

编号：

<table>
<tr><td>药品名称</td><td colspan="3"></td><td colspan="2">受理号</td><td colspan="3"></td></tr>
<tr><td>申请分类</td><td colspan="8">□新药申请　□按新药程序申报的申请　□仿制药申请　□补充申请第　　项</td></tr>
<tr><td>注册分类</td><td colspan="8">□中药　　类　□化药　　类　□治疗用生物制品　　类
□预防用生物制品　　类　□血源筛查试剂</td></tr>
<tr><td>剂　型</td><td colspan="3"></td><td colspan="2">规格</td><td colspan="3"></td></tr>
<tr><td>申 请 人</td><td colspan="8"></td></tr>
<tr><td>被检查单位</td><td colspan="8"></td></tr>
<tr><td>被检查地点</td><td colspan="8"></td></tr>
<tr><td colspan="3">被检查单位最高质量负责人</td><td colspan="2"></td><td colspan="2">身份证号</td><td colspan="2"></td></tr>
<tr><td>检
查
结
果</td><td colspan="8">包括检查过程简述、检查要点分项专述及发现的主要问题（可另附详细说明）</td></tr>
<tr><td>其
他
情
况</td><td colspan="8"></td></tr>
<tr><td>组长
签名</td><td colspan="2"></td><td>核查员
签　名</td><td colspan="2"></td><td>观察员
签　名</td><td colspan="2"></td></tr>
<tr><td>被检查单位
负责人签名</td><td colspan="3"></td><td colspan="5">（被检查单位公章）
年　　月　　日</td></tr>
</table>

续表

<table>
<tr><td>综
合
评
定
结
论</td><td colspan="5">根据综合评定，现场检查结论为：
□通过
□不通过
有关说明：</td></tr>
<tr><td>组长
签名</td><td></td><td>核查员
签　名</td><td></td><td>观察员
签　名</td><td></td></tr>
<tr><td colspan="3">省局 / 国家局认证管理中心审核意见</td><td colspan="3"></td></tr>
<tr><td colspan="4">省局药品注册处 / 国家局认证管理中心处经办人签名
年　　月　　日</td><td colspan="2" rowspan="3">省局 / 国家局认证管理中心
（公章）</td></tr>
<tr><td colspan="4">省局药品注册处 / 国家局认证管理中心处负责人签名
年　　月　　日</td></tr>
<tr><td colspan="4">省局 / 国家局认证管理中心负责人签名
年　　月　　日</td></tr>
<tr><td colspan="6">备注：</td></tr>
</table>

填表说明：省局或国家局认证管理中心可自行编号。本表一式四份，其中三份原件，受理本局 / 国家局认证管理中心存一份原件，其余报送国家药品监督管理局。

第三章
中药新药研发的立题与设计

扫一扫，查阅本章数字资源，含PPT、音视频、图片等

中药新药研发的立题包括选题、预试、研究方案设计、填表申报和批准立项等过程。科研选题是指在研究项目范围内选择本项研究课题的过程。立题是指经论证后对本研究课题的确定。科研选题与立题指提出和确定本项中药新药研究所要解决的科学问题，其中包含创新探索。科研选题与立题必须集科学性、创新性、可行性、效益性于一体，并往往存在一定的技术和经济风险。因此，讨论立题与设计至关重要。

第一节　选题

中药新药的研发是一个系统工程，其中选题是关键。它关系到新药研究能否顺利进行、能否达到预期的技术要求，新药的市场表现能否给研制者带来效益，并且最终能否服务于健康。中药新药研发应遵循一定的选题原则，采用科学的方法进行选题。

一、选题原则

中医药科研的主要内容包括研究人体本质和疾病机制、创制新药、促进中医药学科发展、诊治疾病、增进健康等。研发中药新药的选题必须坚持科学性、创新性、可行性和效益性的指导原则，这四项原则集中体现了中药新药的立题依据。当前中药新药研发在立题方面的突出问题是忽视新药的创新性、新颖性，不重视中医药理论对新药研究的指导，把个案作为立题依据，缺乏科学性。

（一）科学性

选题必须要有科学依据。中药新药研发首先应以中医药理论为指导，即以中医药理论指导组方、设计剂型和工艺、质量标准及药效、临床研究等整个研制过程。由于中医强调整体观念、辨证论治，中医的“证”往往包括西医诊断的一种或几种“病”。中医施治时又往往从某些主症入手，并兼顾辅症，组方时调兵遣将，以君、臣、佐、使配伍使用药味，祛除病因，从整体功能上进行调节，故能治愈疾病。

1. 合理组方　中药新药的组方合理是新药研发的良好基础。组方的君、臣、佐、使配伍应恰当合理。以中医药理论指导组方，还应结合现代药理研究结果，确认该药味的有效成分或组分，可与西医学“病”“症”对照观察。例如：清开灵注射液是以安宫牛黄丸为基础研制而成的新药。安宫牛黄丸治疗热邪内陷、传入心包而致的身热烦躁、神昏谵语、抽搐惊厥等症，但丸剂不利于迅速发挥疗效。新制剂清开灵注射液被国家中医药管理局确定为急诊必备中成药之一，就是因为

它选择了速效剂型。针对身热烦躁、神昏谵语、抽搐惊厥之主症，以清热解毒、镇静安神、芳香开窍为治法，配以牛黄、水牛角、珍珠母、黄芩、金银花、栀子和板蓝根。因牛黄有效成分为胆酸盐类，所以注射液用胆酸盐代替牛黄，组成清开灵注射液，起清热解毒、化痰通络、醒神开窍之作用。清开灵注射液之所以研制成功，并在多年临床实践中疗效确切，是因为它既以中医药理论为指导合理组方，又注意应用现代试验研究结果，确认组方中有效成分（或组分）。在研究过程中注意其科学性，既不固守原方，又根据剂型特点合理组方，这是中药新药研发成功之例。

2. 剂型工艺 选择适宜的剂型和工艺是使合理的处方发挥应有疗效的关键。应根据防治疾病需要和药物性质及五方便原则选择适宜的剂型，并在确认组方中有效成分（或组分）后，制定合理的制备工艺，去粗取精，可以借鉴现代医药学研究成果。现代药理实验除了研究药物作用的机制外，还以客观指标确定某种成分（或组分）的药效，虽然与中医之“证”不能完全吻合，但可以借鉴。例如：大黄蒽醌苷的泻下、抗菌、抗肿瘤等作用，证明大黄有泄实热、行瘀解毒之功；黄芩中黄芩苷的抗变态反应与抗炎、解毒、利尿等药理实验结果，也证明黄芩有清湿热、泻火解毒之功。若组方时选用大黄和黄芩，取其解毒、泻下作用，则可保留大黄中蒽醌苷、黄芩中黄芩苷类。例如三黄片是取代三黄注射液的制剂，其工艺合理性就在于保留了大黄中蒽醌苷、黄芩中黄芩苷和黄连中小檗碱，而三黄注射液中主要有效成分大黄蒽醌苷、黄芩苷和小檗碱因互相结合形成大分子聚合物，已在制备过程中被滤除，故该组方选择片剂，其工艺科学合理。同理，清开灵注射液处方中除去原方中黄连，以板蓝根取而代之，也是其科学合理之处。

3. 质量控制 按照中医临床用药需要组方，并确认了有效成分，还应该对有效成分进行含量测定，才能保证质量稳定、可控，临床安全、有效。质量控制应在原料药、半成品和成品三个环节进行。确定有效成分，制定和完善质量标准，也是在中医药理论指导下研制新药的重要环节。随着现代基础医学实验和临床试验的深入进行，中药药理学研究将为制备更多的新制剂及制定实用可靠的定性定量标准提供更多的依据。目前，部分中药新药的质量标准还不尽完善，尤其在未能确认有效成分的制剂中仍以指标成分为质量控制指标。应尽可能研究并建立与功能主治相关的成分（或组分）的质量控制方法，同时应尽量考虑以多成分作为指标，保证制剂处方的功能主治可控，还可以探索制定中药制剂的指纹图谱。

4. 药理药效试验 药理药效试验强调以中医药理论为指导，以临床主治的病证研制合适的动物模型为主。目前中医药研究者已在这方面做了大量的工作，国家药品监督管理局中药新药研究指南发布了多种动物模型，如“阴虚”证动物模型。

5. 临床试验（验证） 中药新药的临床试验同样强调在中医药理论指导下的辨“证”论治，即设计中医“证”的诊断项目及指标、用药剂量与方法、疗效标准等。《药品注册管理办法》《中药新药研究的技术要求》等新药研究技术指导原则对此有科学、严格的要求。

（二）创新性

中药新药研发要有所创新、有所发明，在组方、剂型、工艺、质量标准、药效及安全性等方面要有明显的创新性，使研究的结果是前人未获得过的。

组方要有特色，不应抄袭仿制或对现有方药加加减减，低水平重复。尤其是中药1类新药的研究，既强调以中医药理论为指导，又注意结合古今临床经验，使处方合理、新颖、有效。如前述清开灵注射液不但保留了原方的治疗特色，而且剂型改进后为临床急诊所采用。

中药新药除在组方、剂型、工艺、质量标准等制备过程中注意创新外，还应在新技术、新设

备或新辅料的应用等方面开拓发展，有所创新。

（三）可行性

设计课题时，应考虑其实际情况，如人力、物力（设备、经费等方面）、情报等是否能够保证科研的如期进行。科研课题的结果可以是正，也可以是负，实验结果可以发表论文或申报科研成果。中药新药研发与一般科研课题略有不同。

1. 强调规范化 研究者应根据《药品注册管理办法》《中药新药研究的技术指导原则》设计研究内容和步骤，对一类至三类中药新药均有一个全面基本的要求，研究资料缺一不可，研究记录的真实性和可溯源性必须符合规范。

2. 必须得正结果 研究的结果必须是正的，是一个安全、有效、稳定、质量可控的药品。

3. 人员组成 即科研人员的年龄、结构、知识层次及专业组成。人员既要有专家教授，又要有中青年技术人员，专业应由多学科组成。例如既要有药学研究人员，又要有临床医师，还应有基础医学实验研究人员组成研究小组，才能保证研究工作的顺利进行。

4. 物质条件 物质条件也往往决定科研水平。中药新药研发所需的常规检测仪器、设备、经费等是促使成果产出的必要条件，要设法从多渠道争取资金，多投入、多出成果、快出成果。

（四）效益性

对中药新药研发而言，科研投入与预期的综合效益是否相当，其衡量标准是有无临床实用价值、社会效益和经济效益。选题时应选择常见病、多发病、疑难病，善于因势利导、因地制宜，充分利用现有条件（人力、物力、地理环境等），以便取得较快进展。例如用于心脑血管栓塞性病证的三七通舒胶囊，由于利用道地药材大宗品种的资源，该药又是常见病、多发病的治疗药物，故市场前景广阔。

总之，选题应注意科学性、创新性、可行性和效益性。当前还应加强信息追寻和捕捉，如对用药对象的需求率、市场前景等均要进行大量的调查，才能确立选题。

二、选题方法

中药新药研发与化学合成药物研发的不同之处，在于前者进行药学、药理学等试验研究前，大多在安全性和有效性方面已经具有一定的临床、药效、毒理等方面的研究基础。这些支持药物安全性和有效性的研究基础是影响药物研究与开发前景、技术要求的重要因素，也是药品审评中比较关注的问题。因此，认真研究、总结和分析已有的研究基础是中药新药研发工作的重要内容。具体调查研究方法有查阅文献、计算机检索、市场调查与信息咨询等。

（一）调查研究

1. 查阅文献 查阅文献是贯穿研究全过程的一项十分重要的工作，尤其在选题时，必须集中一定时间进行文献检索，准确、及时地掌握与研究领域理论、实验技术有关的科技成果现状及研究动态。中药新药的研究文献大致有科技图书、期刊、其他工具书等。

2. 计算机检索 随着现代计算机技术和大数据的发展，直接利用电子计算机检索文献是更加快速、准确的检索方法。由于该法存储量大、存取速度快，故为现代研究者所广泛采用。随着科技发展，国内计算机检索方法也日益普及。目前，在申报科研课题的标书上设有检索栏，要求经认可的检索单位赋以计算机检索证明，以表明申报课题的可行性、创新性等。

3. 市场调查、信息咨询 中药新药的研发还应该进行市场前景调查或预测、专家咨询等，收集、汇总各方面信息，通过分析也能得到一定的启示。

（二）选择课题

调查研究等前期工作为研究者提供了大量的可参阅资料，同时还应筛选出可利用的信息。中药新药研发的课题选择方法大致有以下几种。

1. 传统古方与经方 从古代医籍中选择处方是比较常见的开发新药的形式。古代方剂类医籍大体分为两大类。一类是方剂专著，其中比较有代表性的如晋代葛洪的《肘后备急方》，收集了多个便、廉、验、简的方剂，为民间所乐用。书中有关青蒿捣汁治疟的记载就是如今开发的青蒿素治疗脑型疟疾并取得较好疗效的主要研制基础。唐代孙思邈的《备急千金要方》《千金翼方》和王焘的《外台秘要》荟萃了历代名方和一些海外传来的方剂，并分门别类，可以说是集唐代以前方剂之大成。宋代著名方书《太平圣惠方》和《圣济总录》分别载方 16000 余首和近 20000 首，是方剂资料的又一次总结。《太平惠民和剂局方》虽然所收处方不到 800 首，但处方大多切实有效，不少处方沿用至今，例如现在临床上应用非常广泛的附子理中丸。明清时期的《伤寒明理药方论》《小儿药证直诀》《普济方》等所载处方很多在临床上验之有效，是非常宝贵的方剂学资料。另一类是中医其他著作，在阐述中医理论或临床经验的同时记载了许多实用的处方。如《伤寒论》《金匮要略》《景岳全书》等医籍载有许多有效的处方，现已被研制成中药制剂在临床上广泛使用。当然，不能盲目从这些医籍中选择处方作为开发新药的来源，要选择组方严谨、疗效可靠的处方。用其原方，药味、剂量应当不变，也可根据现代临床经验进行加减化裁，然后根据其方证和临床经验明确其功能主治。

这种选方的特点是处方经典，组方的理论性强，长期在临床上得到验证。但许多方所列功能主治范围非常广，在实际开发时必须有选择地应用，不可盲目遵从。还有一些处方虽然古书记载针对某一病证非常有效，但必须结合现代临床应用的经验，再确定功能主治。对待一些比较经典的处方也可在原功能主治的基础上有所发挥和发展，即所谓“古方今用”，例如加味逍遥散或逍遥丸对于胃脘痛、胃肠功能紊乱、慢性胃炎的应用研究。也可将现代手段应用到古方的研究中，以发现药效的物质基础，从而产生出其他不同的新组合并进行新制剂的研制，这一点在科研工作中已经被广泛采纳。2016 年，《中华人民共和国中医药法》明确规定经典名方制剂可以免临床研究进行申报生产。2020 年，国家市场监督管理总局公布新修订的《药品注册管理办法》及中药注册分类的配套文件《中药注册分类及申报资料要求》。为鼓励进一步发挥中医药原创优势，促进古代经典名方向中药新药转化，新注册分类将“古代经典名方中药复方制剂”单独作为一个注册分类，即第三类。此次的新注册分类丰富了第三类“古代经典名方中药复方制剂”的范围，将其细分为“3.1 按古代经典名方目录管理的中药复方制剂”及“3.2 其他来源于古代经典名方的中药复方制剂”。3.2 类包括未按古代经典名方目录管理的古代经典名方中药复方制剂和基于古代经典名方加减化裁的中药复方制剂。同时，该注册分类的药品可豁免临床，直接提出上市许可申请，大大缩短了新药研发上市的时间，对中药新药研发是一项利好政策。2018 年，国家中医药管理局发布的《古代经典名方目录（第一批）》囊括了从 103 种医籍记载的 10 万余首方剂中遴选出的 100 首古代经典名方。2020 年，国家中医药管理局和国家药监局发布了《古代经典名方关键信息考证原则》和《古代经典名方关键信息表（7 首方剂）》，为经典名方中药新药注册审批奠定了基础。2022 年 9 月，国家中医药管理局又发布了《古代经典名方目录（第二批儿科部分）》。

2022 年 12 月 28 日，首个按古代经典名方目录管理的中药复方制剂（即中药 3.1 类新药）苓桂术

甘颗粒获批上市。

2. 临床有效的方剂　选择有30年以上临床经验的名老中医经验方、有市场前景的医院协定处方或医疗机构中药制剂，按《药品注册管理办法》研制成新制剂，这是较省力的方法之一。处方有以下几种。

（1）*法定处方*　主要是指《中国药典》、局颁标准收载的处方。从这类处方中可筛选出临床疗效好、有改变剂型必要的方剂，从而为研制中药新药（2.2类新药）提供线索。

（2）*协定处方和医疗机构中药制剂*　协定处方是由医院药师和医师根据临床需要互相协商所制定的处方，可以在协定处方中选择疗效确切的方剂作为研制中药新药的基础方。医疗机构中药制剂是指医疗机构根据本单位临床需要，经批准而配制、自用的固定处方的中药制剂。它是中药新药研发的重要来源，作为临床经验方的有效载体，其安全性和有效性一般都经过多年临床验证，较易获得人用经验证据并向中药新药转化。

就我国中药新药研发而言，人用经验是指在长期临床实践中积累的，用于满足临床需求的，具有一定规律性、可重复性的关于中医临床诊疗认识的概括总结。2019年发布的《中共中央　国务院关于促进中医药传承创新发展的意见》指出“加快构建中医药理论、人用经验和临床试验相结合的中药注册审评证据体系”。“三结合”体系是为中药量身定制的注册评审标准。中药新药在符合中医理论，注重临床实践，保证安全有效、质量稳定的前提下，以人用经验作为评审依据，有望代替一部分临床验证。国家药品监督管理局药品审评中心（CDE）为明确“三结合”审评证据体系的相关技术要求，于2022年4月正式发布《基于人用经验的中药复方制剂新药临床研发指导原则》。其主要特点为充分考虑中药的特点、研发规律和实际情况，将真实世界研究的设计方法引入研发策略之中，针对不同的注册分类及人用经验的收集情况推荐相应的研发路径。总之，医疗机构中药制剂和协定处方是中药新药研发的重要来源，具有丰富的人用经验。尤其是医疗机构制剂，作为中药新药的孵化器，容易推动大品种的中药产品上市。

（3）*单方和秘方*　单方和秘方中蕴藏着不少有效方，对许多临床上的疑难杂病往往有着奇异功效。这些处方往往针对性很强，用药也有独特之处，但更多时候这些处方不能为传统的中医药理论所解释，甚至会有一些大的用药禁忌出现于其中。将其作为开发新药时的处方来源，有时会收到满意的效果，但在选择采纳时应仔细考证和审定，不能轻易否定，更不能盲从其临床疗效而忽视其安全性，对待这类处方一定要采取慎重的态度。针对这类处方，应该注意发掘、整理，但必须经过文献考证，同时需要借助药效学实验结果和临床疗效总结资料来加以说明，始终要满足安全性和有效性。

3. 从常见病、多发病、疑难病着手　人类的疾病谱是随着人口结构、生活方式、生存环境及医疗技术的变化而不断变化的。在众多的有效方剂中，选择适于研究的课题，除了从现有条件出发外，还应注意从常见病、多发病或疑难病的有效方剂着手，设立课题。这类制剂一般有较好的市场效益和前景。例如，治疗感冒的“感冒水”“柴胡口服液”“银黄口服液”等，以剂量小、疗效佳为特点，颇受患者欢迎；治疗肿瘤、艾滋病等病证的药物虽然研发难度大，但如果选题得当，组方合理，工艺先进，剂型适宜，往往也会达到预期效果。

4. 从中成药中选题　新修订的《药品注册管理办法》中的中药2类新药（中药改良型新药）指改变已上市中药的给药途径、剂型，且具有临床应用优势和特点，或增加功能主治等的制剂。

（1）*剂型改进研究*　将传统剂型进行剂型改革、工艺革新，提取有效成分（或有效部位），缩小服用剂量，提高疗效，仍为主要选题之一。一般可根据临床需要和药物性质制成新剂型，如片剂、胶囊剂、颗粒剂等。要求迅速发挥疗效的，可制成速效制剂，如将生脉饮改制成生脉注射

液；可制成高效制剂，如由六神丸改制成速效救心丸。

剂型改进的课题也包括修方改型法，如清开灵注射液、速效救心丸等制剂的研制。在多数情况下，传统方剂因立方年代已久，病因、病证、病机等有变，已不尽严谨，往往需在原方基础上加减，组成新方。研制时还应注意选药，明确药材品种与品质，以利于保证临床安全有效。

（2）提升质量标准研究　传统中成药质量标准多不完善，因此也可从中建立合理的质量控制方法，完善质量标准。例如对主要药物有效成分的定性、定量分析，制定制剂稳定性检查项目等，或对产品进行多成分、全方位的控制。

（3）中药增加功能主治　国家鼓励药品上市许可持有人进一步挖掘已上市中药临床治疗潜力，基于临床需要开发新适应证，做到“老药新用”，这也是科研课题之一。

（4）二次开发研究　对于现有处方组成合理、原料丰富、疗效确切、安全系数大、临床应用广泛、产销量大的中成药可进行二次开发。着重注意以下几方面的问题：①明确该药的作用机制（从组织、细胞、分子层面进行探讨），促进临床用药定位更准确。②确定该药发挥临床作用的物质基础（有效成分、有效部位），促进制备工艺更为合理、规范。③选择恰当剂型或增加新的剂型，以方便临床给药，或提高疗效。④引进新工艺、新技术、新辅料、新设备，以提高中成药制剂水平，体现时代特色。⑤提高质量标准。

5. 从药理、药效学试验研究方法中选题　药理、药效学试验研究是以中西医理论来观察分析生物体生理、病理的方法和手段，是中药新药的药理、药效学研究不可缺少的研究内容。大部分医疗机构中药制剂往往缺乏这方面试验指标，因此也可以从疗效较好的制剂中深入研究其药效学、药理学指标。研究中应注意中药新药的药理学研究应该遵循中医药理论，结合现代科学实验方法，制定具有中医药特色的实验计划和内容，尤其应该建立或选用与中医“证”相符或相似的动物模型和实验方法，使新制剂的有效性与安全性有科学的评价方法。

6. 引进新技术、新设备，建立新疗法、新工艺　在中药新药制剂研究工艺方面，超临界流体萃取新技术引入提取工艺，大孔吸附树脂分离技术和膜分离技术应用于除杂工艺，β-环糊精包合技术用于成型工艺中挥发油的包合等。此外，还可以在挖掘新的药用资源、新的辅料，以及借鉴现代药剂学技术和手段等方面拓展思路，设立课题。选题时应注意发掘、整理和提高中医药的科学内涵。

三、课题来源

目前，科研课题来源较多，大体可归为两大类。

（一）政府行动组织的项目

此为国家、地区或部门根据事业发展的规划要求，以行政命令方式下达的研究任务。例如国家重大新药创制科技重大专项、国家重点研发计划“中医药现代化研究”重点专项、国家中医药管理局下达的课题，一般以招标的形式进行。这类课题一般体现了事业发展的战略部署，符合人民的长远利益。

基金资助课题。科学基金制是国家对科学事业的一种管理体制和拨款方式。其基本做法是设立专门的经费，按研究项目采取同行专家评议、择优支持的制度。目前主要有国家自然科学基金项目、教育部科学基金项目、国家药品监督管理局和国家中医药管理局科研基金、青年科学基金等。该类课题均有招标课题项目指南，中标后需签订合同书，同时得到经费资助。此外，各地区、单位也逐渐建立科学研究基金。基金资助课题以支持基础和应用研究为主。

（二）横向课题

企业的项目直接委托高校、科研单位完成研究工作，或企业与高校、科研单位联合开发产品。由于社会经济的发展，在“科工贸”和“产学研”结合形势的推动下，已呈现跨地区、跨部门、跨学科的合作研究或协同创新。这种教学、科研与生产部门的横向联合也称“横向联合课题”。目前，这种选题形式有助于加速成果产出，有利于充分利用高校和科研单位的人才、技术、实验条件等资源优势，利用企业的经济实力尽快开发出新药。

四、设想与预试

当科研课题基本选定，或在查阅文献资料、获取市场信息的基础上确定了科研方向时，这只是一种设想。同时，应利用现有条件先进行预试。这种预试也称为启动阶段。根据预试结果，提出科研思路和方法，制定阶段目标和最终目标，并组织人力进行经费预算、仪器设备筹备、投标或横向联合开发。设想与预试为研究方案的设计提供了思路。

（一）设想

1. 情报调研 应通过各种途径，有针对性地收集相关的研究成果及经验、涉及本课题范围和相关学科范畴的各种技术、经济的情报，并对资料进行分析、筛选、积累和运用。

2. 确定课题 在充分调研的基础上进行综合分析，当确定课题具有先进性、必要性时，便可拟定实验内容。

（1）*确定处方* 根据“证”的需要拟定处方，并与临床医师共商，初步确定处方。

（2）*拟定剂型与工艺* 根据查阅的国内外文献或实验研究内容，确认有效成分（或有效部位），设计合理的剂型与工艺，提取有效成分（或有效部位，或有效浸出物），保证疗效，缩小剂量。

（3）*确定检测指标和方法* 按照《药品注册管理办法》，对新制剂应建立定性、定量测定的方法，通过查阅文献，初步确定检测方法。

（4）*设计基础医学实验方法* 按照《药品注册管理办法》，设计适于该制剂的药理、药效学等基础医学实验指标。

3. 实验条件准备 按照上述试验内容，预测试验条件的可行性，便于设计预备试验。

（二）预试

预试即预备试验。其目的是按设计要求，初步验证实验方案的可行性，以便建立科学方法，为正式实验做准备，同时又对实验步骤、选用设备、人力、经费及技术问题进行充分预测，对关键性技术问题提出补充和修正。中药新药的预试往往是对处方的剂型工艺首先进行试验，当验证剂型工艺可行后，可提供小样供药理、毒理研究，确定安全有效后，再完善其他实验方案。

第二节 研究方案的设计

中药新药研究课题选定后，应该设计一个完整的研究方案，将研究的目标要求、技术路径、方法和步骤以书面形式表达出来。

一、设计的目的、意义

设计研究方案的目的在于根据现有条件确定研究方向，集中构思、设想和意图，构建将采取的技术路线、实验方法和步骤，计划阶段目标和最终目标，以便按照制定的方案进行研究。为确保研究工作的顺利进行，研究方案必须是切实可行的。

研究方案是使研究工作顺利进行的保证。具备竞争力和实施保证的研究方案有如下特征：①有重要科学意义和应用前景。②立论依据充分，研究内容和目标明确、具体，研究方法和技术路线先进、合理、可行，在近期内可望取得预期成果或结果。③申请者和合作者具备相应的研究能力，研究工作已有一定前期基础，研究条件有可靠保证。④经费预算实事求是，且留有充分余地，根据充分。

研究方案的设计十分重要，直接关系着工作的成败。设计一个好的研究方案具有如下作用和意义。

（一）增强预见性、减少风险性

科研方案的设计工作实际上是一个调查研究的过程、周密构思的过程、成熟研究工作计划形成的过程。

1. 选题 选题要先考虑几个问题：①临床与市场需要什么；需要的程度如何；有无再上新课题的必要。如目前治疗急性咽炎的中成药已有不少，基本能满足临床的需要，市场容量近于饱和，最好不选立这方面的课题。糖尿病所致视网膜病变，发病率高，致盲率也高（欧美国家导致失明的第一大眼病），目前缺乏有效的医疗方法和药物，而中医临床对此病有一定的疗效，不论从学术价值、社会效益和经济效益角度看，此类课题都值得选立。②是否重复。由于世界人口（包括我国人口）的疾病谱每年都要公布，对于急需攻克的疾病和研制的药物，科技部、国家中医药管理局等每年都要发布招标指南，这样无疑使攻克目标很集中。从中医临床优势和名方角度看，由于全国对中医的研究认识水平接近，致使研究思路相似，导致选题也常出现“不约而同”的现象，极易造成重复。③研究水平，包括新药的总体研究水平、方中各药已有研究水平、研究方法的技术水平、国家对中药新药研究水平的要求等。这些都要了解清楚，以便决定所立项目研究水平的起点。在选题时如能就以上三方面综合考虑，将大大增加项目的成功率。

2. 选方 对选方来说也要先考虑几个问题：①处方特色。与现有治疗作用相似的中成药或正在研究中的新药相比，应在治疗法则、处方结构、处方用药上有明显特色。对于功能主治类似，处方仅有一两味药不同的课题，不值得花大量人力、物力、财力去研究与开发。②药物资源。在选方时除预计市场销售数量外，还要看有无足够的原料来保证其质量，即使品种很好，但若无足够原料来保证正常生产，则研究投产也徒劳无益。③已有的研究基础：对于古验方，应看其完整的临床病案，判断其疗效；对于科研方，应看有无系统的研究资料以充分证明其作用性质与强度；对于无确切疗效的处方，不能作为选择对象。国家资助的基础或应用基础研究项目，实验研究结果良好、具开发可行性的宜立项做新药开发研究。④研究可行性。对于研究基础差、研究工作难度大、经费又不能保证的项目也不宜选立。尽量把风险排除在方案形成之前，这是重要新制剂研究方案设计的作用之一。

（二）保证研究的质量

要研究出疗效好、毒副作用小、科技含量高的中药新药，有赖于实验之前设计出一个好的

方案。设计是制订全面系统的总体研究方案和各部分具体的试验实施方案。该方案应具备如下特点。

1. 项目完整　国家对新药研究有明确规定和具体要求。研究项目缺一不可，处方、工艺、质量标准、稳定性、药效、安全性试验、临床试验都必须有，最后才能形成全套申报资料。

2. 系统全面　研究工作必须按逻辑顺序进行系统的试验。有的项目由于缺乏总体设计而发生了无法弥补的问题。如有的项目临床工作已经结束，但处方药味还未最后确定下来，或处方虽然固定而未做工艺研究；有的项目先做长期毒性试验，后做主要药效研究，致使长毒和药效的剂量颠倒；有的项目工艺未成熟，制剂不稳定，就做药效研究；有的项目在临床试验结束后才发现方证不合等。另一方面，对每个项目还要按要求做全面研究。如制剂工艺要选择剂型、工艺路线和每个环节的工艺条件或技术参数。总之，要进行包括科研与生产、工艺与体内转运、质量与包装、有效与安全、科学与效益等各个方面的总体设计。

3. 数据齐全　每个中药新药的科学性、合理性、可行性、安全性、有效性都要通过实验数据来说明，不能凭推论分析而来。因此，设计方案时对必需的指标、数据要一一做出要求，以便实验时如实工作，做好记录，最后方可进入统计。

（三）提高研究水平

调查研究有助于设计者提高认识，扩大眼界，避免新药研发的盲目性、随意性，可以有意地做一些提高性的研究工作。

1. 制剂水平　到目前为止，多数中药制剂仍属粗制剂范围（有人称“粗、大、黑”），且给药方法简单，多为口服，一日三次。作为新药研发，应进行提高性研究。首先，应尽量利用现代的新理论、新技术、新工艺、新设备，找到所需的有效成分或有效部位。利用科学而先进的方法进行提取、分离、精制，尽可能提高有效成分的浓度而除去杂质，进而找到其准确的用量；再选择合适的剂型。中药，尤其是复方成分复杂，给成型加工带来困难，一些新型给药系统如控释制剂、靶向制剂、透皮吸收制剂是完全可以考虑的。近年来研制的雷公藤缓释片、康莱特静脉乳均是成功的案例。

2. 质量控制　目前的质量标准虽有很大提高，处方药味的 TLC 鉴别达 1/3 ~ 1/2 以上，且都有含量测定，但质量控制指标不能完全反映中药新药的功能主治，有些根本性的问题并未得到解决。① TLC 鉴别仅为处方药味的 1/3~1/2 或以上，并未全做。而处方中每味药都有其特定作用，即使是佐使药也不容忽视，因为可能影响安全性、有效性。另一方面，已做的 TLC 仅能证明投了此料，但不能说明多基源药材，致使成药疗效不稳定。②含量测定方面，有的含测成分并不是该方的主要有效成分；有的含量极低，无实际意义；有的含量测定方法不成熟，重现性差。总的来说，含量测定尚不能完全反映制剂疗效的高低。③目前的口服制剂、外用制剂检查项基本都按现行版《中国药典》制剂通则进行，过于简单，对具体品种应作特殊的要求。④有关农药残存量应作研究，以保安全。

3. 疗效　目前的临床试验工作除应进一步完善 ADME 的随机、双盲、对照试验外，还应对其作用机制进行研究。中医药既然能治好病，就说明它是科学的。仅有这点还不够，应借助现代科学技术手段对其进行研究，说明治病的原理和过程，以便进一步改进与提高诊疗技术，研制更好的药物。

（四）降低研究成本

好的设计方案是在周密调查研究和反复思考后形成的，再经专家论证（开论证会或个别咨询）、提出意见、修改完善，增加了方案的科学性、先进性、合理性和可行性。按照这样的方案进行实验研究能节省人力、物力、财力和时间，收到事半功倍的效果。按照好的设计方案进行研究工作可得到以下几方面保障：①项目较成熟，成功可能性大，风险、损失小，收效大。②系统地按顺序进行，遗漏少，不走弯路，后补的大型实验少。③应用先进的科技方法，新药技术含量高，上市销售竞争力强。④一次成功，省时省事。

二、设计的思维方法

（一）“理”与“法”

“理”指中医以某类病为依据，判断其病因，分析其病理，进而确定为某种病证并确认出某个或某几个证型。“法”指中医对某种病、某个证型的治疗法则，也是该中药新药的功能，“法”是针对医理所诊断出的病证而立，其原则如“寒者热之，热者寒之”“虚者补之，实者泻之”等呈对立统一关系。如清开灵注射液的功能是清热解毒，镇静安神，豁痰开窍。因此，设计某种中药新药时针对性要强，即明确治疗的病症及证型。其法则要明确，这样才能有目的地组方遣药。

（二）“方”与“药”

“方”指处方，“药”指药料，中医以“饮片”入药，即药材的加工炮制品。“方”“药”是中药赖以治疗疾病的核心，在“方”“药”设计环节，应根据“理”“法”规定的法则进行组方遣药。既要遵从中医药理论，又要考虑吸取现代医药学研究成果，尽量做到依证随方确认各药味中主要有效成分。例如清开灵注射液中牛黄应确认胆酸类；参附注射液中人参则应确认人参皂苷，生附子则应确认水解后的总生物碱。当前，一般中药新药处方是以“传统饮片”入药，少数处方则以“现代饮片”（如提取物等）入药。

（三）“剂”与“工”

“剂”指研制的中药新药应制成的剂型。对剂型的选择古人有精辟论述，《神农本草经》谈到药性有宜丸者、宜散者、宜水煎者、宜酒浸者、宜煎膏者，亦有一物兼宜者，亦有不可入汤酒者，并随药性，不得违越；又谈到疾有宜服丸者、宜服散者、宜服汤者、宜服酒者、宜服膏者，亦兼参用所病之源以为其制耳，这是药物剂型选择的总原则。总而言之，选择药物剂型，既要适应药物的性质，又要满足临床用药的要求，还应结合生产因素进行全面考虑，力求使研制出的中药新药符合“三小”“三效”和“五方便”的标准。“工”指制备工艺，通常称为制法，此项工作是中药新药研制的主体。中药传统剂型如汤、饮、酒、露、内服膏（膏滋）、外用膏（油膏、黑膏药等）、胶、丹等，均是提取后制备成型的。即便是丸、散等剂型，亦有相当部分是先提取而后制成型的品种。在设计和研究中药新药的制备工艺时，既要继承中药传统剂型的制法经验，又要根据药料质地和主要成分及有效成分的理化性质，结合剂型要求，尽量采用先进的提取和成型工艺及设备，应用性能良好的辅料，制定合理的工艺路线和步骤，才能研制出质量高、疗效好的中药新药。

（四）“质”与“效”

“质”指质量标准，亦包括稳定性，是评价中药新药质量的尺度。传统中成药的可贵经验之一是非常重视质量，从药材的选购、加工炮制、最后配制的各道工序均重视质量。总之，在设计与研究中药新药的质量标准和稳定性时，应根据处方、剂型，尤其应与制备工艺密切配合，除按某种剂型建立一般项目与标准外，还应建立处方中主要药味（君、臣药）的质量检测指标。另外，稳定性实验研究应对所含的不稳定成分进行研究，以保证中药新药的稳定性。“效”则包括两重含义，其一是药效和安全性，其二是临床疗效。药效学试验研究应遵从《中药新药药效学研究指南》，它首先提出了对中药新药药效学研究的技术要求，包括基本要求、主要药效研究、一般药理学研究、急性毒性试验和长期毒性试验等。书中共收载48种病证的药效学研究方法及注意事项，为中药新药的药效学研究提供了规范。

综上所述，在中药新药的设计与研制过程中，从选题、设计到实验研究及最后整理资料，均应以病证为目标，以“理”“法”为理论指导，以“方”“药”为核心，以制备工艺为主体，以质控、药理为指标，以临床疗效为目的，进行整套的设计与实验研究，最后的生产过程要按GMP严格管理，才能生产出优质高效的中药新药，才能为防治疾病提供更多更好的武器，为人类造福。

三、研究方案的内容

研究方案总体应包括以下几项内容：①项目或研究内容的科学依据、意义、预期目的；②研究内容和技术路线；③需具备的工作条件、人员、设备等；④经费预算；⑤工作进度。其中研究内容是核心，应根据不同要求，写明解决此科学问题需从哪几方面入手、解决哪几方面的具体问题。中药新药的研究应注意遵循中医药理论，积极利用现代科学技术方法和手段；按所研制新药的类别要求和处方药物的性质，明确如何进行系统研究。在研究方案的设计中，应将新颖的选题、明确的目标及清晰的思路充分地表达出来。

（一）项目的科学依据、预期目的

研究项目的科学依据及预期目的是研究方案是否成立的关键问题。以中药新药的研究而言，首先应该论述国内外对该“证”或“症”的研究现状、水平及存在的问题，如尚无理想的诊治药物，则立题新颖，有创新意义。其次，应阐明本研究的学术水平，如具有中医药特点、组方合理有效、研究内容明确并有突破点、在某学科领域居领先地位，等等。

（二）研究内容、技术路线

研究内容是研究方案的主体和核心，应阐明将采用的理论、技术方法及其理论依据、拟解决的技术关键。技术路线是指按照研究内容所要采用的技术措施、实验方法，同时要写明总体安排和工作进度。中药新药的研究内容应包括基础研究、申报临床试验、申报生产等步骤。由于耗时长、难度大，故应以基础研究和申报临床作为研究方案的重点内容，加以精心设计和安排，才能保证后期工作的进行。下面以中药新药临床前研究为例，说明研究内容和技术路线的总体思路。

中药新药的基础研究包括以下几方面。

1. 药学研究 包括处方、剂型、工艺、辅料、包装等的筛选，以及中试、质量标准的制订、稳定性考察等。

2. 药理研究 包括主要药效学和一般药理学实验研究。

3. 毒理研究 包括急性毒性、长期毒性、特殊毒性及一般安全性实验。

课题经过申请（或申报）、审批后才算确立，即立题。由于课题的来源不同，立题的方式略有不同。

项目的研究内容应重点阐述中药新药的基础研究，并在试验内容或方法方面有一定的创新性、先进性。可参照下列项目逐步阐明：①试验内容、技术指标；②设计依据、实验原理、方法和操作规范；③数据的采集、记录和统计处理方法；④试验对象、仪器设备、试剂及器材等；⑤时间进度安排、完成形式。新药研究是一个试验、比较、筛选的过程。

（三）人员分工、经费预算

人力、物力和时间等是使研究内容得以实施的保证。不论是本单位内，还是跨单位、跨地区合作，均应明确人员分工、落实任务。同时，对经费应做预算。项目的经费包括：研究工作中所需的科研业务费（测试费、计算费等）；仪器设备费、实验材料费、实验室改装费；协作费和管理费等。

四、设计实例

九味胃康灵颗粒提取工艺和制剂工艺研究方案设计

【处方】青皮　香附　太子参　木香　吴茱萸　黄连　鸡矢藤　延胡索　厚朴

【功能主治】疏肝理气，健脾益气，和中止痛，用于脾虚肝郁型胃脘痛、慢性浅表性胃炎。

【方解】方中青皮、香附疏肝解郁、调畅气机，为君；厚朴、木香健脾燥湿、通和胃气，为臣；凡肝气犯胃引起的胃脘痛经久不愈，极易化火，故加黄连、吴茱萸以泻肝和胃，延胡索能缓解肝气郁结之胀痛，为佐；久病必正气虚甚，重用太子参以益气健脾并制方中理气药味之辛燥耗气，为使。全方合用，使肝气得疏，痞满得消，胃痛得除。

第一部分　提取工艺研究

1. 提取工艺路线的设计 本处方具有疏肝理脾、行气消痞的功效，用于证属肝胃不和引起的慢性胃炎。处方中各味药物的性质如下。

黄连：主要含小檗碱、黄连碱、甲基黄连碱、掌叶防己碱等多种生物碱，尚含酚性化合物及多种微量元素。黄连有很广的抗菌范围，对多种致病菌有较显著的抑制作用，其中对痢疾杆菌的抑制作用最强，还有利胆、调节胃肠运动、镇静、镇痛、抗溃疡等作用。

青皮：含有挥发油、黄酮类化合物如橙皮苷、对羟福林等，有解痉、利胆、促进消化液的分泌和排出胃肠积气等作用。

香附：含有挥发油、生物碱、黄酮类及三萜类等，有解痉、利胆、镇痛、抗菌等作用。

吴茱萸：含有挥发油、生物碱、黄酮类等，有止呕、解痉、抗胃溃疡、镇痛、抗菌等作用。

延胡索：主要含延胡索甲、乙、丙、戊、丑素等多种生物碱，有较强的镇痛、镇静、镇吐作用，并能抗溃疡，减少胃液、胃酸及胃蛋白酶的量。

太子参：主要含氨基酸、多聚糖、皂苷及微量元素等。太子参环酞 A 和 B 等能显著提高小鼠耐缺氧、耐饥渴能力，延长游泳时间；能提高小肠吸收功能，并对脾虚模型有很好的改善、治疗作用。

厚朴：含有挥发油，还含厚朴酚、四氢厚朴酚、和厚朴酚、木兰毒碱等，有抗溃疡、抑制胃酸分泌、抗菌、松弛肌肉、抑制中枢等作用。

木香：含有挥发油，油中含木香酸、木香内酯、去氢木香内酯等多种成分，还含菊糖、氨基酸及甾醇类。木香水提液和挥发油对胃肠道有兴奋和抑制的双向作用，还有抗溃疡、抗炎及抗菌作用。方中吴茱萸、木香、香附、青皮、厚朴含有挥发油，可采用水蒸气蒸馏法提取。其余各药的有效部位基本上能溶于水，故用水为基本溶媒提取。

综上所述，本品的提取工艺路线可确定为图 3–1。

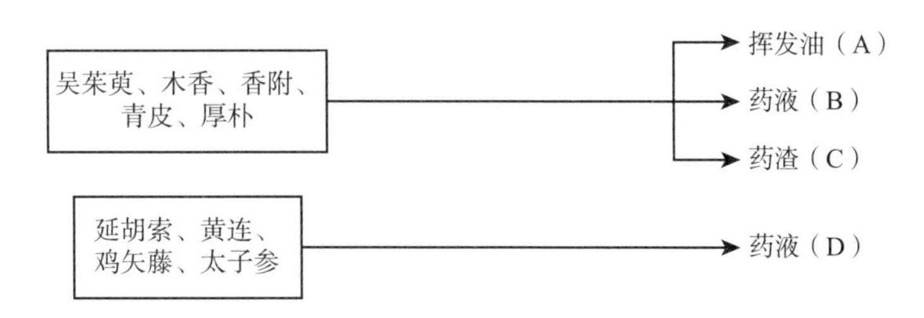

图 3–1　提取工艺路线

2. 提取工艺技术条件的研究

（1）提取挥发油条件的研究　吴茱萸、木香、香附、青皮、厚朴均含有较多的挥发油，采用先水蒸气蒸馏提取挥发油，再煎煮提取其他成分，以尽量提取完全。

①吸水率的考察：植物药材都有不同程度的吸收溶媒的能力，吸收溶媒量的大小将影响提取的效果。因此，要进行吸水率的考察。

取吴茱萸、木香、香附、厚朴、青皮共 488g，加水 2000mL 浸泡。2.5 小时后，药材已浸泡至透心。滤过，称量药材，重 1122g，则吸水率为 130%。

②加水量对挥发油收量的影响：设 A、B、C 三组，每组取以上药材共 488g。A 组、B 组、C 组分别加 6 倍、8 倍、10 倍量的水和药材的吸水量，在相同的条件下提取挥发油，测定 1~8 小时提取的挥发油量，结果见表 3–1。

表 3–1　加水量对挥发油收量的影响表

时间（小时）	1	2	3	4	5	6	7	8
A 组	0.20	0.42	0.51	0.78	1.02	1.08	1.12	1.13
B 组	0.29	0.47	0.65	0.89	1.16	1.20	1.24	1.26
C 组	0.32	0.45	0.58	0.83	1.06	1.11	1.13	1.15

结果表明：加水量为 8 倍组的挥发油收量高于 6 倍组和 10 倍组。因此，挥发油提取以加 8 倍量的水为宜。

③提取时间对挥发油收量的影响：挥发油的提取时间不足，则不能提取完全；提取时间太过，又耗能费工时，使生产周期延长，因此有必要对挥发油的提取时间进行考察。从表 3–1 可以看出，当提取时间为 5 小时，所得挥发油已占总收油量（以 8 小时计）的 90% 以上。为节约能源，缩短生产周期，将提取时间定为 5 小时。

（2）挥发油的 β–环糊精包合工艺条件的研究　由试验可知，本方所含的挥发油较多，若直接喷入颗粒中，易挥发而影响制剂的质量；若用 β–环糊精包合后，挥发油与外界环境隔离，避免了氧、光线的影响，减少了在生产、贮存过程中的氧化变质及挥发损失，使药物的稳定性大大

增加，从而保证了药物的疗效。而且，挥发油经包合后，刺激性、不良气味减少，同时又使溶液挥发油固体粉末化，便于制剂。因此，拟将本方中所得的挥发油用 β－环糊精包合。经查阅文献资料和预试验，决定采用常用的饱和水溶液法，选择 β－环糊精：油比例、超声时间、包合温度三个影响最大的因素，各取三个水平，按 $L_9(3^4)$ 进行正交试验，筛选最佳包合条件，具体结果见表 3–2、表 3–3、表 3–4。

表 3–2　挥发油 β－环糊精包合的因素－水平表

水平	因素		
	A β－环糊精：油（g/mL）	B 包合温度（℃）	C 超声时间（分钟）
1	4	30	20
2	6	45	40
3	8	60	60

①试验方法：称取 β－环糊精适量，置于 150mL 具塞三角瓶中，加入 100mL 蒸馏水，水浴加热使其溶解，降至试验温度，缓缓滴入挥发油（溶于 4 倍体积 95% 乙醇中），超声包合至规定时间后，置冰箱中冷藏 24 小时，抽滤，于 40℃干燥 4 小时即得包结物。

包合物中实际含油量的测定：将所得的干燥包合物精密称定，置装有沸石的圆底烧瓶中，加蒸馏水 100mL，连接挥发油提取器，按《中国药典》2020 年版四部通则 2204 挥发油测定项下有关规定进行，加热煮沸至油量不再增加时停止加热，放置 30 分钟后读取挥发油量。

挥发油空白回收率测定：精密吸取挥发油 1.0mL，置 200mL 烧瓶中，加入蒸馏水 100mL，按上述操作进行，计算空白回收率为 90%。

②试验结果：具体试验结果见表 3–3。

表 3–3　挥发油包合工艺正交试验结果表

试验号	因素				收得率（%）
	A	B	C	—	
1	1	1	1	1	83.67
2	1	2	2	2	87.92
3	1	3	3	3	86.41
4	2	1	2	3	80.28
5	2	2	3	1	88.97
6	2	3	1	2	78.82
7	3	1	3	2	89.64
8	3	2	1	3	86.13
9	3	3	2	1	89.87
K_1	90.3	91.7	90.8	91.9	
K_2	92.7	98.3	92.4	91.2	
K_3	90.2	83.2	90.0	90.2	
R	7.6	45.4	7.3	5.3	

表 3-4 方差分析表

方差来源	离差平方和	自由度	方差	F	显著性
A	12.15	2	6.075	2.62	
B	344.92	2	172.46	73.7	*
C	9.06	2	4.53	1.95	
误差	4.64	2	2.32		

注：*P< 0.05。

由直观分析可知，影响挥发油包合的因素顺序为：包合温度 > β－环糊精：油比例 > 包合时间，以包合温度的影响最大。经方差分析可见，包合温度对挥发油的包合有显著性影响，β－环糊精：油比例及包合时间无显著影响；最佳提取工艺为 $A_2B_2C_2$。但因包合时间的影响最小，且各水平之间无显著性差异，故取最低水平。调整后的最佳工艺为 $A_2B_2C_1$，即用 6 倍量的 β－环糊精在 45℃磁力搅拌 20 分钟。据此条件验证三次，结果见表 3-5。

表 3--5 验证试验结果表

试验号	收得率（%）
1	88.2
2	89.0
3	89.4

验证试验结果表明与正交试验结果基本一致，说明挥发油的包合工艺条件稳定，具有重现性。

（3）药渣与剩余药材水煎工艺的考察

①吸水率的考察：称取黄连、鸡矢藤、太子参、延胡索（四味共重 85g），浸泡 3 小时后，药材已浸至透心。滤过，称量湿药材，重 201g，则吸水率为 137%。

②水提取工艺的正交试验：加水量、煎煮时间、煎煮次数是影响水煎工艺的重要因素。为了筛选提取工艺条件，各因素设计了以下三个水平，按 $L_9(3^4)$ 进行正交试验。（表 3-6）

表 3-6 药渣与剩余药材水煎工艺的因素－水平表

水平	因素		
	A 煎煮次数（次）	B 加水量（倍）	C 煎煮时间（小时）
1	1	6	0.5
2	2	8	1.0
3	3	10	1.5

试验方法：

按处方比例称取吴茱萸、木香、香附、青皮、厚朴提取挥发油后，药渣与黄连、太子参、鸡矢藤、延胡索按正交试验条件进行水提（第一次加水时，按药材吸水率补加水），药液用 300 目滤布滤过，滤液浓缩并定容至 200mL。

评价指标：

本方主要为水提工艺，根据处方药物的成分及剂型要求，选用干膏收率和橙皮苷含量为评价指标进行综合评价。干膏收率：a. 作为选择剂型的参考指标；b. 影响除杂方法的选择；c. 是颗粒剂日服量、单服量及包装规格确定的依据。因此，必须以干膏收率作为评价指标之一，但其与疗效强度不成量效关系，故综合评价时权重系数应较小，以 0.4 为宜。青皮为方中君药，含有效成分黄酮类物质如橙皮苷，因此必须测定其含量，作为评价指标之一，且权重系数应相对较大，以 0.6 为宜。

干膏收率：

精密吸取正交各样品液 20mL，分别置于已干燥至恒重的蒸发皿中，水浴挥干，残渣于 105℃干燥 3 小时，取出，置于干燥器中放置半小时，称重，计算即得。

总黄酮类物质的含量测定：

✧最大吸收波长的选择：

供试品溶液的制备：精密吸取正交试验药液 5mL，用 10mL 石油醚（30 ~ 60℃）脱脂，水层用乙酸乙酯萃取三次（25、20、20mL）。取乙酸乙酯层水浴挥干溶剂，用 2mL95% 乙醇溶解并转移聚酰胺层析柱上（3g，已分别用 95% 乙醇 30mL、蒸馏水 50mL 洗脱），用 80mL95% 乙醇洗脱。收集洗脱液，并定容于 100mL 容量瓶中，即得。

对照品溶液的制备：精密称取已干燥至恒重的橙皮苷对照品 5.77mg，置 25mL 容量瓶中，加 95% 乙醇微热溶解并定容至刻度（每 1mL 含橙皮苷 0.2308mg）。精密吸取此溶液 3mL 于 25mL 容量瓶中，加 95% 乙醇至刻度。

阴性液的制备：取缺青皮的原处方药味煎煮，其余操作同供试品溶液的制备。

扫描：对照品溶液和阴性液以 95% 乙醇作空白，供试品溶液以阴性液作空白，分别在 200 ~ 350nm 处扫描。

结果：对照品溶液在 285nm 处有最大吸收；供试品溶液在 287nm 处有最大吸收；阴性液在 285nm 处基本无吸收。因此，供试品溶液可以在 285nm 处测定其中橙皮苷的含量。

✧标准曲线的制备：

取对照品溶液（每 1mL 含橙皮苷 0.2308mg）1、2、3、4、5mL 分别于 25mL 容量瓶中，精密加入 95% 乙醇至刻度，在 285nm 处测定吸光度。结果见表 3–7。

表 3–7　标准曲线表

	1	2	3	4	5	6
浓度（μg/mL）	0.000	9.232	18.464	27.696	36.928	46.160
吸光度（A）	0.0000	0.2039	0.3890	0.5866	0.7996	1.0184

注：回归曲线　A=0.0221C–0.0124　r=0.9994（P< 0.01）。

✧供试品溶液的测定：

按“最大吸收波长的选择”项下“供试品溶液的制备”制得供试品溶液，以阴性液为空白对照，在 285nm 处测定吸光度。结果见表 3–8、3–9、3–10。

表 3–8　正交试验橙皮苷的含量测定表

试验号	1	2	3	4	5	6	7	8	9
吸光度	0.269	0.362	0.290	0.975	0.611	0.922	0.766	0.632	0.768
浓度 C_1	12.754	19.174	13.684	44.672	28.204	42.276	35.223	29.165	35.314
浓度 C_2	0.2551	0.3835	0.2737	0.8934	0.5641	0.8455	0.7045	0.5833	0.7063

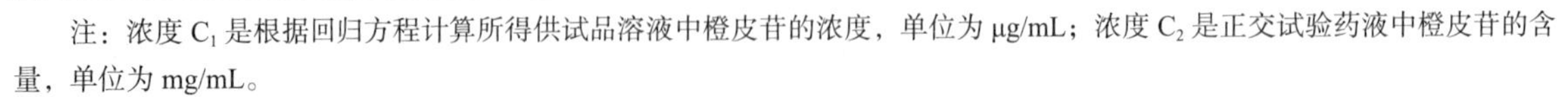
注：浓度 C_1 是根据回归方程计算所得供试品溶液中橙皮苷的浓度，单位为 μg/mL；浓度 C_2 是正交试验药液中橙皮苷的含量，单位为 mg/mL。

表 3-9　水煎工艺条件的正交试验表

试验号					干膏收率	总黄酮含量	加评	权分	综合评分
	A	B	C	—	X_1	X_2	Y_1	Y_2	Y
1	1	1	1	1	8.90	0.2551	23.28	17.13	40.41
2	1	2	2	2	6.47	0.3835	16.91	25.76	42.67
3	1	3	3	3	6.42	0.2737	16.79	18.38	35.17
4	2	1	2	3	15.30	0.8934	40	60	100
5	2	2	3	1	11.76	0.5641	30.75	37.88	68.63
6	2	3	1	2	12.06	0.8455	31.54	56.78	88.32
7	3	1	3	2	8.30	0.7045	21.69	47.31	69.00
8	3	2	1	3	10.44	0.5833	27.29	39.17	66.46
9	3	3	2	1	13.04	0.7063	34.10	47.43	81.53
K_1	118.25	209.41	195.19	190.57					
K_2	256.95	177.76	224.2	199.99					
K_3	216.99	205.02	172.8	201.63					
R	46.23	10.55	17.13	3.69					

注：干膏收率加权评分 Y_1=（40/ 最大干浸膏收率）× 干浸膏收率 X_1

总黄酮含量加权评分 Y_2=（60/ 最大总黄酮含量）× 总黄酮含量 X_2

综合评分 $Y=Y_1+Y_2$

加权评分应注意结合前期药效研究基础，合理考虑干膏、有效部位或有效成分的比例值。

表 3-10　水煎工艺正交试验方差分析表

变异来源	SS	V	MS	F	P
总变异	4060.75				
A	3398.23	2	1699.12	143.06	**
B	196.01	2	98.00	8.25	
C	442.76	2	221.38	18.64	
误差	23.75	2	11.88		

注：** P< 0.01，具有极显著性差别。

由直观分析可知，影响提取效果的因素顺序为：煎煮次数 > 煎煮时间 > 加水量。经方差分析，煎煮次数对提取效果有极显著影响，加水量无显著影响，最佳提取工艺为：$A_2B_1C_2$，即加 6 倍量的水，煎煮两次，每次 1.0 小时。据此条件，验证三次，结果见表 3-11。

表 3-11　正交验证试验结果表

样品	干浸膏收率（%）	总黄酮含量（mg/mL）
一	14.7	0.8902
二	15.2	0.8873
三	15.3	0.8962
平均	15.1	0.8912

从表 3–11 可见，验证试验结果与正交试验结果基本一致，说明提取工艺条件基本稳定，具重现性。

3. 分离与纯化、浓缩与干燥工艺研究

（1）分离与纯化工艺研究　由于本方药物主要采用水提，有部分无效成分溶出，如树脂、黏液质、树胶等，还有悬浮小颗粒，故应除去杂质，以减少服用量。又本品为固体制剂，无澄清度的要求，因此药液仅需除去较大的固体颗粒或很大的分子，故宜用机械分离除杂。为此，考察了不同转速离心法对干浸膏收率、总黄酮含量的影响。

试验方法：

按处方比例称取吴茱萸等提取挥发油后，药渣与延胡索等按正交试验的最佳条件进行水提（第一次加水时，按药材吸水率补加水），药液用 300 目滤布滤过，滤液浓缩至 800mL，等分成 4 份，每份 200mL，分别以 4000、8000、12000、16000 转 / 分的速度离心，取离心后的上清液作干膏收率和总黄酮含量的测定。结果见表 3–12。

表 3–12　分离纯化工艺优选

离心转速（转 / 分）	干浸膏收率（%）	总黄酮含量（mg/mL）
4000	17.96	0.8246
8000	17.48	0.7893
12000	17.44	0.7605
16000	17.16	0.7527

由表 3–12 可知，以 4000 转 / 分的速度离心，干浸膏的收率变化不大，但橙皮苷的含量较高。综合考虑干浸膏收率和橙皮苷含量，结合处方日服量，决定以 4000 转 / 分的速度离心比较合适。

（2）浓缩与干燥工艺研究

1）浓缩：为防止有效成分长时间受热破坏，采用三效减压设备进行浓缩，具体条件：温度 70℃，真空度为 0.08 ~ 0.1MPa，浓缩至相对密度为 1.08（60℃）的清膏。

2）干燥：常用的烘箱干燥法时间长，干燥不均匀，且干燥后需要进行粉碎的操作难度大，生产工序繁杂，产品质量较难控制。而喷雾干燥具有干燥法速度快，物料受热时间短，生产工序简单，产品质量可控性强，适用于工业大生产等优点，因此拟采用喷雾干燥法对物料进行干燥。影响喷雾干燥的主要因素：清膏相对密度、进风温度、出风温度。为了使干燥工艺更为合理，需对这些因素进行考察。

①清膏相对密度：将清膏相对密度（60℃）分别调成 1.06、1.08、1.10、1.12 进行喷雾干燥（进风温度 180 ~ 190℃，出风温度 100 ~ 110℃），观察物料情况，结果见表 3–13。

表 3–13　清膏相对密度筛选

清膏相对密度（60℃）	物料干燥状态
1.06	干燥粉末
1.08	干燥粉末
1.10	物料黏结
1.12	不能喷雾干燥

由表 3-13 可以看出，清膏相对密度在 1.06、1.08（60℃）时，喷雾干燥可得质量较好的干燥浸膏粉末。清膏相对密度过高易堵塞喷头，且浸膏黏度大，雾化困难，雾化形成的颗粒大，物料易黏结；相对密度过低，蒸发的水量也相应增加，耗能多，生产周期加长。因此，将清膏的相对密度确定为 1.08（60℃）进行喷雾干燥。

②进风温度、出风温度：将清膏（相对密度 1.08，60℃）分别在不同进风温度、出风温度下进行喷雾干燥，观察物料干燥情况，结果见表 3-14。

表 3-14　进风温度、出风温度筛选

试验号	进风温度（℃）	出风温度（℃）	物料干燥状态
1	160 ~ 170	80 ~ 90	物料黏结
2	170 ~ 180	90 ~ 100	干燥粉末
3	180 ~ 190	100 ~ 110	干燥粉末

由表 3-14 可以看出，为了得到干燥粉末，同时为了节约能源，将进风温度定为 170 ~ 180℃，出风温度定为 90 ~ 100℃。

经上述研究，九味胃康灵颗粒的提取工艺为：以上九味，青皮、吴茱萸、木香、香附、厚朴用水蒸气蒸馏法提取挥发油，挥发油用 β－环糊精包合，备用；药液滤过，滤液备用；提油后的药渣与黄连、鸡矢藤、太子参、延胡索加水共煎 2 次，每次煎煮 1.0 小时，滤过。合并上述两种滤液，离心，取上清液浓缩至相对密度为 1.08（60℃）的清膏，在进风温度 170 ~ 180℃、出风温度 90 ~ 100℃的条件下喷雾干燥，收集干燥膏粉。

第二部分　制剂工艺研究

1. 剂型的选择　本品处方以汤剂形式应用于临床多年，疗效确切，但汤剂口服剂量大，且贮存、携带不便，不适应现代生活的需要，应根据临床用药的需要和方中药味的性质来选择合适的剂型。鉴于本方日服剂量相当于原生药材 48g，服用量较大，可考虑制成颗粒剂、丸剂、口服液等剂型。方中含挥发油的药味众多，所得挥发油量大，若制成口服液，需加入大量增溶剂；且挥发油对光热比较敏感，易于氧化、聚合，影响药液的质量稳定性，故不宜做成口服液。若制成丸剂，患者的服用量较大，服用不方便，不利于慢性患者长期服用。若制成颗粒剂，应用喷雾干燥、干法制粒等新技术，可使制剂的辅料用量少，成品量少，从而大大减少了患者的服药量。颗粒剂还具有以下优点：①作用迅速，生物利用度高；②为固体剂型，药品稳定性高；③体积小，服用、贮存及运输方便；④制剂工艺能实现工业化生产和机械包装，可利用先进设备和技术进行生产，产品质量高。综合分析，初步将剂型确定为颗粒剂。在预试中，将原处方药物水煎，滤过，求得其出膏率为 22%。患者每日服用的浸膏量：48g × 22%=10.56g。以每日服用三次计，每次需服用浸膏量：10.56g ÷ 3=3.52g。若将每次的服用剂量定为 4g，则 4g–3.52g=0.48g，可作为添加的辅料量。若采用喷雾干燥、干法制粒的新技术，则完全可以将辅料用量控制在要求的范围内。因此，最后将剂型确定为颗粒剂。

2. 辅料的筛选　本处方因含黄连等药物，所得的浸膏味较苦，若直接服用，患者不易接受，需加入适当的辅料矫味。在此条件下，分别使用蔗糖、蛋白糖、甜菊苷三种矫味剂，通过综合比较口感、矫味剂用量来选择合适的矫味剂。

表 3-15 矫味剂的筛选

矫味剂种类	矫味剂用量	口感
蔗糖	50%	味苦
蔗糖	100%	一般
蔗糖	150%	较好
蔗糖	200%	好
蛋白糖	1.5%	一般
蛋白糖	2.0%	较好
蛋白糖	2.5%	好
蛋白糖	3%	好
甜菊苷	0.5%	一般
甜菊苷	0.6%	有异味
甜菊苷	0.7%	有异味
甜菊苷	0.8%	异味重

从表 3-15 中可以看出，选择 2.5% 蛋白糖作为矫味剂，用量少，口感好。

3. 制粒 将浸膏粉、挥发油的包合物、糊精混匀，用传统的湿法制粒，其制粒困难，容易黏结成块，不适宜大生产，因此采用新技术干法制粒。其具体条件：主压力 4.5 ~ 5.5MPa，侧压力 0.25MPa。

经上述成型工艺研究得制剂处方：

处方饮片量 4000g（浸膏量 880g）		β-环糊精包合物	30g
蛋白糖	30g	糊精	60g
			共制 1000g

4. 包装材料的选择 依据吸湿性试验研究结果，本品吸湿性较强，故选择密封性较好的铝薄塑料复合膜袋，可满足包装要求。

5. 分装 每天服用生药量为 48g，其中提取出膏率 10.574g，β-环糊精包合物 0.336g，糖蛋白 0.300g，糊精 0.79g，共计 12g。按每天服用三次，则每次服用 12/3=4g，相当于原生药 16g。将干法制粒所得的颗粒过 10 目筛，装入包装袋，每袋装 4g，即得。

第三节 新药的命名

药品的命名是药品标准工作的基础内容之一。中成药目前没有商品名，只有通用名，因其非单一化学成分组成，所以其通用名的命名不同于化学药。中药新药的命名应根据国家市场监督管理总局《药品注册管理办法》（命名的技术要求）、《中药注册分类及申报资料要求》等规定，结合药物的功能主治及制剂剂型种类加以综合考虑。为加强注册管理，进一步规范中成药的命名，体现中医药特色，尊重文化，继承传统，国家药品监督管理局于 2017 年 11 月 28 日发布了《关于发布中成药通用名称命名技术指导原则的通告》，同时下发《关于规范已上市中成药通用名称命名的通知》。

一、基本原则

（一）科学简明，避免重名

1. 中成药通用名称应科学、明确、简短，不易产生歧义和误导，避免使用生涩用语。一般字数不超过 8 个字（民族药除外，可采用约定俗成的汉译名）。

2. 不应采用低俗、迷信用语。

3. 名称中应明确剂型，且剂型应放在名称最后。

4. 名称中除剂型外，不应与已有中成药通用名重复，避免同名异方、同方异名的产生。

（二）规范命名，避免夸大疗效

1. 一般不应采用人名、地名、企业名称或濒危受保护动、植物名称命名。

2. 不应采用代号、固有特定含义名词的谐音命名。如：X0X、名人名字的谐音等。

3. 不应采用药理学、解剖学、生理学、病理学或治疗学的相关用语命名。如：癌、消炎、降糖、降压、降脂等。

4. 不应采用夸大、自诩、不切实际的用语。如：强力、速效、御制、秘制及灵、宝、精等（名称中含药材名全称及中医术语的除外）。

（三）体现传统文化特色

将传统文化特色赋予中药方剂命名是中医药的文化特色之一。因此，中成药命名可借鉴古方命名充分结合美学观念的优点，使中成药的名称既科学规范，又体现一定的中华传统文化底蕴。但是，名称中所采用的具有文化特色的用语应当具有明确的文献依据或公认的文化渊源，并避免夸大疗效。

二、单味制剂命名

1. 一般应采用中药材、中药饮片、中药有效成分、中药有效部位加剂型命名。如：花蕊石散、丹参口服液、巴戟天寡糖胶囊等。

2. 可采用中药有效成分、中药有效部位与功能结合剂型命名。

3. 中药材人工制成品的名称应与天然品的名称有所区别，一般不应以“人工 XX”加剂型命名。

三、复方制剂命名

中成药复方制剂根据处方组成的不同情况可酌情采用下列方法命名。

1. 采用处方主要药材名称的缩写加剂型命名，但其缩写不能组合成违反其他命名要求的含义。如：香连丸由木香、黄连组成；桂附地黄丸由肉桂、附子、熟地黄、山药、山茱萸、茯苓、牡丹皮、泽泻组成；葛根芩连片由葛根、黄芩、黄连、甘草组成。

2. 采用主要功能（只能采用中医术语表述功能，下同）加剂型命名。该类型命名中，可直接以功能命名，如补中益气合剂、除痰止嗽丸、补心丹、定志丸等；也可采用比喻、双关、借代、对偶等各种修辞手法来表示方剂功能，如交泰丸、玉女煎、月华丸、玉屏风散等。示例如下。

（1）采用比喻修辞命名，即根据事物的相似点，用具体的、浅显的、熟知的事物来说明抽象的、深奥的、生疏的事物的修辞手法，如玉屏风散、月华丸等。

玉屏风散："屏风"二字，取其固卫肌表、抵御外邪（风）之义。"玉屏风"之名，以屏风指代人体抵御外界的屏障，具浓郁的传统文化气息，体现了中医形象思维的特质。

月华丸："月华"，古人指月亮或月亮周围的光环。本方能滋阴润肺，治疗肺痨之病。因肺属阴，为五脏之华盖，犹如月亮之光彩华美，故名"月华丸"。

（2）采用双关修辞命名，即在一定的语言环境中，利用词的多义或同音的条件，有意使语句具有双重意义，言在此而意在彼，如抵当汤等。

抵当汤：由水蛭、虻虫、桃仁、大黄组成，用于下焦蓄血所致之少腹满痛、小便自利、身黄如疸、精神发狂等症，有攻逐蓄血之功。"抵当"可能是主药水蛭之别名，但更多意义上是通"涤荡"，意指此方具有涤荡攻逐瘀血之力。

（3）采用借代修辞命名，即借一物来代替另一物出现，如更衣丸等。

更衣丸：由朱砂、芦荟组成，取酒和丸，用黄酒冲服，有泻火通便之功，用于治疗肠胃燥结、大便不通、心烦易怒、睡眠不安诸症。"更衣"，古时称大、小便之婉辞，以更衣代如厕，既不失文雅，又明了方义。

（4）采用对偶修辞，即用两个结构相同、字数相等、意义对称的词组或句子来表达相反、相似或相关意思的一种修辞方式，如泻心导赤散等。

泻心导赤散：功能泄心脾积热，临床常用于治疗心脾积热的口舌生疮。"泻心"与"导赤"属于对偶中的"正对偶"，前后表达的意思同类或相近，互为补充。

3. 采用药物味数加剂型命名，如四物汤等。

四物汤：由当归、川芎、白芍、熟地黄组成，为补血剂的代表方。

4. 采用剂量（入药剂量、方中药物剂量比例、单次剂量）加剂型命名，如七厘散、六一散等。

七厘散：具有散瘀消肿、定痛止血的功能。本方过服易耗伤正气，不宜大量久服，一般每次只服"七厘"，即以每次用量来命名。

六一散：由滑石粉、甘草组成，两药剂量比例为 6 ： 1，故名。

5. 以药物颜色加剂型命名。以颜色来命名的方剂大多因成品颜色有一定的特征性而给人留下深刻的印象，故据此命名，便于推广与应用，如桃花汤等。

桃花汤：组成为赤石脂一斤，干姜一两，粳米一斤，因赤石脂色赤白相间，别名桃花石，煎煮成汤后，其色淡红，鲜艳犹如桃花，故称桃花汤。

6. 以服用时间加剂型命名，如鸡鸣散等。

鸡鸣散：所谓"鸡鸣"，是指鸡鸣时分，此方须在清晨空腹时服下，故名"鸡鸣散"。

7. 可采用君药或主要药材名称加功能及剂型命名，如龙胆泻肝丸、当归补血汤等。

龙胆泻肝丸：具有泻肝胆经实火、除下焦湿热之功效。方中君药龙胆草有泻肝胆实火的作用。

当归补血汤：具有补气生血之功效。方中主药当归有益血和营的作用。

8. 可采用药味数与主要药材名称，或者药味数与功能或用法加剂型命名，如五苓散、三生饮等。

五苓散：方中有猪苓、泽泻、白术、茯苓、桂枝，同时含两个"苓"，故名。

三生饮：方中草乌、厚朴、甘草均生用，不需炮制，甘草生用较为常见，但草乌多炮制后入药，有别于其他方，强调诸药生用是其特征。

9. 可采用处方来源（不包括朝代）与功能或药名加剂型命名，如指迷茯苓丸等。

名称中含“茯苓丸”的方剂数量较多。指迷茯苓丸是指来自《全生指迷方》的茯苓丸，缀以“指迷”，旨在从方剂来源区分。

10. 可采用功能与药物作用的病位（中医术语）加剂型命名，如温胆汤、养阴清肺丸、清热泻脾散、清胃散、少腹逐瘀汤、化滞柔肝胶囊等。

11. 可采用主要药材和药引结合并加剂型命名，如川芎茶调散，以茶水调服，故名。

12. 儿科用药可加该药临床所用的科名，如小儿消食片等。

13. 可在命名中加该药的用法，如小儿敷脐止泻散、含化上清片、外用紫金锭等。

14. 在遵照命名原则条件下，命名可体现阴阳五行、古代学术派别思想、古代物品的名称等，以突出中国传统文化特色，如左金丸、玉泉丸等。

左金丸：有清泻肝火、降逆止呕之功。心属火，肝属木，肺属金，肝位于右而行气于左，肝木得肺金所制则生化正常。清心火以佐肺金而制肝于左，所以名曰“左金丸”。

玉泉丸：有益气养阴、清热生津之效。“玉泉”为泉水之美称，亦指口中舌下两脉之津液。用数味滋阴润燥、益气生津之品组方，服之可使阴津得充，津液自回，口中津津常润，犹如玉泉之水，源源不断，故名“玉泉丸”。

第四章

中药新药制剂工艺研究

扫一扫，查阅本章数字资源，含PPT、音视频、图片等

制剂工艺是保证中药制剂安全、有效、稳定、可控的重要环节。中药新药制剂工艺研究是对处方药物与临床疗效关系认识的过程，是对处方有效物质（包括成分的种类、数量、存在形式等）选择和富集的过程，是通过特殊形式而控制给药方式及药效发挥的过程。中药新药制剂工艺研究应以中医药理论为指导，基于处方药味分析，应用现代科学技术和方法进行剂型选择、工艺路线设计、工艺技术条件筛选和中试等系列研究，使新药制备过程做到科学、合理、先进和可行，使研制的新药达到安全、有效、稳定和可控。

第一节 概述

一、中药制剂工艺研究的内容

中药制剂是联结中医和中药的桥梁，是将中医临床提供的有效方药，采用现代科学手段，经特殊加工处理，制成具有特殊形态和内涵的中药产品，以满足临床需要。中药新药制剂工艺研究是选择合适的中医方药处方，采用合理工艺制备为中间体，并选择恰当的剂型和适宜的辅料，借助可靠的成型技术和设备，制备得到质量好、疗效稳定的中药制剂。中药新药制剂工艺研究是一项高标准的系统工程，工艺研究应对工艺路线、工艺条件参数、剂型、辅料种类用量等多方面进行全面、系统且具科学性的试验筛选，得到最佳制剂工艺。图 4–1 系统展示了中药制剂工艺研究的内容及程序。

二、中药制剂工艺研究的重要性

（一）处方筛选的重要性

处方是中药新药研究的基础，也是制剂工艺研究的依据。首先，现在中药新药研究所用处方多源自古方、经方或验方，这些处方在临床使用中常根据复杂病情随症加减，而中成药更强调适应证的规律性和普遍性，故一般保留其最精华的药味组成；其次，原处方中药味数可能与其疗效的高低不成正比，配方不严谨反而可能造成处方中主药不突出；再者，处方中药味过多常常给后续的制剂工艺研究带来困难，增加服用剂量。因此，制剂工艺研究应首先筛选处方药味，尽量精炼严谨。

（二）工艺路线研究的重要性

制剂的工艺路线是以实现处方的功能主治为目的，紧紧围绕功能主治的要求，对药物的处理原则、方法和程序所做的最基本的规程。它直接决定着制剂中间体中有效成分的种类、存在形式、中间体与功能主治之间的吻合程度，决定着制剂质量的优劣，也决定着该制剂大生产的可行性和经济效益。中药制剂中间体经过提取、纯化、浓缩、干燥等过程制备所得，是中药制剂区别于化学药物制剂的特色之一。采用何种思路和方法将中药方剂中药效物质最大限度提取出来，并保持原方特有的功效，是中药制剂工艺研究的核心和关键。因此，中药复方制剂的工艺路线（尤其是原料处理部分）是工艺科学性、合理性和可行性的基础与核心。

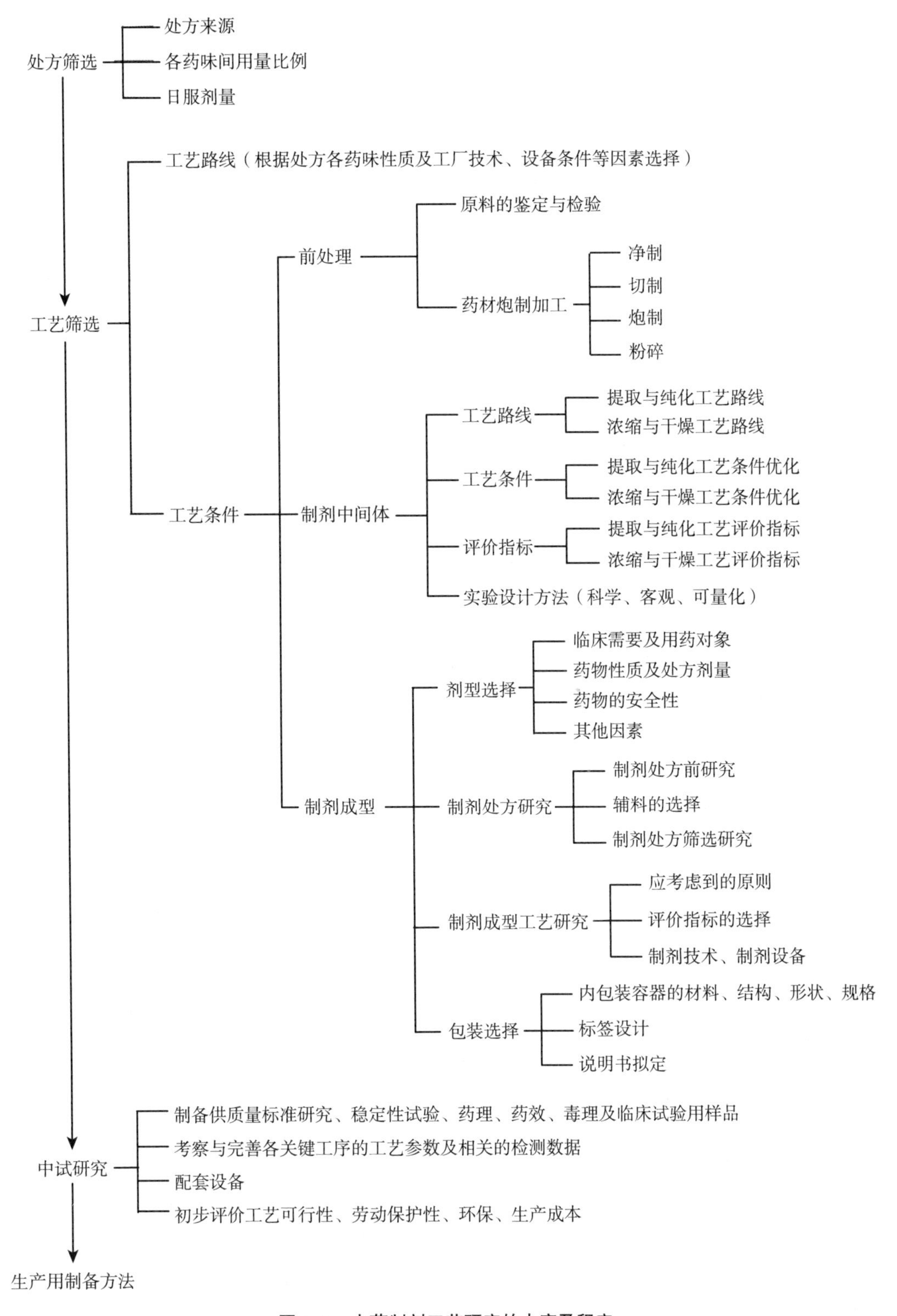

图 4-1　中药制剂工艺研究的内容及程序

（三）成型工艺考察的重要性

成型工艺是影响中药制剂质量的重要环节之一。制剂剂型是影响中药制剂质量稳定性、给药途径、有效成分溶出和吸收、药物显效快慢强弱的主要因素，与制剂疗效直接相关。制剂成型研究是处方设计的具体实施过程，并通过研究进一步改进和完善处方设计，选定制剂处方、制剂技术和设备，特别是中药复方制剂，其成型工艺的优劣不仅影响中药制剂的外观，而且直接影响着药物的顺应性及临床疗效的发挥。

（四）药用辅料选择的重要性

辅料是中药制剂的重要组成部分。选择适当的辅料能显著提高药物制剂的内在和外在质量，提高制剂主药的稳定性，延长制剂的保存期，增强药物的疗效，提高固体药物的溶出速率，降低制剂的毒副作用。辅料对中药制剂疗效有主动和被动两方面的影响，被动影响是指制剂产品必须通过辅料形成剂型后方能发挥疗效，主动影响是指受辅料制约的剂型因素可影响和改变药物的疗效。因此，选择适宜的药用辅料是中药制剂工艺研究的另一项重要任务。

三、中药制剂工艺研究的特点

（一）有浓厚的中医药特色

中药新药制剂工艺研究是在中医药理论指导下进行的，该研究不仅主要用中药饮片作为原料，而且处方组成应符合中医的辨证论治、理法方药的原则，方中君、臣、佐、使关系应明确；制剂工艺研究应尽量围绕该方功能主治提取有效成分，除去无关物质，从而得到与原方尽可能保持一致的“活性混合物”，体现原方的功能主治，强调“方－证－剂”的理念，并根据治疗需求与方药性质选择相应的剂型，通过先进的制药设备与技术等成型工艺制成中药制剂，达到安全、有效、稳定、方便、可控的目的。

（二）有时代特色

中药新药制剂工艺研究应充分吸收和应用现代药剂学理论知识，充分合理地利用现代科学技术与方法，实现中药制剂传承与创新。中药新药的制备从提取、纯化、浓缩、干燥到制剂成型，将越来越多采用高新技术；国家也鼓励研制开发多功能与专一性兼备、高质量与高性能并重的新型辅料，这些都将极大推动中药新药的时代发展。在“系统学习，全面掌握，整理提高”理念的指导下，应尽量采用制药新技术、新工艺、新设备和新辅料，以提高中药新药的研究水平，改进某些传统的中药剂型，逐步创制出具有中国传统医药特色、适应现代科学技术发展、物质基础清楚、作用机理明确的现代中药新制剂。

（三）有明显的社会效益和经济效益

中药新药工艺研究过程一方面在国内应能充分开发利用我国丰富的中药材资源，能满足临床需求，能为增强我国人民的体质作贡献，同时能促进中医药事业的发展，促进我国经济发展；另一方面，世界上许多国家都逐步开始接受中医药，我国中药新制剂应走出国门，为全世界人民的身体健康服务。因此，中药新药研究不能停留在膏、丹、丸、散时代，不能满足于一般常规制剂时代，应在坚持中医药特色基础上，加强中药制剂工艺研究，注重产品质量，深究机理，加强内

涵，美化外观，要做成高技术含量、高附加值的产品，以更好地服务于人民和促进我国经济的发展。

第二节 处方来源筛选

中药新药处方多源于古方、验方或医院协定处方。这种处方是古今中医师在临床上根据辨证论治、立方遣药的原则，针对每位患者随症加减而成方，以达到治疗目的。因此，制剂研究需从这些处方中找出规律性和普遍性，研制成适应范围更广的中药新药。

一、处方来源

中药新药的处方大多源于临床有效方剂，为中药新药的安全有效奠定基础，有利于减少后续研究工作的盲目性。处方来源一般包括以下几个方面。

（一）经典方

经典方一般是指由我国历代名医所创，经古典医籍收载并被后世广为沿用而有效的经典处方，如《伤寒论》《金匮要略》等医书中收载的大多数处方。经方是中医药的核心和灵魂，此类处方以长期大量的临床实践为基础，其安全性、有效性被后世反复验证，历史悠久，经久不衰，大多具有组方合理、选药精当、主治病证明确、疗效显著、药源丰富、处方固定等特点，因此在中药剂型改造的新药研制开发中占有重要地位。如以《太平惠民和剂局方》中的藿香正气散处方为依据，开发了藿香正气水、藿香正气口服液、藿香正气软胶囊等一系列新药。目前，日本汉方制剂尤为重视经方的开发，其中药制剂多以《伤寒论》《金匮要略》处方制剂为主，很少加减化裁，其对经方制剂的注册采取简化流程，并不一定依靠动物实验结果，只是日本厚生省在使用中进行安全性监测；而中国香港、中国台湾等地区同样对经方制剂的审批、注册等环节采用简化流程。

（二）医生经验方

医生经验方一般指由医生或医疗单位在临床实践过程中，根据辨病与辨证的原则，遵循中医基本理论，针对临床实际所形成的一些自组方或协定处方，常具有数十年甚至更长时间的临床应用历史，其疗效确切且安全性好，有些经验方已申报或备案为医疗机构中药制剂。如许多医疗经验丰富的医生都掌握着一些有效且有特色的处方，这类处方具有临床针对性强、疗效确切、有反复的临床研究和观察数据为基础等特点，如原卫生部审定的《首批、二批、三批国家级名老中医临证集粹》中收载了大量名老中医的经验方。

（三）自研方

自研方一般指由药物研制者根据药物的有效成分及其药理作用，并结合传统的药物学理论对药物进行筛选，再结合临床有关的病理生理的内容，组合而成的处方。此类处方实验研究资料翔实，以单味药或有效成分的药理作用为基础，具有组方药物较少、主治病专一、临床适应证明确等特点。但由于该类处方较多来源于研制者的临床前基础实验，因此在作为制剂处方研究前，有必要对其临床实际疗效进行观察和验证，这类处方在目前已开发成功的新药中占有一定比例。如研究者将丹参和降香配伍应用，通过药效物质基础研究发现，丹参水溶性部位能明显扩张冠状动脉使冠状动脉血流量显著增加，降香挥发油成分可促进局部微循环恢复，故将丹参水溶性组分和降香挥发油成分组方应用，制备成为香丹注射剂，用于心绞痛、心肌梗死等疾病的治疗。

（四）民间验方

民间验方包括民间医药世家的家传处方和民间游医的经验秘方。这类处方一般具有较好的临床实践基础，对某一种或几种病证有良好疗效，其组方基本符合中医理论，并有独到的用药经验和特殊的制剂方法。但该类处方的应用经验性成分较大，存在使用地方性药物的特点，无论是传统的临床及现代实验研究均缺乏考证，对病证的诊断和疗效缺乏规范，具有一定的临床应用和开发局限，但仍有部分新药来源于该类处方，如云南白药、康复新液等。

二、筛选内容

对于中药新药处方的确定，还需进一步明确药材来源、配伍原则、用法用量等，以达到处方精简、剂量准确、增强药效的目的。

（一）药味的筛选

1. 配伍应严谨　中药处方来自中医临床，具有很强的针对性。成药要求具一般规律性、普遍性，方能广泛应用。因此，即使是古方、验方，也应筛选出最基本的结构，将方中作用雷同或配伍不当的药物去掉，保留其最精华的部分。按照中医药理论，精简药物以成新方，不仅功专力宏，疗效更佳，而且大大降低新制剂的研制难度，并可缩短时间，节约经费。中药制剂开发的处方应尽量精炼、严谨。如安宫牛黄丸由牛黄、水牛角、人工麝香、珍珠、朱砂、雄黄、黄连、黄芩、栀子、郁金、冰片等药味组成，用于热邪内陷心包所致高热烦躁、神昏谵语、口渴唇燥等症。方中麝香通行十二经，善于开窍通关，为开窍醒神回苏的要药；冰片、郁金芳香辟秽，通窍开闭，助麝香以开窍。现代将该方开发为清开灵颗粒 / 注射剂时，只取其清热解毒、镇静安神作用，而舍去其开窍通关之功，故对该方进行减味，减去麝香、冰片、郁金三味药。

此外，配伍精当、严谨与否，除从上述多方面来考察，尚需注意考察其有无毒副作用或毒副作用强弱。处方并非药味数越少越好，药味越少或提取单体可能毒副作用会更加明显，应更加重视。

2. 用料要准确　基原准确、来源可靠的药材原料是保证制剂质量稳定可靠的前提。中药材来源于植物、动物和矿物，由于受产地、气候、生态环境、栽培或养殖技术等因素影响，中药材质量存在差别。同时，大部分中药材需要经炮制加工后再入药，而不同的炮制加工方法对中药材的成分也有明显的影响，使得中药材及其饮片质量的稳定性、可控性差。另外，野生中药材与人工种植中药材、同一中药不同基原品种之间的质量也存在明显的差异，如黄连、甘草、黄芪、贝母、大黄、麻黄等。药物的安全有效性与原料质量密切相关，要保证制剂的质量，需从药材基原、产地、采收、药用部位、炮制加工、规格等级等方面确保用料准确。

（二）剂量的筛选

剂量指药物用于机体发生特定生物效应而产生治疗作用的成人一日平均量。中药复方的剂量包括组成处方各药的用量和整个处方药物成人一日用的总量。理想的剂量要求达到最好的疗效、最小的不良反应。中药复方在药味相同的情况下，由于各药间相对剂量不同，可改变其作用性质。如左金丸由黄连 6 份、吴茱萸 1 份组成，具清泻肝火、降逆止呕之功，用于肝火犯胃，症见胁肋胀痛、嘈杂吞酸、呕吐口苦、脘痞嗳气、舌红苔黄、脉弦数等，效果良好。而由吴茱萸

6 份、黄连 1 份组成之反左金丸，又称萸连丸，则是温胃散寒、疏肝止痛之品。可见中医处方配用剂量不同，疗效也不同。同时，老年人、婴幼儿所用剂量与成人也是不同的，必须要有明确规定。因此，中药复方药物组成确定后，剂量是药效的基础。如果少于这个剂量，一般就不能产生治疗效果；如果加大用量到某一程度，能引起中毒现象，这个用量称为中毒量；如再加大到足以致命时称为致死量。通常说的极量就是指剂量的最大限度，已接近中毒量。中药里剧毒药物不少，但对大多数中药而言，其毒副作用较低，安全系数较高，有效剂量至中毒量间距离较大，剂量选择灵活性较大。

三、筛选方法

中药处方药味与剂量筛选是为了安全有效，故最终标准是以临床为准，其研究方法有以下几种。

1. 文献法　查阅古今医家用药经验及现代研究成果，作为一个基本的参考数据。

2. 化学方法　采取测定药物中主要有效成分含量的方法，制定一个能保证疗效的含量标准。

3. 药理方法　通过药理实验，找到能达到最好疗效、最小不良反应的药味组成与剂量。

通过上述研究，从而确定中药复方及各药用量与整个处方药物成人一日用总量。

四、功能主治的确定

功能是方剂（或药物）对于人体疾病的治疗作用，是中医药理论化后的表述，有其固有的专业术语。方剂的功能必须针对所治病证的病因和病机，应完全符合其治法的基本要求。所确定的功能必须简明扼要，全方一些兼有的次要功能或间接作用不必一一列出，可避免过于繁杂，主次难分；同时也可降低药理及临床研究时的难度，减少麻烦。如《伤寒论》茵陈蒿汤，主治湿热黄疸，其主要病因、病机为湿热蕴结于肝胆，胆汁外溢肌肤，致使患者肌肤、爪甲、巩膜发黄，出现黄疸。全方主要针对病因、病机的功能是清热、利湿、退黄。方中大黄等药尚可活血、通便，对该证兼有血瘀或大便秘结者也有针对性的治疗作用。但血瘀、便秘只是湿热黄疸证中的兼有症，并非必见之症。因此，在确定该方的功能时，不必列出活血化瘀（或化瘀止痛）、泻下通便等内容。

主治是方剂（或药物）所适用的疾病、证候或症状，有时又称为适应（病）证。因此，主治的内容应当是一些病名、证名或症状名称。在确定方剂的主治时，应先列出其适应的证候名称，然后适当列出其主要症状，不宜过于简略，也不宜过于繁杂。如茵陈蒿汤的主治项下仅列出“用于湿热黄疸，症见一身面目俱黄，腹部胀满，小便不利，舌苔黄腻”等内容，而对于“大便秘结，食欲不佳，体倦乏力”之类均不必列出。若主治症中列有大便秘结，对湿热黄疸而无此症者，便不知是否宜于服用此药。若作为非处方用药，则更容易招致患者的疑虑。

目前的中成药产品主治中，中西医病证名称交叉重复的现象比较普遍，如有的将中医的湿热淋证与西医的急性尿路感染并列。对此可采用两种方式来处理：一是以中医证候名称为主，与其相对应的西医病名，可加上括号紧列其后，如谓其主治湿热淋证（急性尿路感染），症见发热，小便黄赤短少，尿道灼热疼痛……者。二是以西医病名为主，并用中医的适宜证型加以限定，如谓其适用于急性尿路感染，属于中医辨证为湿热淋证，症见……者。

主治与功能是不同认识层次的概念，不可将二者混淆。如有的以黄连为主药的中成药方中，其功能中出现“止痢疾”等内容。这混淆了功能与主治的概念。这类方剂按中医药理论的认识，当以清热燥湿或清热解毒为主要功能，而痢疾应是其主治的疾病之一。

第三节　工艺路线选择

中药成分复杂、药效各异，组成复方并非药物简单相加，因此对复方中药一般采用复方提取，工艺路线的选择要在中医药理论指导下，首先考虑君臣药的提取效率，以确保原方特有的功效。不仅需要考虑有效成分和（或）指标成分，而且需要考虑到“活性混合物”，采用现代科学技术与评价指标，深入研究能保持中医方剂特色的中药提取、纯化工艺条件与参数，达到“去粗取精”的目的，获得体现原方剂功能主治的中药有效物质（半成品）。总体而言，应根据药物性质、剂型需要、新药类别要求及生产可行性等因素来决定工艺路线。

一、药物的性质

中药所含成分众多，复方的成分更复杂，包括有效成分和杂质成分等。不同成分的性能各异，如溶解性、化学稳定性，在体内运转过程中吸收、分布、代谢、排泄情况等皆不相同。因此，根据药物性质制订合理的工艺路线才能提取出所需要的有效成分，否则将事倍功半或事与愿违。

在工艺设计前应通过文献查阅，分析每味中药的有效成分、毒性成分与药理（毒副）作用，结合制剂的临床应用，根据提取原理与预试验结果，选择适宜的提取方法，设计合理的工艺路线。如某处方中重用附片，附子所含的乌头碱、新乌头碱等双酯型生物碱毒性较大，应加热较长时间使之降解为毒性较小的单酯型生物碱或乌头原碱，故在工艺设计中一般需将附片先煎至无麻味。若在制订工艺路线时将全方共煎，可能会因附片煎煮时间不够而导致提取物存在一定毒性，影响制剂安全性。

在选择提取工艺路线时还需要充分考虑可能影响成分提取效果的因素，包括中药饮片粉碎度、溶剂量、提取温度、提取方式等。如黄芩主要有效成分为黄芩苷，但黄芩中的黄芩苷酶在自然状态能分解黄芩苷，故水提黄芩时应沸水投料，先将药材中黄芩酶灭活，从而“杀酶保苷”。若工艺路线中按照传统方式全方共同冷水中投料，容易导致部分黄芩苷被水解，结果提取物中黄芩苷含量大为减少。

二、剂型的需要

制备固体制剂、半固体制剂、液体制剂及注射剂等剂型时，成型前中间体都具有不同的特点，工艺路线应根据剂型要求设计。

1. 颗粒剂、片剂、胶囊剂等固体制剂在成型工艺中常需要加入填充剂，为节省原料和保存药效，可将方中纤维性弱、含淀粉较多的药材如葛根、白芷、山药等，部分打成极细粉或微粉替代淀粉、糊精作为填充剂。

2. 口服液等液体制剂有澄清度的要求，所以供配液用的中间体均必须为在水中溶解或分散的提取物，一般不能用含中药材的原药材粉末（加工制品例外）；同时，为了避免使用过多的表面活性剂等附加剂，在制备口服液时常采用水提方式，而不用乙醇提取。

3. 注射剂对提取、精制所得半成品要求较高，需严格控制总提取物中相关指标成分的含量。目前，中药注射剂提取与精制方法大多为水提醇沉法、醇提水沉法、蒸馏法等。已列入国家药品标准的 109 种中药注射剂，其制备工艺采用水提醇沉者 35 种，醇提水沉者 9 种，水蒸气蒸馏法者 11 种，其他综合法 54 种。而水醇法和醇水法在有效成分的富集和杂质去除方面各具特色，水醇法可保留较多的综合性有效成分，但多种杂质不易彻底除尽；醇水法可显著降低提取物中蛋白质、黏液质、淀粉等杂质的含量，但小分子杂质难以除尽。因此，在注射剂制剂工艺设计中需充分考虑对有效成分或有效部位的富集，使中药注射剂成分基本清楚，提高临床可控性和安全性。

三、新药类别的要求

根据《药品注册管理办法》（2020年版）规定，中药注册按照中药创新药、中药改良型新药、古代经典名方中药复方制剂及同名同方药进行分类。在制剂工艺设计中，各类中药新药的制备均需对有效部位进行提取和纯化，中药复方是将整方合并提取还是单味药提取后合并，或是分组提取后合并，则需进行研究，需要比较合提与分提合用在疗效、毒副作用方面有无差别，并参考成型工艺需要，最后择优选择复方的提取工艺路线。复方中提取的有效部位群指以中医药理论为指导，在对复方中各原料（药材）理化性质研究的基础上，经过严密设计工艺提取、制备的有效部位，如总黄酮（苷）、总皂苷（元）、总内酯、总挥发油等的总组分；该有效部位群各有效部位均应有明确归属的（包括混合提取过程中产生的成分）鉴别，也可采用能重现的指纹色谱图鉴别；该有效部位群中各有效部位的总含量一般不低于50%，其中对应于原处方药材中各有效部位的比例应相对稳定；该有效部位群中主要药味的有效部位原则上应建立单一有效成分的含量测定，根据实测数据制定含量限（幅）度；该有效部位群应与原剂型进行药效学与毒理学比较研究，阐明其先进性与科学性。除此之外，整个工艺路线的设计还应遵循“尊重传统用药经验”“质量源于设计”“整体质量评价”与“工艺持续改进”等原则。

四、生产可行性及成本核算的需要

1. 应具可行性，工艺路线简单　一个品种工艺路线不能太复杂、太多，以免生产周期过长，还有可能造成交叉污染，因此越单纯、简单，其大生产可行性越大。尽管目前多种新的提取方法、纯化技术，如中药半仿生、超声波、生物酶提取技术，以及膜分离、分子蒸馏、大孔吸附树脂等纯化法，在中药制剂工艺研究中得到广泛应用，但实际生产中仍主要采用煎煮法、回流法、离心法、滤过法、醇沉法等常规的提取、纯化方法，主要就是因为这些新方法目前还需在生产实践中进一步改进和完善，使其应用于生产具有可行性。

2. 应具可操作性，安全性大　制订工艺路线要与工厂生产条件紧密结合，要把生产上每个环节的实际情况考虑进去，加强环保与消防安全意识，如果工艺路线脱离实际，轻则操作困难，重则可能发生安全事故。如一般在中药制剂提取工艺中不采用乙醚、氯仿等易燃、易爆、有毒的有机溶剂，而采用安全性较好的水和乙醇作为溶剂。

3. 消耗少、成本低　大生产的成本除原辅料以外，还有若干项目，如包装材料、燃料、动力、工资、设备折旧费、流动资金利息、企业管理费、新产品开发费、产品销售费、税费、利润等。如在工艺生产中能减少一步工艺，或将乙醇重复多用一次，不仅环保节能，成本也会降低许多。

第四节　制剂中间体制备工艺条件研究

一、制剂中间体制备工艺条件研究的原则

制剂中间体的制备是中药制剂成型的基础，是中药新药研究的重要环节。以中医药理论为指

导，根据各味中药现代化研究状况和所含有效成分，结合现代科学技术和方法进行工艺条件筛选研究，最大限度提取和保留原处方中各药物的有效成分，发挥中药有效成分的综合治疗作用，确保临床的治疗效果。中间体制备工艺条件的优选应采用准确、简便、具有代表性、可量化的综合性指标与合理的方法，在保证原材料一致的基础上，系统研究工艺路线中各环节影响因素和水平，明确具体工艺参数，以保证制剂中间体制备工艺的科学、合理、可行，使新药达到安全、有效、可控和稳定。

（一）系统性

1. 按照工艺路线，依次进行研究，不可遗漏，也不可颠倒。
2. 对每个工艺环节的主要影响因素进行筛选和全面研究。
3. 对每个因素要进行三个水平或更多水平的比较研究，确定最佳因素和水平。

（二）一致性

中药材品种繁多、来源复杂，即使同一品种，因产地、采收季节、加工方法等不同，质量也会有差异，为使研究工作保持连贯性和可重复性，必须保证中药材原料质量一致。一般情况可一次购买足够量的中药材原料，分次使用。

（三）规范化

试验设计的严密性、操作的规范性极为重要，每一个环节都会影响试验结果。试验的目的是取得数据，而准确的数据来自严密的试验设计、规范的试验方法和操作，否则数据不具科学性和可行性。

二、制剂中间体制备工艺条件筛选

工艺条件的研究主要包括制剂原料的前处理、饮片的提取与纯化两个环节。

（一）原料的前处理

中药制剂原料包括中药饮片、提取物（含有效部位）和有效成分。投料前的药材要经过鉴定与检验、炮制与加工成为饮片，检验合格后方可投料，以确保投料准确，制剂质量均一。

1. 鉴定与检验　药材品种繁多，来源复杂，即使同一品种，由于产地、生态环境、栽培技术、加工方法等不同，其质量也会有差别；中药饮片、提取物、有效成分等原料也可能存在一定的质量问题。为了保证制剂质量，应对原料进行鉴定和检验。

原料的鉴定与检验的依据为法定标准。药材和中药饮片的法定标准为国家药品标准和地方标准或炮制规范；提取物和有效成分的法定标准仅为国家药品标准。标准如有修订，应执行修订后的标准。

多来源的药材除必须符合质量标准的要求外，一般应固定基原；对品种不同而质量差异较大的药材，必须固定品种，并提供品种选用的依据；药材质量随产地不同而有较大变化时，应固定产地；药材质量随采收期不同而明显变化时，应注意采收期。

原料质量标准若过于简单，难以满足新药研究的要求时，应自行完善标准。如药材标准未收载制剂中所测成分的含量测定项时，应建立含量测定方法，并制定含量限度，但要注意所定限度应尽量符合原料的实际情况，完善后的标准可作为企业的内控标准。

对于列入国务院颁布的《医疗用毒性药品管理办法》中的28种药材，应提供自检报告。对野生药材应按照相关要求开展资源评估研究，对于确需使用珍稀濒危野生药材的，应符合相关法规要求，并重点考虑种植养殖的可行性。提取物和有效成分还应特别注意有机溶剂残留的检查。

2. 炮制与加工　炮制和制剂的关系密切，大部分药材需经过炮制成为饮片才能用于制剂的生产。中药在炮制过程中，经过加热、水浸、酒、醋、药汁等辅料处理，使某些药物的理化性质产生不同程度的变化，可能使部分成分溶出，可能使部分成分被分解或转化成新成分，也可能使部分成分的浸出量增减。此外，炮制过程还可能影响药物的性味归经等。

在完成药材的鉴定与检验之后，应根据处方对药材的要求及药材质地、特性的不同和提取方法的需要，对药材进行必要的炮制与加工，包括净制、切制、炮炙、粉碎等过程。

（1）*净制*　即净选加工，是药材的初步加工过程。药材中有时会含有泥沙、灰屑、非药用部位等杂质，甚至会混有霉烂品、虫蛀品，必须通过净制除去，以符合药用要求。净制后的药材称为“净药材”。常用的方法有挑选、风选、水选、筛选、剪、切、刮、削、剔除、刷、擦、碾、撞、抽、压榨等。

（2）*切制*　切制是指将净药材切成适于生产的片、段、块等，其类型和规格应综合考虑药材质地、炮炙加工方法、制剂提取工艺等。除少数药材鲜切、干切外，一般需经过软化处理，使药材利于切制。软化时，需控制时间、吸水量、温度等影响因素，以避免有效成分损失或破坏。

（3）*炮炙*　炮炙是指将净制、切制后的药材进行火制、水制或水火共制等。常用的方法有炒、炙、煨、煅、蒸、煮、烫、炖、制、水飞等。炮炙方法应符合国家标准或各省、自治区、直辖市制定的炮制规范。如炮炙方法不为上述标准或规范所收载，应自行制定炮炙方法和炮炙品的规格标准，提供相应的研究资料。制定的炮炙方法应具有科学性和可行性。

（4）*粉碎*　粉碎是指将药材加工成一定粒度的粉粒，其粒度大小应根据制剂生产需求确定。对质地坚硬、不易切制的药材，一般应粉碎后提取；一些贵重药材常粉碎成细粉直接入药，以避免损失；另有一些药材粉碎成细粉后参与制剂成型，兼具赋形剂的作用。经粉碎的药材应说明粉碎粒度及依据，并注意出粉率。含挥发性成分的药材应注意粉碎温度；含糖或胶质较多且质地柔软的药材应注意粉碎方法；毒性药材应单独粉碎。

（二）提取与纯化

中药提取过程即选择适当的亲和溶剂及提取方法，将有效成分或有效部位尽可能溶解出来，通过最佳提取工艺的考察，保留药效物质，除去无效成分，达到提高疗效、降低毒副作用、减少服用剂量的目的。中药的提取应首先尊重传统，若为汤剂应尽可能采用水提合煎的方式，若为酒剂应尽可能采用不同浓度的乙醇提取方式，尽可能地提出有效物质成分。提取溶剂选择时应尽量避免使用一、二类有机溶剂，必要时应对所用溶剂的安全性进行考察，控制残留物。

中药的纯化工艺应依据中药传统用药经验，或根据提取物中已确认的一些有效成分的存在状态、极性、溶解性等特性，设计科学、合理、稳定、可行的工艺。鉴于中药提取物的复杂性，欲弄清有效物质基础，去粗取精，提高中药制剂水平与质量，改变传统的剂型，一般应采用分离纯化技术尽可能多地除去无效成分，富集有效成分，保留有效辅助成分。分离纯化的程度可随注册药品类别、剂型、给药途径、剂量等的要求不同而异。

在提取与纯化工艺路线初步确定的基础上，根据药材的性质和提取与纯化方法的特点，充分考虑各种影响因素，进行科学、合理的试验设计，采用准确、简便、可量化的综合性评价指标与方法，筛选合理的提取与纯化工艺参数。

1. 提取溶剂的选择　中药制剂的提取，水和乙醇是最常用的两种提取溶剂，对某些特殊性质药物可通过调节 pH，或加入附加剂，或采用超临界流体提取等，从而改善提取效果。在溶剂选择时主要从以下几个方面进行考虑：①被提取的主要有效成分及其性质。单用水提时总提取物虽多，但选择性差，容易含大量无效成分。通过调节乙醇的浓度，可选择性地浸提药材中某些有效成分或有效部位，如乙醇含量在 50% ~ 70% 时，适于浸提生物碱、苷类等；乙醇含量低于 50% 时，适于浸提蒽醌类化合物。②用药经验。一般生物碱、苷、黄酮类化合物在水中溶解度不高，宜采用乙醇提取。但若之前作为医院制剂一直是采用水煎煮，临床疗效好，且质检合格，作为新药开发时应考虑选择水或稀乙醇。③生产可行性。一些有机溶剂不仅溶剂本身价格昂贵，同时毒性大、易燃，需要特殊的厂房、设备和劳保方可投产，这些问题需综合考虑。

2. 提取与纯化方法的选择　中药的提取与纯化方法应首先根据处方组成及所含主要成分性质选择，最大限度地提取起药效作用、能发挥临床疗效的物质基础。若有效成分为芳香挥发性成分应首先选择蒸馏法提取，如金银花、藿香、白芷等；若为热敏性成分，最好选择渗滤或温浸法，如蕲蛇、川芎等；一般药物可以用煎煮或回流。其次要考虑是否适合工业大生产和生产成本。采用的提取方法不同，影响提取效果的因素有别，因此应根据所采用的提取方法与设备，考虑影响因素的选择和提取参数的确定。一般需对溶媒、工艺条件进行选择，优化提取工艺条件。此外，目前中药常用的提取方法为煎煮法、渗滤法、回流法、蒸馏法等，这些方法具有操作简便，对工艺、设备的要求不高等优点，但同时存在提取时间长、耗能大、含杂质多等缺点，随着科学技术的发展，超临界流体提取、超声波提取、微波强化提取、半仿生提取等技术的优越性日益显示，在中药提取中逐渐得到应用。

中药分离纯化方法均应根据与治疗作用相关的有效成分（或有效部位）的理化性质，或药效研究结果，通过试验对比，选择适宜的工艺路线与方法。中药纯化工艺应根据纯化的目的、可采用方法的原理和影响因素，选择适宜的纯化方法。纯化方法的选择一般应考虑拟制成的剂型与服用量、有效成分与去除成分的性质、后续制剂成型工艺的需要、生产的可行性、环保问题等。

以实际应用较多的水提醇沉法为例，采用乙醇进行纯化时需考虑以下影响因素：①醇沉浓度的选择。一般而言，含醇量 50% ~ 60% 时，可除去淀粉、糊精等无效成分，适宜制备颗粒剂、片剂、胶囊剂等固体制剂；含醇量达 75% 时，可除去蛋白质，适宜于制备合剂、口服液等液体制剂，澄清度好；采用含醇量 70% ~ 80% 进行二次醇沉，还可用于注射液、滴眼液等纯化；而含醇量达 80% ~ 85% 时，可除去全部蛋白和多糖，但单宁、水溶性色素、树脂等仍难以完全除去。②乙醇浓度的选择。一般应选用含杂质较少、浓度较高的医用乙醇，回收的乙醇不能用来提取或精制不同品种，以防止回收乙醇中可能溶解的成分与待提取药材中成分“串味”或混溶。加入乙醇的浓度与药液中乙醇终浓度的浓度差为 20% ~ 25% 最佳。若加入乙醇浓度太低，乙醇用量大，回收不方便，且沉淀成絮状，难以形成沉淀，效果差；若加入乙醇浓度太高，易造成提取液局部醇浓度过高，形成大块沉淀，将有效成分包裹，影响有效成分的含量及联系。③药液相对密度。如果药液浓缩后的相对密度太小，由于药液比较稀，形成的沉淀不易聚结，难以下沉且浪费乙醇；如相对密度太大，药液因长时间煎煮浓缩，易使苷类、萜类、维生素等成分破坏，且

造成淀粉糊化，醇沉时形成大块，包裹有效成分。④药液温度。若药液温度太高，醇沉时可能造成低沸点的乙醇挥散，使含醇量达不到应有的浓度，同时骤冷易聚结成团状沉淀，且沉淀增长很快，包裹有效物质，故效果不理想；若药液温度太低，相对难以导致沉淀聚结，效果也不理想。一般提取液应适当浓缩，放冷至室温后再进行醇沉。⑤加醇方式。加醇应采用慢加快搅的方法，以使加入的乙醇迅速分散，避免局部浓度过高，形成大块沉淀。且应按一个方向搅动，以免使药液乳化，不易使沉淀下沉分层。如用来醇沉的乙醇浓度不等，应按浓度从小到大的顺序加入。

3. 提取与纯化工艺参数的筛选 制剂工艺设计中提取纯化工艺条件的筛选和确定，需要采用科学、客观、可量化比较的实验方法与评价指标来获得科学、合理的结果，对于主要影响因素、水平取值的确定，一般可根据预试验结果来定。具体的选择应根据研究的情况、需要考察的因素等来确定。但应考虑方法适用的范围，因素、水平设置的合理性，避免方法上的错误和各种方法的滥用和误用，例如因素、水平选择不当，样本量不符合要求，指标选择不合理，评价方法不妥，适用对象不符等；并应注意对试验结果的处理、分析，合理地选择试验结果。对于因素、水平的设置，应注意结合被研究对象特点灵活选择。

由于工艺的多元性、复杂性及研究中不可避免的实验误差，工艺优化的结果应通过重复和放大试验加以验证。在工艺的优化过程中建议尽可能引入数理实验设计的思想和方法，采用先进科学合理的设计方法及数据的统计分析方法等，并加强计算机辅助设计及分析手段的应用。另外，提取工艺研究、纯化工艺研究应分别进行，因二者在研究过程中可能出现相互覆盖，影响评价指标的判断，故不能在一个实验中同时筛选提取工艺和纯化工艺参数。

（1）影响因素的筛选 不同的提取纯化方法有不同的影响因素，在研究过程中应首先明确该方法的可能影响因素，再对所选方法可能的影响因素进行筛选考察，选择合适的工艺条件，确定工艺参数，以确保工艺的可重复性和药品质量的稳定性。应通过有针对性的试验，考察各步骤有关指标的情况，以评价各步骤工艺的合理性。如煎煮或回流提取工艺中提取溶剂（溶剂浓度）、溶剂用量、提取次数、提取时间，渗滤提取中渗滤溶剂（溶剂浓度）、溶剂用量或渗滤液收集量，浸渍提取中浸泡溶剂（溶剂浓度）、浸泡时间，水解工艺中溶剂种类、酸碱种类、用量（pH 值）、水解时间、水解温度等。

（2）影响因素水平条件的筛选 合理可行的工艺不仅要明确主要影响因素，还应确定该因素中最佳水平条件，构成工艺条件。由于是优选出最佳的工艺条件，若选两个水平，两点连成一条直线，无法确定哪一个是顶点（最优水平）；若设计三个水平，出来的是一条曲线，可在峰顶上选点，见图 4–2、图 4–3。

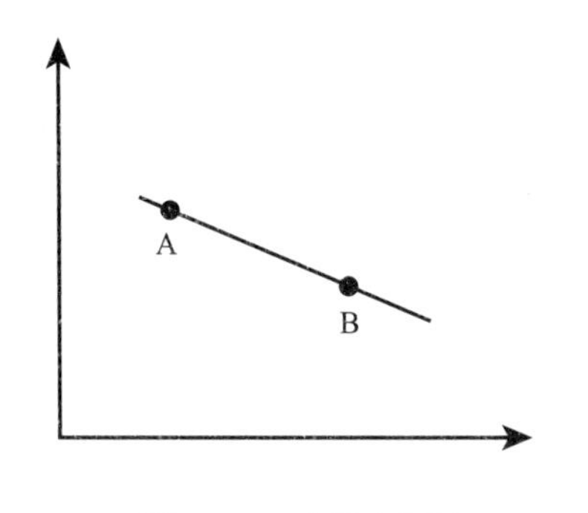

图 4–2 二水平坐标图

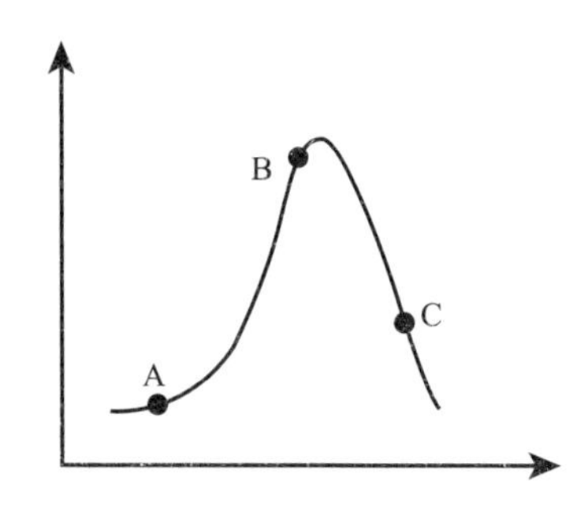

图 4–3 三水平坐标图

水平确定：①水平范围要包含最优工艺条件，如加水量应加多少倍较合理，这个数字可参考积累的经验，或做预试验确定，务求准确，如果处方药物吸水率为3倍，第1次加水设计为5倍就不妥。②设计合理的水平数量和梯度，让试验结果有明显差异，才有实际意义，若将提取溶剂乙醇的浓度设定为60%、65%、70%，看似三个水平，实际只有60%与70%才有选择价值。

（3）水平参数的筛选　根据多、快、好、省原则，选择恰当的试验方法，以减少试验次数，提高效率，同时得到准确的结论和最佳工艺条件。在影响因素较少时，可采用单因素、多水平的对比研究。但在大多数情况下，影响因素不是单一的，对多因素、多水平同时进行考察，一般常用正交试验方法、均匀设计法、星点设计－效应面优化法等方法，减少试验次数，提高效率，节约时间和经费。以下对几种常用的实验设计筛选方法进行简单介绍。

①全面试验法，又称单因素筛选。该方法只设有一个变量因素，其余条件不变，分别逐一考察各影响因素对实验结果的影响。如提取莪术挥发油，因莪术是植物的干燥根茎，形态是卵圆形、长圆形或纺锤形的，直径1.5～4cm，采用水蒸气蒸馏法提油，影响提油量的因素主要是药材粉碎程度和提取时间，对这两个因素，可采取先固定提取时间，考察粉碎程度，再将已确定的粉碎程度固定，以考察提取时间。

这种方法验证的次数比较多，试验次数 $n=rq^s$ 次（s 为因素个数，q 为水平数，r 为实验重复次数）。如有3个因素，每个因素有5个水平，其次数最少为 $5^3=125$，如此多的试验次数，需要消耗大量的人力、物力、财力及时间。由于这种实验方法设计全面，数据可靠，结果可比性强，能分析出事物的内在规律，也常被采用。但需注意：只有当因素水平较低时才采用此法；单因素试验只能有一个变量，不可两个变量同时考查。

②正交试验法。该方法为研究多因素、多水平的一种常用设计方法，它根据正交性从全面试验中挑选出部分有代表性的点进行试验，这些有代表性的点具备了均匀分散、齐整可比的特点，是一种高效率、快速、经济的实验设计方法。正交表是一整套规则的设计表格，常用 $L_n(q^p)$ 表示，L为正交表的代号，n 为正交表的横行数（试验的次数），q 为因素的水平数，p 为正交表的纵列数（最多允许安排因素的个数）。正交试验所需做的试验次数较全面试验所需试验次数少，试验次数 $n=rq^{s-1}$ 次（s 为因素个数，q 为水平数，r 为实验重复次数），如三因素五水平只需作 $5^2=25$ 次试验。

正交试验法，首先根据实验本身需筛选的因素、水平，选择好正交表头和相对应的正交试验表（表4-1、表4-2），将其排列组合好。

表4-1　$L_9(3^4)$ 正交因素水平设置表

水平	因素		
	A 提取次数（次）	B 加水量（倍）	C 提取时间（小时）
1	1	6	1.0
2	2	8	1.5
3	3	10	2.0

表 4-2　$L_9(3^4)$ 正交试验表

实验号	A	B	C	D（空白）	评价指标
1	1	1	1	1	
2	1	2	2	2	
3	1	3	3	3	
4	2	1	2	3	
5	2	2	3	1	
6	2	3	1	2	
7	3	1	3	2	
8	3	2	1	3	
9	3	3	2	1	

③均匀设计法。这种方法是根据数论理论设计，只考虑试验点在试验范围内充分“均匀分散”而忽略“整齐可比”性，为多因素、多水平的试验提供了一种试验次数较少的设计方法。均匀设计要求安排的试验次数为因素所取水平数，即 $n = rq^s$，三因素五水平的试验，仅作 $q^1 = 5$ 次试验即可。

4. 实验评价指标的选择　工艺研究过程中，选择对试验结果做出合理判断的评价指标十分重要。评价指标应客观、可量化、科学、合理。在具体评价指标的选择上，需结合中药复方特点，选择能够对具体品种的安全、有效、可控做出科学合理、切合实际判断的评价指标。一般采用化学指标、生物学指标及有效浸出物综合评价方法。需要注意的是，环保、工艺经济问题也应该作为综合考虑因素。

（1）化学指标　中药新药研究中常采用化学指标法用于评价制备工艺的合理性，主要有水浸出物、有机溶剂浸出物、大类成分、指标成分等化学指标。主要是根据已有研究文献，结合复方的功能主治，选择适宜指标作为评价，获得最优工艺参数。此法量化程度高，表述清楚，研究时也易于操作，且耗资较少。

①以浸出物（水浸出物和有机溶剂浸出物）为评价指标。由于浸出物的成分并不明确，总固体量的高低往往并不代表提取效果的优劣，因此在研究提取工艺中对提取效果的评价，不宜单用浸出物作为评价指标。如熟地黄、山药等含多糖、淀粉、黏液质较多的药材，随着加水量和煎煮时间增加，其干膏收率增加，而其有效成分含量并未增加太多。但在纯化工艺研究中，对于复方制剂还是有参考价值的。如对剂型的选择及服用量、包装规格的确定，也可结合其他指标对工艺做综合评价。

②以大类成分（如总生物碱、总黄酮、总蒽醌等）为评价指标。按照处方药物的君臣佐使及用量大小，选择主要药物中具有疗效的一类成分为评价指标。如某处方具有镇静、改善睡眠之功效，因方中主药酸枣仁、女贞子等含有的黄酮类成分均有改善睡眠的功效，且含量较高，故以芦丁为对照，用分光光度法测其提取物中总黄酮含量为评价指标。这种指标的测定操作简便，不需特殊的大型检测仪器，在普通实验室里都能完成，而且所得数据基本上与疗效有量效关系，在一定程度上可以代表提取物的质量。

③将处方中某药味的指标成分含量作为评价指标。工艺研究选择的指标性成分应与质量标准

中含量测定成分保持一致，同时指标成分的选择应具有代表性，一般首选“处方中君药（主药）、贵重药、毒药、处方量大”的药味中主要有效成分或指标成分作为评价指标，这种指标表述清楚，评价确切，方法成熟，含量转移率清楚，能更好地对制剂进行质量监控，是目前中药新药工艺研究的主要评价指标。

中药新药的化学评价指标应是制剂中有效成分（部位）的质和量的代表，也是临床作用性质和效率的代表。在选择化学评价指标时，应充分考虑中药制剂多成分作用的特点。一般来说，有效成分明确的制剂应以有效成分为指标；有效成分不明确的制剂，应在中医药理论指导下，尊重传统用药经验、组方理论及临床实践等进行研究，找出有效成分、大类成分或特征成分，并建立相关定量方法。除此之外，还应充分考虑某些中药基础研究比较薄弱、对药物作用的物质基础和机理不清楚的现状，结合研究实际，采用多指标综合评价，以满足临床用药要求。在具体评价指标的选择上，应结合中药的特点和品种的具体情况，探讨能够对其安全、有效、可控做出合理判断的评价指标，以期得到工艺操作上科学、合理、可行，又能真正反映药物疗效的工艺。

（2）生物学指标　当方剂中成分过于复杂，或现阶段指标成分不能代表其疗效者，最好以生物学指标作为制备工艺评价依据。生物学方法目前应用最多的有微生物学方法和药理学方法。如一些清热解毒的药物或外用消毒杀菌的药物可基于微生物学方法，用最小抑菌浓度作为提取效果的评价指标；也可以根据处方的功能主治，选择主要药效学指标来评价提取工艺的优劣。但该方法操作不如化学指标法方便、灵敏，且费时费力。

（3）综合评价指标　化学指标法和生物学方法各具特点，但单独使用时都不够全面。将药效学指标与化学成分指标相结合，找出复方功能主治最相关的有效浸出物或有效成分，综合评价提取工艺，为中药复方提取工艺筛选提供了新思路。如采用正交设计法和药效学实验相结合，以6-- 姜酚和止呕效果作为评价指标，对复方止呕颗粒最佳提取工艺条件进行优选；以芍药苷含量及镇痛、镇静药效学试验为综合指标，考察逍遥丸水提和醇提工艺。

（三）浓缩与干燥

浓缩与干燥是中药制剂生产过程中重要的技术单元操作。需要浓缩和（或）干燥的中药千差万别，且常用浓缩与干燥方法多样，把握常用浓缩和干燥方法的特点及选用规律对于准确地运用具有现实意义。一般应注意考察浓缩干燥温度、减压真空度、浓缩程度、成分转移率等因素。

浓缩、干燥工艺应依据制剂的要求，根据物料的性质和影响浓缩、干燥效果的因素，选择一定的方法，使所得物料达到要求的相对密度或含水量，以便于制剂成型。中药提取液中药物成分和性质极其复杂，对温度敏感和耐受程度不同、黏度不同、起泡性不同等，在药物浓缩与干燥工艺过程中应注意保持药物成分的相对稳定，结合各种蒸发浓缩和干燥设备与方法的特点，合理选择设备与方法，并确定最佳的浓缩干燥工艺参数。如含有受热不稳定的成分，可做热稳定性考察，并对采用的工艺方法进行选择，对工艺条件进行优化。由于浓缩与干燥的方法、设备、程度及具体工艺参数等因素都直接影响着药液中有效成分的稳定，在工艺研究中宜结合制剂的要求对其进行研究和筛选。在研究过程中，应根据具体品种的情况，结合工艺、设备等特点，选择相应的评价指标。

（四）中间体质量标准的制定

中间体是中药经过一定的加工炮制、提取与分离、浓缩与干燥等工序获得的提取物，用于配

制中药制剂，是中药制剂质量和疗效的来源和保证。要使中药制剂的质量稳定，必须要保证中间体的质量稳定。为此，必须对中间体制定质量标准。

1. 中间体的质量控制　中药提取物的质量控制项目主要包括性状、鉴别、检查、含量测定等。另外，最新修订的《药品生产质量管理规范》（GMP）中规定了中药提取物各生产工序的操作至少应当有以下记录：①中药材和中药饮片的名称、批号、投料量及监督投料记录；②提取工艺的设备编号、相关溶剂、浸泡时间、升温时间、提取时间、提取温度、提取次数、溶剂回收记录等；③浓缩与干燥工艺的设备编号、温度、浸膏干燥时间、浸膏数量记录；④精制工艺的设备编号、溶剂使用情况、精制条件、收率记录等。此外，还规定应根据中药材和中药饮片质量、投料量等因素，制定每种中药提取物的收率限度范围；中药提取物外包装上至少应当标明品名、规格、批号等。在企业生产中多参照“两个标准、三个规程”，即药材标准、提取物产品标准、药材栽培规程、提取物生产工艺规程、检查操作规程，对其进行质量控制。

（1）有效性　产生药效的是有效成分，但对中药复方制剂来说，有效性不是含量测定的某个成分，而是由全方所含多种有效物质共同产生的作用。即中间体的疗效来源于：已测含量的某个有效成分；未建立含量测定的有效组分，包括每味药的有效物质及处方中药物的有效浸出物。

（2）安全性　由中间体中有害物质的种类、含量所致。

（3）一致性　一个中间体不论何年何月何地制备，所含成分的种类、含量、存在形式应完全是一样的。

2. 中间体质量标准应包含的项目　除按《中国药典》中药材质量需建立的项目外，还应增列有效成分、有效部位及有效部位外的以下项目。

（1）有效浸出物或大类成分测定的限（幅）度，以保证疗效。

（2）有害物质检测，包括：砷盐、重金属；含氯、磷农药残留量；有毒成分；微生物限度检查。

（3）各剂型的特殊要求。

①液体：应控制相对密度、pH 值、收率、主要原料定性鉴别、主要有效成分及大类成分的定量。

②固体：应控制水分、粒度、收率、休止角、堆密度、临界相对湿度、主要原料定性鉴别、主要有效成分及大类成分的定量。

③注射剂：由于注射剂质量要求高，更应加强对中间体的质量控制。除鉴别和有效成分外，还应根据中药注射剂技术要求建立各项检查项的检验方法与标准。

原料药材通过提取制成中间体，经检验符合所制定中间体的质量标准后，方可进行成型工艺研究。

第五节　成型工艺研究

中药新药的质量和临床安全有效性除了与上述制剂中间体制备工艺有关，成型工艺同样起着举足轻重的作用。尽管成型工艺无法改变制剂有效成分的种类和含量，但决定了中药制剂发挥疗效的速度与程度，甚至是安全与否，同时影响制剂外观和患者服用方式。因此，成型工艺研究对于中药新药制剂过程也十分重要。成型工艺研究主要包括中药新药剂型选择、制剂处方研究、成型工艺条件研究，以及直接接触药品的包装材料选择等基本内容。

一、中药新药剂型选择

药物必须制成不同的剂型，采用一定的给药途径接触或导入机体才能发挥疗效。剂型的不同可能导致药物的作用性质、作用速度、毒副作用的不同，从而影响药物的临床疗效。因此，选择合理的药物剂型是保证和提高药物疗效的关键。中药复方药物有效成分尚不十分清楚，或提取的有效成分纯度不高的情况下，不要盲目选用新剂型，应尊重传统组方，以临床需要、药物性质、用药对象与剂量等为依据，通过文献研究和预试验，科学客观地选择剂型。

此外，药品上市销售后，随着产品生产与临床应用，对其安全性、有效性、稳定性、质量可控性有了进一步认识，同时随着科学技术的发展及药品生产技术的提高，为研制、生产更具临床应用优势的药物剂型提供了可能。中药新药研究需要进行剂型选择外，已上市的中成药也可进行剂型改革研究。国家食品药品监督管理总局（现国家市场监督管理总局）于2014年组织制定并发布了《中药、天然药物改变剂型研究技术指导原则》，供中药研制相关机构和人员参考。

1. 剂型选择依据 剂型不同可能导致药物作用效果不同，从而关系到药物的临床疗效及不良反应。比如健脾消食片原方以汤剂应用，临床上反映效果较好，但汤剂煎煮、携带、使用皆不方便，故改为口服片剂。试验发现，做成片剂后制剂的稳定性提高，便于贮藏、运输和使用。剂型选择还应根据药味组成并借鉴用药经验，以满足临床医疗需要为宗旨，在对药物理化性质、生物学特性、剂型特点等方面综合分析的基础上进行研究。应提供具有说服力的文献依据和（或）试验资料，充分阐述剂型选择的科学性、合理性和必要性。剂型的选择应主要考虑以下几方面。

（1）*临床需要及用药对象* 应考虑不同剂型可能适用于不同的临床病证需要，以及用药对象的顺应性和生理情况等。

（2）*药物性质及处方剂量* 中药有效成分复杂，各成分溶解性、稳定性，在体内的吸收、分布、代谢、排泄过程各不相同，应根据药物的性质选择适宜的剂型。选择剂型时应考虑处方量、半成品量及性质、临床用药剂量，以及不同剂型的载药量。

（3）*药物安全性* 应在比较剂型因素产生疗效增益的同时，关注可能产生的安全隐患（包括毒性和副作用），并考虑以往用药经验和研究结果。

2. 剂型选择需要注意的问题

（1）重视药物制剂处方设计前研究工作，在认识药物的基本性质、剂型特点及制剂要求的基础上进行相关研究。

（2）在剂型选择和设计中注意借鉴相关学科的新理论、新方法和新技术，鼓励新剂型的开发。

（3）在选择注射剂剂型时，应特别关注其安全性、有效性、质量可控性及临床需要，并提供充分的选择依据。国家食品药品监督管理局2007年印发了《中药、天然药物注射剂基本技术要求》，对新的中药、天然药物注射剂，改变给药途径的中药、天然药物注射剂，改剂型的中药、天然药物注射剂，仿制中药、天然药物注射剂，已有国家标准中药、天然药物注射剂的补充申请部分，中药、天然药物注射剂说明书和包装标签的撰写要求六个部分进行了规定，可参照开发中药注射剂。

（4）已有国家药品标准品种的剂型改变，应在对原剂型的应用进行全面、综合评价的基础上有针对性地进行，充分阐述改变剂型的必要性和所选剂型的安全性与合理性。

二、制剂处方研究

制剂处方研究是根据半成品（制剂中间体）性质、剂型特点、临床用药要求等，筛选适宜的辅料，确定制剂处方的过程。制剂处方研究是制剂成型工艺研究的核心内容。

1. 制剂处方前研究　制剂处方前研究是制剂成型研究的基础，其目的是保证药物的稳定、有效，并使制剂处方和制剂工艺适应工业化生产的要求。一般在制剂处方确定之前，应针对不同药物剂型的特点及其制剂要求进行制剂处方前研究。在中药制剂处方研究中，除应了解有效成分的基本理化性质以外，还应重点了解制剂中间体的理化性质。制剂中间体的理化性质对制剂工艺、辅料、设备的选择有较大的影响，在很大程度上决定了制剂成型的难易。例如，用于制备固体制剂的半成品，应主要了解其溶解性、吸湿性、流动性、可压缩性、堆密度等内容；用于制备口服液体制剂的中间体，应主要了解其溶解性、酸碱性、稳定性及嗅、味等内容。

此外，对于不同组成类型的中药制剂，其处方前研究内容不同。对于单一成分组成的药物，应对其理化性质、稳定性、制剂特性、药物与辅料的相互作用等进行研究；对于有效部位组成的药物，应充分认识有效部位的理化性质和制剂特性，对于一些重要的参数如溶解性、有效成分的纯度、稳定性，以及与辅料的相互作用等应提供文献或试验研究资料；而复方制剂成分复杂，对其认识不很全面、清楚，但一些基本特性应了解、明确。

2. 辅料的选择　辅料除赋予制剂成型外，还可能改变药物的理化性质，调控药物在体内的释放过程，影响甚至改变药物的临床疗效、安全性和稳定性等。新辅料的应用，为改进和提高制剂质量，研究和开发新剂型、新制剂提供了基础。在制剂成型工艺的研究中，应重视辅料的选择研究，注意对新辅料的应用研究。

辅料选择一般应考虑以下原则：满足制剂成型、稳定的要求，不与药物发生不良相互作用，避免影响药品的定性、定量分析。考虑到中药的特点，从减少服用量、增加患者顺应性的角度出发，在选择辅料时除应满足制剂成型的需要外，还应注意辅料的用量，良好的制剂处方应能在尽可能少的辅料用量下获得最好的制剂成型性。所用辅料应符合药用要求。

3. 制剂处方筛选　制剂处方一般是指原料加辅料做成一定的制剂规格的处方比例，要求明确制成总量为 1000 个制剂单位，明确原料的剂量、辅料的品种与剂量。例如某胶囊剂，原方 2000g 药材，提得浸膏粉约 190g，加入淀粉 132g、微粉硅胶 56g 制得 1000 粒胶囊。该浸膏粉的量是药物的临床有效使用量，当通过成型工艺制成制剂时，需要重新确定制剂的使用量。

目前，确定中药制剂中间体用量的主要方法：根据该中药原药材文献记载或临床的用量，结合提取纯化的得率等综合折算得出；根据药理预试验给出的动物有效剂量，依据生物等效性原则，由动物折算到标准体质量人的每日用量，再结合药动学预试验结果确定人每日的分服次数，最终确定分剂量规格。例如某胶囊处方中原辅料共重 378g，共制得 1000 粒胶囊，每粒装量为 378/1000 = 0.378g，可调整为每粒装 0.38g（相当于原药材 2.00g）。临床上原制剂以合剂形式给药，现采用口服的胶囊剂，其剂量根据原合剂的剂量，一般为提高顺应性折算为一次 3 粒，一日 2 次。

制剂处方筛选研究可根据药物、辅料的性质，结合剂型特点，采用科学、合理的试验方法和合理的评价指标进行。制剂处方筛选研究应考虑以下因素：临床用药的要求、有效成分的理化性质、辅料性质、半成品理化性质、剂型特点、患者的顺应性等，并应考虑有效成分、半成品与辅料的相互作用，辅料对有效成分的物理稳定性、化学稳定性、生物稳定性的影响等因素。必要时，可以通过影响因素实验考察主药（如有效成分、有效部位药物）与辅料的相互作用，考察

光、氧、热、湿等对有效成分稳定性的影响。通过处方筛选研究，应明确所用辅料的种类、型号、规格、用量等。在制剂处方筛选研究过程中，为减少研究中的盲目性，提高工作效率，获得理想的效果，可在预实验的基础上，应用各种正交设计等数理方法或计算机辅助设计开展制剂处方优选。

三、制剂成型工艺研究

制剂成型工艺研究是在制剂处方研究的基础上，将经提取、纯化后所得半成品或部分生药粉与辅料进行加工处理，按照合适的评价指标进行筛选，并优选、确定适当的辅料、制剂技术和设备，制成一定的剂型并形成最终产品的过程。实际上，制剂成型研究是处方设计的具体实施过程，并通过研究进一步改进和完善处方设计，选定制剂处方、制剂技术和设备。

根据影响制剂成型工艺质量的因素，成型工艺一般需进行三个方面研究：①制剂中间体的特殊处理。一些制剂中间体由于性质特殊，需采取适当工艺技术处理，才能配制成合格稳定的制剂。如挥发油配入口服液时，须考虑采用表面活性剂使其均匀稳定地分散在水中。②配制程序和方法。制剂处方已明确规定各中间体及辅料的品种、规格与用量。但将它们配制成型时，若工艺不当也可能导致有效物质流失。③成型工艺条件的筛选。根据所选剂型和制剂中间体性质而异，如片剂压片时必须考虑环境温度与湿度、压片机压力、颗粒流动性、含水量等。

制剂工艺研究评价指标的选择是确保制剂成型研究达到预期要求的极为重要的内容，制剂处方设计、辅料筛选、成型技术、机械设备的优选等都应根据不同药物的具体情况选择评价指标。评价指标可以是化学指标，也可以是药效指标、生产指标等。研究者可根据药物性质、剂型特点、制剂生产工艺、设备情况等选择合理的评价指标。评价指标应是客观的、可量化的。量化的评价指标对处方设计、筛选、制剂生产具有重要意义。例如，颗粒的流动性、与辅料混合后的物性变化、物料的可压性、吸湿性等可作为片剂成型工艺的考察指标的主要内容。对于口服固体制剂，有时还需进行溶出度的考察。

四、制剂成型工艺设计应考虑的问题

中药制剂成型工艺研究内容随剂型而异，其重点在成型工艺路线的选择、物料（药物加辅料）的加工处理方法与方式及成型设备的选择与应用。成型工艺设计一般应考虑如下问题。

（一）成型工艺路线的选择与制剂处方设计的关系

中药丸剂的制备可采用塑制法、泛制法与滴制法三种成型工艺路线，但选择何种工艺路线为佳，一般要由制剂处方决定。制剂处方中半成品的物理性状、化学性质是选择成型工艺路线的依据，而工艺路线又可改变处方中辅料的组成与用量。例如，以干膏为半成品制备颗粒剂，可采用一定浓度乙醇，以湿法制粒工艺路线制备；以清膏为半成品，则以一步制粒为佳，若仍采用湿法制粒则耗费大量辅料作为吸收剂，使服用剂量增大。又如，富含挥发油且为其有效成分的方剂，欲制备成合剂，一般应采取增溶操作的工艺路线，使不溶于水的挥发油均匀分散在溶剂中。可见成型工艺与制剂处方设计二者相辅相成，并非一成不变。

（二）成型工艺与生产设备间的适应性

现代制药企业要形成规模化生产，必定要使生产设备程控化、工艺流程自动化。由于实验室研究的结果受条件限制，样本量小，代表性相对较差，与有一定规模的中试生产会有一定差距。

因此，为使实验研究的成型工艺适应规模生产设备的要求，一般要通过中试，调整成型工艺路线和技术参数，并为成型设备选型提供依据。如硬胶囊剂的成型工艺，系将物料充入选定的硬胶囊壳。看似简单，但物料的流动性与均匀性却直接影响充填的质量，物料的粒度要求、是否需制粒等物料加工处理工艺便成为胶囊剂成型工艺研究的主要内容，而这些又应结合胶囊填充剂的类型统筹考虑。一般若选用自由流动型填充机，而物料流动性又差者，则应考虑采用制粒成型工艺；若选用螺旋钻压进式填充机，因机械往复运动，挤压式充填，能避免分层和充填不均现象，只要物料混合均匀，采用直接填充成型工艺即可。至于所选设备的型号、性能、生产能力等要求，一般应由预计产量和中试研究结果确定。

（三）成型工艺研究与制剂质量

成型工艺研究主要包括三方面的内容。

1. 辅料选择　辅料在中药新药研发中具有独特的地位和作用，与制剂工艺过程的难易、药品的质量、给药途径、作用方式、释药速度、临床疗效等密切相关。尤其在成型工艺中，辅料是中药制剂成型的基础。中药各类制剂多在汤剂和散剂的基础上发展而来，为了便于患者服用、携带、贮藏，通常在中药制剂生产中加入适宜的辅料，赋予药物一定形状。

2. 成型工艺条件筛选　中药制剂成型工艺是将半成品与辅料加工处理，制成一定的剂型并形成最终产品的过程。显然，研究内容随剂型而异，其重点在成型工艺路线的选用、物料（药物加辅料）的加工处理方法与方式。

3. 制剂技术和设备的选择　制剂技术和设备往往可能对成型路线及所使用辅料的种类、用量产生很大影响。在制剂成型研究过程中充分关注制剂新技术、新设备的选择与应用，固定工艺参数及所用设备，有利于保证工艺的稳定，减少批间质量差异，以保证药品的安全、有效及质量的稳定。

五、直接接触药品的包装材料的选择

在选择直接接触药品的包装材料时应对同类药品及其包装材料进行相应的文献调研，证明选择的可行性，并结合药品稳定性研究进行相应的考察。依据《中华人民共和国药品管理法》第四章药品生产的规定，直接接触药品的包装材料和容器应当符合药用要求，符合保障人体健康、安全的标准。参照《直接接触药品的包装材料和容器管理办法》和《化学药品注射剂与塑料包装材料相容性研究技术指导原则（试行）》，对药品研发初期及药品上市后进行包装材料的选择及研究。申报新药时应提供相应的注册证明和质量标准。

在某些特殊情况或文献资料不充分的情况下，应加强药品与直接接触药品的包装材料的相容性考察。采用新的包装材料或特定剂型，在包装材料的选择研究中除应进行稳定性实验需要的项目外，还应增加相应的特殊考察项目。

第六节　药用辅料选择

药用辅料是指在制剂处方设计时，为解决制剂的成型性、有效性、稳定性、安全性而加入处方中除主药以外的一切药用物料的统称。不同的剂型中辅料的作用不一样，其习惯称谓也不同，如在固态制剂中常称为赋形剂，在液态制剂中称为溶剂与附加剂，在软膏、栓剂中多称为基质，在新型给药系统中如脂质体、微囊统称为载体等。中药制剂处方设计过程实质是依据半成品特性

与剂型要求，筛选与应用药用辅料的过程。

中药制剂用辅料种类和作用多样，其中，赋形剂主要作为药物载体，赋予各种制剂一定的形态和结构，附加剂主要用于保持药物与剂型的质量稳定。除此之外，中药制剂用传统辅料还具有“来自天然，药辅合一”及“药引”的作用特点。如复方青黛丸中的青黛便是药辅合一的典型案例，青黛在方中既能粉碎成细粉用作包衣，又具有清热解毒、凉血消斑、泻火定惊的功效；而肾气丸用淡盐水送下，借助盐入肾，引诸药到肾经，起着药引的作用。中药制剂用辅料选择是否得当将直接影响药物的生物利用度、不良反应的程度及临床疗效的发挥，因此在中药新药研发与生产中，应根据辅料的不同作用结合剂型、给药途径等选择适宜的辅料。

一、辅料选择的原则

选用辅料有两个最基本的原则：一是最低用量原则，即在满足制剂成型、有效、稳定、方便使用前提下用量要恰到好处，这样做不仅可节约原料，降低成本，更重要的是可减少剂量。二是无不良影响原则，即不降低药品疗效，不产生毒副作用，不干扰质量监控。通常情况下要求辅料为“惰性”物质，其物理、化学、生物学性质稳定，但绝对“惰性”的物质难以找到。避免不良影响，充分利用其有利影响，是辅料选用的重要考虑因素。一般应作体外药物与辅料相互作用的研究，考察辅料对主药的物理稳定性、化学稳定性与生物学稳定性是否有影响。若辅料自身具有一定的有利于主药疗效的生理活性，则一般应在药效学研究中设计辅料空白、半成品（浸出物）、成品的对比试验，以说明辅料选用的合理性。

二、辅料在制剂中的作用

1. 提供成型条件（赋形剂） 药剂中所用的赋形剂种类很多，制备各种剂型时根据药物本身的性质、临床应用的要求、成型的需要，选择性质相宜、可塑性好、无毒或毒副作用小、价廉易得的辅料来赋形。常用的赋形剂如下。

（1）溶剂　汤剂、合剂、糖浆剂、煎膏剂、酒剂、酊剂、注射剂、软胶囊剂、胶丸剂等液体型药剂，在制备时常需使用水、白酒、乙醇、甘油、丙二醇、麻油、花生油、棉籽油、茶油、椰子油、丙酮、液体石蜡、石油醚、二甲基亚砜、聚乙二醇（200～400）等作为液体溶剂。选择具体品种时按相似相溶的原则，取与主药极性相似的溶液作为溶剂，方可制成均匀而稳定的分散体系。

（2）增溶剂　一些不溶、难溶或者大分子物质制成液体型制剂时，必须借助增溶剂的作用达到此目的。增溶剂是一类表面活性物质，分子中既有亲水基，又有亲油基，在溶媒中能形成胶团，主药可根据自身的化学结构，特别是极性基团与非极性基团的比例及它们在分子中的位置，以不同的方式结合进入胶团。目前，外用制剂增溶剂以阴离子表面活性剂为主，阳离子表面活性剂因其毒性大，极少使用；非离子型表面活性剂因其毒性小、配伍禁忌少而应用广泛，尤其吐温类最为突出，在内服、外用、眼用等多种制剂中皆可应用。

（3）助溶剂　为了让制剂中药物达到治疗浓度并保持性质稳定，药剂上除用增溶剂外，还使用助溶剂。助溶剂与主药形成可溶性络合盐、有机复合物或缔合物，或通过复分解而形成可溶性复盐类，且最终药物疗效不受影响，从而可制备浓度大、稳定性高、刺激性小、毒副作用低的液体药剂。助溶剂可分为两大类：①某些有机酸及其盐，如苯甲酸及其钠盐、枸橼酸钠、水杨酸钠、对氨基苯甲酸等；②酰胺化合物，如乌拉坦、尿素、烟酰胺、乙酰胺等。此外，一些高分子化合物，如聚乙烯吡咯烷酮、聚乙二醇（4000）等也逐渐被用作助溶剂。

（4）乳化剂　处方体系中有两种或两种以上不相混溶或仅部分混溶的组分同时存在，需要借助乳化剂将处方全部组分制成均匀分散的、稳定的乳剂。这样就可按需要制得水 / 油或者油 / 水型的稳定体系。乳化剂分为天然和合成两种。静脉用乳化剂有卵磷脂、豆磷脂等。

内服用乳化剂有阿拉伯胶、西黄蓍胶、皂苷、豆磷脂、海藻酸钠、琼脂、果胶、明胶、卵黄磷脂、酪蛋白、甲基纤维素、羧甲基纤维素钠。另外，皂土、氢氧化镁、氢氧化铜、氢氧化铝、氢氧化锌及硬脂酸镁的极细固体粉末也具有乳化作用。

外用乳化剂种类繁多，主要有：①肥皂类，如油 / 水型的钠、钾、胺的氢氧化物，硼酸盐、碳酸钠等。②高级脂肪醇与脂肪醇硫酸酯类，如鲸蜡（十六）醇、硬脂（十八）醇、硫酸酯钠、月桂醇硫酸酯钠等。③多元醇及其酯类，如单硬脂酸甘油酯、单月桂酸甘油酯、硬脂酸聚甘油酯，吐温类及司盘类 HLB 在 10.5 ~ 16.7 的品种为油 / 水型，在 4.3 ~ 8.6 的品种为水 / 油型。④脂肪醇聚氧乙烯醚类与烷基酚聚氧乙烯醚类，如平平加 O、西士马哥、乳白灵、乳化剂 OP 等。

（5）助悬剂、增稠剂　制备可供内服、外用、注射的混悬型液体药剂，其分散颗粒应尽量大小一致，且能在一定的时间内呈均匀混悬状态。常用的有甘油、糖浆、阿拉伯胶、西黄蓍胶、桃胶、白及胶、海藻酸钠、琼脂、淀粉浆、甲基纤维素、羧甲基纤维素钠、羧乙基纤维素钠、羟乙基纤维素、羟丙基纤维素、硅藻土、硬脂酸铝等。

（6）稀释剂、吸收剂　总称为填充剂。使用一定量的吸收剂一方面可将流体、半流体吸收分散均匀，并使之改变状态；另一方面稀释剂与主药混合均匀以增加重量、体积，并降低黏性和吸湿性，便于成型、分剂量。常用的填充剂有淀粉、糊精及其衍生物、糖粉、乳糖、超微细晶乳糖、葡萄糖、微晶纤维素、改良淀粉、淀粉衍生物、氧化镁、硫酸镁、山梨醇、甘露醇、聚乙烯吡咯烷酮、氢氧化铝凝胶粉等。

（7）黏合剂、润湿剂　固体制剂的药物原料呈粉末状态时需要使用黏合剂、润湿剂使之成为球形、片状、颗粒状等。常用的润湿剂有水、乙醇、白酒、食醋、药酒。常用的黏合剂有淀粉浆、糖浆、阿拉伯胶浆、明胶浆、液状葡萄糖、饴糖、蜂蜜、蜂蜡、糊精、植物药浸膏、微晶纤维素、羧甲基纤维素钠、羟丙基甲基纤维素、聚乙烯吡咯烷酮、聚乙二醇（4000、6000）、聚乙烯胺氧化偶氮同类、松香甘油混合物、蔗糖糊精共聚物。

（8）基质　软膏、硬膏、滴丸、栓剂等半固体或固体制剂，在成型时加入相当量的辅料以填充、载药、赋形。

软膏剂常用的基质：凡士林、液状石蜡、羊毛脂、蜂蜡、动物脂、植物油、硅油，以及油 / 水型乳剂、水 / 油型乳剂、甘油明胶、淀粉甘油、甲基纤维素、羧甲基纤维素、海藻酸钠、人造树脂质（卡巴浦尔）、聚乙二醇。

铅硬膏所用基质：植物油与黄丹或铅粉等经高温炼制的生成物。

橡胶硬膏所用基质：一级生橡胶和溶剂汽油、松香、氧化锌、二氧化钛。

滴丸剂所用的基质：硬脂酸、单硬脂酸甘油酯、虫蜡、蜂蜡、石蜡、氢化植物油及植物油、PEG（4000、6000）、硬脂酸钠、甘油明胶、水等；聚氧乙烯单硬脂酸酯类、聚醚类等新型基质。

栓剂所用基质：可可豆油、香果脂、乌臼脂、氢化植物油、半合成椰油酯、半合成山苍油酯、半合成棕榈油酯、合成脂肪酸甘油酯、甘油明胶、聚乙二醇、聚氧乙烯（40）、单硬脂酸、聚山梨酯 60 等。

（9）成膜材料、包囊材料、药物载体　制备膜剂、硬胶囊、软胶囊、植物胶囊、微型胶囊、纸膜剂等剂型，高分子成膜材料常称为载体或包材，并赋以特定的形状。如明胶、阿拉伯胶、聚酰胺、海藻酸钠、羧甲基纤维素钠、聚乙二醇、乙基纤维素、软脂酸、月桂酸、石蜡、蜂蜡、虫胶等。

（10）骨架材料　骨架型长效制剂、贮库制剂、脂质体、海绵制剂需选择骨架材料，将主药包藏或吸附于骨架上。常用的骨架材料有聚乙烯、醋酸聚乙烯、聚甲基苯烯酸、聚氯乙烯、羧甲基纤维素及钠盐、硅橡胶、硬化花生油、羊毛脂、卵磷脂等。

（11）润滑剂、助流剂　此类辅料可以减少颗粒间的摩擦，增加药物的流动性，还可以使制剂剂量准确、外观好，减少药物颗粒、粉末与机械部分的摩擦和黏着力。片剂中常用的润滑剂：①疏水性物质，如硬脂酸及其钙、镁、锌盐与氢化植物油、聚氧乙烯单硬脂酸酯、聚四氟乙烯、轻质矿物油。②亲水性物质，如硼酸、氯化钠、苯甲酸钠、月桂醇硫酸钠、富马酸、聚乙二醇（4000、6000）等。

（12）增塑剂　橡胶膏、膜剂等剂型需要加入一定量的增塑剂，以增加薄膜的可塑性、舒适的附着性，且不随机体的运动或包装、贮运中的振动而扭曲变形甚至破裂。常用的增塑剂有邻苯二甲酸二丁酯、醋酸丁酯。片剂、丸剂也可以在薄膜衣料液中加入增塑剂，增加衣膜的塑性，使其牢固而不脆裂。常用的增塑剂有丙二醇、甘油、甘油三醋酸酯、乙酰单甘油酯、蓖麻油等。

（13）抛射剂　主要是一些液化气体，用来作为喷射药物的动力，同时兼作药物的溶剂和稀释剂。常用的抛射剂有氢氟烷烃类，不含氯的四氟乙烷、七氟丙烷等，此外还有丙烷、异丁烷、正丁烷、压缩惰性气体（N_2、CO_2）、二甲醚等。

（14）包衣材料　丸剂、片剂、颗粒剂和硬胶囊剂成型最后使用的包衣材料，使制剂表面致密光洁，以阻隔光线、空气、水分的侵袭，防止内部药物成分的挥发损失，或控制其崩解度，同时增加美感和鉴别特色。包衣种类分为药物衣（如朱砂、雄黄、青黛）、保护衣（糖衣及薄膜衣，如糖浆、滑石粉、胶浆、纤维素系列、聚乙烯吡咯烷酮等）、肠溶衣（如虫胶、玉米朊、苯二甲酸醋酸纤维素等）。

（15）其他　还有分散剂、澄清剂、絮凝剂、反絮凝剂、浸出辅助剂等。

2. 稳定产品的质量（附加剂）　药物从加工到使用期间，主药处在极其复杂的内外环境中，处方各药、辅料长期共存于一体系中，包装材料、光线、空气、水分、温度、微生物等对它们均会产生作用。这些因素可能促进它们发生变化，如絮凝、沉降、络合、聚合、氧化等，变化的结果将使制剂品质下降。因此，制备时除使用赋形剂外还可使用附加剂来阻隔诸多因素的干扰，以保证制剂成型过程中及成型后制剂的稳定，保证临床应用的安全、有效。

主要使用的附加剂如下。

（1）防腐剂　能抑制、破坏或杀灭微生物生长繁殖。常用的防腐剂有苯甲酸及其钠盐、尼泊金类（对羟基苯甲酸甲酯、乙酯、丙酯、丁酯）、甘油、乙醇、山梨酸、苯酚、甲酚、三氯叔丁醇、苯甲醇、硫柳汞、氯己定等。

（2）抗氧剂　是一类极易被氧化的具有强还原性的物质，其氧化电势比药物低。常用的抗氧剂有焦亚硫酸钠、亚硫酸氢钠、亚硫酸钠、硫代硫酸钠、硫脲、抗坏血酸、硫代葡萄糖等。此外，络合剂（如 EDTA 的盐、环己二胺四醋酸钠等）可以与药液中已被污染的微量金属离子络合而生成络合物，消除催化因素。还可以向包装容器中充填高纯度的惰性气体 N_2、CO_2，消除氧化因素，防止药物被氧化。

（3）pH 调节剂　这是一类酸、碱或缓冲剂，在溶液中能解离出 H^+ 和 OH^-，从而调节药液的 pH 值范围，因为 pH 与药物的溶解性、稳定性、安全性皆有关。常用的 pH 调节剂有盐酸、醋酸、枸橼酸、酒石酸、硼酸、氢氧化钠、碳酸钠、碳酸氢钠、硼砂，缓冲对有沙氏磷酸盐缓冲液、巴氏硼酸盐缓冲液、吉裴氏缓冲液、硼酸缓冲液等。

（4）表面活性剂　分子内部具双亲结构，种类繁多，在药剂上应用十分广泛，可用作增溶

剂、乳化剂、润湿剂、助悬剂、分散剂、消毒剂、防腐剂、栓剂的基质。表面活性剂可分为四大类：①非离子型，如聚乙二醇型、多元醇型；②阴离子型，如羧酸盐、硫酸酯盐等；③阳离子型，如仲胺盐、叔胺盐等；④两面型，如氨基酸型、甜菜碱型。

（5）软化剂　能增加半固体状药物的柔软性和可塑性。常用的软化剂有凡士林、羊毛脂、液状石蜡、某些植物油，以及合成品苯二甲酸二丁酯、苯二甲酸二辛酯。

3. 满足临床要求　制备制剂的最根本目的是为临床提供多种治疗药品，因此除考虑充分将药物有效成分提取并保证在制剂中稳定外，还必须考虑在临床应用时，其有效成分如何释放出来，按时定量地到达病灶，达到预期的疗效而无毒副作用，为此还必须使用另一些附加剂来实现目的。

（1）崩解剂　是指能使片剂、丸剂等在胃肠液中迅速裂碎成细小颗粒的物质，其作用可消除制剂中因黏合剂或者高度压缩而产生的结合力。片剂、丸剂的崩解剂多为亲水性物质，具有较强的湿润性。泡腾剂遇水产生气体，借气体的膨胀作用使制剂崩解。崩解剂作用的强弱直接影响着水进入制剂的速度和制剂崩解的快慢程度，也就决定了药物被吸收而显效的快慢、强弱。一般片剂，尤其是不溶或难溶性药物，以及压片后难崩解的药物制片，都需加入崩解剂。

常用的崩解剂有淀粉、改良淀粉、羧甲基纤维素钠、低取代羟丙基纤维素、微晶纤维素、海藻酸、白陶土、硅酸镁铝、聚山梨酯－80、月桂醇硫酸钠、琼脂淀粉混合物等。泡腾崩解剂一般用枸橼酸、酒石酸与碳酸盐或碳酸氢盐组成。

（2）阻滞剂　是能延缓药物释放的物质，一般为脂溶性成分，在缓释制剂中多作为溶蚀性骨架基质使用。常用的阻滞剂有蜂蜡、氢化油、合成酯、硬脂酸丁酯、蔗糖、单元或双元硬脂酸酯、氢化蓖麻油、卡那巴酯等。

（3）止痛剂　是指能减轻注射时因药物本身或其他原因引起的疼痛与刺激的物质。常用的止痛剂有 1%～2% 苯甲醇、0.3%～0.5% 三氯叔丁醇、0.5%～2% 盐酸利多卡因等。

（4）等渗调节剂　是指能调节溶液的渗透压，使之与体内血浆渗透压相等或相近似的物质。在制备注射液、眼用液体制剂时都需使用等渗调节剂，使制品的渗透压与血浆和泪液相等。常用的等渗调节剂：配制注射液多用氯化钠、氯化钾、葡萄糖；配制眼用液体制剂常用氯化钠、硼砂、葡萄糖、硼酸、硝酸钠。

（5）保湿剂　是指能减慢制剂本身的水分蒸发，防止皮肤干裂的物质。常用的保湿剂有甘油、丙二醇、山梨糖醇。

（6）穿透促进剂　是指具有穿透皮肤屏障的效力，可提高局部用药透皮量的物质。常用的皮肤穿透剂有二甲基亚砜、氮酮、二甲基乙酰胺、二甲基甲酰胺、二甘醇单乙基醚、丙二醇等。

（7）矫味剂　药物制剂，尤其是中药的液体制剂常具有难忍受的气、味，患者服用时常引起恶心、呕吐。为减轻患者的痛苦，常在内服制剂、小儿用药中加入适量的矫味剂。矫味剂：①甜味剂，如蔗糖、单糖浆、蜂蜜、三氯蔗糖、海藻糖、甜菊糖苷、无水乳糖、阿司帕坦、环拉酸钠、果糖等。②芳香剂，如天然的薄荷油、桂皮油、茴香油、香草醛、桉油精、丁香茎叶油、丁香油、复方橙皮酊等；合成的香蕉香精、菠萝香精、柠檬香精等。③胶浆剂，如淀粉、阿拉伯胶、西黄蓍胶、甲基纤维素等。④泡腾剂，如常用的酸源有柠檬酸、酒石酸等，常用的碱源有碳酸氢钠、碳酸钠等。

（8）着色剂　是指能改变药剂的颜色，产生悦目外观的物质。常用的着色剂有天然的染料，如焦糖、叶绿素、氧化铁；还有合成染料，如苋菜红、日落黄、姜黄、柠檬黄等。

三、辅料的合理应用

中药制剂制备过程中，药用辅料选用是否得当将直接影响药物的生物利用度、毒副作用、不良反应的严重程度及临床药效的发挥，历史上由于药用辅料选用不当而引发的药害事件比比皆是。因此，中药制剂辅料的合理应用是中药制剂研究与生产的主要内容之一，在选用辅料时应着重考虑以下几个方面的问题。

1. 认识各种辅料的结构、特性和用途 辅料品种成千上万，同一种辅料因制备工艺不同，其结构、特性及应用会有所差异，使用时必须选择恰当。因此，只有在认识各种辅料的结构、特性及用途后，才能做到合理选用辅料。如丸剂的黏合剂常用水、酒、醋、糖、糊、乳汁、药汁等，而糖又分蔗糖、蜂糖、饴糖等。这就必须根据处方功能主治、药物性质及临床要求（如给药途径、溶解度、崩解度等）来考虑。一般治疗慢性病的润肺止咳的处方作丸剂，可选择蜂蜜作黏合剂，蜂蜜本身能滋补强身，润肠通便，润肺止咳和解毒，可协同主药增强润肺止咳功效，并能强身，提高抵抗力，有利于身体功能的恢复。

2. 正确选用辅料 选择辅料的原则：所用辅料不得影响主药的稳定性；辅料之间不应相互干扰；整个处方无明显的毒副作用；辅料对处方的释放度无任何不良影响；辅料的加入应方便制剂操作；有利于制剂的贮存与使用。尤其是在同一制剂里使用多种辅料时，更应注意配伍。

3. 使用剂量的选择 辅料的用量以产生作用强度和效果为度，既能完成成型，稳定产品质量，保证临床疗效，又不产生毒副作用，同时还不致大幅度提高成本。用量不足不能达到预期目的，过量常会产生副作用或使成本过高。

4. 使用方法 辅料的加入方法也是影响效果的因素之一，各种辅料特性不一，使用方法也不尽相同，应区别对待、恰当选用。如制颗粒剂，若将药液浓缩成清膏，湿法制粒，使用微晶纤维素是清膏量的两倍以上；若将微晶纤维素混悬于清膏中，喷干成粉，再制粒，则微晶纤维素的用量只是清膏量的百分之几，且成品药味很浓。

第七节　成型工艺研究实例

实例　心衰宁颗粒剂

一、处方

1. 处方来源 心衰宁是贵州中医药大学第一附属医院临床协定方，通过中医辨证组合，用于治疗心力衰竭的经验方，治疗效果良好，无明显毒副作用，具有临床应用基础。

2. 处方组成 由黄芪、人参、丹参、益母草、当归、川芎等八味中药组成。

3. 功能主治 温阳益气，活血利水。用于各种慢性心力衰竭及辅助治疗急性心衰等症。

二、处方工艺的初选

中药颗粒剂的处方组成中，除主药外，常需加入各种作用的辅料。颗粒剂一般常用的辅料为可溶性淀粉、糊精、乳糖、蔗糖、微晶纤维素等，本品制备工艺将采用浸膏粉、辅料混合粉碎，过 80 目筛，用一定浓度乙醇制粒，干燥，即得。由于制备工艺提取所得的干浸膏粉在相对湿度较大时有很强的吸湿性，影响成型工艺的操作，故选择微晶纤维素（药用级）作为辅料，方能明显改善膏粉的吸湿性。制粒时采用乙醇，经预实验发现低浓度的乙醇难以制粒，成型后颗粒易吸

潮，而高浓度的乙醇制粒会使颗粒发黑结块，所以将对乙醇使用进行考察。针对上述工艺，设计了制剂成型工艺的研究，以确定最佳成型工艺参数。

1. 处方量、日剂量、装量、规格的确定

（1）处方量、日剂量换算　根据处方工艺条件筛选出的工艺数据计算处方量，并与原水煎液的处方量进行对比。心衰宁水煎液处方共含生药 2000g，制成 1000mL，每 1mL 含生药 2g。1 次 20mL，1 日 3 次，每日服用生药量 124g。

心衰宁颗粒处方共含生药 2000g，制成 1000g，每 1g 含生药 2g。服用量 1 次 20g，即 1 ~ 2 包颗粒，1 日 3 次，每日服用生药量 124g。

两剂型每次和每日服用生药量相同。

（2）干浸膏量　根据试验结果，本品水提得干膏粉的平均提取率为 25.13%，得干膏粉 2000g × 25.13%=502.6g

2. 预实验

（1）辅料的选择　按照浸膏粉与辅料以一定比例混合来确定处方，以颗粒的溶化性、成型率、吸湿率为指标。处方安排见表 4–3。

表 4–3　处方设计表

序号	浸膏粉（g）	糊精（g）	乳糖（g）	可溶性淀粉（g）	微晶纤维素（g）
1	10	10			
2	10		10		
3	10			10	
4	10				10
5	10	5			5

（2）样品的配制与测定　根据处方，将浸膏粉与辅料混匀，用适量的 50% 乙醇作润湿剂制软材，14 目筛制粒，16 目筛整粒，60℃以下干燥至恒重，测定吸湿率、成型率和溶解率。

（3）成形性考察　取 1 至 5 号样品颗粒 20g，依次通过 1 号筛与 4 号筛，以合格颗粒重（合格颗粒是指能通过 1 号筛但不能通过 4 号筛的颗粒）除以样品重为成型率。成型率 100% 为 25 分，以此类推，结果见表 4–4。

（4）溶解性考察　精密称定 1 至 5 号样品颗粒 1.25g，置于干燥至恒重的 5mL 离心管中，精密加入沸水 5mL，并放入 3000 转 / 分的离心机中离心 15 分钟，弃去上清液，在 80℃将残渣烘干至恒重，精密称定，计算溶化率［溶化率（%）= 溶化的颗粒重 / 总颗粒重 ×100%］。溶解性 100% 为 25 分，以此类推，结果见表 4–4。

（5）吸湿百分率的测定　配置一定量的氯化钠饱和溶液，将其置于玻璃干燥器的底部放置 48 小时，此时干燥器的相对湿度为 75%。精密称定 1 至 5 号的样品颗粒 1g 置于干燥恒重的 5mL 扁称量瓶中，轻摇使其均匀分布，精确称量后，置于盛有氯化钠饱和溶液的干燥器内（称量瓶盖揭开），96 小时后称量，计算吸湿百分率，结果见表 4–4。

吸湿百分率 =（颗粒湿重 – 颗粒干重）/ 颗粒干重 ×100%

表 4-4　不同辅料与浸膏粉的配伍处方结果表

处方号	成型率（%）	溶化性（%）	吸湿性（%）	综合评分
1	80.50（20.12）	89.47（22.37）	12.55（39.62）	82.11
2	55.37（13.84）	82.85（20.71）	15.24（32.63）	67.18
3	50.01（12.50）	81.42（20.35）	13.14（37.84）	70.70
4	90.15（22.54）	60.62（15.16）	11.37（43.74）	81.44
5	90.48（22.62）	83.67（20.92）	9.95（50.00）	93.54

根据表 4-4 数据综合评分可以看出浸膏粉：糊精：微晶纤维素比例的综合评分值较高，故选择该颗粒剂的成型辅料。[综合评分 =（25/ 最大成型性值）× 成型性值 +（25/ 最大溶化性值）× 溶化性值 +（最小吸湿率值 ×50）/ 吸湿率值]

三、处方工艺的优化

从试验可以看出，5 号易得到“握之成团，捏之即散”的软材，容易制粒，成型率也较高，但溶化性相对较差，且加入辅料过多导致最后成型的每剂服用量较大，降低了患者的顺应性。

试验选择在 5 号的基础上优化膏粉和辅料之间比例。

1. 正交试验优化　以辅料用量（A）、乙醇浓度（B）、乙醇用量（C）三个主要影响因素进行考察，用 $L_9(3^4)$ 正交表安排试验，以制粒的成型性、休止角、溶解性、吸湿性为综合评分标准，对成型工艺进行优化。综合指标 =（20/ 最大成型性值）× 成型性值 +（最小休止角值 ×20）/ 休止角值 +（25/ 最大溶化性值）× 溶化性值 +（最小吸湿率值 ×35）/ 吸湿率值。水平因素表见表 4-5。

表 4-5　$L_9(3^4)$ 正交实验表

水平	因素		
	A（膏粉：MCC：糊精）	B（乙醇浓度，%）	C（乙醇用量，mL）
1	1：0.5：0.5	20	6
2	1：0.3：0.7	50	8
3	1：0.2：0.8	70	10

按拟定的工艺路线提取分离，浓缩干燥，制得干浸膏，取浸膏粉 10g 加入微晶纤维素及糊精混合粉碎。按表 4-5 中的条件制粒，干燥，整粒，结果见表 4-6。

表 4-6　正交试验结果表

编号	A	B	C	D	成型性	休止角	溶解性	吸湿性	综合评分
1	1	1	1	1	14.93	16.32	24.64	27.83	83.72
2	1	2	2	2	15.23	16.07	24.4	27.11	82.81
3	1	3	3	3	13.66	15.76	24.03	27.82	81.27
4	2	1	2	3	19.32	16.33	22.92	29.65	88.22
5	2	2	3	1	18.16	18.69	23.51	33.31	93.67

续表

编号	A	B	C	D	成型性	休止角	溶解性	吸湿性	综合评分
6	2	3	1	2	17.28	17.56	22.17	34.31	91.32
7	3	1	3	2	18.05	16.89	21.26	31.26	87.46
8	3	2	1	3	19.85	20.00	17.62	29.65	87.12
9	3	3	2	1	17.02	17.75	18.69	35.00	88.46

从表 4–7 直观分析的极差 R 可以得出：各项因素的影响指标从大到小依次为 A> B> C> D，根据 K 值比较可得，A 因素中 K_2 值最大，B 因素中 K_2 值最大，C 因素中 K_3 的值最大，由此可见最佳提取方案为 $A_2B_2C_1$。即浸膏粉：微晶纤维素：糊精的比例为 1：0.3：0.7，乙醇浓度为 50%，每 20g 混合粉需乙醇用量为 6mL。

表 4–7　直观分析表

因素	A	B	C	D
K_1	82.600	86.467	90.720	88.617
K_2	91.070	91.200	86.497	87.197
K_3	91.013	87.017	87.467	88.870
均值 R	8.470	4.733	4.223	1.673

2. 矫味剂的单因素考察　本方味微苦，因此需要加入适量的矫味剂来改变颗粒的口感。一般常用的矫味剂有蔗糖、甜蜜素、阿巴斯甜、阿司帕坦等。若加入蔗糖，会导致颗粒的服用量增大，且糖尿病患者也不宜服用。阿司帕坦亦称蛋白糖，系二肽类甜味剂，甜度为蔗糖的 150 ~ 200 倍，并具有清凉感，常用于低糖量、低热量的保健食品和药品，因此对阿司帕坦进行单因素考察，从而减少患者的服用量，同时也增大了适用的人群。对加入量的考察结果如表 4–8 所示。

表 4–8　阿司帕坦加入量的单因素考察表

实验号	1	2	3	4	5
浸膏粉及辅料总量（g）	100	100	100	100	100
阿司帕坦加入量（g）	0.5	1.0	1.5	2.0	2.5
口感	稍有甜味	有甜味	甜味适中，有清凉感	口感稍甜，清凉感较重	太甜

从表 4–8 可以看出，加入阿司帕坦的量为 1.5% 的甜味适中，略带清凉感，口感很好。

3. 制剂处方确定

干浸膏粉	503g	阿司帕坦（1.5%）	15g
糊精	352g	微晶纤维素	151g

共制 1000g

4. 颗粒流动性与吸湿性考察

（1）休止角的测定　流动性是颗粒剂的重要性质之一，流动性的好坏与颗粒的质量、分剂量的准确度有关，药剂学上常用流动率和休止角表示。休止角愈小，流动性愈好。通常粒径越小或

粒度分布宽的颗粒，其休止角愈大；而粒径圆、大且均匀的颗粒易流动，休止角小。

采用固定漏斗法，将3只漏斗串联并固定于水平放置的坐标纸上1cm的高度处，小心地将颗粒沿漏斗壁倒入最上的漏斗中，直到坐标纸上形成的颗粒圆锥体尖端接触到漏斗口为止，由坐标纸测出圆锥底部的直径（$2R$），计算出休止角 $tg\alpha=H/R$，做5次，计算平均值，结果见表4–9。

表4–9 休止角的测定表

实验号	H（cm）	R（cm）	α（°）	平均 α（°）	$RSD\%$
1	1.46	2.34	31.22		
2	1.45	2.55	30.54		
3	1.45	2.35	31.80	31.20	2.85
4	1.48	2.36	32.29		
5	1.45	2.50	30.11		

从表4–9可看出平均休止角为31.20°，$RSD\%$=2.85%，颗粒的流动性较好。

（2）临界相对湿度考察　由于环境湿度对颗粒剂灌装影响很大，为此测定了颗粒临界相对湿度。按表4–10配制不同相对湿度的7种不同盐的过饱和溶液，分别置于玻璃干燥器中，室温放置48小时，使其内部湿度平衡构成不同相对湿度的环境，将已干燥至恒重的样品颗粒1.0g置恒重的扁称量瓶中，精密称量，打开称量瓶盖，放入上述不同湿度的干燥器中，恒温中吸湿至恒重，精密称定计算吸湿率，测定临界相对湿度，结果见表4–11。

表4–10 不同盐饱和溶液在25℃时的相对湿度表

饱和盐	CH_3COOK	$MgCl_2$	K_2CO_3	NaBr	NaCl	KCl	KNO_3
相对湿度	22.55	33.01	43.78	58.70	76.25	83. 62	91. 84

表4–11 临界相对湿度测定数据表

组数	编号	CH_3COOK	$MgCl_2$	K_2CO_3	NaBr	NaCl	KCl	KNO_3
1	颗粒重（g）	1.0004	1.0006	1.0003	0.9997	0.9999	0.9999	1.0000
	水分重（g）	0.0044	0.0057	0.0264	0.0912	0.2520	0.4562	0.6011
	吸水率（%）	0.4398	0.5697	2.6392	9.1227	25.203	45.625	60.110
2	颗粒重（g）	1.0005	1.0008	0.9996	1.0004	1.0000	0.9998	1.0002
	水分重（g）	0.0041	0.0054	0.0265	0.0905	0.2710	0.4331	0.6241
	吸水率（%）	0.4098	0.5396	2.6510	9.0464	27.100	43.319	62.398
平均吸水率（%）		0.4248	0.5546	2.6451	9.0846	26.1513	44.472	61.254

再以相对湿度为横坐标、平均吸水率为纵坐标绘制曲线，做曲线两端的切线，两切线交点对应的横坐标即为临界相对湿度，结果表明颗粒的临界相对湿度约为 77%，因此制粒、分装及贮存的环境湿度必须控制在 77% 以下，从而减少水分对药物性质及稳定性的影响。

5. 工艺条件确定　为解决颗粒的生产工艺及服用方便等问题，根据心衰宁颗粒的特点和处方中各药味性质，本试验选择复合辅料（糊精：微晶纤维素）、乙醇浓度、乙醇用量 3 个主要影响因素进行考察，安排 $L_9(3^4)$ 正交表试验，以制粒成型性、吸湿性、溶解性、休止角为指标，对成型工艺进行综合评分，筛选出最佳成型工艺参数，即制备所得的浸膏粉以（浸膏粉：微晶纤维素：糊精 =1：0.3：0.7）的比例混合，同时加入 1.5%的矫味剂阿司帕坦，混合粉碎，过 80 目筛，每 100g 混合粉加入 30mL 50% 乙醇制粒，干燥，即得。同时，在生产过程中应尽量将相对湿度控制在 70% 以下，成品应尽快密闭包装。

四、中试放大

通过对心衰宁水煎液提取工艺、浓缩干燥工艺、成型工艺的研究，得出心衰宁颗粒的制备方法。具体工艺流程如图 4–4 所示。

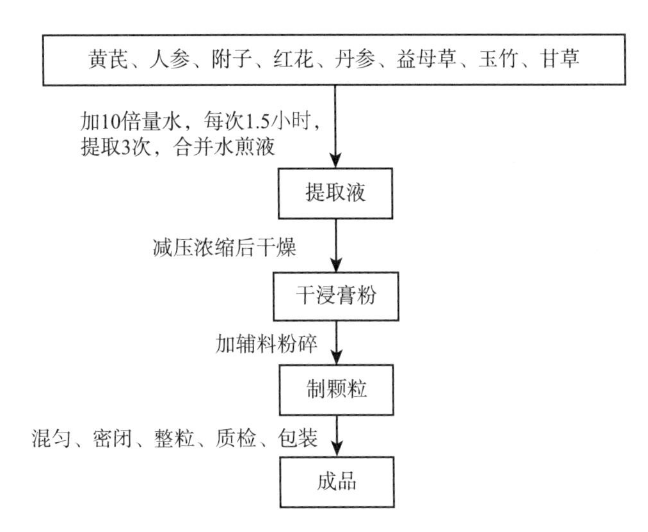

图 4–4　心衰宁颗粒工艺流程图

取 10 个处方量的原料药材投料，以上述颗粒剂的制备工艺制备三批颗粒剂，对生产工艺中各项指标进行检测，以进一步考核本品制备工艺的合理性，中试产品检测数据如表 4–12、表 4–13 所示。

表 4–12　中试放大生产工艺参数表

批号	原料			半成品		辅料		成品		
	药材（kg）	糊精（kg）	MCC（kg）	干浸膏重（kg）	干浸膏得率（%）	阿司帕坦（g）	50%乙醇（mL）	颗粒（kg）	成品（袋）	成品率（%）
20111105	20.00	3.52	1.51	5.046	25.23	15	3000	10.32	516	94.51
20111107	20.00	3.52	1.51	5.022	25.11	15	3000	9.83	491	95.91
20111109	20.00	3.52	1.51	5.076	25.38	15	3000	9.71	485	95.65

表 4-13　中试检测数据表

检测内容	20111105	20111107	20111109
外观性状	棕色颗粒，味甜	棕色颗粒，味甜	棕色颗粒，味甜
粒度（%）	4.85	4.96	4.92
水分（%）	3.58	3.25	3.44
溶化性	符合规定	符合规定	符合规定
细菌（个 / 克）	<10	<10	<10
沙门菌	未检出	未检出	未检出
大肠埃希菌	未检出	未检出	未检出

第五章 中药新药中试研究

第一节　概述

在中药新药的研发中，生产工艺的确定一般需要经过实验室小试和中试的研究阶段，寻找适合工业化的生产工艺，为生产安全有效、稳定可控的药品提供保证。中试研究作为实验室研究和工业化生产之间的桥梁，在中药新药的创制过程中具有重要意义，是中药新药研发的关键环节之一。

1990年由卫生部药政局发布的《中药新药研究指南》中要求：“确定工艺后，应有三批以上的中试结果，从各项质量指标上来反映此工艺的稳定性和成熟程度。”

2005年国家药品监督管理局发布的《中药、天然药物中试研究技术指导原则》中明确指出：“中试研究是对实验室工艺合理性研究的验证与完善，是保证工艺达到生产稳定性、可操作性的必经环节。供质量标准、稳定性、药理毒理、临床研究用样品应是经中试研究确定的工艺制备的样品。”2020年国家药品监督管理局发布的《中药新药研究各阶段药学研究技术指导原则（试行）》中明确指出：“制备工艺应经中试放大研究确定，明确主要工艺参数。考虑商业规模生产设备的可行性和适应性。”

一、中试研究的概念

中试研究是指在实验室完成系列工艺研究后，采用与生产基本相符的条件进行工艺放大研究的过程。2020年国家药品监督管理局发布的《中药复方制剂生产工艺研究技术指导原则（试行）》指出：“中试研究是对实验室工艺合理性的验证与完善，是保证工艺达到生产稳定性、可操作性的必经环节。完成中药复方制剂生产工艺系列研究后，应采用与生产基本相符的条件进行工艺放大研究，为实现商业规模的生产工艺验证提供基础。中试研究应考虑与商业规模生产的桥接。”中试研究是中药新药研究过程中评价实验室研究的制剂处方与制备方法是否适合工业化大规模生产的重要环节。

二、中试研究的目的

通过中试研究，探索关键步骤、关键工艺参数控制范围和中间体/中间产物（如浸膏等）的得率范围等，发现工艺可行性、劳动保护、环保、生产成本等方面存在的问题，为实现商业规模的生产提供依据，降低药品研发风险。

（一）完善工艺条件，制定初步生产工艺操作规程

为了保证实验研究与实际生产结果的一致性，要求中试生产所用的设备技术参数与大生产基本相符。但在实际的药品研究过程中，实验室所用的设备参数可能与大生产有一定的差异，所以大生产不可能完全照搬实验室的工艺条件。只有通过中试研究验证实验室工艺的合理性，并根据多次中试所得的稳定的工艺数据，对实验室制定的工艺条件进行修订、补充和提高，完善工艺条件，同时制定制剂初步的工艺生产规程，才能适应大生产的需要。如可用作催乳的鹿角盘，其质地非常坚硬，实验室试验要求将其在高温下加热 48 小时后进行粉碎处理，但在中试研究中，一般没有大容量的高温加热装置，且大量鹿角盘在高温加热后也不容易粉碎，最后将其工艺修改为：先在水中加热煮 5 ~ 8 小时，将其烘干后粉碎，水煮液浓缩、干燥、粉碎，二者混合，经测定有效成分基本没有损失。另一种实验工艺要求用乙醇提取粉碎的鹿茸中的有效成分，但在中试研究时发现，此法提取率极低，最后选择将原料去皮去毛后粉碎，再进行制剂加工，所得效果更优。

（二）为质量标准、稳定性、药理和毒理、临床研究等提供样品

在研究制定质量标准时，可以用实验室小试样品对质量标准进行初步研究，最终根据中试样品的检测结果对质量标准进行修订。只有这样，所制定的质量标准才有可能满足生产的要求。另一方面为稳定性、药理和毒理、临床研究等提供样品。国家药品监督管理局 2023 年发布的《中药注册管理专门规定》指出："非临床安全性试验所用样品，应当采用中试或者中试以上规模的样品。" 因为中试生产的样品与大生产的样品具有一致性，所以用中试生产样品进行稳定性、药理和毒理、临床研究等研究，其研究结果具有可靠性。中试生产真正关系到药品的安全、有效和质量可靠。

（三）为大生产设备选型提供依据

因实验室研究所用设备的技术参数可能与大生产有一定的差异，而中试生产所用的设备与大生产基本一致，故通过中试生产，可以得到与大生产有关的数据，为大生产设备的选择提供参考依据。中试研究所利用的小型生产设备的设计要求、技术参数、工作原理应与大生产设备基本相符，确保按照操作规程能始终生产出预定质量标准的产品。目前我国已制定 GB/T16312–1996 中药用喷雾干燥装置、GB15573–1995 外加热式中药三效蒸发器、GB/T17115–1995 强制外循环式提取罐（机组）、GB/T 30219–2013 中药煎药机、GB/T 32239–2015 中药制丸机等七个国家标准，为实现中药生产设备的标准化提供保障。

（四）进行初步的技术经济指标核算

实验室工艺往往忽视原料的成本、工艺流程对生产条件等方面的要求。中试生产研究则能对产品投产后的原料供应、动力消耗和工时等成本提出预算，判断主要经济指标是否满足生产要求，为产品市场前景预测提供一定的参考。如在中草药有效成分的提取过程中，实验室中常用一些对有效成分溶解度较高的溶媒，但这些溶媒往往具有毒性或可燃性，有的溶媒价格极其昂贵，由于在实验室中仅少量应用，这一问题并不突出，但在中试研究时就要对其安全性及经济性进行进一步的考虑和完善。

总之，中试研究就是要证明各个单元反应的工艺条件和操作过程，能在模拟的生产设备上使

用规定的原材料生产出达到预定质量标准要求的产品，并具有良好的重现性和可靠性；产品的原材料单耗等经济技术指标能为市场所接受；“三废”的处理方案和措施能为环保部门所接受；安全、防火、防爆等措施能为消防、公安部门所接受；提供的劳动安全防护措施能为卫生职业病防治部门所接受。

三、中试研究与实验室研究的区别

在中药新药的研究与开发中，中试研究与实验室研究的主要区别如表 5–1 所示。

表 5–1 小试工艺与中试工艺的比较表

项目	小试工艺	中试工艺
目的	迅速打通工艺路线	生产符合质量标准的产品
规模	较小，通常按克计	较大，一般按千克或吨计
总体行为	可行性，不计成本	实用性，追求经济效益
原辅料	试剂级，纯度高，杂质限量严格	工业级，纯度较低，杂质不明，不严格
设备	玻璃仪器等小型设备	金属和非金属等大型设备
物理状态	流速慢，搅拌高，趋于稳态	流速高，搅拌低，非稳态
反应条件	温度、压力等较恒定，易控制	难以恒温、恒压，不易控制
辅助过程	很少考虑副产物、三废及动力能耗	需注意溶剂回收、副产品利用、三废处理量问题

中试研究阶段主要是将实验室研究的结果应用到实际生产中去，在规模扩大的情况下，纠正不合理的工艺、加工方法、原料的选配等缺陷。如小试中将一种物料从一个容器定量地移入另一器皿，往往是举手之劳，但在工业上就需要专门的单元操作与专用的设备。中试研究就是要解决在工业化生产时应该选用何种类型、何种规格、何种材质的泵，采用何种计量方式，以及过程中所涉及的安全、环保、防腐、防爆等一系列问题。这不只是简单地放大，解决此类问题需要从多方面来考虑。此外，中试研究还要解决物料衡算、热量衡算、动量衡算的问题，并根据原材料消耗、动力消耗和工时等进行初步的经济技术指标核算，制定或修订中间体和成品的质量标准，为进一步扩大规模、实现真正意义的工业规模大生产提供可靠的流程手段及数据基础。如某清解合剂，试验时黄芩后下，操作方便，黄芩苷提取率可达 70%，但中试时提取率仅达 17%。查其原因：中试用 0.3 吨的多能提取罐，待罐内完全沸腾后再开盖下料，此时蒸气压大，既不安全，又加不进去，无法操作，因此改为降温后下。结果因温度低，酶未完全被杀死，黄芩苷被水解，提取率明显降低。为此只好修改工艺，将黄芩先单独燀后，燀黄芩再与水和其他药物同下，共煎。

中试研究是连接药品实验室研究和工业化生产的桥梁，可为产业化生产积累必要的经验和试验数据，期望在中试研究的过程中节省经费是不正确的想法，不经中试研究而错误地放大实验室研究会造成工业装置设计和操作方面错误，不仅会造成更大的经济损失，对药品的质量也可能造成严重影响。

四、中试研究的有关问题

（一）中试研究的规模与批次

投料量、中间体 / 中间产物得率、成品率是衡量中试研究可行性、稳定性的重要指标。中试研究的投料量应达到中试研究的目的。中间体 / 中间产物得率、成品率应相对稳定。一般情况下，中试研究规模以制剂处方量（以成品 1000 个制剂单位计算）的 10 倍以上投料，即 10000 个制剂单位；装量大于或等于 100mL 的液体制剂应适当扩大中试规模；以有效成分、有效部位为原料或以全生药粉入药的制剂，可适当降低中试研究投料量；也可以按照大生产实际生产设备容量的 1/3 作为中试投料量。在实际操作中，应考虑处方剂量大小，并结合质量研究、药理和毒理及临床研究用样品的用量大小，确定中试生产的规模，无论投料量的适当降低或扩大，均要达到中试研究的目的，使产品质量与大生产保持基本一致。如“XX 胶囊”，日服生药量只有 9g，制成胶囊 6 粒。按制剂处方量 10 倍投料，所得样品有效成分转移率只有 40% 左右，半成品量也较低。查找原因，是喷雾干燥过程中损失较大，增加投料量为 50 倍制剂处方量，结果样品相对损失减少，有效成分转移率可达 60%。

中试研究需经过多批次试验，使半成品率、成品率等各项数据保持相对稳定，以达到工艺稳定的目的。在申报注册时，要求提供的中试研究数据包括批号、投料量、半成品量、辅料量、成品量、成品率等，并与实验室研究数据相比较，分析数据改变的原因、程度。因为只有经过多批次的生产，收集足够的数据，才能确定中试工艺是否稳定。申报临床研究时，应至少提供 1 批稳定的中试研究数据。申报生产时，要求提供 3 批中试生产数据。如“XX 口服液”，有时批间样品色泽有差异，查找原因，结果是不同批次间浸膏得重不同，样品色泽有变化。再如“XX 片”，不同批号原料所得的样品，有些批号在压片时出现严重的黏冲现象，查找原因，发现是原料中的一味主要药材所含的油脂类成分含量不同引起的，通过重新研究调整辅料用量，并调整片重，解决了问题。

（二）中试研究的质量控制

中试研究过程中应考察各关键工序的工艺参数及相关的检测数据，注意建立中间体的内控质量标准。质量控制包括原料、辅料、中间体和成品的质量控制。明确原、辅料有无法定标准。若有法定标准则依法进行检验，但原有质量标准不能满足质量检测的需要时，应增加相应的检测项目。若处方中药材无法制定标准，应自行研究建立检测方法，并进行检测，以符合要求的原、辅料进行投料。如“XX 颗粒”中含有药材人参，发现药品中不能检测出人参皂苷类成分，查找原因，分析认为所用药材可能已被提取人参皂苷，而在投料前未对原料进行检验，因而未能及时发现问题。中试研究过程中应注意建立中间体的内控质量标准。如注射剂，需要建立中间体的内控质量标准，如含量测定、砷盐、重金属等多个检测指标，以尽早发现问题，防止成品质量不合格。

中试生产的样品必须符合质量标准的要求，提供质量检测数据，包括制剂通则要求检查项目、微生物限度检查及含量测定结果等。还应视剂型的特殊性，增加相应的检查项目，达到质量可控的目的。同时，根据中试样品的检测数据，对质量标准进行修订，使最终的质量标准能满足大生产的要求，否则，可能因大生产样品达不到质量标准要求而申请降低标准，造成不必要的麻烦。如一个有效部位为黄酮的制剂，在实验室研究中，黄酮类的转移率可以达到 68%，但在中试

生产时，转移率只有51%～54%，若不经过中试研究，以实验室数据制定标准，则大生产样品不一定能完全符合质量标准的要求。

实验室研究工艺中选用的原材料和试剂多为分析纯或化学纯级别，通常仅从实验室制备角度出发，而未考虑国家法律法规对制药工业生产的相关要求。而工业生产时出于对成本的考虑，一般采用工业级的原材料和试剂，纯度较低。在中试研究时，要尽量用第三类溶剂或毒性较低的第二类溶剂替代毒性较大的第一类溶剂，对各步单元反应所用的不合适的溶剂进行适当的调整，并考察溶剂的改变对反应进程、速度和收率的影响。

残留溶剂指在药品生产中使用的，但在工艺中未能完全去除的有机挥发性溶剂。这些残留溶剂并没有治疗作用，当残留量超过安全值时，还可能对人体或环境造成危害。尽管各国药典中对这一问题的处理方式不同，但有机溶剂残留量的控制无疑已经成为药品质量控制的重要内容。实验室多用红外或真空干燥箱去除有机溶剂，干燥效率高，对有机溶剂有较好的去除作用；而在中试及工艺生产中，样品一般经自然干燥或采用普通干燥箱，干燥效率低，产品中有机溶剂的残留量是否符合标准需要经特殊的方法确定。对残留量超标的产品，应尽量选用低毒性的溶剂替代或对工艺过程进行优化，减少溶剂的残留量。

中试研究应提供所用药材及中试样品的含量数据，并计算转移率，为制备工艺的科学性和可行性提供参考依据。

（三）放大率

放大率是指工业设备的设计大小与采集数据所用的最大试验设备生产速率之间的比例关系。

放大率 = 工业生产速率 / 中试工厂生产速率

在中试研究中，可根据中试设备和实验室设备的大小，依据反应类型、放大理论的成熟程度、对所研究过程规律的掌握程度及研究人员的工作经验等定义一个类似的放大率。实践表明，放大率越大，实施的风险也越大。

在中药新药的中试研究中，原料大部分为液态或固态，产品多为固态，放大率不宜选择过大。当把一个较小规模的试验转移到工业规模的设备中，若运行结果与预期情况紧密相符，则可认为放大原则已经被认识，可以取较大的放大率。只有在已经拥有相当大量的实践经验的基础上，才能在冒合理的风险情况下取较大的放大率。在实际工程上一般将处于高放大倍数的过程分成几步走，例如将放大率为5000的工程分成50×100倍的两步走，在放大率为50的第一轮中试研究中观察现象、采集数据、总结经验，掌握规律后再进行第二轮100倍的放大。这种做法可以使每一轮的放大效应相对较小，易于熟悉反应的变化规律，在第一轮中试放大研究中若出现问题，造成的经济损失也较小，便于寻找问题与总结经验。

五、物料衡算

物料衡算，也称物料平衡（material balance），是中试研究中最基础、最重要的内容之一。新版《药品生产质量管理规范》中对物料平衡的定义：产品或物料实际产量或实际用量及收集到的损耗之和与理论产量或理论用量之间的比较，并考虑可允许的偏差范围。在生产过程处于正常受控的情况下时，物料平衡的计算结果是相对稳定的。一旦生产过程中物料出现差错，物料平衡的结果必将超出正常范围。因此，在药物的生产研究过程中，必须对各个关键工序进行物料平衡的计算。

（一）物料平衡的计算步骤

1. 收集和计算必需的基本数据 根据不同的计算性质对原始数据进行尽可能合乎实际的收集。如对设计过程进行计算，应依据设定值对数据进行收集。如对生产过程进行测定性的计算，则应对物料投量、配料比、转化率、选择性、总收率和回收套用量等实际数据进行收集。如复方丹参片的生产过程中，丹参提取收率为22.9%，颗粒干燥平衡率为99.5%，这些数据为实际数据，设产品的纯度为99.5%，该数值为设定值。

除原始数据外，相关的物性数据也需要收集，如药材的规格（有效成分或杂质含量）、流体的密度等。

2. 根据给定条件画出流程简图 流程简图中需将所有物料线（主物料线、辅助物料线和次物料线）、原始数据（物料的数量和组成等）、未知量标示出来。在绘制时，要着重考虑物料的种类和走向，明确输入和输出方向，通常主物料线为左右方向，辅助和次物料线为上下方向。如果物系不复杂，便可用一个方框和若干进、出线表示整个系统，使流程图一目了然。

3. 进行物料衡算 对转化率、收率或产率、车间总收率等进行计算。

（1）转化率 对某一组分而言，反应所消耗掉的物料量与投入的物料量之比即为该组分的转化率，以百分率表示。

（2）收率或产率 指某产物的实际产量与理论产量之比，以百分率表示。在计算时，还要注意生产过程的质量监控，对各工序中间体和药品纯度进行质量分析，并保留分析数据。

（3）车间总收率 一种药物的生产通常由若干个物理过程和化学过程组成，各生产过程的收率之积即为总收率。

这些数据是评价生产设备效果优劣的重要指标，可以作为设计工业反应器的依据，为设备选型、尺寸、台套数，以及辅助工程和公共设施的规模提供依据。

4. 列出物料平衡表

（1）输入与输出的物料平衡表。

（2）“三废”排量表。

（3）计算原辅材料消耗定额（kg）。

（二）进行物料平衡计算的意义

物料平衡是衡量经济效益的基础。通过物料衡算，可对原料消耗定额或单耗（生产1千克产品所需要消耗原料的千克数）、产品或副产品的产量，以及“三废”的生成量进行计算，再结合能量平衡，计算出动力消耗定额，最后计算出产品成本及总经济效果。

物料平衡是制药生产及设计的基本依据。通过物料衡算，可以得到进入与离开某一过程或设备的各种物料的数量，以及水、电、蒸汽的消耗量等指标，这些基本指标的优劣是制药工艺优化程度、操作技艺和管理水平的综合反映。

总之，通过物料平衡可以对生产过程进行较好的分析，确定实际产能，寻找出薄弱环节，挖掘生产潜力，对改进生产和指导设计都具有重大意义。

第二节　中试研究

中试是保证工艺达到生产稳定性、可操作性的必经环节，对药品的安全、有效和质量可控有重要意义，是药物研究工作的重要内容之一。大多数药品的研究均应该进行中试研究，变更药品规格的补充申请一般不需要提供中试研究资料，但改变辅料的除外。对中试研究的重要性要有足够的认识，在进行中试生产时，应进行多方面的研究，以真正达到中试生产的目的。

一、中试研究的前提条件

1. 已经完成实验室系统研究，确定制备工艺　通过文献或实验研究，对本制剂的基本工艺路线已经确定；对工艺参数，已通过系统的研究予以确定，并有验证实验，表明工艺基本可行。通过系统研究确定制备工艺后，已在实验室进行适当的放大生产。根据实验结果，初步判断实验室工艺是否具有科学性、可行性及重现性。

2. 已初步建立原料、中间体和产品的质量控制方法　采用实验室小试样品，对质量标准的检测条件等进行初步研究，并建立原料、中间体和产品的初步质量控制方法，使中试样品的检测有参考依据。

二、中试研究的内容

申报资料《制备工艺及其研究资料》中的“制法”项下所规定的工艺，应是在实验室研究之后，已经中试研究考查、修正，具有生产可行性的制剂工艺。由于药品剂型不同，所用生产工艺、设备、生产车间条件、辅料、包装等有很大差异，因此在中试研究中要结合剂型，特别要考虑如何适应生产的特点开展工作。

（一）场地

根据《药品注册管理办法》，中试生产的场地应符合以下要求。

1. 临床研究用药物应当在符合《药品生产质量管理规范》条件的车间制备，制备过程应当严格执行《药品生产质量管理规范》的要求。

2. 申报生产时，应当在取得《药品生产质量管理规范》认证证书的车间生产；新开办的药品生产企业、药品生产企业新建药品生产车间或者新增生产剂型的，其样品的生产过程必须符合《药品生产质量管理规范》的要求。

（二）关键工艺参数考核

中试研究应以小试结果为基础，结合设备特点，以及不同工艺和不同剂型，选择适宜的评价指标，有针对性地对各关键工艺参数进行考察。如“XX 胶囊”的提取工艺，处方中有杜仲、人参等药材，采用乙醇提取。实验研究阶段，粉碎粒度要求达到 0.2mm，所得到的人参皂苷含量可以达到 15%～16%，但在中试阶段，粉碎粒度只能达到 0.2～0.9mm 粒度范围，结果样品出膏率降低，人参皂苷含量达不到规定的限度，通过对工艺条件进一步地研究修订，最终才符合要求。又如，采用大孔吸附树脂的纯化工艺，因实验室所用的树脂的柱长与中试及生产均有很大差异，应以有效成分含量和转移率为考察指标，对洗脱速度、洗脱剂的用量等进行重点考察，使制剂的生产条件最终能满足大生产的需要。再如“XX 滴丸”，在实验室研究时，以液状石蜡为冷却剂

时滴丸外观形状符合质量要求，但在中试研究时，滴丸的形状不能达到要求，结果改用二甲硅油为冷却剂，外观形状达标。

（三）设备

通过中试研究，应为大生产的设备选型提供依据，因实验室所用的设备技术参数可能和中试生产的设备不同，但中试生产和大生产的设备应基本一致。在中试研究时，一定要结合生产实际选择中试设备。如有一品种，中试样品的药材采用煎煮提取 3 次，但在大生产时，采用连续回流提取，结果样品的出膏率增加 26%，则实际所用工艺与原研究工艺不符，不能保证其安全、有效、质量可控，应重新研究或更换设备。因此，应按中试所用设备进行大生产，使中试研究与大生产保持一致。

1. 设备材质的选择 实验室制备样品时一般应用玻璃仪器，玻璃仪器具有耐酸碱、抗骤冷骤热、传热冷却容易的优点，但中试规模或工业生产的反应装置一般为铝、铸铁、不锈钢或搪玻璃等材质。

铝制容器不耐酸，还可与碱金属溶液发生反应。铸铁和不锈钢的耐酸能力都较差，当反应液的酸浓度超过限度时可能会产生金属离子。因此，当反应体系中存在强酸介质时，一般不能选用上述材质的反应罐，并应特别注意接触腐蚀性材料对设备和反应的影响。

在某些条件下，溶剂的种类不同或含水量的不同，也可能对金属材质的反应设备产生影响。例如含水量在 1% 以下的二甲基亚砜（DMSO）对钢板的腐蚀作用极微，但含水量达 5% 时，则对钢板有强烈的腐蚀作用。后经多次中试研究试验，发现含水量为 5% 的 DMSO 对铝的作用极微弱，故可用铝板制作其容器。

搪玻璃具有类似玻璃的稳定性和金属强度的双重优点，具有极强的抗腐蚀性，适用于各种浓度的无机酸、有机酸、弱碱和有机溶剂的反应体系，但不适用于强碱、氢氟酸及含氟离子的反应体系。除此之外，由于此类材质热传导较慢，不耐骤冷骤热，当应用这种材质的反应设备进行加热或冷却操作时，应当通过程序升（降）温的操作避免对反应设备造成损坏。

2. 设备的传质与传热问题的考察 实验室制备样品时体积较小，设备多为玻璃装置，热传导容易，借助普通的电磁搅拌器或电动搅拌器即可实现体系的均质，设备的传质与传热问题表现得并不明显。但在中试研究时由于设备体积成百倍地增加，简单搅拌并不能将设备内的物料搅拌均匀，无法保证物料浓度的一致性，也不能确保设备内不同位置产生或吸收的热量均衡，易导致设备内的不同部位存在温度差异，从而影响反应时间和产品质量。

（1）搅拌器类型与搅拌速度的考察 设备的传质与传热问题在很大程度上与设备的搅拌有关，在中试研究中，必须根据物料性质和设备特点来选择搅拌器的形式，表 5-2 为常用搅拌器的类型及其适用条件。

表 5-2 搅拌器的类型和适用条件表

	搅拌器类型	涡轮式	桨式	推进式	布鲁马金式	锚式	螺带式	螺杆式
	转速（转 / 分）	10 ~ 300	10 ~ 300	100 ~ 500	0 ~ 300	1 ~ 100	0.5 ~ 50	0.5 ~ 50
搅拌目的	低黏度混合	√	√	√	√			
	高黏度混合	√	√		√	√	√	√
	分散	√		√				

续表

搅拌器类型		涡轮式	桨式	推进式	布鲁马金式	锚式	螺带式	螺杆式
转速（转/分）		10 ~ 300	10 ~ 300	100 ~ 500	0 ~ 300	1 ~ 100	0.5 ~ 50	0.5 ~ 50
搅拌目的	溶解	√	√	√	√	√	√	√
	固体悬浮	√	√	√				
	气体吸收	√						
	结晶	√	√	√				
	传热	√	√	√	√			
	液相反应	√	√	√	√			

除了搅拌器的类型外，搅拌的速度也会对试验结果造成影响，特别是在固－液、液－液非均相反应中，更要选择合乎要求的搅拌器型式和适宜的搅拌速度，有时搅拌速度过快亦不一定合适。例如，在高速搅拌制粒的工艺中，适当增大搅拌速度可以使粒度分布均匀。但当搅拌速度过大时，则会造成物料粘壁，引起不必要的损失。又如用壳聚糖絮凝法处理刺五加提取液时，适当的搅拌速度可以使絮凝剂与药物微粒碰撞的机会增多，但同时搅拌产生的剪切力又会使已经形成的絮凝体破坏，若搅拌速度过快，絮凝效果反而变差。

（2）设备的热传导问题　实验室制备样品时，采用普通的水浴或冰浴就能完成物料的加热或冷却，实现热量的传导。但在中试研究时，以中药的提取过程为例，随着设备规模的增大，简单的换热装置可能会使药材在断火或停止加热后仍处于热浸提状态，这无疑会对药材浸膏中有效成分的含量产生极大的影响。因此，在中试研究中要结合设备的工艺条件和热效应，选择特殊的加热或制冷设备，对设备的热传导问题进行考察，获得设备的最佳参数，并确保相关设备的功率和效率可以满足要求。

制药工业常用的换热装置主要有以下几种形式：列管式、板式、螺旋螺纹管。列管式的应用最为广泛，适用于加热、冷凝等多种情况，多用于蒸馏回流、料液干燥等操作；板式对大流量小温差的液体交换较适合；螺旋螺纹管是一种新型的列管式换热器，其冷凝效果更彻底，单位面积的换热效率大大提高，适用于蒸馏回流系统、节能改造系统等。

3. 设备条件的优化　实验室小试工艺获得的结果并不能完全代表中试研究的结果，实验室小试工艺获得的最佳设备条件也不一定能完全符合中试研究的要求。

例如，在研究细梗香草总皂苷的提取工艺时，实验室的优选提取工艺为：先将药材用 70% 乙醇浸泡 0.5 小时后提取两次，第一次用 20 倍量乙醇提取 1 小时，第二次用 16 倍量乙醇提取 0.5 小时，此时细梗香草的总皂苷转移率可达 90% 以上，但在中试研究中，转移率仅为 70%。

分析其原因，可能是药材在回流提取前的浸泡不够完全，故将浸泡时间延长到 1 小时，又因先前实验室研究结果表明，提取时间对结果没有显著影响，故将第二次提取时间也延长为 1 小时，以保证总皂苷可以提取完全。按修改后的工艺重新进行中试研究后，总皂苷转移率达到 90%，药材残渣中已基本没有总皂苷成分的残留。

中试研究时要对影响设备结果的主要因素进行深入的研究，掌握变化规律，从而得到更适合的设备条件，通常这些因素包括加料速度、设备的传热面积与传热系数、搅拌速率、搅拌时间等。

4. 工艺流程与操作方法的确定　在中试研究阶段，由于处理物料量的增加，必须要考虑如何

使设备及后处理的操作方法适应工业生产的要求，尽量缩短工序、简化操作。

如在提取杜仲叶中绿原酸的研究中，由于绿原酸微溶于乙酸乙酯，实验室小试研究时需要反复萃取 20 多次才能将绿原酸萃取完全，萃取所得的乙酸乙酯相中还可能会溶入部分水，溶于水的杂质也难免会被带入乙酸乙酯相中，降低了萃取效果。在中试工艺中，省去了萃取的步骤，将浓缩较浓的绿原酸部分放入冰箱中静置后，再用纯净水进行重结晶，得到的晶体中绿原酸含量高达 79.61%，既简化了操作，又避免了有机溶剂的使用。

中试研究可以为后续的工业生产提供依据，通过中试研究，可以确定生产工艺流程、各个单元操作的工艺规程和安全操作的要求及制度。

（四）成本核算

应根据原材料、动力消耗和工时等进行初步的技术经济指标核算等，以判断该产品可被市场接受的程度。如某单一有效成分制剂含虎杖苷，在实验室研究时使用了苯、三氯甲苯等有机溶剂，但在中试时考虑到生产的可行性和成本问题，如环境保护、劳动保护、生产安全等多方面的原因，决定采用大孔吸附树脂进行重新研究，结果既保证了药品效果，又降低了成本。

（五）安全生产与“三废”防治措施的研究

1. 中试研究的安全问题　中试研究时要对放大程序进行风险评估，为进行合理的放大程序提供保障，并对放大过程中可能出现的安全问题提出合理的预防措施和解决手段。

中试研究中出现的安全问题多为放大程序不当导致的问题。比如设备和溶剂的不当处理导致容器内的粉尘或蒸气爆炸，容器中易燃物料的溢出引起火灾，可燃性蒸气发生自燃，危险区域电气设备的安装与要求不符等。这些问题都有可能在中试放大中造成人员伤亡、财产损失或环境危害等安全事故。

在对研究工艺进行风险评估时，要充分参考相关的文献、资料和书籍，详细收集数据，对生产工艺中所涉及的设备可能存在的风险提出防治措施，条件允许时对可能发生的安全问题进行风险评估。还应综合考虑容器过压的可能性、所用原料对设备造成腐蚀的可能性、发生火灾和爆炸的可能性。如果工艺中存在不可接受的风险，就应该考虑修改工艺路线，采用更安全的方法。如果实在没有更好的工艺，只能按原工艺进行生产，那么在风险评估资料中应该明确指出在放大过程的每一阶段可能发生的风险问题，以及确保安全操作的控制措施和安全措施。

2.“三废”的处理及防治措施　在中药制药的生产过程中，往往会产生一些废水、废气、废渣。对于废水，若污染程度不大，可经简单处理达标排放，当净化要求较高时，要根据废水处理等级的不同选用合适的处理方法，主要有物理法、化学法、物理化学法和生物法。废气的处理要根据所含污染物的物理、化学性质，通过冷凝、吸收、燃烧、催化等方法进行无害处理。对于废渣，要本着“减量化、资源化和无害化”的原则，最大限度地从源头上减少废渣产生和排放，对可利用物料和资源尽可能回收综合利用，对无法综合利用的废渣进行无害化处理。

三、中试研究的步骤

（一）制定中试研究计划

根据实验室研究可行的工艺方案，对原材料的消耗和生产成本进行初步的计算，列出物料平衡表。根据制备方法拟定工艺路线，确定工艺流程，制定中试研究计划。

（二）编制中试操作规程

在进行中试研究前，要对车间操作人员进行适当的工艺、安全和劳动保护培训，使操作人员具备更好的操作和技术控制，这对于解决中试生产中未知的风险具有极大的帮助。在设备完备、人员经培训具有一定技术资质的情况下，依据操作步骤和工艺流程，对操作人员在全部操作过程中必须遵守的事项、设备操作、环境控制等做出规定，编制中试操作规程。

（三）试车后进行中试研究

根据中试研究计划和操作规程，按照小试确定的工艺参数进行试车。先分步试车考察每步操作的试车情况，再以流水线的方式进行试车。通过对试车产品中杂质或溶剂残留量的分析，可以初步对药品质量做出评价。试车产品还可用于制备工作标准品、进行降解稳定性研究和初步剂型研究。

试车后，综合考虑新药性质、设备性能和生产成本等因素，选择适当的批量进行中试研究，每批不得少于 10 个处方量。为完善中试研究资料，需要制备 3 ~ 5 批的中间体及成品。在中试研究过程中，研究人员要对制备方法、操作条件、各工序的转移率和收率、工艺规程和工艺设备的验证情况做详细记录，撰写中试批生产记录，对实验室研究确定的工艺是否合理、批量放大后条件是否发生改变及发生改变的原因等问题分析后得出结论并记录。

（四）确定生产工艺流程

在中试研究结束后，要整理出全部工艺文件，并依据中试提供的数据对设备进行必要的调整，调整参数，对工艺流程进行必要的修改和补充，提出工业化生产方案，确定生产工艺流程。

第三节　研究实例

一、长期毒性研究用中试生产样品量的确定

以“枕中健脑液”为例，按长期毒性研究方案，需用相当于成人用量的 50 倍、20 倍连续给大鼠口服给药 90 天，每组动物 30 只。成人口服“枕中健脑液”剂量为 20mL/d，以大鼠体重 500 克 / 只，成人平均体重 60kg 计算，相当于成人剂量 50 倍应为 8.33mL/d，相当于成人剂量 20 倍应为 3.33mL/d。

因此，“枕中健脑液”长期毒性研究用药量为（8.33+3.33）× 30 × 90=31482mL。

考虑到试验过程中动物可能因操作失误死亡，每组动物应多于 30 只，所以准备试验样品也要比计算值大一些，再加上质量标准的制订、初步稳定性研究、急性毒性研究、主要药效学研究、临床研究用样品质检及送检药品（药检所复核）量，同时还应考虑到试验过程中的损耗，“枕中健脑液”中试生产总量应达 400000mL。可分批投料，但不得少于 3 批。

二、中试研究提取工艺条件的修订

以龙脑樟提取天然冰片为例，天然冰片（Borneolum）原名“龙脑香”，又称天然右旋龙脑，俗称梅片，分子式为 $C_{10}H_{18}O$，原产于印尼的苏门答腊群岛，是从龙脑樟［*Cinnamomum camphora*（L.）Presl］的新鲜枝、叶经提取加工制成。冰片在我国属中药材及原料药。目前有 6

家药企拥有生产批件，其中中药材批件 2 家，原料药批件 4 家。

1. 原料及中试设备　龙脑樟枝叶、右旋龙脑标准品、自制水蒸气蒸馏罐（内置筛板塔）、夹套冷凝器、锅炉。

2. 生产工艺　原有生产工艺：称取枝叶→装入蒸馏器中→通蒸汽蒸馏→冷凝结晶→精制→产品。这种工艺生产出的粗品得率较低，经济效益较低，如表 5–3 所示。

表 5–3　原有生产记录表

序号	枝叶质量（kg）	蒸馏时间（h）	蒸馏温度（℃）	粗品得率（%）
1	200	6	98 ~ 100	0.241
2	112	5	98 ~ 100	0.495
3	95	5	98 ~ 100	0.491
4	101	6	98 ~ 100	0.533
5	90	6	98 ~ 100	0.558
6	75	4	98 ~ 100	0.674

3. 中试工艺研究方法　新中试工艺中对以下几方面内容进行了优化。

（1）投料量　投料量的大小对龙脑樟枝叶是否被蒸透有直接影响。实验选择了投料量为 50kg、60kg、80kg、100kg、150kg 的龙脑樟枝叶为研究对象，以冰片得率为指标。经研究发现投料量越小，得率越高。投料量如果太大，枝叶无法被蒸透，出料时枝叶中有大量未被蒸出的天然冰片，且龙脑味较浓；但如果投料量太小，会造成生产成本太高。故经综合考虑投料量为 50 ~ 60 kg 为宜。

（2）原料贮存期　实验选择了 10 天、20 天、30 天和 40 天贮存期的新鲜枝叶，以冰片得率为指标，结果发现原料放置时间过长会由于冰片的挥发而导致得率下降，10 天的新鲜枝叶冰片得率高达 1.192%，而放置 40 天后仅为 1.086%，故选择贮存期为 10 天的新鲜枝叶。

（3）提取后　不宜立即加工，而应放置 10 天左右的时间后再加工，这样所得收率较高。

（4）蒸馏　从两方面考虑：一是蒸馏时间，二是蒸馏温度。

蒸馏时间是能耗大小的关键，且对产品的得率影响很大。为在降低能耗的同时保证得率，需在其他条件不变的情况下，考察蒸馏时间对得率的影响。实验发现，在蒸馏时间为 2 小时得率就达到 1.19%，随着蒸馏时间的延长，得率几乎不变，综合考虑能耗、得率两个关键点，认为蒸馏时间宜选择 2 小时。

在其他条件不变的情况下，蒸馏温度在 90 ~ 100℃得率可达到 1.20% 左右。而 120℃以后，得率开始下降，分析其原因可能是冰片在高温条件下脱氢生成樟脑，或者冰片裂解生成融沸点较低、分子量较小的有机化合物，故蒸馏温度宜选择 100 ~ 110℃。

（5）冷凝　利用右旋龙脑具有升华的物理性质，用冷凝器对蒸馏罐出来的蒸汽直接进行冷凝，冷凝水采用常温下自来水，蒸汽管管径为 80mm，冷凝面积的增大采用多级冷凝，每组试验进行 3 次，然后求其平均值。实验发现冷凝面积大，得率高。冷凝面积 3.5m^2 时右旋龙脑得率为 0.986%，5.5m^2 时右旋龙脑得率 1.200%，故选择冷凝面积 5.5m^2。

粗提工艺的较佳条件为投料量 50 ~ 60kg、原料贮存期 10 天、蒸馏时间 2 小时、蒸馏温度 100 ~ 110℃、冷凝面积 5.5m^2。

改进后的工艺流程：原料→贮存→前期处理→直接蒸汽蒸馏→冷凝→粗品结晶→冷冻→升

华→离心分离→重结晶→精品。

经对比，老工艺出粗品得率为 0.1674% ~ 0.241%，粗品得率较低，新工艺粗品得率为 1.197% ~ 1.200%，明显优于原工艺。

三、中试研究浓缩、干燥工艺条件的修订

以某跌打橡胶膏为例，其实验室工艺为全方药物以乙醇（8 倍、6 倍）回流提取两次，提取液回收乙醇，浓缩成相对密度 1.35 ~ 1.40（70℃）稠膏，再加入胶浆中搅匀，即可涂布。成品黏性良好，色泽基本均匀。

在中试放样时，产品呈现明显花斑或黏性差，临床无法使用，无法进行工业化生产。对出现的问题进行研究，发现稠膏太稠，进入经汽油溶胀的橡胶浆中，难于分散，打浆桶动作单纯的搅拌难于将它分散，故而花斑。对工艺路线进行了修正：将膏的稠度降低至相对密度 1.20（70℃），可以分散。但又发现因含水量大而黏性降低，最后决定将醇提液以喷干法制成喷干粉后再加入，得到合格产品。

四、中试研究成型工艺的修订

血塞通滴丸是以三七总皂苷为原料制备的中药滴丸，目前有 4 家药企（数据来源 NMPA 药品数据库）拥有生产批件。

1. 原料及中试设备　三七总皂苷、聚乙二醇（PEG）1500、聚乙二醇（PEG）4000、二甲硅油、LFDW1–8 自动滴丸机。

2. 生产工艺　三七总皂苷→加入基质→混合搅拌→倒入滴丸机中→滴丸→冷却→成丸→取出→离心→包装→血塞通滴丸成品。

3. 中试工艺研究方法　实验室小试研究以熔融状态、硬度、圆整度为指标进行正交试验设计，考察基质聚乙二醇 4000 与 1500 的配比、主药与基质的配比、基质与药物的混合搅拌时间这三个因素对裂丸和丸型的影响。

（1）实验方法。滴丸成型工艺：将基质在水浴上加热熔融，加入药物搅拌混匀达到熔融状态，倒入滴丸机中，以适宜速度滴入互不相溶的冷凝剂中，冷却固化成丸，取出，离心，包装。

（2）根据小试试验选择以二甲硅油为冷凝液，上下部温度分别在 40℃、25℃时，滴丸的沉降速度快，滴头温度 85℃，滴速 < 60 滴 / 分滴丸成型好。

（3）按照小试最佳条件进行中试生产，以两年生产的滴丸批次进行验证，并按评价指标及质量标准进行制剂检查。

（4）验证。优化后的中试工艺：混合搅拌时间为 15 分钟，基质 PEG 4000∶1500 的配比为 4∶1，药物与基质的配比 2.5∶1。

按该工艺条件，两年生产 12 批滴丸，制得的滴丸呈黄色，晶莹剔透，表面光滑，色泽均匀，按评价指标及质量标准进行制剂检查均符合要求。

五、中试生产设备及其工艺技术条件的修订

参松养心胶囊由黄连、山茱萸、赤芍、桑寄生、土鳖虫等 12 味中药组成，为创新性抗心律失常中药，对治疗心律失常有双向调节的特殊疗效。2002 年成功申报 3 类新药，目前有 3 家药企（数据来源 NMPA 药品数据库）拥有生产批件。

1. 原料及中试设备　黄连、吴茱萸、五味子、麦冬、赤芍等 12 味组方药材，BVD8120 型带

式真空干燥设备、SODA-47 型喷雾干燥设备。

2. 生产工艺 原料药提取→浓缩→干燥→过筛→加辅料配料→混合→制软材→制粒→干燥→整粒→装胶囊→包装。

3. 中试工艺研究方法 考察浸膏带式真空干燥和喷雾干燥对干燥粉末的影响，以收粉率、休止角、吸湿率、堆密度及有效成分含量（盐酸小檗碱和芍药苷）为指标。

将组方中醇提 4 味药材 1557.6 kg 投药，70% 醇回流提取，浓缩，得醇提浸膏；将麦冬等水提药材 1732.8 kg 投药，加水提取，浓缩，得水提浸膏 646.5 kg。

（1）将浸膏进行带式真空干燥（干膏产量 100 kg/h，干燥面 140 m^2，干燥温度 50 ~ 70℃，真空度 0.08 ~ 0.097 MPa，履带速度 22 cm /min，进料流速 35 L/h），得干燥粉末，称重。

（2）将浸膏进行喷雾干燥（进风口温度 160℃，出风口温度 88℃，雾化器频率 45 Hz，干膏产量 50kg/h）得干燥粉末，称重。

比较上述两种干燥方法的收粉率、休止角、吸湿率、堆密度及有效成分含量（盐酸小檗碱和芍药苷）。

4. 验证 真空带式干燥样品中盐酸小檗碱和芍药苷含量与喷雾干燥样品无差异，但收粉率略高于后者，且干燥时间明显较后者短；真空带式干燥样品的休止角小，堆密度大，吸湿率小，说明样品流动性好，不易吸潮，故采用带式真空干燥。

六、中试研究资料整理

（一）四物汤配方颗粒的中试工艺研究

1. 中试生产数据 按优选工艺条件，在通过国家 GMP 的药厂连续试制三批中试样品，具体结果见表 5-4。

表 5-4 中试生产数据表

		批号		
		0406001	0406002	0406003
投料量	熟地黄（kg）	15	15	15
	当归（kg）	15	15	15
	白芍（kg）	15	15	15
	川芎（kg）	15	15	15
	β－环糊精（g）	790	790	790
	β－环糊精包合物（g）	805	802	794
	清膏总重量（kg）	79	81	80
	清膏相对密度（60℃）	1.10	1.10	1.10
	糊精用量（kg）	5.2	5.2	5.2
	干燥清膏粉（kg）	28.57	28.85	28.89
	实际产量（kg）	28.46	28.74	28.70
	理论产量（kg）	30	30	30
	成品收率（%）	94.87	95.80	95.67

试验结果表明，该工艺连续生产三批产品的成品收率均在94%以上，说明生产稳定性好，工艺条件合理可行，能够满足工业大生产的要求。

2. 芍药苷转移率　中试产品芍药苷转移率计算结果见表5–5。

表5–5　中试产品转移率表

批号	0406001	0406002	0406003
白芍中芍药苷含量（mg/g）	23.17	23.94	24.28
应得芍药苷（mg）	347550	359100	364200
成品含量（mg/g）	7.887	7.894	8.061
实得芍药苷（mg）	236610	236820	241830
转移率（%）	68.08	65.95	66.40

3. 中试生产主要设备（表5–6）

表5–6　中试生产主要设备表

	型号	设备
提取	DT–3型（永川通用机械厂）	多功能提取罐
离心除杂	SS–600（重庆江北机械厂温江分厂）	三足式离心机
浓缩	SJN–750（成都广通制药机械）	二效浓缩器
干燥	GLZ–250（锡山区昂益达干燥）	高速离心喷雾干燥机
制粒	GK–70（江苏瑰宝）	干法制粒机
分装	K110（成都经纬机械制造有限公司）	立式小袋包装机

4. 中试样品质量检查（表5–7）

表5–7　中试样品质量检查表

	批号	0406001	0406002	0406003
性状		为棕色颗粒；气微香、味微苦	为棕色颗粒；气微香、味微苦	为棕色颗粒；气微香、味微苦
鉴别	应检出熟地黄的主要特征斑点	检出熟地黄的主要特征斑点	检出熟地黄的主要特征斑点	检出熟地黄的主要特征斑点
	应检出当归、川芎的主要特征斑点	检出当归、川芎的主要特征斑点	检出当归、川芎的主要特征斑点	检出当归、川芎的主要特征斑点
	应检出芍药苷的主要特征斑点	检出芍药苷的主要特征斑点	检出芍药苷的主要特征斑点	检出芍药苷的主要特征斑点
检查	水分≤8.0%	3.4	3.6	3.2
	粒度≤15.0%	8.7	8.5	8.1
	装量差异	5.8199 ~ 6.1893	5.7812 ~ 6.2023	5.9329 ~ 6.1258
	溶化性	符合规定	符合规定	符合规定

续表

批号		0406001	0406002	0406003
含量测定	每克含芍药苷不得少于6.354mg	7.887	7.894	8.061
微生物限度检查	细菌数（个/克）≤1000	20	40	30
	霉菌数（个/克）≤100	<10	<10	<10
	大肠埃希菌不得检出	未检出	未检出	未检出
	沙门菌不得检出	未检出	未检出	未检出

按照各步工艺研究筛选出的较佳工艺参数，进行三批中试研究。结果表明各工艺关键参数完善，制备工艺、关键设备稳定，具有重现性和稳定性，产品质量符合暂行质量标准，中试产品经检验均符合本品质量标准的有关规定，适合工业化大生产。

（二）三七通舒肠溶微丸（胶囊型）的中试工艺研究

按照各步工艺研究筛选出的较佳工艺参数，进行连续三批中试研究，对各工艺步骤进行系统考察，评价工艺的稳定性和可控性。结果见表5–8、表5–9、表5–10。

表5–8　中试生产投料量及成品率结果表

成品批号		080301	080302	080303	平均值
PTS粉用量（kg）		1.2	1.2	1.2	1.2
MCC用量（kg）		0.9	0.9	0.9	0.9
淀粉用量（kg）		0.9	0.9	0.9	0.9
$PVPk_{30}$用量（g）		60	60	60	60
成品率（%）		97	98	97	97.3
含量（毫克/粒）	R_1	11.4408	11.1341	11.4085	11.3278
	Rg_1	67.1349	64.5118	66.1114	65.9194
	Re	9.2509	8.7553	9.0611	9.0224
转移率（%）	R_1	92.48	90.93	92.21	91.87
	Rg_1	97.20	94.36	95.71	95.76
	Re	99.70	95.33	97.66	97.56
总转移率（%）		96.46	93.54	95.19	95.06

表 5-9　中试生产主要设备表

	型号	设备
提取	DDT-600（温州南大轻工机械有限公司）	动态多能提取罐
浓缩	WZ- Ⅲ 2000（常州市宇通干燥设备有限公司）	三效多能蒸发器
混合	CH- 槽型（湖南省长沙宏卫制药机械厂）	混合机
制备母丸	DCB-3（重庆广厦干燥设备工程公司）	切喷式流化制丸包衣机
包衣	PGL-5（重庆广厦干燥设备工程公司）	包衣制粒机
填充胶囊	NJP-C（浙江华联制药机械股份有限公司）	全自动硬胶囊充填机
包装	SLB-150（浙江华联制药机械有限公司）	铝塑泡罩包装机

表 5-10　中试成品质量全检结果表

考察项目	标准规定	结果		
		080301	080302	080303
性状	应为胶囊剂，内容物为粉红色肠溶微丸，无臭，无味	符合规定	符合规定	符合规定
装量差异	0.35g ± 10%	符合规定	符合规定	符合规定
释放度	应符合规定	符合规定	符合规定	符合规定
水分	≤ 9.0%	5.78%	5.42%	5.28%
微生物限度	细菌数（个 / 克）≤ 1000	< 10	< 10	< 10
	霉菌数（个 / 克）≤ 100	< 10	< 10	< 10
	大肠埃希菌	未检出	未检出	未检出
鉴别	应检出与人参皂苷 Rg_1、人参皂苷 Re、三七皂苷 R_1 对照品相对应的色谱峰	检出	检出	检出
含测	每粒含人参皂苷 Rg_1（$C_{42}H_{72}O_{14}$）应不得少于 50 mg	67.1349	64.5118	66.1114
	每粒含人参皂苷 Re（$C_{48}H_{82}O_{18}$）应不得少于 6 mg	9.2509	8.7553	9.0611
	每粒含三七皂苷 R_1（$C_{47}H_{80}O_{18}$）应不得少于 11 mg	11.4408	11.1341	11.4085

结果表明工艺稳定，产品质量符合暂行质量标准，中试产品经检验均符合本品质量标准的有关规定。

中试结果表明制备工艺、关键设备符合中试生产，各工艺关键参数完善，具有重现性和稳定性，适合工业化大生产。

第六章

中药新药质量标准研究

扫一扫，查阅本章数字资源，含PPT、音视频、图片等

第一节　概述

药品质量标准是国家对药品质量及其检验方法所做的技术规定，是药品生产、经营、使用、检验和监督管理部门共同遵循的法定依据，对指导生产、提高质量、保证用药安全有效具有重要意义。中药新药的质量标准研究是新药研发的重要组成部分，主要包括检验方法的建立和规定标准的制定两项内容。

中药新药质量标准的制定，其目的在于保证药品的可控性、重现性和稳定性。所制定的各项内容要能充分地反映出该制剂所含成分作用与药品功效主治的一致性、剂型的合理性、工艺的可行性、质量标准的针对性、临床安全有效性等。

一、质量标准研究程序

质量标准的研究应在《药品注册管理办法》及相关技术指导原则的基础上进行，质量标准拟定的各项内容应参照《中国药典》(现行版)、部（局）颁药品标准。

中药新药的质量标准必须在处方（药味、用量）固定、原料（饮片、提取物等）质量稳定、制备工艺稳定的前提下方可制定，以便能真实反映和控制最终产品的质量。所研究样品必须是经过全面系统的工艺研究，而用经全面系统研究且论证为较合理的工艺生产的中试（1～3批，每批不少于10个处方量），同时连续3批大生产，用这些样品来验证所制定的质量标准并加以修改完善，否则所制定的质量标准不能真正反映该药的内在质量及生产实际。其基本步骤：查阅资料→设计方案→检测样品→制定草案→反复试验→修改完善。

二、质量标准的设计原则

（一）同步进行原则

质量标准的各项试验应在处方确定后与制剂工艺研究同步进行，包括制剂用原料（药材）研究与质量控制同步，制备工艺研究及辅料和包材与质量控制同步等。

1. 制剂用原料研究与质量控制同步　中药制剂用原料包括中药饮片、中药提取物、有效部位（组分）或有效成分等。

对于中药饮片，应明确属于何级标准［《中国药典》、部（局）颁药品标准及省、直辖市、自治区药品标准］收载。如使用无法定标准的药材，应制定该药材的质量标准，并按质量标准进行鉴定；药材要进行鉴定，明确科、属、种，药用部位，主要产地和来源，采收时间、加工炮制等。对于多基原药材品种尤其应加以重视，根据情况固定品种。如果该药材品种虽然收载于法定标准中，但检验项目仅有药材的组织显微镜鉴别等内容，应尽量制定专属性强的薄层色谱鉴别和含量测定等有关项目。例如川木通，2020年版《中国药典》虽然收载有药品标准，但未规定含量测定项目，则可在原料标准中制定与成品一致的含量测定内容。

有些制剂如处方药味多、干扰大、有效成分含量低，或处方中多个药材均含有相同的成分（川芎、当归都含有阿魏酸；黄连、黄柏中都含有小檗碱等），可以对原料药材分别进行含量测定并规定各自的含量标准，间接控制成品质量，同时再测定成品总量，确保成品质量。

2. 制备工艺研究与质量控制同步　制备工艺研究的目的是根据临床要求和药物性质将中药制备成适宜剂型。制备工艺的总原则是去粗取精，即最大限度地保留有效成分，摒弃毒性成分和无效成分，再添加适当的辅料，选择制备最佳剂型，以提高疗效，降低毒副反应，减少用药剂量，方便临床给药等。例如，处方中药材含有挥发油类成分，在提取过程中就要以挥发油总量为指标，筛选提取方法和提取条件（溶媒、用量、浸泡时间、提取次数、时间等）。再根据挥发性成分的薄层色谱斑点大小、颜色深浅的这种半定量，以及挥发性成分定量等分析方法，结合药材性质决定共提或分组提取。实际工作中也可对提取后的药渣进行检查，考察提取是否完全。这些方法不仅可用于筛选药材提取工艺，还可用来考察分离除杂精制纯化的工艺条件（例如醇沉浓度和乙醇用量，静置时间和过滤方式，离心速度和离心温度等）。对半成品或中间体的质量控制研究包括相对密度、pH值、水分、浸出物、卫生学检验，鉴别、含量测定等，所建立的方法不仅为了筛选最佳成型工艺，确保成品的质量，也为成品质量标准研究打好基础。因此，在制备工艺的研究过程中需要进行与质量标准内容相关的检查、鉴别、含量测定及卫生学检验等项目。这要求质量标准研究和工艺研究同步进行，以确保产品质量的一致性。

（二）样品代表性原则

1. 原料的代表性　中药新药的研制原料来自中药材，药材的商品规格在流通领域中通常作为其质量的衡量指标。在中药新药研制过程中常常忽视这一点，从而出现原料的规格等级不一，影响质量的稳定，应引起注意。除药材商品规格外，中药来源品种、药材产地、药用部位、采收季节、加工炮制方法、贮藏条件等的不同，也常影响中药材质量的稳定，使原料的代表性差。

（1）品种的影响　不同来源的品种，其质量有差异。如葛根在《中国药典》2020年版一部中收载有两个品种，即野葛 *Pueraria lobata*（Willd.）Ohwi 和甘葛藤 *Pueraria thomsonii* Benth.。采用高效液相色谱法测定其葛根素的含量，野葛（葛根）含葛根素不低于2.4%，而甘葛藤（粉葛）含葛根素不低于0.3%，两者含量相差达到8倍，在处方中如不规定品种，其制剂质量将受到严重影响。因此，《中国药典》2020年版一部中将其分别列为葛根和粉葛两个药材品种。黄柏（习称川黄柏）为芸香科植物黄皮树 *Phellodendron chinense* Schneid. 的干燥树皮，关黄柏为芸香科植物黄檗 *Phellodendron amurense* Rupr. 的干燥树皮，采用柱色谱－分光光度法测定其总生物碱，两个品种的总生物碱含量相差约2倍。因此，《中国药典》2020年版一部中将其分别列为黄柏和关黄柏两个药材品种。

（2）产地的影响　古代医药家陶弘景谓："诸药所生，皆地有境界。"寇宗奭谓："凡用药必须择土地所宜者，则药达到力具，用之有据。"道地药材充分反映了产地与药材质量的关系。如广藿香产在广州石牌者，气香纯正，含挥发油虽较少（茎含0.1%～0.15%，叶含0.3%～0.4%），

但广藿香酮的含量却较高；产于其他地方的广藿香，气香较浊，挥发油含量虽高（茎含0.5%～0.7%，叶含3%～6%），但广藿香酮的含量甚微。因此，固定原料产地对质量标准中规定标准的制定具有重要影响。

（3）药材部位、采收季节、加工炮制方法、贮藏条件等的影响　这些也是常见的影响药材质量的重要因素。如"三月茵陈四月蒿，五月六月当柴烧"；如在《中国药典》2020年版一部中，指明了桑叶药材宜在初霜后采收；又如人参的主根和须根及地上部分（茎叶）都含有皂苷类成分，但三者所含单体皂苷的分布及比例有明显的差别。

2. 制剂的代表性

（1）检测指标的代表性　所选择制剂质量项目、指标、限量皆应与功能主治相符，方可保证质量标准所制定的指标具有代表性。如山楂在中药复方中的功效为消食健胃时，应以提高蛋白酶活性、有促进消化作用的有机酸的含量为指标进行测定；而当中药复方的功效为行气散瘀，用于治疗心腹刺痛的心血管疾病时，则应以其作用于心血管系统的黄酮类成分的含量为指标进行测定。又如生大黄以泻下攻积为主，主要成分为结合型蒽醌类，大黄炭以止血为主，主要成分为大黄酚和大黄素-6-甲醚。建立与临床功效相结合的、以相关活性成分为代表的质量标准，以此控制饮片质量会更加科学、合理。

（2）质量标准具有可控性　中药复方制剂的质量直接与药物的临床疗效、安全性有关，因此必须对制剂处方中的原料、制备工艺和检测方法进行监控，方能保证制剂质量的稳定。但如果制定的质量项目和指标不具有可控性，制剂质量的稳定依然无法得到保证。如川芎中的川芎嗪，由于其在药材中含量极少，具有挥发性，川芎药材在提取浓缩过程中很容易损失，故在含有川芎的复方制剂中以川芎嗪为指标进行测定时不具有可控性，而其他成分如阿魏酸的专属性差，藁本内酯的稳定性差，因此目前尚需进一步探索更为合理的、更具可控性的指标成分。

（3）质量标准所采用的对照物要有可靠性　对照物包括对照品和对照药材，在选择时要分别注意其专属性和一致性。如β-谷甾醇在植物中普遍存在，复方制剂的鉴别和含量测定中若采用β-谷甾醇为对照品，所制定的质量标准可靠性差；对照药材应有来源鉴定，使用对照药材时，要注意与研制的新制剂中原料药材的一致性，尤其是多基原的中药材更应注意。

（三）对照试验原则

1. 设立对照组　所有试验项目（鉴别、含量测定）必须设阴性对照和阳性对照。所谓阴性对照是指处方仅缺一味药材并严格按照制备工艺所得到的阴性样品（若缺两味药材所得到的样品称为双空阴性样品）。所谓阳性对照是指有效成分对照品和单味对照药材。中药复方制剂成分复杂，常常出现干扰，为了提高试验的专属性和准确性，则需设阴性对照。如作为共有特征的理化鉴别显色反应、沉淀反应、荧光反应和泡沫试验等功能团的鉴别反应，常常因专属性不强、影响因素多，不宜作为质量标准中的最终鉴别内容。只有该类成分在制剂中确有文献和实验依据时，制剂样品经预处理后，进行阴性对照试验，反复比较确定无干扰，并且有一定的特征性，重现性好，确有鉴别意义时，方可用于质量控制的最终项目。在薄层色谱鉴别、含量测定中，阴性对照和阳性对照就更为重要。

另外，如由山豆根、苦参等多味药材组成的复方制剂中，在薄层色谱鉴别时，分别制备缺山豆根阴性样品和缺苦参阴性样品。由于山豆根和苦参的主要有效成分均为苦参碱和氧化苦参碱，单用苦参碱和氧化苦参碱为对照品不能区分样品中山豆根、苦参药材的投料情况，故需要再分别制备山豆根阳性对照药材和苦参阳性对照药材，以及缺山豆根、苦参双空阴性样品，通过在同一张薄层色谱板上进行薄层展开，显色后方可得到专属性强的色谱图。

2. 对照等量性（取样量、制备相同条件） 供试品与阳性对照应为量化对照（样品的标示量与对照品取量要一致）。同样，样品供试品与阴性供试品也应为量化对照。如六一散（滑石粉与甘草的重量比为 6∶1）中缺滑石粉的阴性供试品的取样量仅应为样品供试品量的 1/6，或用淀粉替代滑石粉来制备缺滑石粉的阴性样品。

（四）重复性原则

在制定中药制剂质量标准时，应注意各个环节的影响，方可保证在各个环节中其质量控制内容具有良好的重复性。

1. 研究过程中质量控制内容需要有良好的重复性 即同一个人在不同的时间、不同的仪器上均能重复得出的试验项目；或是不同的人、不同设备也能得到相同的试验结果。

2. 生产过程中质量控制内容需要有良好的重复性 即在生产中不同时间生产出的各个批次的产品的质量控制内容需要有良好的重复性。

3. 流通过程中质量控制内容需要有良好的重复性 即从药品生产出来到患者手里的流通过程中，在不同销售地点（包括不同气候条件、地理位置、贮藏情况等），以及在不同的药品检验单位等环节，质量控制内容都要有良好的重复性。

只有采用固定的处方、原辅料，稳定的制备工艺生产的药品，才能始终一致地确保其质量和疗效的稳定，才能保证和验证所建立的质量标准具有重复性。

下面将分别讲述药材和提取物、中药新制剂、中药指纹图谱及中药注射液质量标准的制定，以及有关技术要求。

第二节　药材和提取物质量标准的制定

中药现代化和国际化是传统药物发展的必然趋势，如何根据中药实际情况，采用现代科学技术，建立科学合理的、能够全面控制中药及其制剂质量的现代质量标准，是中药现代化和国际化的关键所在。质量标准的内容一般包括名称、来源、制法、性状、鉴别、检查、浸出物测定、含量测定、功能与主治、用法与用量、注意、规格、贮藏等项目及起草说明书。

一、名称

中药材名称包括中文名、汉语拼音及拉丁名。中药新药的命名是药品标准化中的一项基础工作，应该按照《药品注册管理办法》中命名要求：①一般根据全国多数地区习用的名称命名。②各地习用名称不一致，或难以定出比较合适的名称时，可选用植物名命名。③申请新药前虽已有名称，但因不符合命名原则需改用新名称者，可将其原名作为副名，并加括号暂列于中文名后，在标准转正时撤销副名。④除特殊情况外，一般不加药用部位名，如远志不叫“远志根”，麻黄不叫“麻黄草”。若采用习用名，其中已包括药用部位者，则仍可保留药用部位，如芥子、金钱草、枇杷叶等。⑤药材的主要成分与化学药品一致，应以药材名为正名、化学名为副名，如芒硝（硫酸钠）。⑥从国外引种的进口药材，如来源、质量与国家制定的进口药标准的规定完全一致，可沿用原名，如西洋参；若有差异，则名称应有区别。⑦药材的人工方法制成品、提取物，其名称应与天然品的名称有所区别，如培植牛黄、人工麝香等。药材名称的汉语拼音按照中国文字改革委员会规定，第一个字母必须大写，并注意药品的读音习惯，同时不用音标符号，药名较长者可按音节分为两组拼音。药材拉丁名通常由学名和药用部位两部分构成，如果该药材包括两个不同药用部位时，一般把主要的药用部位列在前面，用“ET”相连接，药材的拉丁名一般采用属名或属种名命名，具体可参照《中国药典》2020年版一部的格式。

二、来源和制法

1. 单味药材和饮片 中药材的来源包括基原、药用部位、采收季节和产地加工。其中基原指原植（动）物的科名、植（动）物的名、拉丁学名、药用部位（矿物的类、族、矿石名或岩石名）。基原植物的科名、拉丁学名的主要参照依据为《Flora of China》《中国高等植物》《中国植物志》《中国动物志》，如该植物不在《Flora of China》已出版卷册及《中国高等植物》收载范围，则依照《中国植物志》的相关卷册核定。各地方植物志，如《新编中药志》《常用中药材品种整理和质量研究》等资料仅供参考。产地加工主要规定药材采收后进行加工处理的基本要求。有的药材由于地区习惯不同，加工的方法不一，选择的加工方法也有很大不同。药典中一般会选择能确保其质量且具有代表性的一种方法，有的也可能列两种方法。加工处理一般会重点注明影响药材质量及性状的干燥方法：①烘干、晒干、阴干均可的，用“干燥”。②不宜用较高温度烘干的，则用“晒干”或“低温干燥”（一般不超过60℃）。③烘干、晒干均不适宜的，用“阴干”或“晾干”。④少数药材需要短时间干燥，则用“暴晒”或“及时干燥”。不注明炮制要求的均指生品。例如黄连，本品为毛茛科植物黄连 *Coptis chinensis* Franch.、三角叶黄连 *Coptis deltoidea* C. Y. Cheng et Hisao 或云连 *Coptis teeta* Wall. 的干燥根茎。以上三种分别习称“味连”“雅连”“云连”。秋季采挖，除去须根和泥沙，干燥，撞去残留的须根。但对某些剧毒药材习惯冠以“生”，如生半夏、生草乌等，其目的是引起重视。长期习惯直接用炮制名的药材，如熟地黄、制川乌、炒瓜蒌子、制何首乌等，饮片可参照《中国药典》2020年版一部的炮制方法进行说明。

2. 植物油和提取物 对于有效部位和提取物的质量标准，如属于各级质量标准收录的，应说明其主要质量指标，并提供标准全文复印件，同时还应该制定符合制剂研究的质量标准。例如丹参、丹参水提物及丹参酮提取物收载于2020年版《中国药典》一部中。地奥心血康为植物黄山药根茎的提取物，收载于卫生部药品标准 WS2-35-（Z-26）-95（Z）和《中国药典》2020年版一部中。对于各级质量标准中均无收载，除应按《药品注册管理办法》有关规定提供申报资料外，还应该参照药材申报资料要求制定质量标准。对于多基原品种，应按实际使用的品种标注。若有混乱品种的药材，应收法定品种，即采用《中国药典》、部（局）颁布标准和省、市、自治区标准的现行版中规定的品种。若使用药材仅收载于地方标准，还应该提供地方标准复印件。

3. 采用法定计量单位 均用法定计量单位，重量以“g”、容量以“mL”表示。

4. 药材投料量 药材的药量指中药饮片量，或饮片切碎、破碎或粉碎后的药量。

5. 辅料及附加剂 制剂中使用的辅料及附加剂一般不列入质量标准中，可在制法中加以说明。

三、性状

用于性状描述的药材、饮片，应经鉴定确认为正品，且为正确采收期采收的样品。药材除必须鲜用的按“鲜品”描述外，一般以完整的干药材为主，易破碎的药材还需描述破碎部分；饮片按成品描述，描述一般按照外形、颜色、表面特征、质地、断面、气味的顺序描述。

四、鉴别

中药材的鉴别通常是指用可靠的理化方法来证明已知药物的真伪，而不是对未知物进行定性分析。常用的鉴别方法包括经验鉴别、显微鉴别（组织切片、粉末或表面制片）、理化鉴别、色谱或光谱鉴别及其他方法的鉴别。

（一）经验鉴别

经验鉴别是通过眼观、手摸、鼻闻、口尝、水试、火试等方法进行药材的鉴别，在制剂性状描述项多采用。如杜仲断面有细密银白色富弹性的胶丝相连，一般拉至 1cm 以上才断；狗脊表面密被光亮的金黄色茸毛；海金沙撒于火上即发出轻微爆鸣及明亮的火焰；血竭粉末置白纸上，用火隔纸烘烤即熔化，但无扩散的油痕，对光照视呈鲜艳的红色，以火燃烧则产生呛鼻的烟气。

（二）显微鉴别

一般的显微鉴别主要包括显微组织鉴别法和显微化学反应鉴别法。其中，显微鉴别选择药材的显微特征时，应注意突出易检出的、稳定的、专属的显微特征。组织构造特殊，或有明显特征可以区别类似品或伪品，外形相似或破碎不易识别，或常以粉末入药的毒性或贵重药材、饮片等一般都设有显微鉴别项。观察根、根茎、藤茎、皮、叶类药材时，一般制作横切片观察，必要时也可制作纵切片；果实、种子类多制作横切片或纵切片观察；木类药材制作横切片、径向纵切片及切向纵切片三个面观察。观察粉末类药材或药材粉末特征时，制作粉末装片。如金银花的显微鉴别：腺毛较多，头部倒圆锥形、类圆形或略扁圆形，4 ~ 33 细胞，成 2 ~ 4 层，直径 30 ~ 64 ~ 108μm，柄部 1 ~ 5 细胞，长可达 700μm。非腺毛有两种：一种为厚壁非腺毛，单细胞，长可达 900μm，表面有微细疣状或泡状突起，有的具螺纹；另一种为薄壁非腺毛，单细胞，甚长，弯曲或皱缩，表面有微细疣状突起。草酸钙簇晶直径 6 ~ 45μm。花粉粒类圆形或三角形，表面具细密短刺及细颗粒状雕纹，具 3 孔沟。

（三）理化鉴别

理化鉴别是利用某些物理、化学或仪器分析鉴别中药的真实性、纯度及品质优劣程度的一种鉴定方法。由于凡有相同功能团的成分均可能呈正反应，一般来说理化反应专属性不强。通常在制定质量标准初期阶段作为成分预试筛选实验，一般情况下不宜作为标准中的最终鉴别项目，所做的理化鉴别工作可写入说明中。理化鉴别应设对照：空白对照试验、阴性对照试验、阳性对照试验。如薄荷的理化鉴别：取本品叶的粉末少量，经微量升华得油状物，加硫酸 2 滴及香草醛结晶少量，初显黄色至橙黄色，再加水 1 滴，即变紫红色。肉桂油的理化鉴别：取本品，冷却至 0℃，加等容的硝酸振摇后，即析出结晶性沉淀。

（四）薄层色谱鉴别

在中药及其提取物的色谱鉴别中，应用最多的是薄层色谱。中药及其提取物成分复杂，干扰成分较多，薄层色谱鉴别要设阴性对照和阳性对照，试验条件要经过优选，薄层色谱图通过 3 批以上样品均有重现。样品在与对照品（或对照药材）的薄层色谱和设有阴性对照下，在同一板上得到证实时，才能作为判断标准。

1. 薄层板的制备

（1）吸附剂的种类　薄层色谱鉴别常用的吸附剂有硅胶、氧化铝、活性炭、聚酰胺、硅藻土等。

（2）选择吸附剂的原则　一般情况下首先考虑用硅胶，硅胶效果不好时再用氧化铝、聚酰胺、纤维素、硅藻土和离子交换树脂等。如果水溶性化合物在吸附薄层上分离不好时，可用分配薄层；脂溶性化合物在吸附薄层上分离不佳时，则可用反相分配薄层。亲脂性化合物选用硅胶、氧化铝；亲水性化合物常选择纤维素、离子交换树脂、硅藻土及聚酰胺等。酸性物质首先采用硅胶；碱性物质则先用氧化铝；中性物质两者都适用。具有酚羟基的化合物，因其极性大可选硅胶，而聚酰胺则是分离这类化合物更好的吸附剂。此外，还可以通过增添其他成分改变硅胶的性质，扩大硅胶的应用范围。如用酸、碱及 pH 缓冲液；加入硝酸银溶液制备配位薄层板；在硅胶中加入硅藻土或氧化铝等制成混合吸附剂薄层板。

（3）吸附适用范围　常用吸附剂所制薄层的适用范围见表 6–1。

表 6–1　常用吸附剂性能表

吸附剂	表面活性剂	适用范围
硅胶	微酸性	小分子脂溶性成分（如挥发油、多种苷元、甾体等大多数成分）
氧化铝	微碱性	碱性成分（如生物碱、胺类等）
活性炭	非极性	氨基酸、糖、苷类等
聚酰胺	碱性	酚类、醌类
硅藻土	弱极性	极性稍大成分（如强心苷元）

（4）薄层板的制备方法　手工湿法铺制或薄层铺板仪机械铺制，选用工厂机械化大生产的预制板（商品板），其质量更加可靠稳定。

2. 供试液的制备　中药单体或提取物未知成分较多，大多采用水和乙醇将中药材中的各组分尽可能多地提取出来，其中有待测的有效成分（或特征成分）和其他成分（“杂质”）。为提高薄层色谱清晰度，需对样品液进行预处理，使供试液纯化。多用萃取法分离，所采用的方法有单一溶剂萃取法、分段溶剂萃取法、液液萃取法、固液萃取法。溶剂的沸点不宜太高（如正丁醇）或者太低（如乙醚）。

3. 点样　要求点样圆正，直径 < 3mm（高效薄层板中点样直径 < 2mm，点样量不宜超过 2μL，以 100 ~ 200nL 为宜，样品间距 > 5mm，展距 5 ~ 8cm）。点样原点忌点成空心圆，点样时不要损伤薄层板面，多次点样尽量让每次点样的位置完全一致。

4. 展开剂的选择

（1）选择原则　对待测组分有良好的溶解性；可使待测组分与杂质分开；待测组分的 R_f 值在 0.2 ~ 0.8 之间，定量测定最好在 0.3 ~ 0.5 之间；不与待测组分或吸附剂发生化学反应；沸点适中，黏度较小；展开后组分斑点圆且集中；混合溶剂最好临用前新鲜配制。具体方法：先用单一溶剂逐个试验，再用混合溶剂系统。

（2）展开剂的强度　指溶剂在单位表面积的标定活度的吸附剂上的吸附能力。展开剂作为流动载体载着样品通过色谱床，还在吸附过程中起作用。故展开剂的极性和强度将决定了样品组分在薄层上的 R_f 值。

（3）*展开剂的选择性*　展开剂的选择是对性质相近的两个待测组分的容量因子（K 值）产生足够的差别，使之完全分开。由于溶剂分子之间存在四种作用力：色散力、偶极作用、氢键作用和介电作用，故展开剂的选择性将决定薄层色谱的分辨率。

5. 展开

（1）*展开缸*　薄层色谱所用容器要求密闭，使展开剂蒸气短时间达到饱和，大小可根据薄层板而定。

（2）*展开方式*　上行法是最常用的展开方法，薄层点样后，待溶剂挥散，将薄层板倾斜放入盛有展开剂的缸内，进行饱和后，再将展开剂浸没薄层板下端，高度不宜超过 0.5cm。另外，单向多次展开法是使 R_f 值接近的两种或两种以上的组分获得完全分离的一种方法，即在一次展开后将溶剂挥散，再换另一溶剂系统展开。有时也采取分步展开的方法，即先用极性较大的溶剂系统展开较短距离，使极性较大的物质获得一定程度的分离，而极性小的物质移行至溶剂前沿；然后，再换极性较小的溶剂系统，则另一些极性较小的物质也可以分开。此法特别适用于极性差异较大的复杂混合样品的分离。

6. 晾干　薄层色谱的展距常常为 8cm 左右。展到规定的距离后，将薄层板取出，晾干。其目的是防止留在薄层板上的溶剂干扰斑点显色。

7. 斑点的检视

（1）被测物质本身有颜色者，可展开后直接观察斑点。

（2）紫外光灯下观察荧光。有些物质本身具有荧光，可在紫外光灯下观察斑点的位置。紫外光灯有两个波长 254nm 和 365nm，根据情况选择。

8. 薄层板的记录　目前主要采用的是薄层彩色相机的方法。薄层相机技术要求高，特别是薄层荧光照相难度更大。此外，也可用薄层扫描记录相应的色谱图。

9. 薄层色谱鉴别的判断　薄层色谱鉴定的判断是选用对照品（或对照药材）与样品的薄层色谱相比较。在选用对照药材时，从样品得到的色谱可能不与其他色谱完全一致，但主要斑点需一致，方可作出较为准确的判断。对照药材要有学名的鉴定，其中对多品种来源的药材应逐一分析，应选用中国食品药品检定研究院供给的法定对照药材。

10. 影响薄层色谱法的主要因素　薄层色谱分离机制非常复杂，操作中环境干扰影响较大，操作过程中需注意以下几点，对提高薄层色谱定性分析效果非常重要。

（1）控制相对湿度时，可在双槽展开箱的一侧槽倒入一定浓度的硫酸溶液，密闭放置一定时间（15～30 分钟），再加入展开剂于另一侧槽展开。也可将点样后的薄层板放于一定的容器中（或特制的湿度控制箱中），内用一定浓度的硫酸溶液或其他调节相对湿度的无机盐水溶液，密闭放置一定时间后取出，迅速置于展开箱中展开。

（2）在其他条件相同的情况下展开同一样品，若温差较大时，所得到的色谱（如被分离物质的 R_f 值和物质的相互分离度及斑点扩散等）可能会有差异，因此展开条件除湿度外，应记录温度。

（3）常规薄层色谱分析中，特别是使用多组分而又能形成两相展开剂时，存在着吸附行为和分配行为。此时预吸附和吸附饱和对薄层色谱的色谱过程有很大影响。因此，如展开前有无预平衡、平衡时间等试验条件要记录，并写入标准正文。

11. 对照物的选择　中药或有效提取物中有些有效成分大类有时相同，可根据药材中有效成分的专属性分别加以考虑。如人参根茎、须根、茎叶及不同的加工炮制类别，三七、西洋参、绞股蓝等其有效成分均为人参皂苷，上述成分中含有大类人参皂苷 Rg_1，对照品选用人参皂苷 Rg_1，用于区别就没有专属性。试验中可选用三七中特有的成分三七皂苷 R_1 来鉴别三七，选用绞股蓝中特有的成分绞股蓝皂苷 A 来鉴别绞股蓝，根据西洋参中不含皂苷 R_f、Rg_2、Rf_2、Rb_3 四种成分来鉴别西洋参。

12. 系统适用性试验 《中国药典》2020 年版四部通则按各品种项下要求对实验条件进行系统适用性试验。即供试品和标准物质对实验条件进行试验和调整，应符合规定要求。

（1）比移值（R_f） 指从基线至展开斑点中心的距离与从基线至展开剂前沿的距离的比值。

$$R_f=\frac{\text{基线至展开斑点中心的距离}}{\text{基线至展开剂前沿的距离}}$$

除另有规定外，检查杂质时，各杂质斑点的比移值 R_f 以在 0.2 ~ 0.8 为宜。

（2）检出限 指限量检查时，供试品溶液中被测物质能被检出的最低浓度或量。一般采用已知浓度的供试品溶液或对照标准溶液，与稀释若干倍的自身对照标准溶液在规定的色谱条件下，在同一薄层板上点样、展开、检视，后者显清晰可辨斑点的浓度或量作为检出限。

（3）分离度 用于鉴别时，对照品溶液与供试品溶液中相应的主斑点，应显示两个清晰分离的斑点。用于限量检查和含量测定时，要求定量峰与相邻峰之间有较好的分离度，分离度（R）的计算公式为

$$R=2(d_2-d_1)/(w_1+w_2)$$

式中 d_2 为相邻两峰中后一峰与原点的距离，d_1 为相邻两峰中前一峰与原点的距离，w_1、w_2 为相邻两峰各自的峰宽。

除另有规定外，分离度应大于 1.0。

（4）相对标准偏差 薄层扫描含量测定时，同一供试品溶液在同一薄层板上平行点样的待测成分的峰面积测量值的相对标准偏差应不大于 5.0%；需显色后测定的或者异板的相对标准偏差应不大于 10.0%。

13. 其他说明 高效液相色谱很少用于鉴别，但在《中国药典》2020 年版收载的银杏叶片的检查项中采用高效液相色谱法测定槲皮素与山萘酚峰面积比检查法。气相色谱多用于含有挥发性组分的药材鉴别，如冰片、樟脑、薄荷、麝香等。已出峰的相对保留时间作为鉴别特征时，应提供峰特征参数，确证无误，方可成立。

此外，在《中国药典》2020 年版一部中的修订品种和新增订项目中，溶剂苯用其他低毒溶剂替代，并尽量避免使用三氯甲烷，以保证实验者安全和环保。

（五）其他鉴别方法

随着现代科学技术的发展，许多新技术不断渗透到中药鉴别领域。如 DNA 分子遗传标记技术，可以比较物种间 DNA 分子的遗传多样性的差异来鉴别中药的基原。2020 年版《中国药典》将聚合酶链式反应 – 限制性内切酶长度多态性方法用于川贝母、乌梢蛇、蕲蛇、金钱白花蛇及石斛的鉴别。

五、检查

中药材的检查包括杂质、水分、灰分（总灰分、酸不溶性灰分）、重金属及有害元素的检查（砷、汞、铅、镉、铜）、农药残留量检查（有机氯类、有机磷类或生产中大量使用的农药）、二

氧化硫残留量检查、黄曲霉素检测等项目。检查的方法一般都是按照《中国药典》2020年版四部要求执行。

（一）杂质检查

开展中药材杂质控制研究，并提高中药材杂质限度标准，既有利于提高中药材品质，又有利于制止不法商贩的恶意掺杂行为。检查方法为称取一定量的药材，摊开，观察，将杂质拣出或筛分杂质，将杂质称重，计算其在供试品中的百分含量。

（二）水分检查

药材中水分含量的多少会直接影响其质量，水分含量过高易使药材在储藏过程中发生霉变、潮解、变质，进而影响药材的质量。另外，中药材水分含量又容易受到生产、包装、运输和贮藏等环境影响，还容易受到不同地域气候、温度、湿度变化的影响。因此，制订中药材水分标准，随时对中药材水分进行监控具有重要意义。按照《中国药典》2020年版四部水分测定法的第一法进行水分研究。

（三）灰分检查

有些中药的生理灰分本身差异较大，特别是在组织中含有草酸钙较多的中药，如大黄的总灰分，由于生长条件不同可以为8%～20%不等。在这种情况下，总灰分的测定就不能说明是否有外来无机杂质的存在。因此，必须测定这些中药的酸不溶性灰分，使生理灰分中的钙盐等溶解，而泥沙/砂石等主要是硅酸盐等成分，因不溶解而残留，这就能精确地识别中药中泥沙/砂石等杂质的掺杂含量。

（四）有害元素检查

铅/镉/砷/汞/铜测定法:《中国药典》2020年版四部中描述“铅/镉/砷/汞/铜”的测定方法，采用的是原子吸收分光光度法和电感耦合等离子体质谱法。

《中国药典》2020年版一部中的白芷、葛根、当归、黄精、人参、三七、桃仁、山茱萸、栀子和酸枣仁新增了有害元素的限量测定：铅（Pb）≤ 5mg/kg；镉（Cd）≤ 0.3mg/kg；汞（Hg）≤ 0.2mg/kg；砷（As）≤ 1mg/kg；铜（Cu）≤ 20mg/kg。

（五）重金属及砷盐的检查法

重金属及砷盐的限量考察即通过有机破坏，或不进行有机破坏，依据《中国药典》规定方法比较试验，列出考察的结果和数据。重金属考察结果在10ppm以下，正文中不列入检查要求，在10ppm以上，应作重金属检查的规定，砷盐的有机破坏方法可参照《中国药典》2020年版四部规定进行。

（六）农药残留量的测定法

有机农药残留量的检测方法目前主要采用气相色谱法。如乐果、敌百虫、六六六和滴滴涕等的测定。样品的提取方法应因样品种类、农药的性质（极性）不同而不同。要求能将样品中的残留农药尽可能全部而有选择地提取出来，对样品中的其他物质则尽可能少提出。有些若为受热易分解或对热极不稳定的农药，可采用缩短色谱柱，或减小固定液涂布厚度和降低操作温度等来克

服上述困难，此外还有比色法和定性（薄层色谱法可呈色反应）检查等。

（七）有毒物质的检查

中药有效成分、有效部位或半成品在提取分离、精制纯化过程中有可能引入有害的有机溶剂时，应进行有机溶剂残留量检查，可参见《中国药典》2020 年版四部中对有机溶剂残留量测定法，采用气相色谱法（毛细管柱顶空进样等温法、毛细管柱顶空进样程序升温法和溶液直接进样法）进行。由于硫黄加工会使中药材残留大量的 SO_2 和砷、汞等有害元素，故不允许再用硫黄加工中药材，《中国药典》2020 年版一部中删除了用硫黄加工山药、葛根等药材的方法，并在其增补本中增加二氧化硫残留量的测定法。

六、浸出物

浸出物指用水、乙醇或其他适宜溶剂，有针对性地对药材、饮片中相应的有效类物质进行测定，根据采用溶剂不同分为水溶性浸出物、醇溶性浸出物及挥发性醚浸出物等。测定方法按照《中国药典》2020 年版四部中“浸出物测定法”测定，含量按药材、饮片的干燥品计算。常用的有水、乙醇、正丁醇和乙醚等。浸出物的测定在选择溶剂时，需结合中药中已知成分的性质来选择适当溶剂。如山麦冬的浸出物测定：取本品 4g，精密称定，置 250 ~ 300mL 的锥形瓶中，精密加水 100mL，密塞，冷浸，前 6 小时内时时振摇，再静置 18 小时，用干燥滤器迅速滤过，精密量取续滤液 20mL，置已干燥至恒重的蒸发皿中，在水浴上蒸干后，于 105℃干燥 3 小时，置干燥器中冷却 30 分钟，迅速精密称定重量。除另有规定外，以干燥品计算山麦冬中水溶性浸出物的含量（%），不得少于 75%。

七、含量测定

含量测定必须在鉴别无误、杂质检查合格的基础上进行。含量测定首选有效或活性成分，如药材、饮片含有多种活性成分，应尽可能选择与中药新药功能、主治相关成分。同时，应选择测定药材、饮片所含的原形成分，不宜选择测定水解成分。对于确立的含量测定方法应按《中国药典》2020 年版四部“药品质量标准分析方法验证指导原则”进行方法学研究。

（一）含量测定的方法

1. 高效液相色谱法 高效液相色谱法（简称 HPLC）是 20 世纪 60 年代末期出现的一种仪器分离分析技术，测定范围很宽，如大分子蛋白质、多糖、植物色素、多肽等。

（1）高效液相色谱的分类 按分离机理的不同，高效液相色谱可分为 4 类，即液固吸附色谱、液液分配色谱、离子交换色谱及凝胶色谱。从实践来看，键合相色谱（为液液分配色谱的改进和发展），特别是反键合相色谱在药物分析中占最重要地位。其中以十八烷基硅烷键合硅胶为填充剂的反相色谱法在药物分析中应用特别广泛，在中外药典中所采用高效液相色谱法大部分是 C_{18}（或称 ODS）反相系统。

（2）色谱定性、定量

1）高效液相色谱定性指标为保留时间 t_R，即在完全相同的条件下，未知组分峰的 t_R 与对照品峰 t_R 一致，则认为两者可能同质。采用二极管阵列紫外检测器可以随时对色谱峰每点采集数据描制出紫外光谱，为峰的定性和峰的“纯度”提供更为客观、准确的依据。

2）高效液相色谱定量分析具有快速、准确、灵敏、排除干扰、性能好等特点，广泛用于药

物研究开发、质量监控、临床研究等各个方面。它既用于单一组分含量测定，也能用于混合物中复杂组分的测定；既适用于主要组分的定量，也用于杂质组分测定。

3）高效液相色谱定量方法常用的有内标法、外标法和面积归一化法。

4）研究新药的高效液相色谱法的步骤

①文献资料查阅。根据被测药物是否有法定对照品（最好可供含量测定用）和该药物（或有效成分）有无法定测定方法（《中国药典》、局颁药品标准），以及该药物（或有效成分）有无文献资料报道的测定方法、测定条件是否苛刻等情况，最后确定被测成分。

②色谱柱。首选 ODS（即 C_{18}）柱；首选反相色谱系统。经 C_{18} 柱试验不合适，再考虑硅胶、氰基、氨基、离子交换等键合填料的色谱柱。此外，在《中国药典》2020 年版四部中对色谱柱有详细的规定，如填充剂的种类、性能、孔径等。

③流动相。反相色谱系统首选甲醇－水，如不合适，再考虑其他溶剂。为保护仪器，尽可能少用缓冲液流动相。

④尽可能用流动相配制供试品溶液，以避免出现溶剂峰。

⑤一般选择紫外检测器。通常是用对照品溶液在紫外分光光度计上进行扫描，或液相色谱中在对照品峰的保留时间处对对照品峰和样品峰进行扫描，记录最大吸收波长为液相测定检测波长。只有在最大波长下测定的数据才能真实地反映样品的含量值。对于某些没有紫外吸收的或紫外吸收处在低波长 210nm 以下被测成分，可用激光诱导（蒸发光）检测器对中药成分无紫外吸收或末端紫外吸收的成分。

⑥应尽可能采用常温分离。如常温效果差，才考虑升高柱温，升高柱温可提高色谱柱的柱效，降低流动相黏度，减低柱压，有利于延长仪器使用寿命，同时保持试验条件恒定。

⑦高效液相色谱法测定的方法学研究，包括线性关系考察、精密度试验、重现性试验、稳定性试验、加样回收率试验、样品测定、含量限度的制定。此外，《中国药典》2020 年版四部的规定项目包括准确度、精密度、专属性、检测限、定量限、线性范围和耐用性等。

2. 薄层扫描法　凡是具有紫外、可见光吸收或经显色后有可见光吸收或具有荧光的化合物都可用本法测定，特别适合于组分复杂、化学成分多、对照品较少的中药和中药提取物的含量测定，在制备工艺研究中的同等条件下的比较更是具有其他方法不可替代的优势，如样品的筛选、提取条件、分离纯化的考察、成型工艺等。

（1）*薄层扫描法的分类*　薄层扫描法通常是指对薄层色谱斑点的扫描，记录斑点的位置（R_f 值）及面积。实际上薄层扫描法应包括色谱扫描和光谱扫描两大类。

薄层色谱扫描法：薄层板经展开后，需对被测斑点进行光谱测定，以选择测定波长。测定方法：被测斑点固定不变，改变测量波长，记录 A－λ 或 F－λ 曲线，从吸收光谱或荧光光谱上选择色谱扫描时的波长。薄层光谱扫描法分为紫外－可见光吸收光谱及荧光光谱扫描。光谱扫描后，可从光谱图上选择色谱测定波长，选择方法同紫外－可见光分光光度方法。当薄层板没有背景时可用单波长法。当用背景吸收时，可用双波长进行校正。

（2）*薄层扫描法定量方法*　薄层扫描法有两种定量方法，即透射吸光度法和反射法。由于反射法灵敏度较低，基线比较稳定，重现性较好，荧光测定时一般都采用此法。透射法灵敏度高，基线噪音大，且在低波长测量时玻璃板对紫外光有吸收，因此实际应用较少。

在《中国药典》2020 年版四部中对薄层色谱法的要求：除另有规定外，含量测定应使用市售薄层板。扫描时，应沿薄层板展开方向进行，不可横向扫描。目前薄层扫描法在中药单体和提取物中应用十分普遍，但测定精度和重现性较高效液相色谱法差一些。其原因主要是受到薄层板

质量、展开条件、显色剂喷洒、薄层扫描仪质量等的影响。

（3）*薄层扫描的方法学研究* 薄层扫描的方法学研究与其他色谱法测定的不同有以下方面。

1）标准曲线 除了用于确定进样范围外，检查所选择的散射参数（SX）值是否适宜，使标准曲线方程成为直线，线性程度用相关系数 r 来衡量，一般要求在 0.995 以上，最好 0.998（较通常的色谱测定法，标准曲线相关系数 r 要求在 0.999 以上）。在采用薄层扫描法测定含量时，常用线性回归二点法计算。若线性范围很窄时，可用多点法校正多项式回归计算。

2）精密度实验 包含同板精密度、异板精密度、仪器精密度。

此外，为提高薄层扫描法测定的准确度，将多个上样量相同的对照品溶液和多个上样量相同的样品供试品溶液交叉点于薄层板（同板或异板）上，供试品点样不得少于 2 个，对照品每一浓度不得少于 2 个。展开后，测定它们的峰面积值的平均值来计算样品的含量，以减少误差，提高测定的准确度。

薄层扫描法测定必须注意的环节：样品预处理、对照品溶液和样品溶液本身及在薄层板上的稳定性、样品处理过程中的暴露时间、吸附剂和展开剂的质量、点样、展开、晾干、显色（喷洒、浸渍）、扫描定量（扫描仪参数设定、数据处理参数设定及结果计算方法等）。

3. 气相色谱法 气相色谱法（简称 GC）主要适用于分析气体及有一定挥发性的液体和固体样品。

（1）*气相色谱法的特点* 分离效能高、分析速度快，对于相近的组分和非常复杂的混合物有很好的分离效果；样品用量少、检测灵敏度高、应用范围广。同时采用制备衍生物（制成挥发性大、热稳定性好）方法，可分析低挥发性或热不稳定性的物质。

（2）*气相色谱法的分类* 气相色谱法的色谱柱按填充类型可分为填充柱和毛细管柱。

（3）*柱温的选择* 在实际工作中，根据样品的沸点来选择柱温、固定液用量及载体的种类等，其配合情况如表 6–2 所示。

表 6–2 根据样品沸点选择柱温等条件表

样品沸点范围	柱温	固定液用量（固定液：载体）	载体种类
气体、气态烃、低沸点样品	室温 ~ 100℃	（20 ~ 30）：100℃	红色
100 ~ 200℃	150℃	（10 ~ 20）：100℃	红色
200 ~ 300℃	150 ~ 180℃	（5 ~ 10）：100℃	白色
300 ~ 500℃	200 ~ 250℃	（1 ~ 5）：100℃	白色、玻璃

注：气相色谱用的载体可分为硅藻土型和非硅藻土型载体。红色载体系硅藻土直接煅烧而成，白色载体系硅藻土中加入助熔剂（如碳酸钠等）煅烧而成。

（4）*固定相的选择* 选择固定相时需注意两个方面：极性及最高使用温度。固定相按极性相似原则选择。柱温不能超过最高使用温度。在气 – 液色谱中，以沸点差别为主的样品选非极性固定液；以极性差别为主的样品选极性固定液。

（5）*柱长和内径的选择* 在满足一定分离度的条件下，应尽可能使用短柱子，一般填充柱柱长以 2 ~ 6m 为宜。增加色谱柱内径可以增加分离的样品量，但由于纵向扩散路径的增加，会使柱效降低，在一般分析工作中，色谱柱内径常为 3 ~ 6mm。

（6）*进样时间和进样量* 当进样时间太长时，色谱半峰宽度随之变宽，有时甚至使峰变形。

一般来讲，进样时间应在 1 秒以内。色谱柱进样量过大会造成色谱柱超负荷，柱效急剧下降，峰形变宽，保留时间改变。一般来说，理论上允许的最大进样量使下降的塔板数不超过 10%。总之，最大允许的进样量应控制在使峰面积或峰高与进样量呈线性关系的范围内。

（7）定量分析

1）定量方法　目前常用的定量方法有归一化法、内标法和外标法等。如果样品中主要组分是同系物或校正因子近似相等，则可用峰面积归一化法。当混合物所有组分不能全部流出色谱柱时（如不气化、分解，与固定液产生化学反应等），或检测器不能对各组分都产生讯号时（如氢焰离子化对惰性气体、无机物无讯号），或馏分太宽，前后分离不完全，无法定量时，或只需测定混合物中某几个组分时，可采用内标法定量。这种方法适用于某些有效成分的含量测定，还特别适用于微量杂质检查。

2）影响定量准确度的各种因素　①样品的稳定性和代表性：对于气体样品最好用干燥的玻璃取样和贮存。对于沸程较宽的液体样品，要防止低沸点馏分挥发损失。对于固体块状样品，要按规定方法取样，样品要有代表性。对于需要化学处理转化成挥发性衍生物的样品，一定要加过量试剂，使转化率大于 98%。②进样系统的影响：当采用外标法定量时，进样的重复性是影响定量结果的关键因素。气体用定量进样阀，重复性较好；液体、固体用溶剂稀释后，用微量注射器定体积进样，其重复性取决于所用注射器的质量、进样量的大小、刻度读数的准确度，以及插针的快慢、位置、深度和操作人员的熟练程度等。对于相对测量如归一化法、内标法，进样量的多少就无影响。③色谱柱系统的影响：定量分析时，要求色谱柱系统气密性要好，固定相要充分老化，更重要的是色谱柱应将主要组分完全分离。④检测系统及操作条件的影响。⑤定量分析数据的处理：定量分析结果的准确度和精密度可用标准偏差（S）或相对标准偏差（RSD）（%）来表示。

4. 分光光度法　分光光度法用于有色物质和有共轭双键等结构的无色物质的测定分析。该方法不仅能用于鉴定和测定，而且能和其他方法配合，用来研究物质组成，推测有机化合物的分子结构。其测定方法如下。

（1）测定波长的确定　一般选择待测样品化合物吸收度最大，即吸收曲线最高点为测定波长，在最大吸收峰处测定时灵敏度最高。同样，要注意溶解样品的溶剂种类、pH 值等条件。

（2）标准曲线制备　将一系列浓度不同的对照品溶液，在所选波长下，即 λ_{max} 点处分别测定吸收度（或需加入显色剂显色后测定），以吸收度为纵坐标、浓度为横坐标，绘制标准曲线，回归计算，得到线性方程、相关系数和线性范围。

（3）样品测定　以标准曲线法和吸收系数法（$E_{1\%}^{1cm}$）测定。

（4）待测样品溶液的制备

（5）阴性样品的干扰　阴性样品测定其吸收度值必须低于样品吸收度值的 5% 以下，可认为阴性干扰忽略不计。同时阴性样品的取样量要与样品的取样量相一致，并分别用对照品溶液、样品供试品溶液和阴性样品溶液进行扫描，记录在吸收度图谱中，考察其专属性。样品供试品溶液的吸收度一般要在 0.3 ~ 0.7 之间。根据阴性干扰忽略不计的原则，阴性样品的吸收度应小于 0.04 以下，高于此值没有必要进一步往下进行，需重新研究样品的前处理方法。

（6）可见 – 紫外分光光度法测定的方法学研究　测定波长的确定、标准曲线制备、阴性干扰情况、样品供试品溶液的制备方法，还有精密度试验、重复性试验、稳定性试验、加样回收率试验等内容。在设计比色测定方法时，为了提高结果的准确性，要对显色条件进行考察（显色剂种类、用量，显色的温度、时间、稳定性等）。

八、功能与主治

根据《中国药典》2020年版规定，一般药材有功能与主治的表述，而提取物无该项内容。功能要用中医术语来描述，力求简明扼要；要突出主要功能，使能指导主治，并应与主治衔接。先写功能，后写主治，中间以句号隔开，并以“用于”二字连接。根据临床结果，如有明确的西医病名，一般可写在中医病证之后。

九、用法与用量

先写用法，后写一次用量及一日使用次数；同时可供外用的，则列在服法之后，并用句号隔开。用法，如用温开水送服的内服药，则写“口服”；如需用其他方法送服的应写明。除特殊需要明确者外，一般不写饭前或饭后服用。用量，为成人有效剂量；儿童使用或以儿童使用为主的，应注明儿童剂量或不同年龄的儿童剂量。剧毒药注明极量。

十、注意

包括各种禁忌，如孕妇及其他疾患和体质方面的禁忌、饮食禁忌，或注明该药为剧毒药等。

十一、规格

规格的写法有以重量计、以装量计、以标示量计等。

规格单位在0.1g以下用“mg”，以上用“g”；液体制剂用“mL”。

单味制剂有含量限度的需列规格，即每片（或丸、粒）中含有主药或成分的量。规格最后不列标点符号。

十二、贮藏

指对中药及其提取物贮存与保管的基本要求。根据药物的特性，注明保存的条件与要求。除特殊要求外，一般品种可注明“密封”；含有对湿、热不稳定的成分的品种，加注“置阴凉干燥处”；遇光易变质的品种要注明“避光”等。

第三节　中药新制剂质量标准的制定

中药制剂的质量标准是指根据药品质量标准的要求所制定的、符合中药特点的控制中药制剂质量的技术标准，其目的是控制中药制剂的质量，因此必须在原料（药材饮片、提取物、辅料）、处方（药味、用量）固定和制备工艺稳定的前提下，同时结合剂型特点和制剂工艺特点进行研究与制定。

质量标准主要由检测项目、检测方法和检测限度三方面组成。与原料药相似，制剂质量标准的研究项目一般包括名称（中文名）、汉语拼音、处方、制法、性状、鉴别、检查、浸出物测定、含量测定、功能与主治、用法与用量、禁忌、注意、规格、贮藏、有效期限等项目。有关格式和用语可参照2020年版《中国药典》，注意语言精练、逻辑严谨、用词准确，避免产生歧义。

一、名称、汉语拼音

中药制剂名称包括中文名、汉语拼音，其命名是药品标准化中的一项基础工作，应该按照《药品注册管理办法》中命名要求执行。

（1）单味及复方制剂的命名，一般均应写明剂型的类别。

（2）单味制剂（含提取物）一般可采用药材名与剂型名结合。

（3）复方制剂不应采用主药名加剂型名的命名，避免与单味制剂混淆。

（4）不应采用人名、地名、企业名、代号命名。

（5）复方制剂的命名可参照下列几种方式。

①采用处方内主要药材名称的缩写，并结合剂型命名，如香连丸由木香、黄连二味药材组成。

②采用主要药材和功能结合并加剂型命名，如龙胆泻肝丸。

③采用药味数与主要药材名，或药味数与功能结合，并加剂型命名，如六味地黄丸。

④采用方内药物剂量比例加剂型命名，如六一散由滑石粉、甘草组成，药材剂量比例为6∶1。

⑤采用形象比喻结合剂型命名，如玉屏风散，该方治表虚自汗，形容固表作用像一扇屏风。

⑥采用主要药材和药引结合并加剂型命名，如川芎茶调散，以茶水调服。

⑦采用功能加剂型命名，如补中益气合剂。

不应采用固有特定含义名词的谐音。不应采用夸大、不切实际的用语，如飞龙夺命丸、强力感冒片等。新药的命名鼓励在遵照命名原则条件下采用具有中医文化内涵和底蕴的名称，力求简短、明确、科学，一个好的新药命名可能会产生良好的“命名效应”，因此也是非常重要的工作之一。

汉语拼音可参照2020年版《中国药典》的格式。

二、处方

1. 各组分标准　处方中各组分（含辅料）应符合法定标准。无法定标准的组分要制定标准。

2. 处方中药味排列　应根据中医药理论，按君、臣、佐、使顺序排列，非传统处方按药物作用主次排列。

3. 药味名称　一般情况下，药味（中药饮片、提取物等）名称均应使用药材法定标准中的名称。凡《中国药典》、部颁标准收载的中药材应采用最新版本规定名称。当地方标准收载品种与国家标准名称不同而来源相同时应采用国家标准名称。当国家标准中未收载，可采用地方药品标准收载名称，并注明出处。仅经过净选、切制加工处理的中药饮片，其名称同药材名称，不必注明炮制方法。如“肉桂（去粗皮）”应写成“肉桂”。对药材标准中列有标准的炮制品，应使用炮制品名称。如酒当归、煅牡蛎、地榆炭、法半夏。对于药材炮制品标准中收载的炮制品规格，应使用炮制品名称，在其后的括号内注明炮制品规格名称。如附子的炮制品规格写成“附子（黑顺片）”“附子（白附片）”，而不能只写成“附子（制）”。对于某些毒性较大且必须生用的中药饮片，应在其名称前冠以“生”字。如生川乌、生天南星等，应予以重视。

4. 处方量　各药味处方量应与成品制成量相对应，通常按1000（粒、片、mL等）个制剂单位的成品制成量来进行折算。处方中药味均用法定计量单位，重量以“g”，容量以“mL”表示。一般情况下，药味的处方量采用整数，贵重药和细料药处方量可以保留两位小数。

5. 药引与辅料　药引与辅料不列入处方中，但在制法项下应注明名称与用量。辅料应有正式

的药用标准，或被主管部门认可的执行标准。

三、制法

制法项应如实、精练地概括药品规模化生产的关键工艺过程，要求文字简明扼要，符合生产实际。

1. 制法项的书写内容 药味数目、药味的处理方法或提取方式，所用溶剂的名称，浓缩、干燥、纯化和制剂成型等操作步骤，辅料的名称及用量，成品制成量等。

2. 关键技术、半成品标准 制备工艺中对质量有影响的关键工艺应列出控制的技术条件及关键半成品的质量标准。如粉碎的细度、浸膏的相对密度、乙醇的浓度、渗滤液名称和收集量等。树脂柱进行纯化处理的工艺，应写明所用树脂的类型。

3. 粉末规定 药味粉末的粗细程度用2020年版《中国药典》凡例中粉末分等的术语表述。如粗粉、中粉、细粉、极细粉等，亦可列出筛目。

四、性状

性状是指药品除去包装后的色泽、形态、气味等的描述，片剂及丸剂有包衣的，应除去包衣，以片芯或丸芯依次描述，硬胶囊应除去囊壳描述，通常描述外观与气味的语句之间使用分号。中药制剂的颜色多为复合色，对复合色的描述以辅色在前、主色在后，如“黄棕色”是棕色为主，黄色为辅。对颜色范围的描述应由浅至深，如黄棕色至棕色。应尽量避免使用不确切词汇，如米黄色、豆青色等。注射剂不要求描述“气”和“味”。外用药不要求描述“味”。

性状是药品内在质量的外在表现，如出现液体制剂颜色发生变化，浑浊沉淀，气味酸败；颗粒剂结块；片剂色泽加深、松散；芳香水剂中气味减弱；乳剂的乳析、破裂等现象，应考虑药品质量下降，甚至不合格。

性状项是在稳定性试验过程中根据实际观察情况所拟定的，是多批样品综合描述的结果。因为小量研制品与大生产制成品在色泽、外观方面可能不完全一致，而且在储藏过程中，色泽可能变化，需根据实际情况规定幅度。

五、鉴别

1. 药味选择的原则 为了检测确定在制剂生产中投料、投料药材的真伪、药材品质的优劣，需根据处方组成及研究情况确定建立相应的药材鉴别项目，原则上处方中各药材均应进行试验研究，根据试验情况，选择列入质量标准中。首选处方中君药、贵重药、毒性药。若因鉴别特征不明显，或处方中用量较小而不能检出者，可选择其他药材鉴别，但在起草说明中应予阐明。

2. 方法的选择和要求 制剂中各味药材的鉴别方法除前处理外，原则上应与该药材和饮片的专属鉴别方法一致。如因其他成分干扰或制剂的提取方法不同，不能采用该药材相同的鉴别方法时，可采用其他鉴别方法，并在起草说明中予以阐明。在已颁布的中成药标准中，不同的中成药品种中含有同一药材，大多采用共同的鉴别方法，尤其是显微鉴别。如人参粉末的显微鉴别特征是树脂道碎片，并含黄色块状分泌物，草酸钙簇晶棱角尖锐，可作为处方中有人参复方制剂的共同鉴别特征。若处方中各药材之间具有共有的特征，应排除干扰，保证鉴别项目的专属性。理化鉴别应选择专属性强、反应明显的显色反应、沉淀反应等鉴别方法。必要时写明化学反应式。重现性好，能反映组方药材特征的特征色谱或指纹图谱鉴别也可以选用。

3. 鉴别项目

（1）显微鉴别　显微鉴别是利用显微镜来观察药材的组织结构、细胞性状及其内容物的特征，鉴定药材的真伪和纯度及质量的方法，适用于含全生药或生药粉末的制剂。

（2）一般理化鉴别　一般理化鉴别是利用检测试剂与制剂中的特定成分发生化学反应，根据所产生的颜色、沉淀或气体等现象来判断某些成分或某些药材的存在。一般化学反应通常是显色反应和沉淀反应。虽然该方法操作简便，适用性强，但易发生假阳性或假阴性反应，专属性较差。在进行一般理化鉴别工作时，应完成以下几方面试验。

1）空白对照试验　取纯净的蒸馏水，用同样的试剂依照同样方法完成试验进行比较称为空白试验，以排除空白的干扰。

2）阴性对照试验　配制不含预测成分的样品，用与检品同样的方法进行试验，并将其结果与检品相对照，以排除假阳性现象。

3）阳性对照试验　将制剂、药材或对照品进行与检品同样试验，并将结果进行比较，考察是否能鉴别待检成分的存在，以排除假阴性现象。

例如，处方中有石膏，其主要成分为 $CaSO_4$，可采用 2020 年版《中国药典》附录中钙盐和硫酸盐的鉴别反应。处方中如既有石膏，又有水牛角，因水牛角成分中含有 $CaCO_3$，在鉴别反应中，鉴别钙盐就没有专属性，但可分别鉴别硫酸盐和碳酸盐。复方制剂中容易存在干扰，因此应反复验证做好对照试验。

中药新制剂处方药味多，应选君药、毒药、贵重药、易混淆药材及紧缺药材中的有效成分，如有效成分不明确也可鉴别专属性成分。处方药味较少或含有矿物药时，应尽可能做理化鉴别，每味药选择 1 ~ 2 个专属性较强的成分进行。

（3）色谱鉴别

1）薄层色谱　在基于相同物质、同一色谱条件下表现出相同的色谱行为这一基本规律，在同一张薄层板上点加供试品和对照品，在相同条件下展开，显色检出色谱斑点后，将所得供试品与对照品的色谱图进行对比分析，从而对药品进行定性鉴别的方法称为薄层色谱鉴别法。该方法操作简单易行，直观性强，快速、灵敏、分辨率高，被广泛应用于中药复方制剂成分的鉴别。薄层色谱鉴别方法可以呈现斑点数量、色泽、位置、荧光等多种信息，具有分离和鉴别的双重作用，避免了一般理化鉴别容易产生假阳性或假阴性现象的缺点，在各国药典的天然药物和制剂中被普遍采用。薄层色谱鉴别内容：薄层板的制备、供试液的制备、点样、展开剂的选择、展开、晾干、斑点的检视、薄层板的记录、薄层色谱鉴别的判断、影响薄层色谱法的主要因素、对照物的选择、系统适应性试验、其他说明，参见第六章第二节薄层色谱鉴别相关内容。

2）气相色谱　在一定的色谱条件下，相同的物质应具有相同的色谱特征（分配系数）和色谱行为（保留值）。因此，在同一色谱条件下，将供试品溶液和对照品分别注入气相色谱仪，对二者的气相色谱图进行对比，根据供试品是否有与对照品一致的保留时间的色谱峰，进行对样品的定性分析。这种方法称为保留时间比较法。《中国药典》即采用此法对某些中成药进行真伪鉴别。如 2020 年版《中国药典》安宫牛黄丸中麝香（麝香酮）的鉴别，以及少林风湿跌打膏中水杨酸甲酯、冰片和薄荷脑的鉴别。

3）液相色谱　高效液相鉴别在原理上和气相色谱鉴别法有相似之处。《中国药典》采用保留时间比较法，即在相同的色谱条件下，比较样品和对照品的色谱峰的保留时间是否一致，从而对被检成分或药味的存在情况进行判断。如 2020 年版《中国药典》龙牡壮骨颗粒中维生素 D_2 的鉴别及百令胶囊中发酵冬虫夏草菌粉尿苷、腺苷的鉴别。高效液相色谱鉴别法具有不受样品挥发性

的限制，固定相、流动相选择范围较宽，检测手段多样、高效、微量、自动化等优点，在药物分析工作中较气相色谱法应用更为广泛。但在目前的中药制剂质量标准中，一般较少单独采用该法进行鉴别，而是多用于含量测定。

六、检查

1. 制剂通则检查 中药新制剂的检查项需要按照2020年版《中国药典》中制剂通则的有关规定，对制剂的相关参数，如水分、pH值、相对密度、灰分、重量差异等，列出具体数据和测试结果，并说明规定的理由。同时，除了制剂通则中的项目之外，还应该根据制剂的特性、工艺及稳定性考察结果制订其他的检查项目。对于《中国药典》未收载的剂型，需依据情况另行制定，所列出检查项应补充此项的要求，以反映质量稳定的基本概况。主要剂型及其主要检查项目见表6–3。

2. 有毒物质检查 含有毒药物的制剂，原则上应制订有关毒性成分的检查项目，以确保用药安全。使用含有矿物药，可能被重金属和有害元素污染的中药饮片生产的中药制剂，或生产过程可能造成污染的中药制剂，原则上应采用铅、砷、汞、铜等检查并制定相应的限度。当在制剂的制备过程中使用了乙酸乙酯、甲醇、三氯甲烷等有机溶媒时，应进行残留溶剂检查并制定限量。工艺中使用吸附树脂进行分离纯化的制剂，应控制树脂中残留致孔剂和降解物，规定相关检查项目，如苯、二甲苯、甲苯等。内服酒剂、酊剂是否含有甲醇，应用气相色谱检查，提供数据，列入正文检测项目中。

3. 卫生学检查 卫生学检查，尤其对非灭菌制剂的生物性污染，如螨虫和微生物的情况。2020年版《中国药典》对微生物限度检查修订为按给药途径要求不同分类检查，并需要方法验证试验，无菌检查法为14天，部分制剂通则下增加了无菌检查项目。

表6–3 主要剂型及其主要检查项目表

剂型	制剂主要检查项目
片剂	硬度、碎脆度、崩解时限、水分、溶出度或释放度、含量均匀度（小规格）、有关物质
胶囊剂	内容物流动性和堆密度、水分、溶出度或释放度、含量均匀度（小规格）、有关物质
颗粒剂	粒度、流动性、溶出度或释放度、溶化性、干燥失重、有关物质
注射剂	溶液颜色与澄明度、pH值、不溶性微粒、渗透压、有关物质、无菌、热源、刺激性等
滴眼剂	溶液型：可见异物、pH值、渗透压、有关物质 混悬型：沉降体积比、粒度、渗透压、再分散性、pH值、有关物质
软膏剂、乳膏剂	稠度或黏度、有关物质
口服溶液剂、口服混悬剂、口服乳剂	溶液型：溶液颜色、澄清度、pH值、有关物质 混悬型：沉降体积比、粒度、pH值、再分散性、有关物质 乳剂型：物理稳定性、有关物质
贴剂	剥脱力、黏附强度、透皮速度、释放度、含量均匀性、有关物质
栓剂	融变时限、溶出度或释放度、有关物质

七、浸出物

浸出物测定法指用水、乙醇或其他适宜溶剂，有针对性地对制剂中可溶性物质进行测定的方法，适用于有效成分尚不清楚，或确实无法建立含量测定，以及虽建立含量测定，但所测含量甚微的制剂，中药复方中单一成分不能完全代表处方的功能主治，故也是控制药品质量的指标之一。

浸出物测定应选择对有效成分溶解度大，非有效成分或杂质溶解度小的溶剂。对制剂中含有多种大类成分，可分别测定，并加以比较，筛选出最为合理的溶剂进行浸出物测定。如含糖等辅料多的剂型对浸出物的测定有影响，一般不建议使用乙醇或甲醇为浸出溶剂，可根据所含成分选用适合的溶剂。如处方中含有挥发性成分，可用乙醚作为溶剂，测定挥发性醚浸出物。如处方中皂苷含量较多，可先用乙醚脱脂后，再用正丁醇萃取，测定正丁醇浸出物。

八、含量测定

含量测定是指采用适当的化学方法或仪器分析方法，以临床功效为导向，对制剂中有效成分或有效部位进行的定量分析，以评价和控制制剂工艺稳定性和成品质量的方法。

1. 含量测定项目的选择原则

（1）在设计测定指标时应与药理作用和功效主治相一致，选择处方中的君药、臣药、起主要药效作用的活性成分、类别成分或组分、贵细药及毒性药材中的有效成分、有毒成分进行含量测定。若主药（君药和臣药）有效成分不清楚的，应进行研究，寻找有效成分，建立定量方法。若有效成分含量测定研究难度较大，可考虑采用专属指标成分测试，作为间接的控制指标来进行对药品质量和稳定性的控制。

（2）若同一类别的成分可互相转化，可分别测定其单一成分的含量合并计算总量的方式进行质量控制，如苦参碱和氧化苦参碱。

（3）尽量与药材测定成分相对应，以便更有效地控制质量。

（4）为更全面控制中药制剂质量，可以分别测定两个以上单一有效成分的含量，若主药（君药和臣药）大类成分清楚的，也可以测定单一有效成分后再测定其类别成分总量，如总生物碱、总黄酮、总皂苷、总蒽醌等。

（5）测定成分应注意避免测定分解产物、不稳定成分、非专属性成分或微量成分。

（6）对于出口中成药，多要求建立两项以上的含量测定。对于注射剂，要求大部分成分或组分均要说清楚，更要建立多项含量测定，以保证药品安全有效。

（7）对中药提取的有效部位制成的制剂，其有效部位的含量应当占总提取物的50%以上。由数类成分组成的有效部位，应当测定每一类成分的含量，并对每类成分中的代表成分进行含量测定且规定下限，并对有毒成分增加上限控制。

（8）由于药材品种来源、原料产地和等级不同，含量差异较大的成分需要注意检测指标的选定和产地的限定。

2. 含量测定方法　中药制剂质量标准研究中的含量测定方法很多，主要以高效液相色谱法、气相色谱法、薄层扫描法、分光光度法等方法为主，建立方法时应考察方法的耐用性和专属性及可控性。

3. 含量限度的确定　中药制剂含量限度规定的方式，根据现行各级标准有以下几种。

（1）规定了最低限度，通常以“本品（每制剂单位）含……以……计不得少于……”表示。

以这种方式进行含量限度规定的通常为有效成分、指标成分或特定的同一类成分（如总黄酮等）。

（2）有毒成分（同时又是有效成分）及中西药复方制剂中化学药品的含量应规定上下限，上下限幅度应根据测试方法、品种情况、转移率及标示量确定，一般应在 ±10% ~ ±20% 之间。如《中国药典》九分散含马钱子粉，因制马钱子粉中士的宁的含量为 0.8%，按九分散处方量计算一次剂量士的宁为 5mg，对士的宁含量规定为 5mg 的 ±10% 即为 4.5 ~ 5.5mg。

含量限度应根据中药制剂实测结果与原料药材的情况确定。需要注意的是，在保证药物成分临床安全和疗效稳定的情况下制定，需要有足够的具有代表性的样品实验数据为基础，至少应有 15 批以上样品数据为依据。报临床用药品至少有 3 批、6 个数据；报生产用质量标准时必须累积数据至少为 10 批样品、20 个数据。

4. 含量测定方法的考察

（1）供试品溶液的制备条件考察　将被测成分有效地从样品中释放出，除去杂质，纯化样品，减少干扰，以提高分析方法的重现性和准确度。在提取过程的设计中，液体样品多用萃取法，固体样品的提取多用浸渍、回流、索氏提取、超声提取等。提取的具体条件参数的确定需要查阅文献，通过正交试验或均匀设计等进行优选，并配合回收率试验结果，综合评估确定。在分离纯化过程的设计中，由于多数样品的含量测定采用色谱方法，特别是高效液相色谱法，可以在保留待测成分的同时，尽量纯化样品，可以达到保护色谱柱的目的。用于薄层扫描方法测定的样品也应尽量纯化样品，以提高斑点的分离度，减少斑点的重叠。用分光光度法含量测定的样品需降低在测定波长下的背景吸收，提高制剂含量测定的准确性。

（2）测定条件的选择　各种测定方法条件的确定须按照现行版《中国药典》通则中对各测定方法的要求进行，各条件须达到通则中要求。具体待测成分的测定方法可参考现行版《中国药典》中进行，如不适合，有干扰，可再进行优化，重新建立方法。如液相色谱法中固定相、流动相、内标物质、检测波长和流速的选择，薄层扫描法层析与扫描条件的选择等。

（3）专属性考察　为防止出现假阳性的干扰，在含量测定时应做对照试验，即以被测成分或药材与除去该成分或该药材的成药做对照，排除在被测成分的斑点或峰位置处出现干扰组分，确保测定指标（吸收峰或峰面积）仅是被测成分的响应，从而保证该定量分析的专属性。

（4）线性关系的考察　分光光度法（包括比色法）需制备标准曲线，用以确定取样量并计算含量，色谱法一般采用对照品比较法、外标或内标法测定，但也必须进行线性考察。目的：①样品浓度与峰面积或峰高是否呈线性关系；②线性范围，即适用的样品点样或进样量的确定；③直线是否通过原点，以确定是以 1 种浓度或 2 种浓度对照品（即一点法或二点法）测定计算。标准曲线相关系数即 γ 值要求 0.999 以上，薄层色谱方法可在 0.995 以上，应提供标准曲线图、回归方程，并说明线性范围。

（5）精密度试验　精密度是指用相同方法对同一供试品溶液进行多次测定，考察各测定结果之间的接近程度，表征过程中随机误差的大小，精密度表示测定的重现性，是保证准确度的先决条件，在中药制剂质量标准含量测定项下，需完成精密度考察。精密度试验一般包括日内精密度和日间精密度，实验 r 次数要求不得少于 5 次，并对 5 次试验所得数据进行统计学处理，计算其平均值和相对标准偏差。

（6）重复性试验　重复性是指在同一条件下对同一批样品，按样品测定方法操作，测定 5 份，测定所得数据进行统计学处理，计算其含量的平均值和相对标准偏差，应符合《中国药典》2020 年版四部规定。

（7）稳定性试验　稳定性试验是指对同一被测样品的供试品溶液在不同时间点的测定结果，

计算其平均值和相对标准偏差。通常延续测定至少24小时。

（8）加样回收率试验 加样回收率试验指已知被测成分含量的成药中精密加入一定量的被测成分纯品，依法测定。测定值应在线性范围内，用实测值与原样品含测定成分量之差，除以加入纯品量，计算回收率。加样回收试验至少进行5次试验，或不同水平的3组平行试验，每组三份，共9个样本。一般要求回收率在95%～105%，详见《中国药典》2020年版四部要求。

$$加样回收率（\%）=\frac{实测值-样品所含被测成分量}{对照品加入量}\times 100\%$$

在进行加样回收率试验设计时，请注意加入对照品的步骤是在供试品溶液制备前，而不是在制备好供试品溶液后才加入对照品，因为这样并不能说明被测成分在提取、纯化等步骤中是否损失。同理，当进行薄层扫描测定时，加入对照品的步骤也是在制备供试品溶液之前，而非将供试品与对照品溶液叠点于薄层板的同一原点上测定计算加样回收率。

（9）耐用性 耐用性指在测定条件有小的变动时，测定结果不受影响的承受程度。液相色谱法中的变动因素有流动相的组成和pH值，不同品牌不同生产批号的同类型色谱柱、柱温、流速等；气相色谱法的变动因素有不同厂家或批号的色谱柱、固定相，不同类型的担体、柱温，进样口和检测器温度等。

九、其他标准内容

中药新制剂中有关功能与主治、用法与用量、禁忌、注意、规格、贮藏等项目的内容，参见第六章第二节相应内容。有效期限根据中药新药稳定性考察结果制定。

第四节 中药指纹图谱研究

目前，中药质量评价的模式一般是利用光谱或色谱手段鉴别和测定某一种或几种有效成分、活性成分或指标成分，以及药品标准规定的常规检查项目。这种质量评价模式基本上是化学药品质量控制模式的模仿，不能全面地反映复杂的中药成分体系和整体功能，不能有效地说明中药加工制备过程中所含成分可能产生的相互作用，存在着很大的局限性。尤其是中药注射剂，作为高风险品种，质量评价比传统中药口服制剂更加严格，不仅安全性检查项目大幅增加，有效和指标性成分的控制也更为全面细致。为了加强中药注射剂的质量管理，确保中药注射剂的安全、有效、稳定、可控，国家食品药品监督管理局在2000年8月颁布了《中药注射剂指纹图谱研究的技术要求》，率先要求中药注射剂推行指纹图谱的质控办法。这一举措推动了中药指纹图谱技术的研究更加扎实地开展，促进了该技术在中药质量控制过程中的推广与应用，从整体上提高了中药质量控制的水平。

中药指纹图谱是中药化学成分指纹图谱的简称，一般是指中药（包括中药原料、中药提取物和中药制剂等）经适当处理后，采用一定的分析手段得到的能够包含该中药特征信息、标示该中药特性，并反映其内在质量的稳定的图谱，可以是光谱图或色谱图。

一、中药指纹图谱建立的基本方法

中药指纹图谱的建立，首先要准确选择样品的检测方法，从理论上讲，色谱方法、光谱方法

及波谱方法均可用于制定中药指纹图谱，但在实际操作中应优先考虑采用色谱方法。一般对挥发性成分可采用气相色谱检测；对非挥发性成分可采用高效液相色谱检测；对于一些成分简单、在薄层色谱上分离较好的供试品，则可采用薄层扫描检测。选择的方法必须注意样品所含化学成分的特性，并应进行相应的方法学考察，要有良好的重现性、专属性及可行性，这样在中药质量控制中才具有推广应用的价值。

二、中药指纹图谱的辨认与判断

中药指纹图谱的基本属性决定了不能用线性思维的方式和精确计算的方法进行图谱的辨认与判断，只能通过图谱概貌的准确辨认解决待测样品与标准品的相似性问题。目前，中药指纹图谱的辨认与判断尚无统一的指标体系，人们正在努力探索，试图建立相应的标准，以规范指纹图谱的应用。针对图谱所具有的基本属性，在实验条件确定后，应根据图谱所提供的各种信息，如峰的位置、面积、指纹区面貌等特征，综合归纳对照分析，从而进行准确辨认与判断。最常用的方法是直观比较对照，也可引入相对保留指数及共有峰、重叠率、N 强峰等量化参数，以提高辨认与判断的准确性。

为了更全面地体现中药指纹图谱的整体性，把指纹图谱之间的相似性作为辨认和判断指标具有重要意义。指纹图谱的相似性从整体出发，既考虑图谱的整体面貌，即考虑图谱中具有指纹意义的数目、位置和顺序、各峰之间的大致比例，并注意各峰之间的相互存在的依存关系，又把图谱中具有指纹意义峰的总积分值做量化比较。这种评价方式更贴近指纹图谱在中药质量控制中应用的要求。实际应用时，相似性一般用“相似度”表达，通过相应的计算机软件处理指纹图谱中提供的所需信息，可计算出图谱间“相似度”，作为辨认与判断的依据。

三、中药制剂指纹图谱研究实例分析

中药制剂指纹图谱应具有整体性、特征性、模糊性、稳定性特征。相关具体检测标准、起草说明、技术要求与具体操作等可参考《中药注射剂指纹图谱的技术要求》及相关参考文献。

实例　三七药材 –PTS 原料药 – 制剂指纹图谱研究

三七通舒胶囊建立了三七药材（三七三醇皂苷）–PTS 原料药 – 制剂指纹图谱，制定了高于普通制剂更为完善的工艺质量控制标准。具体质量标准详见《中国药典》2020 年版一部 508 页“三七通舒胶囊”项下有关规定。此处主要以三七药材 –PTS 原料药 – 制剂指纹图谱的建立为例，介绍中药制剂指纹图谱研究的主要内容。

三七药材 –PTS 原料药 – 制剂指纹图谱的建立

为了建立三七药材 –PTS 原料药 – 制剂的指纹图谱，首先研究了色谱柱的选择、流动相的选择、检测波长的选择、柱温的考察、流速的考察、检测器的选择，得到了指纹图谱的色谱条件，再研究了供试品溶液的制备方法，包括提取溶剂的选择、提取方法的选择、提取溶剂量的选择、提取时间的选择。在已确定的色谱研究条件基础上，对三七药材、PTS 原料药、三七通舒胶囊进行指纹图谱的测定，分别建立其对照指纹图谱，以保证制剂的质量稳定和物质群基本稳定。

指纹图谱的检测

《中国药典》2020年版一部508页“三七通舒胶囊”项下有关规定，分别对12批三七药材、15批PTS原料药、10批三七通舒胶囊样品进行处理，分别制备各供试品溶液、指纹图谱色谱条件进行检测。

1. 共有峰的标定　对测定的指纹图谱进行分析，对共有峰进行标定，分别以参照峰（S峰）保留时间和峰面积为1，计算各共有峰的相对保留时间（RPT）和相对峰面积（RPA），以所有色谱峰峰面积总和为1，计算各特征峰峰面积积分值的比值，结果见表6–4；三七药材、PTS及三七通舒胶囊的指纹图谱见图6–1、图6–2、图6–3。

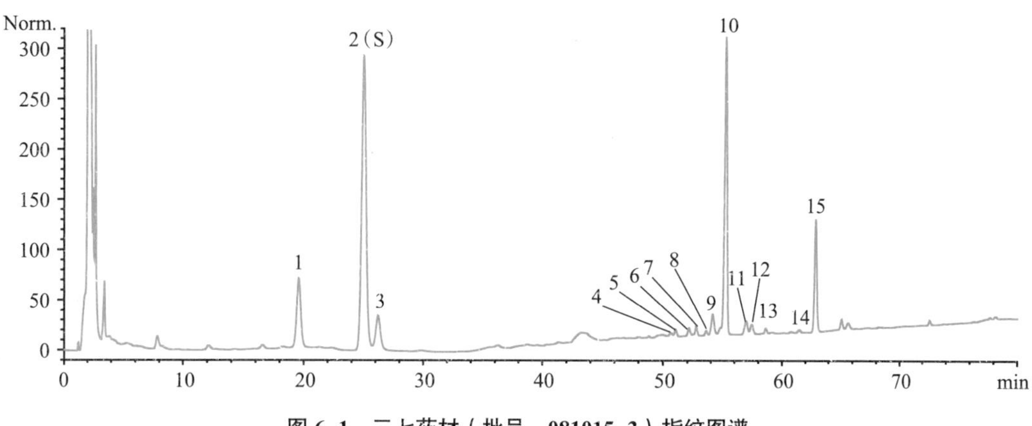

图 6–1　三七药材（批号：081015–3）指纹图谱

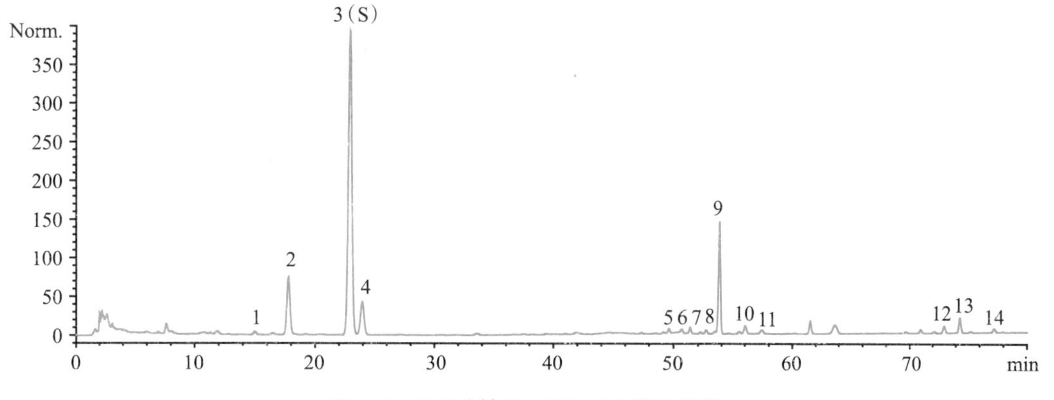

图 6–2　PTS（批号：080507）指纹图谱

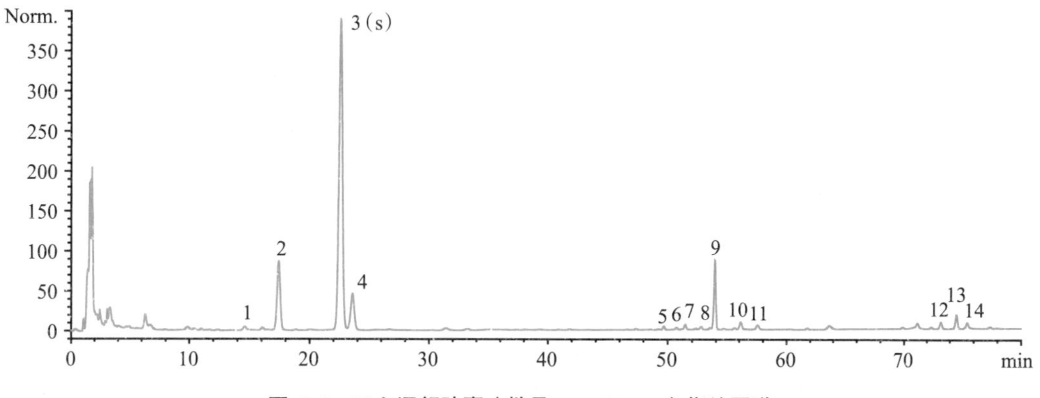

图 6–3　三七通舒胶囊（批号：080920–1）指纹图谱

表 6–4　三七药材、PTS 及制剂样品共有峰的相对保留时间和峰面积比

三七药材				PTS				三七通舒胶囊			
No.	RPT	RPA	RPA 比例（%）	No.	RPT	RPA	RPA 比例（%）	No.	RPT	RPA	RPA 比例（%）
1	0.779	0.211	7.069	1	0.651	0.011	0.485	1	0.653	0.012	0.629
2	1.000	1.000	33.517	2	0.774	0.196	8.885	2	0.775	0.176	9.457
3	1.048	0.123	4.120	3	1.000	1.000	45.265	3	1.000	1.000	53.676
4	2.078	0.010	0.331	4	1.044	0.117	5.290	4	1.044	0.115	6.196
5	2.095	0.021	0.710	5	2.227	0.010	0.472	5	2.199	0.007	0.397
6	2.139	0.020	0.667	6	2.274	0.013	0.600	6	2.246	0.009	0.500
7	2.166	0.024	0.800	7	2.306	0.015	0.699	7	2.276	0.011	0.608
8	2.201	0.013	0.425	8	2.364	0.019	0.878	8	2.334	0.011	0.598
9	2.223	0.051	1.701	9	2.419	0.281	12.703	9	2.386	0.181	9.698
10	2.272	0.651	21.825	10	2.516	0.051	2.288	10	2.484	0.018	0.975
11	2.340	0.044	1.468	11	2.580	0.033	1.475	11	2.546	0.010	0.547
12	2.360	0.026	0.887	12	3.284	0.065	2.923	12	3.241	0.019	1.036
13	2.412	0.013	0.443	13	3.345	0.079	3.578	13	3.298	0.020	1.066
14	2.529	0.011	0.379	14	3.473	0.014	0.649	14	3.424	0.007	0.397
15	2.588	0.231	7.752								

表 6–5　三七药材 –PTS– 制剂指纹图谱主要物质群特征峰结果分析表

		三七药材指纹图谱	PTS 指纹图谱	制剂指纹图谱
特征共有峰个数		15	14	14
特征峰与（S 峰）相对保留时间 RSD		≤ 0.15 %	≤ 0.3 %	≤ 0.2 %
共有特征峰峰面积占总峰面积比		82.09 %	86.19 %	85.78 %
非共有峰峰面积占总峰面积比		17.91 %	13.81 %	14.22 %
	特征峰峰号	1 号峰	2 号峰	2 号峰
R_1	峰面积比例	7.069 %	8.885 %	9.457 %
	与特征峰相对比例	0.211	0.196	0.176

续表

		三七药材指纹图谱	PTS 指纹图谱	制剂指纹图谱
Rg_1（S 峰）	特征峰峰号	2 号峰	3 号峰	3 号峰
	峰面积比例	33.517 %	45.265 %	53.676 %
	与特征峰相对比例	1	1	1
Re	特征峰峰号	3 号峰	4 号峰	4 号峰
	峰面积比例	4.120 %	5.290 %	6.196 %
	与特征峰相对比例	0.123	0.117	0.115
Rb_1	特征峰峰号	10 号峰	9 号峰	9 号峰
	峰面积比例	21.825 %	12.703%	9.698 %
	与特征峰相对比例	0.651	0.281	0.181
Rd	特征峰峰号	15 号峰		
	峰面积比例	7.752 %		
	与特征峰相对比例	0.231		

从表 6-4 分析结果可以看出，在药材、原料药和制剂成品中，三七三醇皂苷类的主要有效成分三七皂苷 R_1、人参皂苷 Rg_1 和人参皂苷 Re 的相对比例基本保持一致，说明药材、原料药和制剂成品的药效学物质基础一致，有效物质群比例稳定。

2. 指纹图谱相似度计算　采用“中药色谱指纹图谱相似度评价系统”软件（国家药典委员会，2004A），利用对峰面积、峰高及全谱进行匹配，见图 6-4、图 6-5、图 6-6。以 S1 样品的 HPLC 图谱为参照图谱，分别生成对照图谱 R，见图 6-7、图 6-8、图 6-9。采用中位数相关系数法（时间窗为 0.5）计算各样品与对照图谱的相似度，结果见表 6-6。

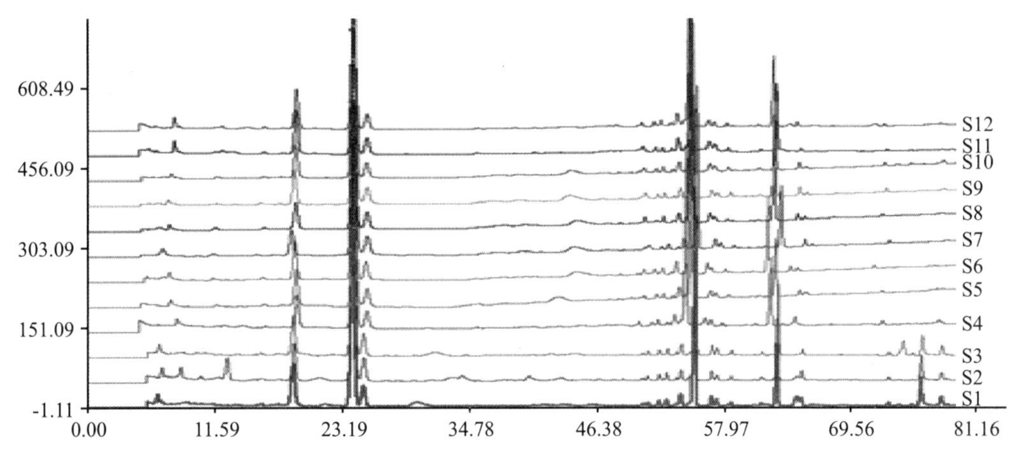

图 6-4　12 批三七剪口药材指纹图谱叠加图

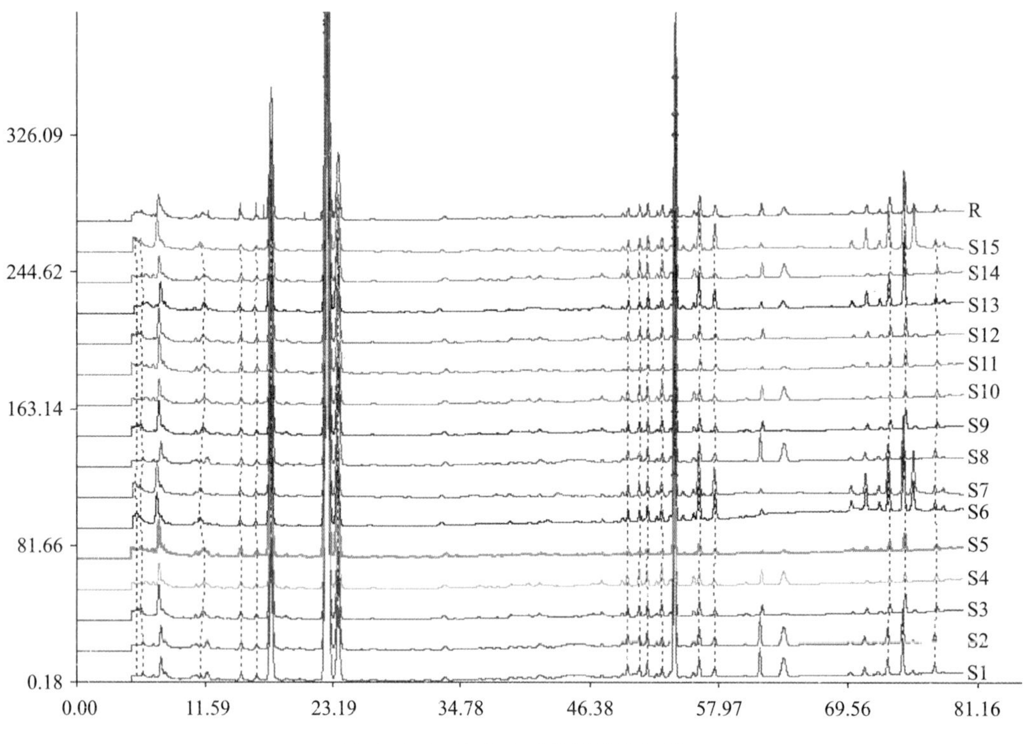

图 6-5　15 批 PTS 样品图谱叠加图

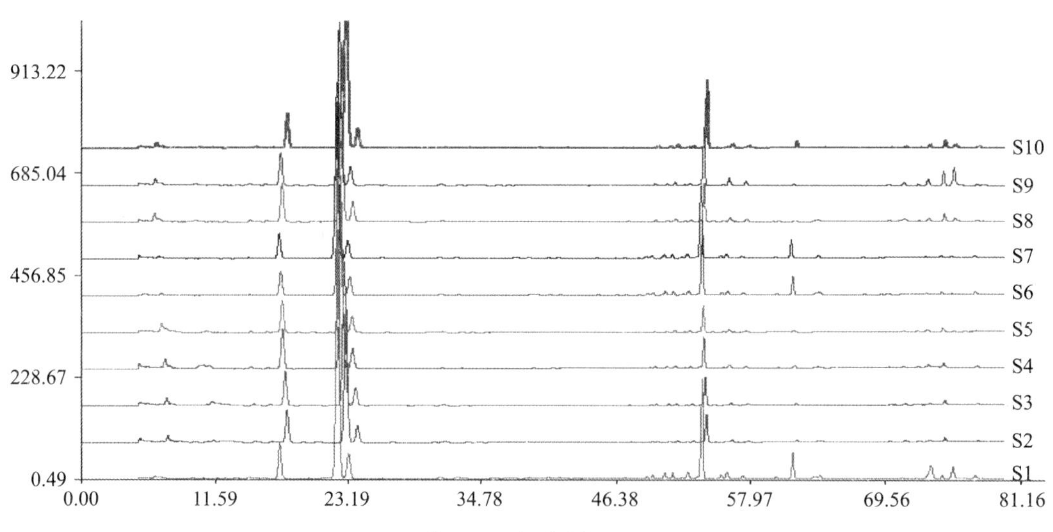

图 6-6　10 批三七通舒胶囊样品图谱叠加图

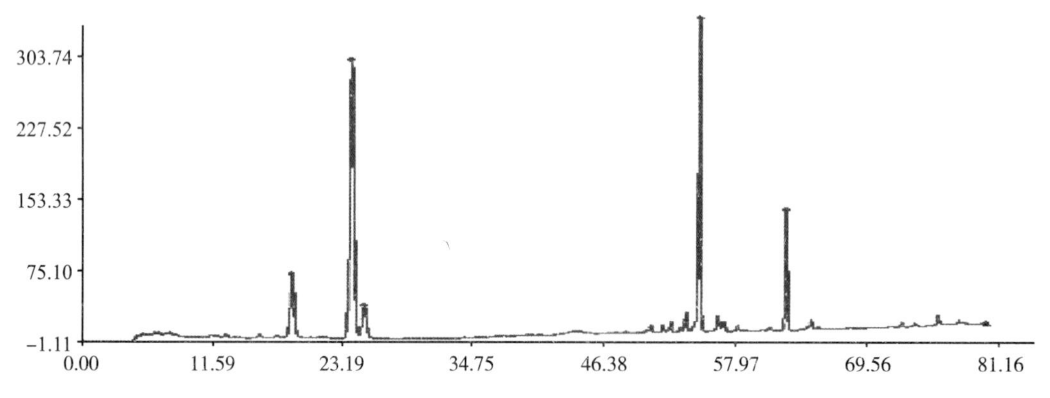

图 6-7　匹配后生成的三七剪口对照指纹图谱

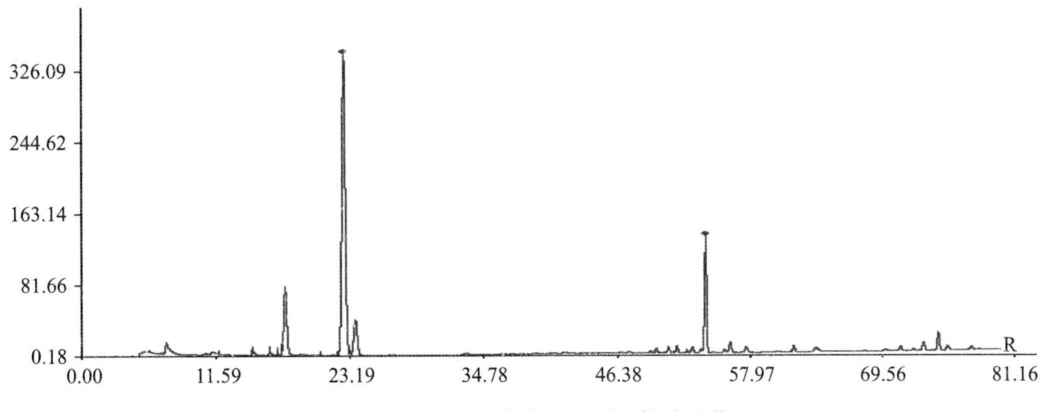

图 6-8　匹配后生成的 PTS 对照指纹图谱

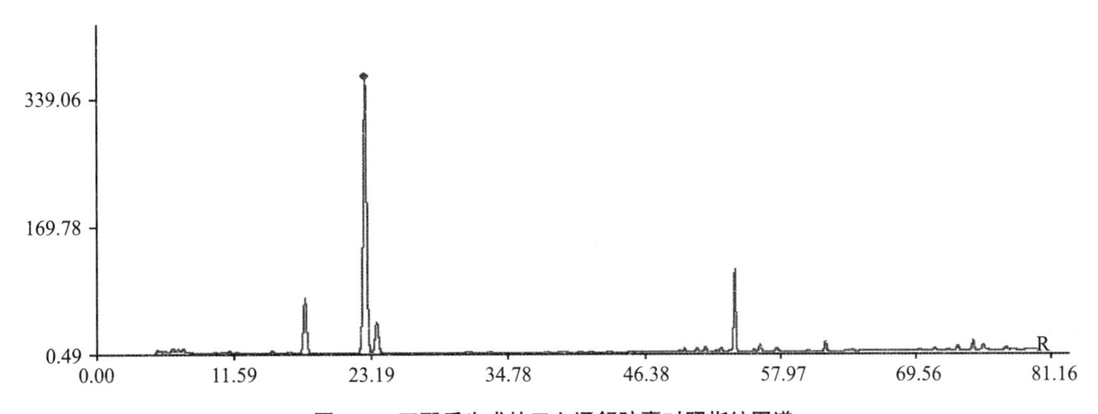

图 6-9　匹配后生成的三七通舒胶囊对照指纹图谱

表 6-6　三七药材、中间体、PTS 及三七通舒胶囊样品相似度结果表

三七药材		PTS		三七通舒胶囊	
批号	相似度	批号	相似度	批号	相似度
S1	0.983	S1	0.963	S1	0.987
S2	0.986	S2	0.952	S2	0.997
S3	0.989	S3	0.998	S3	0.997
S4	0.996	S4	0.967	S4	0.997
S5	0.994	S5	0.988	S5	0.997
S6	0.991	S6	0.999	S6	0.989
S7	0.996	S7	0.947	S7	0.989
S8	0.994	S8	0.974	S8	0.997
S9	0.986	S9	0.96	S9	0.991
S10	0.987	S10	0.998	S10	0.995
S11	0.993	S11	0.989		
S12	0.993	S12	0.992		
		S13	0.977		
		S14	0.987		
		S15	0.991		

由以上结果可知，12 批药材的指纹图谱相似度与对照指纹图谱（R）的相似度均大于 0.98，15 批 PTS 的指纹图谱相似度与对照指纹图谱（R）的相似度均大于 0.94，10 批三七通舒胶囊的指纹图谱相似度与对照指纹图谱（R）的相似度均大于 0.98，表明多批原料和制剂的工艺稳定性良好，批间差异小。

第五节　中药注射剂质量标准的制定

中药注射剂是为了满足临床急重症等患者用药需要而设计生产的，其显效速度和疗效明显高于其他给药途径的剂型。它改变了传统的给药方式，有效成分经提取精制后直接进入人体，便于临床使用，其剂量准确、吸收快、作用迅速、疗效确切的优点已获得认可。随着临床应用的日益广泛，中药注射剂的不良反应报道也相应增加，引起了社会的关注。

国家对中药注射剂的安全和质量高度重视。1999 年，国家药品监督管理局颁布了《中药注射剂研究技术要求》，为适应制剂工艺和分析水平的发展，于 2007 年组织制定了新的《中药、天然药物注射剂基本技术要求》，科学规范地指导中药、天然药物注射剂的研究工作；同时组织包括中国食品药品检定研究院在内的多家药检所对中药注射剂标准进行全面提高。2009 年，国家食品药品监督管理总局开展了中药注射剂再评价工作，颁布了多个指导原则和技术要求，从生产工艺、质量控制、非临床及临床研究、风险评估等方面对已上市的中药注射剂进行全面监控，保证用药安全有效。

一、处方

中药注射剂的处方（配伍及配比）的确定需要有相关的药效学及毒理学、药代动力学等研究结果的支持。同时，根据临床用药安全、有效、方便的原则，注射给药途径应该是解决口服等其他非注射给药途径不能有效发挥作用时的剂型选择，并应符合以下要求。

1. 中药注射剂的研发应符合临床治疗和药物性质的需要，应该提供充分的依据说明注射给药优于其他非注射给药途径，应在有效性或安全性方面体现出明显优势。

2. 应与已上市的其他同一给药途径、同类功能主治的注射剂进行比较，在有效性或安全性等方面具有一定优势或特色。

3. 有效成分制成的注射剂需要提供药代动力学的依据；多成分制成的注射剂需要进行药代动力学探索性研究。

4. 有效成分制成的复方注射剂及多成分制成的注射剂需进行各组分组方合理性的相关研究，来自同一药材的同一工艺制备得到的多成分注射剂除外。

5. 复方注射剂处方中如果包含已上市注射剂的处方，且其功能主治基本一致者，应进行非临床及临床对比研究，以说明新处方注射剂在安全性或有效性方面优于原已上市的注射剂，并优于已上市的相同给药途径、同类功能主治的产品。

二、制备工艺

根据注射给药的特点和要求，按中药新药制备工艺研究的技术要求，采用不同方法研究比较，筛选出合理、先进的制备工艺。

1. 溶液型注射液应澄清，除另有规定外，混悬型注射液中原料药物粒径应控制在 15μm 以下，含 15 ~ 20μm 间（有个别 20 ~ 50μm）者不应超过 10%，若有可见沉淀，振摇时应分散均

匀，混悬型注射剂不得用于静脉注射或椎管内注射；乳状液型注射液不得有相分离现象，不得用于椎管注射；静脉用乳液型注射液中 90% 的乳滴粒径应在 1μm 以下，不得有大于 5μm 的乳滴，除另有规定外，输液应尽可能与血液等渗。

2. 以有效成分或有效部位为组分的，要详细写明该有效成分或有效部位的制备工艺全过程，列出与质量有关的关键技术条件及试验数据，说明确定该工艺的理由，或提供（局）颁药品标准。

3. 以净药材为组分的复方注射剂应该用半成品配制，并制定其内控质量标准，符合要求方可投料。

4. 注射剂中的原料（有效成分、有效部位）或半成品，在提取、纯化过程中可能引入有害有机溶剂者，应进行有机溶剂残留量检查。

5. 注射剂中如确需要加入附加剂，要审慎选择，并应有充分的试验依据，所用的附加剂应符合药用标准，并按要求进行申报，同时还应不影响药效，避免对检验产生干扰，所使用的浓度不得引起毒性或过度刺激性。

注射剂中使用的抑菌剂在《中国药典》2020 年版四部附录注射剂通则中有明确的规定：多剂量注射剂可加适宜的抑菌剂；一次注射用量超过 15 mL 的注射剂不得加抑菌剂；静脉输液与脑池内、硬膜外、椎管内用的注射剂均不得加抑菌剂；加有抑菌剂的注射液，在标签上应标明所加抑菌剂的名称与浓度；注射用无菌粉应标明所用溶液种类，必要时还应标注溶剂量。

6. 注射剂的溶剂、容器等均应符合用药要求。制备工艺中与药物接触的器具及有关材料均不得与药物发生反应或产生异物。

三、理化性质研究

理化性质研究即对处方中各组分和最终成品进行与质量有关的物理和化学性质方面的研究（包括文献资料和试验研究两个方面）。

由于注射剂的特殊性，必须注意各方面的因素，从多个环节全面考虑，尤其应对未测定部分深入研究，并提供研究资料。注射剂中主要成分必须基本清楚，多个主要成分之间的比例应相对稳定。

四、注射剂质量标准

研究项目对注射制剂的要求严格，其质量标准研究内容和项目除与一般新药质量标准中要求的内容和项目相同外，还有一些特殊要求，现分别介绍如下。

1. 性状　同一批号的成品颜色必须保持一致；在不同批号的成品间，应控制在一定的色差范围内，颜色不宜过深，以便于澄明度检查。

2. 鉴别　对注射剂中各药味的主要成分要建立专属性强、灵敏度高、快速、简便、重现性好的鉴别试验项目。能鉴别处方药味的特征图谱也可选用，为了注射剂的组成有较全面的认识，除主要成分的鉴别外，还应对其余部分提供有关研究结果，原则上均应列入质量标准项目。

3. 指纹图谱　2007 年 8 月颁布的《中药、天然药物注射剂基本技术要求》中规定，原料（药材、饮片、提取物、有效部位等）、中间体、制剂均应分别研究建立指纹图谱。中药注射剂指纹图谱首先是指通过对原药材、中间体及注射剂的指纹图谱研究，建立系统的指纹图谱检验方法和相应的指标控制参数，达到指纹图谱的可操作、可控、稳定和量化的目的，同时明确中药注射剂中的基础成分。指纹图谱的研究应全面反映注射剂所含成分的信息，必要时可建立多张指纹图

谱以分别反映不同类型成分的信息。在得到相对完备的中药指纹图谱后，应进行指纹图谱特征和药效相关性的研究，指纹图谱既要体现出化学成分的变化（种类、个数和含量），又要体现药效的变化（药效实验或临床效果），并建立量 – 效相关性。指纹图谱的评价可采用相对峰面积、相对保留时间、非共有峰面积或者相似度等指标进行评价。同时，也可根据产品特点增加特征峰比例等指标及指纹特征描述，并规定非共有峰数及相对峰面积。

4. 检查 除按《中国药典》现行版附录中注射剂通则项下规定的项目检查外，同时还应根据《中药注射剂安全性检查法应用指导原则》，根据不同的种类（注射液、注射用无菌粉末和注射用浓溶液）及给药方法不同的要求，检查装置、装量差异、可见异物、不溶性微粒、有关物质等，还应对以下项目进行相关的研究考察：色泽、pH 值、蛋白质、鞣质、重金属、砷盐、草酸盐、钾离子、树脂、炽灼残渣、水分（粉针剂）、异常毒性、降压物质、溶血与凝聚、刺激性试验、过敏反应、总固体量测定、热原（细胞内毒素）、无菌等。

5. 含量测定 注射剂的质量标准研究除处方组成固定、原料（药材、有效成分、有效部位及半成品）稳定、制备工艺稳定与普通中药新制剂质量标准的要求相同外，还必须对处方中的各组分和最终成品的理化性质基本明确，在其基础上建立方法成熟、灵敏度高、准确性及稳定性好、专属性强的常量测定项目。

（1）以有效部位为组分配制的注射剂应根据有效部位的理化性质，研究其单一成分或指标成分和该有效部位的含量测定方法，选择重现性好的方法，并应作方法学考察试验。所测定有效部位的含量应不少于总固体量的 70%（静脉用不少于 80%，调节渗透压等的附加剂应按实际加入量扣除，不应计算在内）。如测定有效部位时有干扰，也可选择其中某单一成分测定含量，按平均值比例折算成有效部位量，应将总固体量、有效部位量和某单一成分量均列为质量标准项目。

（2）以净药材为组分的注射剂应测定有效成分、指标成分或总类成分（如总多糖等），选择重现性好的方法，并作方法学考察试验。所测定成分的总含量应不低于总固体量的 20%（静脉用不少于 25%。调节渗透压等的附加剂，按实际加入量扣除，不应计算在内）。

以有效成分或有效部位为组分的注射剂含量均以标示量的上下限范围表示；以药材为组分的注射剂含量以限量表示。

含有毒性药味时，必须制定有毒成分的限量范围。

对含量测定方法的研究除理化方法外，也可采用生物测定法或其他方法。

组分中含化学药品的，应单独测定该化学药品的含量，由总固体内扣除，不计算在含量测定的比例数内。

（3）组分中的净药材及相应的半成品，其含量测定的成分量均应控制在一定范围内，使与成品的含量测定相适应，用数据列出三者关系，必要时三者均应作为质量标准项目，以保证处方的准确性和成品的质量稳定。

（4）含量限（幅）度指标的制定与一般新药质量标准中要求相同。

6. 功能与主治、用法与用量 增加了根据临床研究结果制定的注射剂在使用过程中的注意事项和不良反应等。

7. 规格 根据临床使用要求确定的装量，并注明被测成分的含量。

《中国药典》现行版规定罐装标示量为不大于 50 mL 的注射剂时，应按表 6–7 所示，适当增加装量。除另有规定外，多剂量包装的注射剂，每一容器的装量一般不得超过 10 次注射量，增加的装量应能保证每次注射用量。

表 6-7　注射液标示装量表

标示装量（mL）	增加量（mL）	
	易流动液	黏稠液
0.5	0.10	0.12
1	0.10	0.15
2	0.15	0.25
5	0.30	0.50
10	0.50	0.70
20	0.60	0.90
50	1.0	1.5

8. 贮藏　根据注射剂所含成分的特性制定贮存条件。注射剂熔封后，一般应根据原料药物性质选用适宜的方法进行灭菌，必须保证制成品无菌，注射剂应采用适宜方法进行容器检漏；除另有规定外，注射剂应避光贮存。生物制成品原液、半成品和成品的生产及质量控制应符合相关品种要求。

9. 有效期　根据稳定性试验研究结果而制定。

五、实例

注射用双黄连（冻干）的质量标准

1. 处方　连翘 500g，金银花 250g，黄芩 250g。

2. 制法　以上三味药，黄芩加水煎煮二次，每次 1 小时，滤过，合并滤液，用 2mol/L 盐酸溶液调节 pH 值至 1.0 ~ 2.0，在 80℃保温 30 分钟，静置 12 小时，滤过，沉淀加 8 倍水，搅拌，用 10% 氢氧化钠溶液调节 pH 值至 7.0，加入等量乙醇，搅拌使沉淀溶解，滤过，滤液用 2mo1/L 盐酸溶液调节 pH 值至 2.0，在 60℃保温 30 分钟，静置 12 小时，滤过，沉淀用乙醇洗至 pH 值 4.0，加 10 倍量水，搅拌，用 10% 氢氧化钠溶液调节 pH 值至 7.0，每 1000mL 溶液中加入 5g 活性炭，充分搅拌，在 50℃保温 30 分钟，加入等量乙醇，搅拌均匀，滤过，滤液用 2mol/mL 盐酸溶液调节 pH 值至 2.0，在 60℃保温 30 分钟，静置 12 小时，滤过，沉淀用乙醇洗涤，于 60℃以下干燥，备用；金银花、连翘分别用水温浸 30 分钟后煎煮二次，每次 1 小时，滤过，合并滤液，浓缩相对密度为 1.20 ~ 1.25（70℃），冷却至 40℃，缓缓加入乙醇使含醇量达 75%，充分搅拌，静置 12 个小时以上，滤取上清液，回收乙醇至无醇味，加入 4 倍量水，静置 12 小时以上，滤取上清液，浓缩至相对密度为 1.10 ~ 1.15（70℃），冷却至 40℃，加乙醇使含醇量达 85%，静置 12 小时以上，滤取上清液，回收乙醇至无醇味，备用。取黄芩提取物，加入适量的水，加热，用 10% 氢氧化钠溶液调节 pH 值至 7.0 使溶解，加入上述金银花提取物和连翘提取物，加水至 1000 mL，加入活性炭 5g，调节 pH 值至 7.0，加热至沸并保持微沸 15 分钟，冷却，滤过，加注射用水至 1000mL，灭菌，冷藏，滤过，浓缩，冷冻干燥，制成粉末，分装；或取黄芩提取物，加入适量的水，加热，用 10% 氢氧化钠溶液调节 pH 值至 7.0 使溶解，加入上述金银花提取物和连翘提取物及适量的注射用水，每 1000 mL 溶液中加入 5g 活性炭，调节 pH 值至 7.0，加热至沸并保持微沸 15 分钟，冷却滤过，灭菌，滤过，灌装，冷冻干燥，压盖，即得。

3. 性状　本品为棕黄色的无定形粉末或疏松的固体状物，有引湿性。

4. 鉴别

（1）取本品60mg，加75%甲醇5mL，超声处理使溶解，作为供试品溶液。另取黄芩苷对照品、绿原酸对照品，分别加75%甲醇制成每1mL含0.1mg的溶液，作为对照品溶液。照薄层色谱法试验，吸取上述三种溶液各1μL，分别点于同一聚酰胺薄膜上，以醋酸为展开剂，展开，取出，晾干，置紫外光灯（365nm）下检视。供试品色谱中，在与对照品色谱相应的位置上，显相同颜色的荧光斑点。

（2）取本品0.1g，加甲醇10mL，超声处理20分钟，静置，取上清液作为供试品溶液。另取连翘对照药材0.5g，同法制成对照药材溶液。照薄层色谱法试验，吸取上述两种溶液各10μL，分别点于同一硅胶G薄层板上，以三氯甲烷－甲醇（5：1）为展开剂，展开，取出，晾干，喷以10%硫酸乙醇溶液，在100℃加热至斑点显色清晰。供试品色谱中，在与对照药材色谱相应的位置上，显相同颜色的斑点。

5. 指纹图谱　取本品5支的内容物，混匀，取10mg，精密称定，置10mL量瓶中，加50%甲醇8mL，超声处理（功率250W，频率33kHz）20分钟使溶解，放冷，加50%甲醇至刻度，摇匀，作为供试品溶液。取绿原酸对照品适量，精密称定，加50%甲醇制成每1mL含40μg的溶液，作为对照品溶液。照高效液相色谱法测定，以十八烷基硅烷键合硅胶为填充剂，用YMC-PackODS-A色谱柱（柱长为150mm，内径为4.6mm）；以甲醇为流动相A，以0.25%冰醋酸为流动相B，按表6-8中的规定进行梯度洗脱；检测波长为350nm；柱温为30℃；流速为每分钟1mL。理论塔板数按绿原酸峰计算应不低于6000。

表6-8　梯度洗脱表

时间（分钟）	流动相A（%）	流动相B（%）
0～15	15→35	85→65
15～20	35	65
20～50	35→100	65→0

分别精密吸取对照品溶液与供试品溶液各10μL，注入液相色谱仪，记录60分钟内的色谱图。供试品色谱图应与对照指纹图谱基本一致，按中药色谱指纹图谱相似度评价系统，供试品指纹图谱与对照指纹图谱经相似度计算，相似度不得低于0.90。

6. 检查

pH值：取本品，加水制成每1mL含25mg的溶液，依法测定，应为5.7～6.7。

水分：不得超过5.0%。

蛋白质：取本品0.6g，用水10mL溶解，取2mL，滴加鞣酸试液1～3滴，不得出现浑浊。

鞣质：取本品0.6g，用水10mL溶解，取1mL，依法检查，应符合规定。

树脂：取本品0.6g，加水10mL使溶解，取5mL，置分液漏斗中，用三氯甲烷10mL振摇提取，分取三氯甲烷液，依法检查，应符合规定。

草酸盐：取本品0.6g，加水10mL使溶解，用稀盐酸调节pH值至1～2，保温滤去沉淀，调节pH值至5～6，取2mL，加3%氯化钙溶液2～3滴，放置10分钟，不得出现浑浊或沉淀。

钾离子：取本品 0.12g，称定，自“先用小火炽灼至炭化”起，依法检查，应符合规定。

重金属：取本品 1.0g，依法检查，含重金属不得过百万分之十。

砷盐：取本品 1.0g，加 2% 硝酸镁乙醇溶液 3mL，点燃，燃尽后，先用小火炽灼至炭化，再在 500 ~ 600℃炽灼至完全灰化，放冷，残渣加盐酸 5mL 与水 21 mL 使溶解，依法检查，含砷不得过百万分之二。

无菌：取本品 0.6g，加灭菌注射用水制成每 1mL 含 60mg 溶液，依法照薄膜过滤法检查，应符合规定。

溶血与凝聚：

2% 红细胞混悬液的制备：取兔血或羊血数毫升，放入盛有玻璃珠的锥形瓶中，振摇 10 分钟，除去纤维蛋白原使成脱纤血，加约 10 倍量的生理氯化钠溶液，摇匀，离心，除去上清液，沉淀的红细胞再用生理氯化钠溶液洗涤 2 ~ 3 次，至上清液不显红色时为止，将所得的红细胞用生理氯化钠溶液配成浓度为 2% 的混悬液，即得。

试验：取本品 600mg，用生理氯化钠溶液溶解并稀释成 20mL，摇匀，作为供试品溶液。取试管 6 支，按表 6–9 中的配比量依次加入 2% 红细胞混悬液和生理氯化钠溶液，混匀，于 37℃恒温箱中放置 30 分钟，按表 6–9 中的配比量分别加入供试品溶液，摇匀，置 37℃恒温箱中，分别于 15、30、45、60 和 120 分钟时进行观察，以 3 号试管为基准，以 6 号试管为阴性对照。本品在 2 小时内不得出现溶血或红细胞凝聚。

表 6–9　溶血与凝聚试验表

试管编号	1	2	3	4	5	6
2% 红细胞混悬的制备（mL）	2.5	2.5	2.5	2.5	2.5	2.5
生理氯化钠溶液（mL）	2.0	2.1	2.2	2.3	2.4	2.5
供试品溶液（mL）	0.5	0.4	0.3	0.2	0.1	0.0

热原：取本品 0.6g，用灭菌注射用水 10mL 溶解，依法检查，剂量按家兔体重每 1kg 注射 3mL，应符合规定。

其他：应符合注射剂项下有关的各项规定。

7. 含量测定

（1）金银花

色谱条件与系统适用性试验：以十八烷基硅烷键合硅胶为填充剂；以甲醇 – 水 – 冰醋酸 – 三乙胺（15∶85∶1∶0.3）为流动相；检测波长为 324nm。理论塔板数按绿原酸峰计算应不低于 6000。

对照品溶液制备：取绿原酸对照品适量，精密称定，置棕色量瓶中，加水制成每 1mL 含 20μg 的溶液，即得。

供试品溶液的制备：取装量差异项下的本品内容物，混匀，取 60mg，精密称定，置 50mL 棕色量瓶中，用水溶解并稀释至刻度，摇匀，即得。

测定：分别精密吸取对照品溶液与供试品溶液各 20μL，注入液相色谱仪，测定，即得。

本品每 1 支含金银花以绿原酸（$C_{16}H_{18}O_9$）计，应为 8.5 ~ 11.5mg。

（2）黄芩

色谱条件与系统适用性试验：以十八烷基硅烷键合硅胶为填充剂；以甲醇－水－冰醋酸（40∶60∶1）为流动相；检测波长为274nm。理论塔板数按黄芩苷峰计算应不低于2000。

对照品溶液的制备：取黄芩苷对照品适量，精密称定，加50%甲醇制成每1mL含50μg的溶液，即得。

供试品溶液的制备：取装量差异项下的本品内容物，混匀，取10mg，精密称定，置50mL量瓶中，加50%甲醇适量，超声处理20分钟使溶解，加50%甲醇至刻度，摇匀，即得。

测定：分别精密吸取对照品溶液与供试品溶液各20μL，注入液相色谱仪，测定，即得。

本品每1支含黄芩以黄芩苷（$C_{21}H_{18}O_{11}$）计，应为128～173mg。

（3）连翘

色谱条件与系统适用性试验：以十八烷基硅烷键合硅胶为填充剂；以乙腈－水－冰醋酸（25∶75∶0.1）为流动相；检测波长为278nm。理论塔板数按连翘苷峰计算应不低于4000。

对照品溶液的制备：取连翘苷对照品适量，精密称定，加甲醇制成每1mL含20μg的溶液，即得。

供试品溶液的制备：取装量差异项下的本品内容物，混匀，取0.1g，精密称定，用65%乙醇5mL分次溶解，加在中性氧化铝柱（100～200目，5g，内径1cm）上，用65%乙醇洗脱，收集洗脱液近25 mL于25 mL量瓶中，加65%乙醇至刻度，摇匀，即得。

测定：分别精密吸取对照品溶液10μL与供试品溶液20μL，注入液相色谱仪，测定，即得。

本品每1支含连翘以连翘苷（$C_{27}H_{34}O_{11}$）计，应为1.4～2.1mg。

第六节　案例

三七通舒肠溶微丸（胶囊型）的质量标准研究

1. 处方　三七三醇皂苷。

2. 制法　取三七三醇皂苷，加淀粉、聚乙烯吡咯烷酮（PVP-K30）、微晶纤维素，混匀，制粒，干燥，包肠溶衣，装入胶囊，制成1000粒，即得。

3. 性状　本品为硬胶囊，内容物为粉红色肠溶微丸，无臭，无味。

4. 三萜皂苷成分的定性鉴别

（1）*薄层色谱法鉴别*　照薄层色谱法（《中国药典》2020年版四部通则0502）试验。取三七通舒肠溶微丸（胶囊型）内容物粉末1 g，加甲醇10mL振荡混匀，离心取上清液挥干，残渣加少量无水乙醇使溶解，制备供试品溶液。取人参皂苷Rg_1、人参皂苷Re、三七皂苷R_1对照品适量以甲醇配制成每1 mL含0.5 mg的混合溶液，作为对照品溶液。同法制备不含三七三醇皂苷的微丸胶囊，作为阴性对照溶液。在供试品色谱中，在与对照品色谱相应的位置上，显三个相同颜色的斑点。在紫外光灯（365 nm）下检视，在供试品色谱中，在与对照品色谱相应的位置上，显三个相同颜色荧光斑点，阴性样品无干扰。

（2）*高效液相色谱法鉴别*　照高效液相色谱法（《中国药典》2020年版四部通则0512）试验。按“含量测定”项下的方法进行测定。见图6-10。

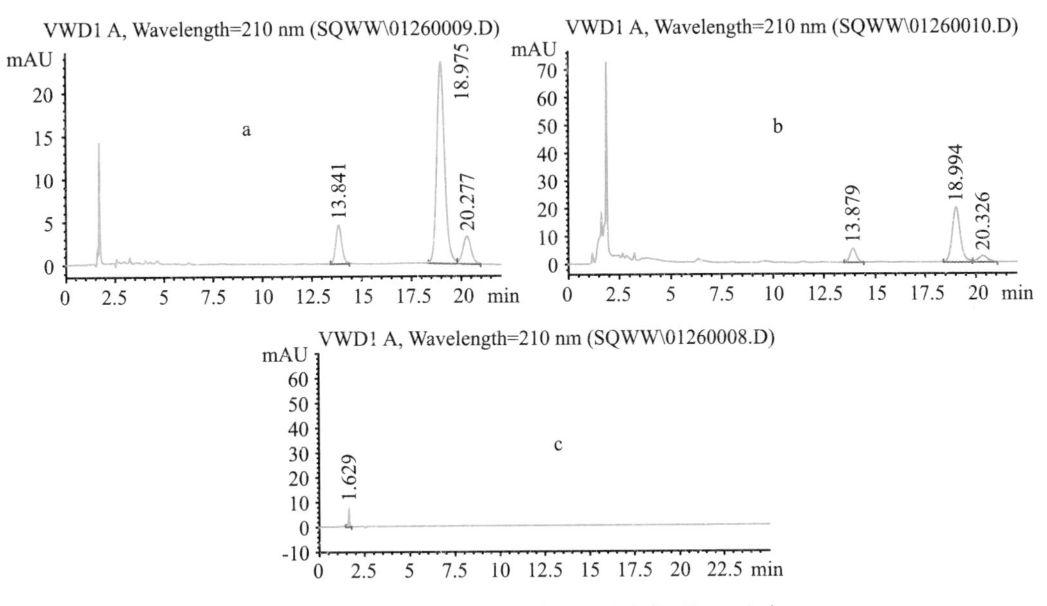

a. 混合对照品；b. 三七通舒肠溶微丸（胶囊型）；c. 空白。

图 6-10　专属性考察 HPLC 图谱

试验结果表明，供试品色谱图中有与人参皂苷对照品 Rg_1、Re 及三七皂苷对照品 R_1 的保留时间一致的峰，阴性供试品色谱图无干扰。

5. 指纹图谱　根据三七通舒肠溶微丸（胶囊型）指纹图谱研究，照高效液相色谱法（通则 0512）测定，确定以下检测方法。

色谱条件与系统适用性试验：以十八烷基硅烷键合硅胶为填充剂（柱长为 25cm，内径为 4.6mm，粒径为 5μm）；以乙腈为流动相 A，以水为流动相 B，按表 6-10 中的规定进行梯度洗脱；检测波长为 210nm。三七皂苷 R_1 与邻近色谱峰的分离度应不低于 1.5，人参皂苷 Rg_1 与人参皂苷 Re 的分离度应不低于 1.3。

表 6-10　梯度洗脱表

时间（分钟）	流动相 A（%）	流动相 B（%）
0~5	15	85
5~43	15 → 25	85 → 75
43~55	25 → 35	75 → 65
55~60	35 → 40	65 → 60
60~62	40 → 15	60 → 85

参照物溶液的制备：取人参皂苷 Rg_1 对照品、人参皂苷 Re 对照品和三七皂苷 R_1 对照品适量，精密称定，加乙腈 - 水（19.5：80.5）混合溶液制成每 1mL 含人参皂苷 Rg_1 2.5mg、人参皂苷 Re 0.4mg 和三七皂苷 R_1 0.8mg 的混合溶液，即得。

供试品溶液的制备：取装量差异项下的本品内容物 0.25g，置 25mL 量瓶中，加入乙腈 - 水（19.5：80.5）混合溶液约 20mL，超声处理（功率 250W，频率 40kHz）10 分钟，放冷，加乙腈 - 水（19.5：80.5）混合溶液至刻度，摇匀，滤过，取续滤液，即得。

测定法：分别精密吸取参照物溶液与供试品溶液各 20μL，注入液相色谱仪，测定，记录色谱图，即得。

供试品指纹图谱中应分别呈现与参照物色谱峰保留时间相同的色谱峰（图 6–11）。按中药色谱指纹图谱相似度评价系统，供试品指纹图谱与对照指纹图谱经相似度计算，相似度不得低于 0.90。

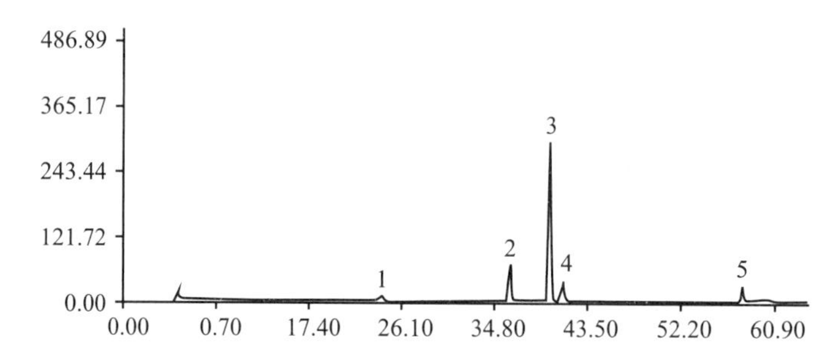

5 个共有峰中，峰 2：三七皂苷 R_1；峰 3：人参皂苷 Rg_1；峰 4：人参皂苷 Re。

图 6–11　对照指纹图谱

积分参数：以人参皂苷 Rg_1 峰面积的千分之五设置为最小峰面积值。

6. 检查

（ⅰ）水分和装量差异检查　参考《中国药典》2020 年版四部（通则 0832），对三批中试产品进行水分的测定。本品标示装量为 0.35 克 / 粒，《中国药典》2020 年版一部（制剂通则）胶囊剂项下规定，对三批中试产品的装量差异进行测定，结果见表 6–11。

表 6–11　三批中试产品水分及装量差异试验结果表

批号	含水量（%，$\bar{X} \pm SD$，n=6）	装量差异（g，$\bar{X} \pm SD$，n=10）
080301	5.75 ± 0.17	0.3553 ± 0.0038
080302	5.40 ± 0.17	0.3559 ± 0.0028
080303	5.33 ± 0.11	0.3539 ± 0.0030

以上研究结果表明，三批中试产品含水量均小于 9.0 %，符合水分要求。三批中试产品装量差异均合格。

（2）微生物限度　按《中国药典》2020 年版四部（制剂通则）胶囊剂项下的要求及微生物计数法（通则 1105）、控制菌检查（通则 1106）、非无菌药品微生物限度标准（通则 1107）的要求对三批中试产品进行试验，结果见表 6–12。

表 6–12　三批中试产品常规检查结果表

批号	微生物限度		
	细菌数	霉菌数和酵母菌数	大肠埃希菌数
080301	< 10cfu/g	< 10cfu/g	未检出
080302	< 10cfu/g	< 10cfu/g	未检出
080303	< 10cfu/g	< 10cfu/g	未检出

试验结果表明，三批中试产品微生物检测限度检查符合规定。

（3）微丸粒度检查　由于本品内容物为肠溶微丸，其粒径大小、均匀与否是微丸的重要性质之一，故对本品进行检测。10 批三七通舒肠溶微丸（胶囊型）测定结果表明，其内容物粒度均在 1.3 ~ 1.5mm，符合微丸的粒度要求。

（4）重金属、农残、大孔吸附树脂残留物检查　按《中国药典》2020 年版四部（限量检查法）对本品进行重金属限度量控制。结果表明，10 批三七通舒肠溶微丸（胶囊型）中 Pb ≤ 5.0mg/kg，Cd ≤ 0.3mg/kg，Cu ≤ 20.0mg/kg，Fe ≤ 100.0mg/kg，Ni ≤ 2.0mg/kg，Zn ≤ 20.0mg/kg，As ≤ 2.0mg/kg，Hg ≤ 0.2mg/kg，符合限度要求。

参考《中国药典》2020 年版四部（限量检查法）对本品进行大孔吸附树脂残留物的检查，结果表明，10 批三七通舒肠溶微丸（胶囊型）中苯、正已烷、四氯化碳、环已烷、1，2- 二氯乙烷、甲苯、1，1- 二氯乙烷、二甲苯（邻 / 间 / 对）、1，1，1- 三氯乙烷、苯乙烯、1，2 二乙烯苯 11 种溶剂均符合限度要求。

参考《中国药典》2020 年版四部（限量检查法）对本品进行农残的检查，结果表明 10 批三七通舒肠溶微丸（胶囊型）中农药残留均符合限度要求。

（5）释放度检查　本品为肠溶胶囊，应测定其释放度。按照《中国药典》2020 年版四部胶囊剂项下对肠溶胶囊的要求，对本品的释放度进行了测定。

采用《中国药典》2020 版四部（通则 0931）“释放度测定法”中小杯法进行释放度测定。根据《中国药典》2020 版四部对肠溶制剂释放速率的要求，规定酸中溶解度不超过标示含量的 10 %，缓释液中溶解度不低于标示含量的 70 %。

取 3 批中试样品，按释放度测定方法测定，结果见表 6-13。

表 6-13　样品中释放度测定结果表

批号	人参皂苷 Rg_1 释放度（%，$\overline{X}$ ± SD，n=6）		人参皂苷 Re 释放度（%，$\overline{X}$ ± SD，n=6）		三七皂苷 R_1 释放度（%，$\overline{X}$ ± SD，n=6）	
	酸中	缓冲液中	酸中	缓冲液中	酸中	缓冲液中
080301	0	89.73 ± 0.70	0	92.26 ± 0.24	0	87.61 ± 1.49
080302	0	90.35 ± 0.32	0	93.71 ± 0.69	0	88.11 ± 0.78
080303	0	88.68 ± 0.64	0	90.84 ± 1.03	0	89.47 ± 0.46

结果表明，本品在酸中释放度均 < 10%，在缓释液中释放度均 > 70%，符合《中国药典》2020 年版四部肠溶制剂的相关规定。

7. 含量测定　根据《中国药典》2020 年版一部 508 页三七通舒胶囊项下含量测定方法，确定色谱条件、参照物溶液的制备、供试品溶液的制备及测定法。

（1）色谱条件与系统适应性试验

①色谱条件：以十八烷基硅烷键合硅胶为填充剂，以乙腈 – 水（19.5 ∶ 80.5）为流动相，检测波长为 210nm。

②对照品溶液的制备：取人参皂苷 Rg_1、人参皂苷 Re、三七皂苷 R_1 对照品适量，精密称定，加乙腈 – 水（19.5：80.5）混合溶液制成每 1mL 含人参皂苷 Rg_1 2.5mg、人参皂苷 Re 0.4mg、三七皂苷 R_1 0.8mg 的混合溶液，即得。

③供试品溶液的制备：取装量差异项下的本品内容物 0.25g，置 25mL 量瓶中，加入乙腈 –

水（19.5：80.5）混合溶液约20mL，超声处理（功率250W，频率40kHz）10分钟，放冷，加入乙腈－水（19.5：80.5）混合溶液至刻度，摇匀，取续滤液，即得。

④测定法：分别精密吸取对照品溶液与供试品溶液各10μL，注入液相色谱仪，测定，记录色谱图，即得。

（2）方法学考察

①专属性考察：按本品制法，去处方中三七三醇皂苷原料药，制成缺三七三醇皂苷的阴性样品，按供试品溶液制备方法制成阴性供试品溶液。取对照品、供试品及阴性供试品溶液，在同一条件下测定，结果阴性无干扰，表明含量测定方法具有较好的专属性。

②线性关系考察：精密称取经五氧化二磷干燥24小时的Rg_1对照品24.84 mg、Re对照品4.47 mg、R_1对照品3.11 mg于10 mL量瓶内，加流动相溶解并稀释至刻度，摇匀，制成每1mL含Rg_1 2.484 mg、Re 0.447 mg、R_1 0.311 mg的对照品溶液。精密吸取该对照品溶液0.25、0.5、1、2、4 mL于5 mL量瓶中，用流动相稀释至刻度，分别精密吸取10 μL注入液相色谱仪进行分析。以峰面积A为纵坐标、浓度C（mg/mL）为横坐标进行回归，得到标准曲线方程、相关系数r及线性范围，结果见表6-14。

表6-14 标准曲线表

测定成分	线性方程	相关系数（r）	线性范围（mg/mL）
Rg_1	Y=1489.1891X−0.1584	r=0.9999	1.242～19.872
Re	Y=1256.5667X+4.7260	r=0.9999	0.2235～3.576
R_1	Y=1032.0595X+4.3779	r=0.9996	0.1555～2.488

③重复性考察：取供试品（批号：080101）各6份，分别按含量测定方法测定，测得供试品中Rg_1、Re、R_1的平均含量分别为0.1915 mg/mg、0.0274 mg/mg、0.0320 mg/mg，RSD分别为1.52%、2.33%、0.83%。结果表明：本法重复性良好。

④稳定性考察：精密吸取同一供试品（批号：080101）溶液，分别在不同时间进样，测定三种皂苷峰面积，结果见表6-15。

表6-15 供试品溶液稳定性考察结果表

成分	0 h	12 h	24 h	36 h	RSD（%）
Rg_1	530.3777	532.3729	533.6724	531.2899	2.95
Re	62.2277	61.0584	62.0275	60.6566	0.27
R_1	103.0797	99.4228	100.4806	95.9704	2.95

结果表明：36小时内，供试品溶液中人参皂苷Rg_1、人参皂苷Re、三七皂苷R_1基本稳定。

⑤加样回收率试验：取供试品各6份（批号:080101，其中Rg_1、Re、R_1的含量分别为0.1915 mg/mg、0.0274 mg/mg、0.0320 mg/mg）约25 mg，精密称定，加入混合对照品溶液1 mL（人参皂苷Rg_1浓度4.4226 mg/mL，人参皂苷Re浓度1.4040 mg/mL，三七皂苷R_1浓度0.5508 mg/mL），按含量测定方法测定，计算测得量，与加入量相比计算方法回收率。结果Rg_1、Re、R_1的平均回收率分别为100.17%、99.17%、97.33%，RSD值分别为2.48%、1.74%、1.40%。结果表明：用本法测定供试品中Rg_1、Re、R_1含量，回收率良好。

（3）样品的含量测定　取 3 批样品，按含量测定方法测定，结果见表 6–16。

表 6–16　样品中含量测定结果

批号	人参皂苷 Rg_1 含量（毫克 / 粒）	人参皂苷 Re 含量（毫克 / 粒）	三七皂苷 R_1 含量（毫克 / 粒）
080301	67.1361	9.2509	11.4408
080302	64.5118	8.7554	11.1241
080303	66.1114	9.0612	11.4042

通过对三批中试产品的含量测定，以及同最近 10 批三七通舒胶囊原规格产品相比较，本着质量不低于原规格的原则，在原规格标准上进行提高，即：

本品每粒含人参皂苷 Rg_1〔$C_{42}H_{72}O_{14}$〕为 60 ～70 mg。

本品每粒含人参皂苷 Re〔$C_{48}H_{82}O_{18}$〕为 7 ～10 mg。

本品每粒含三七皂苷 R_1〔$C_{47}H_{81}O_{20}$〕为 11 ～15 mg。

本品完全符合制定的含量测定标准，且质量不低于原规格产品。

8. 功能与主治　略。

9. 用法与用量　略。

10. 注意　略。

11. 规格　略。

12. 贮藏　略。

注：三七通舒肠溶微丸（胶囊型）为国家重大新药创制国际合作项目资助，拟进入欧盟市场，故质量标准中的重金属、农药残留等严格参照欧盟标准制定。

第七章

中药新药包装材料与稳定性研究

扫一扫，查阅本章数字资源，含PPT、音视频、图片等

中药的稳定性是指中药（原料或制剂）的化学、物理及生物学特性发生变化的程度。药品是一种特殊的商品，在流通过程中由于受到光照、潮湿、微生物污染等周围环境的影响很容易分解变质，因此在药品加工成型以后，必须选用合适的药品包装材料（drug packing materials，简称药包材）才能保持药品的效能、提高药品的稳定性、延缓药品变质、保障用药安全。药包材被称为是药品的“第二生命”。

第一节　概述

一、药品包装材料的概念

药品包装材料即直接与药品接触的包装材料和容器，指药品生产企业生产的药品和医疗机构配制的制剂所使用的直接与药品接触的包装材料和容器。药包材是由一种或多种材料制成的包装组件组合而成，应具有良好的安全性、适应性、稳定性、功能性、保护性和便利性，在药品的包装、贮藏、运输和使用过程中起到保护药品质量、安全、有效、实现给药目的（如气雾剂）的作用。药包材属于药品的一部分，其本身的质量、安全性、使用性能，以及药包材与药物之间的相容性对药品的质量、稳定性有着十分重要的影响。适宜的药包材既可减少外界环境如光、热、空气、水分等对制剂稳定性的影响，又可避免本身与药物制剂相互作用而引起的稳定性变化。

二、药品包装材料的分类

1. 按药品包装材质分类　可分为塑料类、金属类、玻璃类、陶瓷类、橡胶类及其他类（如纸、干燥剂）等；也可以由两种或两种以上的材料复合或组合而成（如复合膜、铝塑组合盖等）。常用的塑料类药包材如药用低密度聚乙烯滴眼剂瓶、口服固体药用高密度聚乙烯瓶、聚丙烯输液瓶等；常用的玻璃类药包材有钠钙玻璃输液瓶、低硼硅玻璃安瓿、中硼硅管制注射剂瓶等；常用的橡胶类药包材有注射液用氯化丁基橡胶塞、药用合成聚异戊二烯垫片、口服液体药用硅橡胶垫片等；常用的金属类药包材如药用铝箔、铁制的清凉油盒等。

2. 按用途和形制分类　可分为输液瓶（袋、膜及配件）、安瓿、药用（注射剂、口服或者外用剂型）瓶（管、盖）、药用胶塞、药用预灌封注射器、药用滴眼（鼻、耳）剂瓶、药用硬片（膜）、药用铝箔、药用软膏管（盒）、药用喷（气）雾剂泵（阀门、罐、筒）、药用干燥剂等。

3. 按药品包装用途分类　分内包装、外包装。内包装指直接与药品接触的包装。外包装指不直接接触药品的包装，亦指内包装以外的包装材料，外包装又分为中包装和大包装。

4. 按实施注册管理分类　Ⅰ类药包材：直接接触药品且直接使用的药品包装用材料、容器。Ⅱ类药包材：直接接触药品，但便于清洗，在实际使用过程中，经清洗后并可以消毒灭菌的药品包装用材料、容器。Ⅲ类药包材：除Ⅰ、Ⅱ类以外其他可能直接影响药品质量的药品包装用材料、容器。（Ⅰ类药包材须由国家药品监督管理局注册并获得《药包材注册证》后方可生产；Ⅱ、Ⅲ类药包材由所在省级药品监督管理部门批准后才能生产）

第二节　药品包装材料标准

药品的包装材料和容器纳入注册管理范畴后，药包材的产品质量不断提高。1992 年 4 月 1 日起执行的国家医药管理局令第 10 号《药品包装用材料、容器生产管理办法（试行）》规定“药包材必须按法定标准组织生产”。但当时药包材产品少，所执行的药包材标准也仅有少数的国家标准、医药行业标准和企业标准。

1998 年国家药品监督管理局组建后，充分认识到药包材的质量将直接影响药品的质量，于 2000 年 4 月 29 日颁布局长令 21 号即《药品包装用材料、容器管理办法（暂行）》，管理办法中将药包材产品分为Ⅰ、Ⅱ、Ⅲ三类管理，明确了药包材须经注册并取得《药包材注册证书》后方可生产。2001 年 2 月 28 日，全国人大常委会通过修订的《药品管理法》第六章中规定了药品包装的管理要求。2004 年 6 月，国家食品药品监督管理局又颁布了国家食品药品监督管理局令第 13 号即《直接接触药品的包装材料和容器管理办法》，管理办法第二条规定“生产、进口和使用药包材，必须符合药包材国家标准。药包材国家标准由国家食品药品监督管理局制定和颁布”。第六条规定“药包材国家标准由国家食品药品监督管理局组织国家药典委员会制定和修订，并由国家食品药品监督管理局颁布实施”，更加明确了药包材标准制定和颁布的负责部门，要求必须执行药包材国家标准。以上强化了药包材注册管理中标准、检验、申报等方面的工作，规范了药包材注册管理，极大地促进了药包材质量的提高。

国家药包材标准由国家颁布的药包材标准和产品注册标准组成。我国现行的药包材标准是《直接接触药品的包装材料和容器标准汇编》（简称 YBB），2002 ~ 2006 年之间先后出版了六辑《直接接触药品的包装材料和容器标准汇编》（简称“标准汇编”）。由于标准制定的年限较早，部分标准中存在文字印刷错误、方法陈旧、格式不规范、术语不统一等缺陷。为此，中国食品药品检定研究院包装材料与药用辅料检定所从 2009 年开始，组织召开了四次标准整理、勘误和汇编的专家讨论会议，整理后的《直接接触药品的包装材料和容器标准汇编（草案）》依照药包材的产品分类和标准内容，按照玻璃类（代号 0）、金属类（代号 1）、塑料类（代号 2）、橡胶类（代号 3）、预灌封组合件（代号 4）、其他类（代号 5）、方法类（代号 6）六大类对 129 个药包材的标准进行了重新整理、勘误、修订和汇编。

除国家药包材标准体系外，中国医药包装协会在推动药包材的发展方面发挥着巨大的作用，特别是在制定中国医药包装协会标准的工作上，补充了药包材国家标准的技术要求，填补了现行药包材国家标准的不足，对统一药包材行业内产品质量标准、规范行业内产品生产、提高药包材产品质量起到了积极的作用。例如 YBX — 2001 — 2009《药品包装用卡纸折叠纸盒》《安瓿外观质量与规格尺寸》等。

一、药包材产品标准的主要内容

1. 物理性能 主要考察影响产品使用的物理参数、机械性能及功能性指标，如橡胶类制品的穿刺力、穿刺落屑，塑料及复合膜类制品的密封性、阻隔性能等。物理性能的检测项目应根据标准的检验规则确定抽样方案，并对检测结果进行判断。

2. 化学性能 考察影响产品性能、质量和使用的化学指标，如溶出物试验、溶剂残留量等。

3. 生物性能 考察项目应根据所包装药物制剂的要求制定，如注射剂类药包材的检验项目包括细胞毒性、急性全身毒性试验和溶血试验等；滴眼剂瓶应考察异常毒性、眼刺激试验等。

二、药包材的质量要求

为了确认药包材可被用于包裹药品，有必要对这些材料进行质量监控，这些材料应具有下列特性。

1. 安全性 药包材自身在贮藏、使用过程中有较高的稳定性，药包材不得带有对药物有影响的物质。药包材的生物试验如异常毒性、眼刺激试验应符合规定。

2. 适应性 药包材与药品之间没有发生严重的相互作用，并导致药品有效性和稳定性发生改变，或者产生安全性风险的过程。

3. 稳定性 药品在生产、运输、储存和使用过程中，易受外界自然环境，如温度、湿度、空气、光线等的影响，须由相应包装材料和容器提供防潮、密封、避光、控温等措施，以防止药品质量发生变化，所选用的药包材应能满足药品在有效期内确保药品质量的稳定、有效。

4. 功能性 药品包装本身起到信息传递的作用。药品包装所附的标签和说明书上往往简略或详细地列出药品名称、作用用途、用法用量、毒副作用、禁忌证、注意事项、规格含量、贮藏、有效期、批准文号等内容，这是药品生产、流通部门向医药卫生专业人员和消费者宣传介绍药品特性、指导合理用药和普及医药知识的重要媒介。

5. 保护性 药品包装材料有一定的抗挤压特性，药品外包装在药品储运过程中发挥防破损、防冻、防潮、防虫鼠的作用。完整的药品包装能够有效防止掺杂、掺假及被儿童误用情况的发生，保护人们用药的安全。

6. 便利性 药品包装材料使得不同剂型的药品使用方便，易于存储、携带。包装材料的选择应来源广泛、成本低廉，使用后的包装材料和包装容器应易于处理，不污染环境，以免造成公害。

三、药包材的质量标准

（一）外观

取药包材适量，在自然光线明亮处，正视目测，观察其形状、颜色、表面特征，应符合相应标准要求，如钠钙玻璃输液瓶应无色透明；表面应光洁、平整，不应有明显的玻璃缺陷；任何部位不得有裂纹。

（二）鉴别

即药包材材料的确认。根据材料的不同设置特殊的检查项目，如玻璃输液瓶需检测三氧化二硼的含量；聚氯乙烯材料应检查氯乙烯单体；聚丙烯输液瓶可通过红外光谱及测定密度法来确证。

（三）材料容器的检查项目

1. 材料的化学性能检查　药包材在各种溶媒中浸出物的量，常用的溶媒为水、乙醇、正己烷。其检测项目通常有澄清度、颜色、pH、吸光度、易氧化物、不挥发物、重金属、铵离子、钡离子、铜离子等。材料中特定的物质，如聚氯乙烯硬片中的氯乙烯单体、复合材料中的溶剂残量等。此外，材料加工过程中的添加物也需检测，如橡胶硫化物、聚丙烯输液瓶中抗氧剂的含量、聚氯乙烯中增塑剂的含量等。

2. 材料、容器的使用性能　如容器的密封性、水蒸气透过量、氧气透过量、抗跌落性、穿刺力、穿刺部位的不渗透性、悬挂力、抗拉强度、延伸率、内应力、耐热冲击等。

（四）材料、容器的生物安全检查项目

1. 微生物限度　按照2020年版《中国药典》四部通则3300微生物检测法测定，根据该材料、容器被用于何种剂型测定各种类微生物的量，测定结果应符合要求。

2. 安全性　常检测的项目有异常毒性（2020版《中国药典》四部通则1141异常毒性检查法）、细菌内毒素（2020年版《中国药典》四部通则1143细菌内毒素检查法）、急性全身毒性试验（2020年版《中国药典》四部通则4011药包材急性全身毒性检查法）、溶血试验（2020年版《中国药典》四部通则4013药包材溶血检查法）、细胞毒性（2020年版《中国药典》四部通则4014药包材细胞毒性检查法）、皮肤致敏（YBB60262012）、皮内刺激（YBB60272012）等，测定结果应符合规定。

四、药品包装的法律法规

我国药品包装法律法规体系由两大部分组成，即专门的法律法规体系和相关的法律法规体系。

（一）专门的法律法规体系

1. 法律　《中华人民共和国药品管理法》（简称《药品管理法》）。

2. 行政法规　《中华人民共和国药品管理法实施条例》《医疗用毒性药品管理办法》《放射性药品管理办法》《血液制品管理条例》等。《中华人民共和国药品管理法实施条例》，简称《实施条例》，是《药品管理法》的配套法规。

3. 部门规章　《药品包装管理办法》《药品包装用材料、容器生产管理办法（试行）》《处方药与非处方药分类管理办法（试行）》《药品经营质量管理规范》、《药品监督行政处罚程序》《药品进门管理办法》《国家食品药品监督管理局关于涉及行政审批的行政规章修改、废止、保留的决定》《生物制品批签发管理办法（试行）》《直接接触药品的包装材料和容器管理办法》《药品生产监督管理办法》《医疗机构制剂注册管理办法（试行）》《药品说明书和标签管理规定》。

4. 其他规范性文件　卫生部（现卫健委）关于《加强药品包装和标签管理》的通知、关于加强《药品包装材料生产企业管理工作》的通知、关于实施《药品包装用材料容器管理办法（暂行）》加强药包材监督管理工作的通知、关于颁布《25项药包材检验方法标准》的通知、关于加强《中药饮片包装监督管理》的通知、关于《药品注册管理的补充规定》的通知、关于颁布《硼硅玻璃药用管等15项国家药包材标准（试行）》的通知、关于《进口药包材换证工作有关事宜》的通知、关于《药品组合包装管理》的通知、关于加强《中药饮片包装监督管理》的补充通知、

关于《纳入国家免疫规划疫苗包装标注特殊标识》的通知、关于加强《药品规格和包装规格管理》的通知、关于进一步加强《直接接触药品的包装材料和容器监督管理》的通知、关于进一步《规范药品名称管理》的通知、关于实施《药品说明书和标签管理规定》有关事宜的公告、关于印发《化学药品和生物制品说明书格式内容书写要求及撰写指导原则》的通知、关于印发《中药、天然药物处方药说明书格式内容书写要求及撰写指导原则》的通知、关于印发《非处方药说明书规范细则》的通知、关于进一步《加强非处方药说明书和标签管理》的通知、关于《药品说明书和标签管理规定》有关问题解释的通知、关于公布《非处方药说明书范本》的通知、关于加强《药品说明书和标签管理规定》实施工作的通知。

（二）相关的法律法规体系

如《商标法》《专利法》《版权法》《反不正当竞争法》《消费者权益保护法》《产品质量法》等法律法规均与药品包装有一定的关系。

第三节　中药新药稳定性研究

一、中药新药稳定性研究的概念

中药新药的稳定性是指中药新药（原料或制剂）的化学、物理及生物学特性发生变化的程度。通过稳定性试验，考察中药新药在不同环境条件（如温度、湿度、光线等）下药品特性随时间变化的规律，以认识和预测药品的稳定趋势，为药品生产、包装、贮存、运输条件的确定和药品有效期的建立提供科学依据。稳定性研究是评价药品质量的主要内容之一，在药品的研究、开发和注册管理中占有重要地位。

二、稳定性研究分类

根据研究目的和条件的不同，稳定性研究内容可分为影响因素试验、加速试验和长期试验等。

1. 影响因素试验　是在剧烈条件下探讨药物的稳定性、了解影响其稳定性的因素及所含成分的变化情况，为制剂处方设计、工艺筛选、包装材料和容器的选择、贮存条件的确定、有关物质的控制提供依据，并为加速试验和长期试验应采用的温度和湿度等条件提供参考。

2. 加速试验　是在加速条件下进行的稳定性试验，其目的是在较短的时间内了解原料或制剂的化学、物理和生物学方面的变化，为制剂设计、质量评价和包装、贮存、运输条件等提供试验依据，并初步预测样品的稳定性。

3. 长期试验　是在接近药品的实际贮存条件下进行的稳定性试验，为制订药物的有效期提供依据。

稳定性研究具有阶段性特点，不同阶段具有不同的目的。一般始于药品的临床前研究，贯穿药品研究与开发的全过程，在药品上市后还要继续进行稳定性研究。

第四节　稳定性研究实验设计

稳定性研究实验设计应根据不同的研究目的，结合原料药的理化性质、剂型的特点和具体的处方及工艺条件进行。

一、样品的批次和规模

影响因素试验可采用一批小试规模样品进行。加速试验和长期试验应采用3批中试以上规模样品进行，如片剂、胶囊剂，每批放大试验规模，片剂至少应为10000片，胶囊剂至少应为10000粒。大体积包装的制剂如静脉输液，每批放大规模的数量至少应为各项试验所需总量的10倍。

二、包装及放置条件

（一）包装材料

1. 包装材料的类别　目前常用的药包材按材质可分为金属、橡胶、玻璃、塑料等。

（1）金属　金属包装材料对光照、空气及水分的阻隔性能均较好，对药物有良好的保护作用，尤其适用于化学稳定性差的药物。为了保证制剂的稳定性，要求镀层金属不与药物发生化学反应，并牢固覆盖，不得有微孔、裂隙等。用作中药新药包装的金属材料有锡、铝、铁，如药用铝箔、铁制的清凉油盒、眼用制剂或者软膏剂的锡管和铝管等。铝箔具有良好的防湿、遮光、隔气等保护功能，目前在药品包装上的使用越来越广泛，但是其费材较多，价格成本较高，且铝箔的气孔多，热密封强度差，所以现在多常用铝塑复合材料，如铝塑组合盖等。

（2）橡胶　橡胶具有良好的弹性、遮光性和密封性等优点，广泛用于制瓶塞、垫圈、滴头等。常用的橡胶类药包材有注射液用氯化丁基橡胶塞、药用合成聚异戊二烯垫片、口服液体药用硅橡胶垫片等。目前，药品包装上使用较多的是氯丁基橡胶。

（3）玻璃　玻璃容器具有理化性质稳定，不易与化学药物发生反应，透气、透湿性小等优点，是化学性能最稳定的材料之一，广泛用于注射剂、外用制剂、口服溶液剂等剂型的包装。《中国药典》规定，按化学成分和性能分类，药用玻璃可分为高硼硅玻璃、中硼硅玻璃、低硼硅玻璃和钠钙玻璃。其在121℃的颗粒耐水性和内表面耐水性见表7–1。

表7–1　不同材质药用玻璃121℃颗粒耐水性和内表面耐水性比较表

性能	高硼硅玻璃	中硼硅玻璃	低硼硅玻璃	钠钙玻璃
121℃颗粒耐水性	1级	1级	1级	2级
内表面耐水性	HC1级	HC1级	HC1级或HCB级	HC2级或HC3级

注：121℃颗粒耐水性参照《玻璃颗粒在121℃耐水性测定法和分级》；内表面耐水性参照《121℃内表面耐水性测定法和分级》。

药品生产企业应根据药物的物理、化学性质及相容性试验研究结果选择适合的药用玻璃容器。对生物制品、偏酸偏碱及对pH值敏感的注射剂，应选择121℃玻璃颗粒耐水性为1级及内表面耐水性为HC1级的药用玻璃容器（表7–1）或其他适宜的包装材料。

药用玻璃容器应清洁透明，以利于检查药液的可见异物、杂质及变质情况。一般药物应选用无色玻璃，但对于光敏感的制剂，可选用棕色透明玻璃包装，其对于波长290～450nm的光线，具有良好的遮光性能，并且随着玻璃厚度的增加，透光率降低，但应注意棕色玻璃中所含的氧化铁容易脱落进入制剂，会对氧化反应起催化作用。药用玻璃应具有较好的热稳定性，保证高温灭菌或冷冻干燥中不破裂；应有一定的化学稳定性，不与药品发生影响药品质量的物质交换，如不发生玻璃脱片、不引起药液的pH值变化等。

玻璃容器与药物的相容性研究应主要关注玻璃成分中金属离子向药液中的迁移，玻璃容器要求有害物质的浸出量不得超过安全值，各种离子的浸出量不得影响药品的质量，如含碱金属离子的浸出量应不导致药液的pH值变化；且药物原料及配方中的缓冲液、有机酸盐、络合剂乙二胺四乙酸二钠等也会对玻璃容器内表面的耐受性产生不良影响，因此在相容性研究中应综合进行考察。

（4）塑料　具有良好的柔韧性、弹性和抗撕裂性，抗冲击能力强，不易破碎，质轻易携带，在输液过程中不需补充空气而避免空气污染药液等优点，广泛用于片剂、胶囊剂、注射剂、滴眼剂等剂型的包装，是现代医用包装中主要的材料。常用品种包括聚乙烯（PE）、聚丙烯（PP）、聚对苯二甲酸乙二醇酯（PET）等。其包装上的应用主要有药用低密度聚乙烯滴眼剂瓶、口服固体药用高密度聚乙烯瓶、聚丙烯输液瓶等。

其对制剂的稳定性影响主要有三个方面：①穿透性。外界的空气、水分、氧等可以透过塑料进入包装内部，内部的气体、水分、溶液等也可以进入塑料中，故塑料包装易引起药物的氧化，挥发油的逸散，吸潮，乳剂的脱水甚至破裂变质等物理和化学变化。②泄漏性。塑料中加有各种附加剂，包装后附加剂分子会泄漏或移入被包装制剂中造成污染，影响药物质量，故塑料材料不宜用于需要长期保存的药物，特别是化学性质不稳定的药物。③吸附性。塑料包装容器有吸附药物的作用，可引起主药含量的降低、防腐力的降低等，致使药品稳定性发生变化。

2. 药包材与药物的相容性　药包材与药物的相容性研究是选择药包材的基础。药物制剂在选择药包材时必须进行药包材与药物的相容性研究，其研究结果直接关系到中药新药的稳定性。药包材与药物的相容性试验应考虑剂型的风险水平和药物与药包材相互作用的可能性（表7–2），一般应包括以下几部分内容：①药包材对药物质量影响的研究，包括药包材（如黏合物、添加剂、小分子化合物，以及加工和使用过程中产生的分解物等）的提取、迁移研究及提取、迁移研究结果的毒理学评估，药物与药包材之间发生反应的可能性，药物活性成分或功能性辅料被药包材吸附或吸收的情况和内容物的溢出，以及外来物的渗透等。②药物对药包材影响的研究，考察经包装药物后药包材完整性、功能性及质量的变化情况，如玻璃容器的脱片、胶塞变形等。③包装制剂后药物的质量变化（药物稳定性），包括加速试验和长期试验药品质量的变化情况。

表7–2　制剂与药包材发生相互作用的可能性

不同药包材的风险程度	制剂与药包材发生相互作用的可能性		
	高	中	低
最高	（1）吸入气雾剂及喷雾剂 （2）注射液、冲洗剂	（1）注射用无菌粉末 （2）吸入粉雾剂 （3）植入剂	
高	（1）眼用液体制剂 （2）鼻吸入气雾剂及喷雾剂 （3）软膏剂、乳膏剂、糊剂、凝胶剂及贴膏剂、膜剂		
低	（1）外用液体制剂 （2）外用及舌下给药用气雾剂 （3）栓剂 （4）口服液体制剂	散剂、颗粒剂、丸剂	口服片剂、胶囊剂

3. 中药稳定性研究中对包装材料的要求　加速试验和长期试验所用包装材料和封装条件应与拟上市包装一致。

包装材料的确定：一般先根据影响因素试验结果初步确定包装材料或容器，再结合稳定性研究结果选择贮存期相对较长且药品质量与包装材料均不受影响的材料作为上市包装材料。

对合适包装材料的要求：长期试验与加速试验结果应显示各考察时间点的各项目结果无明显变化。对药品影响因素试验而言，当药物处于裸露条件下进行试验时，有的项目可能变化明显，甚至有的项目不符合规定；而将包装好的同样药物再做同样试验时，各取样时间点的各个考察项目的试验结果应无明显变化。

（二）放置条件

稳定性试验要求在一定的温度、湿度、光照等条件下进行，这些放置条件的设置应充分考虑到药品在贮存、运输及使用过程中可能遇到的环境因素。如根据国际气候带，中国总体来说属亚热带，部分地区属湿热带，故长期试验采用温度为（25±2）℃、相对湿度为60%±10%，或温度（30±2）℃、相对湿度65%±5%，具体选择哪种条件，可根据我国南方与北方气候的差异来确定。

稳定性研究中所用控温、控湿、光照等设备应能较好地对试验要求的环境条件进行控制和监测，如应能控制温度 ±2℃、相对湿度 ±5%、照度 ±500lx 等，并能对真实温度、湿度与照度进行监测。

三、考察时间点

稳定性研究中需要设置多个时间点。考察时间点应基于对药品理化性质的认识、稳定性变化的趋势而设置。如长期试验中，总体考察时间应涵盖所预期的有效期，中间取样点的设置要考虑药品的稳定特性和剂型特点。对某些环境因素敏感的药品，应适当增加考察时间点。如某一含血竭的中药复方制剂，其主要成分血竭素含量在 18 个月之前基本稳定，但到第 24 个月时，血竭素含量与 0 月结果相比含量明显降低。此时，要确定有效期，需要在 18～24 个月之间增加新的考察时间点。

四、考察项目

一般情况下，考察项目可分为物理稳定性、化学稳定性和生物学稳定性等几个方面。物理稳定性指药品因物理变化（外观、气味、均匀性、溶解、混悬、乳化等）而引起的稳定性改变，如片剂的硬度、崩解度的改变；混悬剂的疏松性、粒度的改变；乳剂的乳析、破乳；软膏剂的分层等。化学稳定性指药物因受外界因素的影响或与制剂中其他组分等发生化学反应而引起稳定性改变，主要的化学变化有氧化、水解、还原、光解等，如酯类、酰胺类及苷类等药物易发生水解反应。生物学稳定性指因细菌、霉菌等微生物使药品变质引起稳定性的变化，如常见于未经灭菌处理的一些药剂的霉变、腐蚀变质等。这三类中，以化学稳定性研究较为重要、最为常见，也是稳定性研究的主要方面。

稳定性研究的考察项目（或指标）应根据所含成分和/或制剂特性、质量要求设置，应选择在药品保存期间易于变化，可能会影响到药品的质量、安全性和有效性的项目，以便客观、全面地评价药品的稳定性。一般以质量标准及《中国药典》制剂通则中与稳定性相关的指标为考察项目（表 7-3）。必要时，应超出质量标准的范围选择稳定性考察指标。比如，对于可能由温度变

化引起物相分离、黏度减小、沉淀或聚集的药品，如注射剂、软胶囊等，由于需要考虑运输或使用过程中温度变化对质量造成的影响，故需增加冻融试验等稳定性考察。

表 7-3 制剂稳定性考察项目表

剂型	稳定性试验主要考核项目
片剂	性状、鉴别、含量、崩解时限、溶出度、释放度
注射剂	性状、鉴别、含量、pH 值、可见异物、无菌、不溶性微粒
胶囊剂	性状、鉴别、含量、崩解时限、溶出度、释放度、水分，软胶囊检查内容物有无沉淀
颗粒剂	性状、鉴别、含量、粒度、溶化性、溶出度、释放度
眼用制剂	若为溶液，应考察性状、可见异物、含量、pH 值；若为混悬剂，应考察粒度、再散性；洗眼剂应考察无菌；眼用丸剂应考察粒度与无菌
鼻用制剂	性状、pH 值、鉴别、含量，鼻用散剂、喷雾剂与半固体制剂分别按相关剂型要求检查
栓剂	性状、鉴别、含量、融变时限
丸剂	性状、鉴别、含量、溶散时限
软膏剂	性状、均匀性、鉴别、含量、粒度
乳膏剂	性状、均匀性、鉴别、含量、粒度、分层现象
糊剂	性状、均匀性、鉴别、含量、粒度
喷雾剂	每瓶总吸次数、每吸喷量、每吸主药含量、雾滴分布
粉雾剂	排空率、每瓶总吸次、每吸主药含量、有关物质、雾滴分布
气雾剂	泄漏率、每瓶主药含量、每瓶总揿次、每揿主药含量、雾滴分布，用于烧伤（除Ⅰ度或浅Ⅱ度烧伤外）、严重创伤或临床必需的气雾剂应考察无菌
凝胶剂	性状、均匀性、鉴别、含量、粒度，乳剂检查分层现象
散剂	性状、鉴别、含量、粒度、外观均匀度
糖浆剂	性状、鉴别、含量、澄清度、相对密度、pH 值
搽剂、涂剂、涂膜剂	性状、鉴别、含量、分层现象（乳状型）、分散性（混悬型），涂膜剂应考察成膜性
贴剂	性状、鉴别、含量、释放度、黏附力
贴膏剂	性状、鉴别、含量、释放度、黏附力
口服溶液剂	性状、鉴别、含量、澄清度
口服乳剂	性状、鉴别、含量、分层现象
口服混悬剂	性状、鉴别、含量、沉降体积比、再分散性
植入剂	性状、鉴别、含量、无菌
膜剂	性状、鉴别、含量、释放度，眼膜、植入膜及用于溃疡面的膜应考察无菌
耳用制剂	性状、pH 值、鉴别、含量，耳用散剂、喷雾剂与半固体制剂分别按相关剂型要求检查
洗剂、冲洗剂、灌肠剂	性状、鉴别、含量、分层现象（乳状型）、分散性（混悬型），灌肠剂还应考察无菌
合剂	性状、鉴别、含量、澄清度、相对密度、pH 值
锭剂	性状、鉴别、含量
煎膏剂（膏滋）	性状、鉴别、含量、相对密度、不溶物

续表

剂型	稳定性试验主要考核项目
胶剂	性状、鉴别、含量、水分
酒剂	性状、鉴别、含量、乙醇量、甲醇量
膏药	性状、鉴别、含量、释放度、黏附力
露剂	性状、鉴别、含量、澄清度
茶剂	性状、鉴别、含量、溶化性
流浸膏剂、浸膏剂	性状、鉴别、含量、乙醇量

稳定性研究中，若药物制剂发生了显著性变化，如含量测定中发生5%的变化，性状、物理性质及特殊制剂的功能性试验（如颜色、相分离、硬度等）超出标准规定，pH超出标准规定，制剂溶出度或释放度超出标准规定等，则应改变条件再进行试验。

有效成分及其制剂应考察有关物质的变化。有效部位及其制剂应关注其同类成分中各成分的变化。复方制剂应注意考察项目的选择，注意试验中信息量的采集和分析。为了确定药物的稳定性，对同批次不同取样时间点及不同批次样品所含成分的一致性进行比较研究是有意义的。如对六味地黄制剂为主要研究对象中，以多指标成分含量测定、特征图谱和溶出度为考察指标，采用相似度分析、聚类分析两种方法综合分析，证实不同剂型之间、同一剂型不同厂家及同一厂家不同批次六味地黄制剂质量存在差异，可能与药材原料来源、药材的质量控制、制剂制备工艺差异及工艺过程的质量控制能力不同有关。提示各厂家需要在确保产品符合标准要求的同时，尚需建立从药材、中间体至成品的生产全过程质量控制体系，从而提升产品批间质量一致性。

五、分析方法

稳定性试验研究应采用专属性强、准确、精密、灵敏的分析方法，并对方法进行验证，以保证稳定性检测结果的可靠性。如何首乌中二苯乙烯苷在310nm波长处有最大吸收，但其降解物在该波长处的吸收不仅不降，而且随加热时间呈线性增加，因此以分光光度法难以考察二苯乙烯苷的降解情况，宜采用高效液相色谱法。

第五节　稳定性研究实验方法

一、影响因素试验

影响因素试验一般包括高温、高湿、强光照射试验。将原料置适宜的容器中（如称量瓶或培养皿），摊成≤ 5mm厚的薄层，疏松原料药摊成≤ 10mm厚的薄层进行试验。对于固体制剂产品，采用除去内包装的最小制剂单位，分散为单层置适宜的条件下进行。如试验结果不明确，应加试两个批号的样品。

1. 高温试验　供试品置密封洁净容器中，在60℃条件下放置10天，于0、5、10天取样检测。与0天比较，若供试品发生显著变化，则在40℃下同法进行试验。如60℃无显著变化，则不必进行40℃试验。

2. 高湿试验　供试品置恒湿设备中，于25℃、RH 92.5% ±5%条件下放置10天，在0、5、10天取样检测。检测项目应包括吸湿增重等。若吸湿增重在5%以上，则应在25℃、RH 75% ±5%下同法进行试验；若吸湿增重在5%以下，且其他考察项目符合要求，则不再进行此项试验。

恒湿条件可以通过恒温恒湿箱或在密闭容器中放置饱和盐溶液来实现。根据不同的湿度要求，选择NaCl饱和溶液（15.5～60℃，RH 75% ±1%）或KNO_3饱和溶液（25℃，RH 92.5%）。

对水性的液体制剂，可不进行此项试验。

3. 强光照射试验 供试品置装有日光灯的光照箱或其他适宜的光照容器内，于照度为4500±500lx条件下放置10天，在0、5、10天取样检测。试验中应注意控制温度，与室温保持一致，并注意观察供试品的外观变化。

光照稳定性变化的指标，液体制剂可测定其有效成分的含量变化，也可以利用其吸收度的变化反映其变色程度；固体制剂表面层的变化，可应用漫反射光谱法测定其反射率的改变。

此外，根据药物的性质，必要时应设计其他试验，探讨pH值、氧及其他条件（如冷冻等）对药物稳定性的影响。

二、加速试验

加速试验一般应在40±2℃、相对湿度75% ±5%条件下进行试验，在试验期间第0、1、2、3、6个月末分别取样检测。若供试品经检测不符合质量标准要求或发生显著变化，则应在中间条件下，即在30±2℃、相对湿度65% ±5%条件下（可用Na_2CrO_4饱和溶液，30℃，相对湿度64.8%）进行试验，试验时间为6个月。

对采用不可透过性包装的液体制剂，如合剂、乳剂、注射液等的稳定性研究中可不要求相对湿度。对采用半通透性的容器包装的液体制剂，如多层共挤PVC软袋装注射液、塑料瓶装滴眼液、滴鼻液等，加速试验应在40±2℃、RH20% ±5%的条件下进行。

对膏药、胶剂、软膏剂、凝胶剂、眼膏剂、栓剂、气雾剂等制剂可直接采用30±2℃、RH65% ±5%的条件进行试验。

对温度敏感药物（需在4～8℃冷藏保存）的加速试验可在25±2℃、RH60% ±5%条件下同法进行。需要冷冻保存的药品可不进行加速试验。

三、长期试验

长期试验是在接近药品的实际贮存条件下进行的稳定性试验，建议在25±2℃、RH60% ±10%条件下，分别于0、3、6、9、12个月取样检测，也可在常温条件下进行。12个月后仍需要观察的，分别于18个月、24个月、36个月取样进行检测，将结果与0月药品比较以确定药品的有效期。申报生产时，应继续考察其稳定性，据此确定有效期。由于实测数据的分散性，一般按95%可信限进行统计分析，得到合理的有效期。对温度敏感的药物，长期试验可在6±2℃条件下放置12个月，按照上述时间要求进行检测，12个月以后，仍需要按规定继续考察，制定在低温贮存条件下的有效期。对采用半通透性容器包装的中药制剂，长期试验应在25±2℃、相对湿度40% ±5%，或30±2℃、相对湿度35% ±5%条件下进行。

案例：细辛脑亚微乳注射液稳定性试验

细辛脑是中药石菖蒲中的主要有效成分，具有止咳、平喘、祛痰、镇静、解痉及抗惊厥的作用，临床疗效显著。但细辛脑水溶性差，市售细辛脑注射液处方中需加入丙二醇和/或吐温-80进行助溶和增溶，常导致注射疼痛、过敏等不良反应。而将其制备成亚微乳注射液则可提高药物的溶解度与稳定性，并显著减少原剂型的不良反应。其稳定性试验研究部分如下。

1. 影响因素试验 细辛脑亚微乳注射液在高温条件 60±2℃、光照条件 4500±500lx 下放置 10 天，在高温、光照试验的第 5 天和第 10 天取样检查，结果见表 7–4。

表 7–4 细辛脑亚微乳注射液高温及光照试验相关数据表

条件	时间（d）	溶血磷脂酰胆碱（%）	有关物质（%）	质量分数（%）
60±2℃	0	3.7	–	102.9
	5	6.5	0.04	102.3
	10	7.9	0.11	101.6
4500±500lx	5	5.2	7.14	95
	10	5.3	13.08	85.5

注：–表示未检出；外观均为白色乳状液体，pH、粒径、过氧化值、甲氧基苯胺值、游离脂肪酸、可见异物、不溶性微粒检查指标均符合规定。

2. 加速试验 取细辛脑亚微乳注射液市售包装（安瓿瓶）条件下，分别于加速条件为温度 30±2℃、相对湿度（65±5）% 下放置 6 个月，分别于 0、1、2、3、6 月时取样检查，结果见表 7–5。

表 7–5 细辛脑亚微乳注射液加速试验相关数据表

温度/℃	时间（月）	pH	粒径（nm）	溶血磷脂酰胆碱（%）	有关物质（%）	质量分数（%）
30±2	0	5.97	219.5	3.7	–	102.9
	1	5.96	221.1	3.5	0.1	103.1
	2	6.34	218.7	3.5	–	100.6
	3	6.43	219	3.8	–	100.9
	6	6.25	214	4.3	–	101.1

注：–表示未检出；外观均为白色乳状液体，过氧化值、甲氧基苯胺值、游离脂肪酸、可见异物、不溶性微粒、无菌、细菌内毒素检查指标均符合规定。

3. 长期试验 取细辛脑亚微乳注射液样品，分别于长期试验条件为温度 25±2℃、相对湿度（60±10）% 下放置 12 个月，分别于 0、3、6、9、12 月时取样检查，结果见表 7–6。

表 7–6 细辛脑亚微乳注射液长期试验相关数据表

温度/℃	时间（月）	pH	粒径（nm）	溶血磷脂酰胆碱（%）	有关物质（%）	质量分数（%）
25±2	3	6.34	219.5	3.9	–	102.5
	6	5.94	221.1	4.4	–	102.3
	9	6.43	239.6	4.8	–	102.5
	12	6.35	243.2	5.2	–	101.2

注：–表示未检出；外观均为白色乳状液体，过氧化值、甲氧基苯胺值、游离脂肪酸、可见异物、不溶性微粒、无菌、细菌内毒素检查指标均符合规定。

以上结果表明，细辛脑亚微乳注射液在高温条件（60±2）℃下放置10天，外观及物理稳定性无明显变化，但溶血磷脂酰胆碱超标，因此应避免在高温条件下放置。在光照条件4500±500lx下放置10天，其含量明显下降，有关物质显著增加，说明本品在光照条件下的稳定性差，应注意避光保存。加速条件下放置6个月与长期试验条件下放置12个月，各项检测指标均无显著变化，稳定性良好。

四、药品上市后的稳定性考察

药品注册申请单位应在药品获准生产上市后，采用实际生产规模的药品进行留样观察，以考察上市药品的稳定性。根据考察结果，对包装、贮存条件进行进一步的确认或改进，并进一步确定药品有效期。

五、有效期的研究与确定

药物在贮存过程中，常因水解、氧化等反应而使含量降低，乃至失效。一般情况下，药物的有效期以长期试验的结果为依据，取长期试验中与0月数据相比无明显改变的最长时间点为有效期。但长期试验需要较长的时间，在实际中通常采用加速试验预测药物的有效期。一般药物制剂含量损失掉原含量的10%就可认为失效，故药物制剂的有效期为药物含量降低10%所需要的时间，即$t_{0.9}$。

有效期确定的试验步骤：①通过恒温加速试验，测定不同时间药物指标成分的含量。②用$\log C$对时间t进行回归，确定反应级数。③确定不同温度的反应速率常数k。④根据Arrhenius公式$\log k=-E/(2.303R)\times 1/T+\log A$，求出常温时速率常数$k$，最后则可以求出有效期$t_{0.9}$。最常见的两种零级和一级降解反应的$t_{0.9}$的计算公式见表7-7。其中一级降解反应的$t_{0.9}$均与初始浓度无关。

表7-7 零级和一级降解反应的化学反应动力学表

级数	反应速度方程	有效期$t_{0.9}$计算公式
零级	$C=kt+C_0$	$0.1C_0/k$
一级	$\log C=-kt/2.303+\log C_0$	$0.1054/k$

表7-7中，C_0为药物初始浓度，t为反应时间，C为t时间药物浓度，k为反应速度常数。

加速试验得出的结果只是预测值，并不代表产品实际的有效期，仍需对上市产品继续进行长期留样的稳定性研究，以验证并确定产品实际的有效期。

第六节 稳定性研究要求与结果评价

一、稳定性研究要求

稳定性研究的内容应根据注册申请的分类及药品的具体情况，围绕稳定性研究的目的（如确定处方工艺、包装材料、贮存条件和制定有效期）进行设计和开展工作。

1. 新药 对于申报临床研究的新药，应提供符合临床研究要求的稳定性研究资料，一般情况下，应提供至少6个月的长期试验考察资料和6个月的加速试验资料。有效成分及其制剂还需提

供影响因素试验资料。

对于申请生产的新药，应提供全部已完成的长期试验数据，一般情况下，应包括加速试验6个月和长期试验18个月以上的研究数据，以确定申报注册药品的实际有效期。

2. 已有国家标准药品　已有国家标准品种的注册申请，一般情况下，应提供6个月的加速试验和长期试验资料。有关研究可参考“申请生产已有国家标准中药、天然药物质量控制研究的指导原则”。

3. 其他　药品在获得上市批准后，可能会因各种原因而申请改变制备工艺、处方组成、规格、包装材料等，原则上应进行相应的稳定性研究，以考察变更后药品的稳定性趋势。必要时应与变更前的稳定性研究资料进行对比，以评价变更的合理性，确认变更后药品的包装、贮存条件和有效期。

以下是部分补充申请及其相应稳定性资料的要求。

（1）改变生产工艺　应提供6个月加速试验及长期试验资料。

（2）变更药品处方中已有药用要求的辅料　应提供6个月加速试验及长期试验资料。

（3）变更药品规格　一般情况下，应提供6个月的加速试验及长期试验资料，并与原规格药品的稳定性资料进行对比。如果仅为装量规格的改变，不变更处方工艺、包装材料，应进行稳定性分析，酌情进行稳定性研究。一般来说，有效期可参照原装量规格药品有效期执行。

（4）变更直接接触药品的包装材料或者容器　一般情况下，应提供变更前后两种包装材料或者容器中药品的在不同包装条件下的6个月加速试验及长期试验资料，以考察包装材料的改变对药品质量的影响。

（5）其他内容的补充申请　对于其他内容的补充申请，如申请进行的变更可能会影响药品质量，并影响药品的稳定性，应提供稳定性研究资料，根据研究结果分析变更对药品稳定性的影响。

二、稳定性研究结果评价

药品稳定性的评价是对有关试验（如影响因素、加速试验、长期试验）的结果进行的系统分析和判断。其相关检测结果不应有明显变化。

1. 贮存条件的确定　新药应综合加速试验和长期试验的结果，同时结合药品在流通过程中可能遇到的情况进行综合分析。选定的贮存条件应按照规范术语描述。已有国家标准药品的贮存条件，应根据所进行的稳定性研究结果，并参考已上市同品种的国家标准确定。

2. 包装材料 / 容器的确定　一般先根据影响因素试验结果，初步确定包装材料或容器，结合稳定性研究结果，进一步验证采用的包装材料和容器的合理性。

第八章 中药新药药理学研究

扫一扫，查阅本章数字资源，含PPT、音视频、图片等

第一节　中药药效学研究

中药药效学研究是现代中医药学的重要组成部分，遵循中医药理论，运用现代科学方法，制定具有中医药特点的试验计划。根据中药新药的功能主治，选用或建立与中医“证”或“病”相符或相近似的动物模型和试验方法，整体和离体试验相结合，以整体试验为主，对中药新药的有效性做出科学评价。通过对理法方药进行深入的现代研究，以推动中医药学术发展，提高中医临床疗效，促进中药产业发展，并在中西医结合研究中发挥重要作用。

在当今中、西两大医学体系并存的背景下，如何探索具有中医药特色的中药药效学研究评价体系，是中药新药开发研究面临的一个主要问题。中药新药开发的最终目的是满足临床的需要，因此中药药效学研究必须紧密围绕临床目标，始终以临床应用为主线，进行有针对性的设计，并且要通过中药药效学研究，探索受试中药的作用特点，为后期临床试验提供研究方向和支持性数据，降低后期临床研究的风险。

一、中药药效学实验设计的基本知识

（一）中药药效学实验设计的重要性

实验设计是指实验者在实验前根据实验目的所拟定的实验计划或研究方案。实验设计是实验实施的依据，也是实验质量的重要保证。周密而完善的实验设计能够合理地安排人力、物力和时间，保证实验过程的科学性和合理性，严格控制实验误差，获得准确而可靠的高质量实验资料。

（二）中药药效学实验设计的基本原则

实验设计的三大原则：重复、随机和对照。

1. 重复　由于实验动物存在个体差异，常需多次重复实验方能获得可靠的结果，得出可信的结论。因此，重复是保证科学研究结果可靠性的重要措施。重复包括两方面的内容。

（1）重现性　即在同样的条件下能够重复出相同的结果。可靠的实验结果无论何时、何地、何人操作均应做出一致结果。精确可靠的实验结果应具有重复稳定性。能够充分重现的实验才是可靠的实验。

（2）重复数（样本量）　实验一定要有足够的重复数（实验次数或实验例数）。要根据实验

结果得出一个结论，必须有足够的样本数，样本数越多，得出的结论越可靠。但样本数越多，实验成本就会增大，甚至影响实验质量。除了根据统计学标准外，还有基本实验例数的习惯，因此在中药药效学实验中规定了动物的基本例数。

①小型动物：计量资料每组不少于 10 例，计数资料每组不少于 30 例，如小鼠、大鼠。

②中型动物：计量资料每组不少于 8 例，计数资料每组不少于 20 例，如家兔、豚鼠、猫。

③大型动物：计量资料每组不少于 6 例，计数资料每组不少于 10 例，如犬、猴。

2. 随机　随机是指随机遇而定。其目的是减少实验者主观因素的影响及偏性误差。实验中一切有可能影响实验结果的非研究因素都应随机处理，每个实验对象在接受用药、检测、分组等处理时都有相等的机会。随机的手段可采用抽签法、随机数字表或计算器的随机数字键等。近年来提出“均衡下的随机”，即根据实验需要先将与研究因素密切相关的因素（如体重、血糖、血脂、血压等）由大到小或由小到大排列、分层，然后再分别对处于不同层次中的动物进行随机分组，使控制因素得到均衡化。

3. 对照　比较研究是中药药效学实验最基本的方法。对照是比较的基础，没有对照就没有比较、没有鉴别，所以实验设计必须设立对照组。

设置对照组应遵循“齐同可比”原则。“齐同可比”是指对照组与实验组之间除了实验用中药、处理的不同外，其他一切条件如实验动物、实验方法、仪器、实验环境及时间等均应相同，实验动物的种属、品系、性别、窝别、年龄、体重、健康状况等也应尽量一致，以减少误差。

在中药药效学实验设计时，可根据不同的研究内容选择不同的对照形式，常用的对照形式主要有以下 6 种。

（1）空白对照　即对照组不施加任何处理因素，即用不给任何处理的正常动物进行对照观察。这里的不做处理并非什么因素都不给予，而是针对实验所要研究的因素不给予（造模、给药），在实验中必须要对空白对照组动物施以假影响，如常用溶剂灌胃、用生理盐水注射等，以保证对照组实验动物与其他组实验动物实验条件的均衡性。空白对照组设置目的：一方面可用来观察造模是否成功，另一方面可以更好地观察在药物作用下给药组指标是否恢复正常。

（2）假处理对照　指除不实施真正的处理因素外，其他处理（麻醉、注射、手术过程等）一切相同，实验结果应为阴性结果，也可把其归为空白对照组范畴。在动物实验中涉及手术造模过程中，往往可以设置假处理对照组，又称假手术对照。例如观察某中药对去卵巢致骨质疏松大鼠的影响，造模过程涉及手术操作，即麻醉后摘除老龄雌性大鼠的双侧卵巢，实验中可设置假处理对照：麻醉后分离卵巢和输卵管空白，不切除，而模型对照组麻醉后切除双侧卵巢，可见设置了假手术对照组，可模拟麻醉、手术等过程对实验结果的影响，使实验条件控制得更加均衡。

（3）模型对照　除不用被研究的药物外，模型对照组的动物要与给药组的动物经受同样的处理，如造模、给予生理盐水或不含药物的溶媒，实验结果应为阴性。为证实药物的作用常需建立病和证的动物模型，在相应的动物模型身上观察药物作用，才能真正反映临床疗效。

（4）阳性对照　采用药典收载、同行公认、疗效确切、公开上市的药物作为对照，阳性对照药力求与受试药主治相同、功能类似，剂型与给药途径相同者，实验结果应为阳性。为验证所用方法和指标的可靠性、准确性，阳性药必须呈现阳性结果，否则有理由怀疑所选方法、操作过程和指标的可信度；对比同类药物药效的强弱，比较新药的作用特点、作用强度、起效快慢。

（5）组间对照　在实验组间分几个剂量组互或不同制剂组为对照进行对比，一般设 2 至 3 个剂量组，以说明量效关系或药效的剂量依赖性。

（6）自身对照　是指实验与对照在同一观察对象身上进行，如同一受试对象的不同时间、同

一部位或对称部位、不同器官采取不同处理措施，自身进行观察和比较分析。例如在二甲苯致小鼠急性炎症反应实验中，可在小鼠一侧耳郭涂抹二甲苯，对侧则作为正常部位进行对照，通过比较两侧耳片的重量评价炎症反应程度。

二、实验动物的选择

为了保证中药药效学实验结果的科学性和可重复性，必须选择标准化的、与实验目的相适应的实验动物。从某种意义上讲，选择适宜的实验动物是成功的关键，实验动物的选择一般应遵循以下原则。

（一）相似性原则

相似性原则是指利用动物与人类某些结构、功能、代谢及疾病特点的相似性选择实验动物。中药药效学研究的根本目的是要揭示中药作用规律和作用机制，研究和开发中药新药。因此，在选择实验动物时应优先考虑的问题是尽量选择在组织结构、生理功能、疾病特征等方面与人类相似的实验动物。

（二）特异性原则

利用不同品种品系实验动物存在的某些特殊的结构、生理代谢功能和反应的特异性，可满足不同实验要求，达到预期的实验目的。如家兔对体温变化十分灵敏，适于解热和热原检查等实验，而小鼠和大鼠体温调节不稳定，则不宜选用；家兔的心血管系统，特别是血压不稳定，一般不适合做心血管系统实验，特别是降压实验；家兔、大鼠及小鼠无呕吐反应，故止吐实验不宜选择，宜选用家鸽、猫、犬等。

（三）适宜规格的原则

1. 年龄 实验动物的年龄（周龄）不同，生物学特性也有差异，在相同外界因素刺激下可呈现不同的反应和应激状态。如家兔出生 2 周以后肝脏才有解毒功能，4 周后才能达到成年家兔的水平。一般实验应该选择成熟的青壮年动物为宜。

2. 体重 在饲育环境和营养水平相一致的条件下，实验动物的体重与年龄有一定的相关性，实验中可以根据体重选择符合实验要求的动物。但应注意，不同品种、品系的动物都有各自的生长曲线，实验时如无特殊要求，一般情况下选择小鼠 18 ~ 22g，大鼠 180 ~ 220g，家兔 1.5 ~ 2.5kg，犬 7 ~ 12kg。

3. 性别 同一品种或品系而不同性别的动物，对于外界刺激的反应不尽相同。因此，动物选择时还应该考虑性别问题，否则会给实验带来较大误差或导致实验失败。统计学研究显示，单一性别的动物比两种性别兼用者，所得数据的离散度要小，可靠性要高。因此，中药药效学研究尽量选择单一性别实验动物。除必须用雌性动物的实验外（如热板法测小鼠痛阈值，妇科及计划生育用药则必须采用雌性动物），其他实验一般均采用雄性动物。

4. 标准化原则 实验动物是有生命实验材料，选用标准化的实验动物是确保实验结果可靠性和权威性的重要前提。使用遗传背景明确或来源清晰的实验动物进行实验是动物实验最基本的要求之一。实验中还应严格控制实验条件，包括直接影响实验结果的环境因素、营养因素、实验室管理和操作程序等，它们虽非所选动物本身的质量问题，但是如果不严格控制，即便选用合格的动物也难以获得高质量的研究结果。

5. 经济、易获性原则　所用实验动物的易获性是动物选择不可忽略的重要因素。宜选用价格便宜、饲养经济、容易获得的标准化实验动物，选择相匹配的实验条件与方法，力求方法简便、成本最低。

6. 政策法规　在动物选择中还需要充分考虑实验动物伦理道德及政策法规。动物实验需要所在单位伦理委员会批准。应将项目的研究内容、实验方案和具体实施计划提交动物实验伦理委员会进行审核。动物实验伦理委员会参照科技部（原国家科委）会颁布的《实验动物质量管理办法》（1997 年）、《动物实验管理条例》（2017 年修正版）、《关于善待实验动物的指导性意见》（2006 年）、NMPA《药物非临床研究质量管理规范》（2017 年）等相关法律法规，根据实验设计及严格执行善待动物的原则，对实验内容进行审批，研究审批通过后方可开展研究。

在研究过程中，保证实验动物五项基本福利（①免受饥饿的自由；②生活舒适的自由；③免受痛苦、伤害和疾病的自由；④免受恐惧和不安的自由；⑤免受身体不适的自由），严格遵守“3R”原则，即 reduction（减少）、replacement（代替）、refinement（优化），减少动物疼痛和不适，目前在国内外已被普遍关注和接受。它不但体现了对于实验动物的爱惜、保护和对生命的尊重与敬畏，同时也贯彻了科学地进行动物实验的理念。

20 世纪 90 年代以来，我国颁布了一系列有关药品的管理规范。如 GMP（good manufacturing practice for drugs），即《药品生产质量管理规范》；GLP（good laboratory practice），即《药物非临床研究质量管理规范》等，其中均涉及有关实验动物的规定，均应参照执行。

三、中药药效学实验方法的选择

（一）坚持中医药理论的指导

中医药学历史悠久，源远流长，经过了几千年的临床实践，每味中药从性味、归经、功能、主治、用法、用量、配伍、禁忌等，历代医家都有经典论述，这是十分宝贵的临床经验，也是最朴素、最真实的记载。例如，黄芪益气、大黄泻下、附子温里等。因此，我们在进行中药药效学实验时可以从中得到很多启示。

（二）整体实验与离体实验相结合

整体实验以麻醉或清醒动物为研究对象，较为接近临床实际，所得实验结果可直接为临床所借鉴，也符合中医药多成分、多环节、多靶点综合作用的特点。其药效为药物与机体相互作用的最终体现和各种因素共同作用的最终结果。

离体实验主要以离体器官、组织、细胞为研究对象，能够排除体内各种复杂因素的干扰，直接进行观测，影响因素可控，受试环境单纯，结果重现性好。但实验体系缺少了机体完整统一的内环境和神经、体液的调控作用，容易出现假阳性或假阴性结果，与临床距离较远。

整体实验与离体实验是中药药效学研究的两大重要途径，二者既各有优势，又各有不足。考虑中医药学以整体观念为核心，重视整体功能的调控与调节，所以在进行中药药效学实验时，应以整体实验为主、离体实验为辅。

（三）采用“病”与“证”的动物模型

正常与病理状态下实验动物生理解剖特征存在差异，研究发现有些药物对正常动物反应不明显，而对病理模型动物反应敏感。如五苓散对健康人、正常小鼠及家兔均无利尿作用，但对水代

谢障碍的水肿患者或动物却有明显的利尿作用。中药有“寒、热、温、凉”四气，《素问·至真要大论》云“寒者温之，热者寒之”，《神农本草经》云“疗寒以热药，疗热以寒药”，所以中药药效学研究更需要建立与临床一致的病理模型进行实验，以获得客观的结果和结论。中药药效学实验动物模型分为疾病动物模型、证候动物模型、病证动物模型三大类。动物模型应首选符合中医病或证的模型，目前确有困难的，可选用与其相近似的动物模型和方法进行试验，以整体动物体内试验为主，必要时配合体外试验，从不同层次证实其药效。

1. 疾病动物模型 疾病动物模型分为诱发性疾病动物模型和自发性疾病动物模型。诱发性疾病动物模型是研究者通过使用物理、化学、生物等因素作用于动物，造成动物组织、器官或全身损害，出现某些人类疾病的功能、代谢或形态结构方面的改变，如发热动物模型、四氧嘧啶糖尿病动物模型、胃黏膜损伤动物模型等。自发性疾病动物模型是指实验动物未经任何倾向性的人工处理，在自然情况下发生染色体畸变、基因突变，并通过定向培育而保留下来的疾病模型，如无胸腺裸鼠、重症肌无力小鼠、青光眼家兔、高血压大鼠、肥胖症小鼠等。

2. 证候动物模型 中药需要在中医“辨证论治”“整体观念”理论下应用于临床。中药药效学研究是在中医药理论的指导下，根据中药的传统功效，参考临床主治进行设计并实施的。根据中医辨证论治的特点，中药药效学实验研究应将中医临床定位与中药品种特点相结合，制备中医证候动物模型，进行符合中医临床需要的实验设计。因此类动物模型的造模因素是依据中医证候的病因病机进行选择，其病因、症状、检测指标和药效特点等与中医临床较为吻合，故对受试药物临床推广与应用更具参考价值。例如，泄泻可分为寒湿、湿热、食滞、脾虚等证，其临床表现主要为大便次数增多，便溏、清稀甚至水样便，但不同证型的伴见症状各不相同，中医辨证施治，理法方药多有变化。因此，在进行药效学实验时，应依据受试中药的功能主治及作用特点，选择合适的实验方法，复制相应的证候动物模型，达到正确反映药效的目的。《中药药效学研究指南》指出，主要功效为健脾和胃的中药，可采用苦寒中药喂饲的方法复制脾虚泄泻小鼠模型，重点考察小鼠的肠运动功能，并进行 2~3 项健脾益气方面的实验观察，以评价药物效应。

自 19 世纪 60 年代邝安堃建立第一个类“阳虚”动物模型以来，科研工作者已用 200 多种方法复制建立了肾虚证、脾虚证、肺虚证、心虚证、血瘀证、血虚证、肝郁证、寒证、热证、痹证、里实证、厥脱证、温阻证、温病等证候动物模型。从目前看，证候动物模型的研究还远远不能满足中药药效学研究的需要，全面推广应用尚有距离。

（1）中医证候动物模型的复制方法 中医诊治疾病的核心是辨证论治，所以复制中医证候动物模型应是中药药效学研究的重要手段。常用两类复制方法：一类是根据临床某些证候表现，采用相应的手段在动物身上复现，再用临床常用的方剂反证，有效者亦称之为某证型的模型，如“脾虚”型、“阳虚”型等；另一类复制西医某种疾病的模型，将其当成中医某种证的模型，如将溶血性贫血称之为“血虚”模型，或以高黏滞血症作为“血瘀”模型等。应该说前者较后者更有中医特色。

复制中医“证”的动物模型难度较大，因为中医的证是疾病的病因、病位及病邪性质的概括，临床上多体现为患者主诉，辨证存在主观性因素，确切的客观指标尚在探索之中，即使客观表现如舌象、脉诊及神志等也不易在动物身上模拟出来。因此，多数学者认为目前只有尽可能从“证”的临床辨证标准来评价中医“证”的动物模型。

（2）中医证候动物模型标准 目前，判断中医证候动物模型的方法有两种：一种是根据病因、症状直接判断；另一种是根据常用方剂反证。实验动物与人生理解剖结构差异明显难以直接交流，脉诊又不适于动物等，中医传统的望、闻、问、切诊断方法在动物身上难以体现。中医证候模型成功与否往往难以给予比较确切的判断。如近年来复制的肝郁模型，动物表现是易激怒、好斗咬人、攻击性强、进食量少、体重增加慢。按中医传统辨证方法来衡量，仅依据症状难以精确判定为中医肝郁证。因为在症状方面还缺少胸胁满闷、善太息、脉弦等肝郁证主要辨证依据；反证法用临床有效方剂作用于从病因、症状尚难以直接判断的模型动物，有效者称之为该证型，如用补脾药有效的可能是脾虚证。由于中医辨证施治具有高度的灵活性，普遍存在"异病同治""同病异治"，造成方药使用未完全统一，给反证法确认中医证候动物模型带来障碍，故此方法必须建立在一定的基础之上。

3. 病证动物模型　西医辨病、中医辨证、病证结合成为中医临床行之有效的诊疗方法。建立病证动物模型对中药药效学研究具有特殊意义。病证动物模型包括两类：一类是将现代医学的人类疾病动物模型与中医证候动物模型嫁接，建立病证结合动物模型，如高脂性血瘀证动物模型、失血性贫血血虚证动物模型、感染性休克厥脱证动物模型等；另一类是在中医药病证理论指导下，把现代医学的辨病论治与中医学的辨证论治结合起来，中西汇通，建立中医病证结合动物模型。如此所建立的动物模型既有西医疾病的特点，又有中医证候的特征，能够全面、客观地评价中药药理效应，且与中医临床的契合度也更高。

例如，采用结扎大鼠心脏左前降支动脉加左旋硝基精氨酸灌胃，复制心气虚血瘀证心肌梗死和心阳虚血瘀证大鼠模型。结扎大鼠心脏左前降支动脉致心肌梗死，再给予一氧化氮合酶抑制剂——左旋硝基精氨酸，使其血压升高，心功能恶化致心衰发展，气虚证候加重，并出现体温低、尿量多等阳虚证和血流动力学障碍等血瘀证表现。此模型既符合西医心肌梗死的临床表现和病理特征，又与中医心气虚血瘀证向心阳虚血瘀证发展的证候表观一致，属于病证结合动物模型。

四、给药剂量的确定

剂量的确定是中药药效学实验设计的核心问题。剂量太小，作用不明显，剂量太大，又有可能引起不良反应。不同的动物用多大的剂量合适，对中药来讲，可供参考的信息不多，常用的方法是根据人临床用量按等效剂量折算。

$$D_B = K \cdot D_A$$

K 为折算系数，D_A 为 A 种动物剂量，D_B 为 B 种动物剂量。

表 8-1 中列出了各种动物和人的等效剂量比值。如需将人的剂量（D_A）转换成动物剂量（D_B），将剂量乘以相应折算系数，再乘上人的体重与 B 种动物体重的比值，即得 B 种动物的用药剂量。

例如，某中药制剂，人的临床剂量为 X g/kg，换算成大鼠的剂量。

大鼠的剂量＝ X g/kg × 0.018 × 70kg / 0.2kg ＝ 6.3 X g/kg

依此类推，我们还可以折算出小鼠、豚鼠等其他动物剂量。

小鼠的剂量＝ X g/kg × 0.0025 × 70kg /0.02kg ＝ 8.75 X g/kg

豚鼠的剂量＝ X g/kg × 0.031 × 70kg /0.4kg ＝ 5.42 X g/kg

家兔的剂量＝ X g/kg × 0.07 × 70kg /1.5kg ＝ 3.27 X g/kg

猫的剂量＝ X g/kg × 0.076 × 70kg /2.0kg ＝ 2.66 X g/kg

猴的剂量＝ X g/kg × 0.163 × 70kg /4.0kg ＝ 2.85 X g/kg

犬的剂量＝ X g/kg × 0.32 × 70kg /12kg ＝ 1.87 X g/kg

表 8-1 人和动物间按体表面积折算的等效剂量比值

	B种动物	小鼠（0.2kg）	大鼠（0.2kg）	豚鼠（0.4kg）	家兔（1.5kg）	猫（2.0kg）	猴（4.0kg）	犬（12kg）	人（70kg）
A种动物	小鼠	1.0	7.0	12.25	27.8	29.7	64.1	124.2	387.9
	大鼠	0.14	1.0	1.74	3.9	4.2	9.2	17.8	56.0
	豚鼠	0.08	0.57	1.0	2.25	2.4	5.2	10.2	31.5
	家兔	0.04	0.25	0.44	1.0	1.08	2.4	4.5	14.2
	猫	0.03	0.23	0.41	0.92	1.0	2.2	4.1	13.0
	猴	0.016	0.11	0.19	0.42	0.45	1.0	1.9	6.1
	狗	0.008	0.06	0.10	0.22	0.23	0.52	1.0	3.1
	人	0.0025	0.018	0.031	0.07	0.076	0.163	0.32	1.0

五、给药方式的选择

中药的给药方式可分预防性给药和治疗性给药。预防给药需先提前给药，使受试中药在体内达到有效浓度后再进行造模，观察受试中药的预防作用。治疗给药先复制动物模型，然后给予中药干预，观察受试中药的治疗作用，这种方式更符合临床实践。但中药的特点是起效缓慢、作用温和，治疗性给药常难以获得预期结果，如体内抗感染实验，可以先给药几日后，再接种感染原，然后继续给药几日，观察中药的抗感染作用。因此，具体的给药方式可根据实验目的、受试中药的特点、动物模型的特点灵活选择。

六、观察指标的确定

确定了动物模型及实验方法后，需要通过观察指标来客观准确地评价中药药理效应的强弱。当然，研究的中药新药不同，给药途径及功能主治不同，观察指标亦不相同。随着现代医学及分子生物学的发展，新技术、新方法、新指标不断在中药药效学研究中应用，可供选择的指标很多，确定观察指标时应明确，观察指标不是“越多越好，越新越好”，不是指标的叠加与重复，而是通过必要的药效指标精准反映出中药新药的药效学特征，以期对其做出客观评价。原则上应选择特异性强、敏感性高、重现性好、与疾病关联性强、客观、定量或半定量的指标进行观察。例如，进行中药保肝实验时，可通过检测血清谷丙转氨酶、谷草转氨酶、碱性磷酸酶的变化来反映肝细胞膜通透性变化情况。

观察指标类型可分为三类。

（一）定量资料

用可测量的数据或量的分级表示，如血压、尿量、体温、血液生化值等。

（二）定性资料

用全或无、阳性或阴性（有效或无效、死亡或生存、出现或不出现）表示。

（三）等级资料

指标有等级关系，如痊愈、显效、有效、无效，－、＋、＋＋、＋＋＋、＋＋＋＋等。

中药药效学研究除了采用现代医学的客观检测指标评价外，还需要在证候动物模型研究的基础上，选择与中医证候相关的多种客观指标进行系统评价。例如，一种能够治疗外感热证的中药新药的药效学研究，如果仅设计简单的抗炎实验，从新药评审的角度看是过于单薄的，中药的作用仍然不明确、不清晰，尚缺乏循证证据。对于受试中药新药是否能够用于外感热证的治疗，还需要进行更为系统、更有针对性的研究，选择全面、客观和准确的检测指标进行评价。NMPA《中药注册分类及申报资料要求》指出，中药创新药应提供主要药效学试验资料，药物进入临床试验的有效性证据包括中医药理论、临床人用经验和药效学研究。药效学试验设计时应考虑中医药特点，根据受试物拟定的功能主治选择合适的试验项目。提取物及其制剂，提取物纯化的程度应经筛选研究确定，筛选试验应与拟定的功能主治具有相关性，筛选过程中所进行的药理毒理研究应体现在药理毒理申报资料中。中药复方制剂，根据处方来源和组成、临床人用经验及制备工艺情况等可适当减免药效学试验。具有人用经验的中药复方制剂，可根据人用经验对药物有效性的支持程度，适当减免药效学试验；若人用经验对有效性具有一定支撑作用，处方组成、工艺路线、临床定位、用法用量等与既往临床应用基本一致的，可不提供药效学试验资料。依据现代药理研究组方的中药复方制剂，需采用试验研究的方式来说明组方的合理性，并通过药效学试验来提供非临床有效性信息。中药改良型新药，应根据其改良目的、变更的具体内容来确定药效学资料的要求。若改良目的在于或包含提高有效性，应提供相应的对比性药效学研究资料，以说明改良的优势。中药增加功能主治，应提供支持新功能主治的药效学试验资料，可根据人用经验对药物有效性的支持程度适当减免药效学试验。

七、完全随机设计

完全随机设计是将每个实验对象随机分配在各组，并从各组实验结果的比较中得出结论。通常采用随机数字进行完全随机化分组。此法的设计和统计处理都较简单。

先将实验动物按规定编号，利用随机排列表或随机数字表将实验动物分配到各组中去（用随机排列表进行分组时，各组例数相等；用随机数字表进行分组时，各组例数常不相等，故常用前者）。

（一）用随机排列表分组

例 1–1：按完全随机设计方法将 8 只小鼠随机分配到甲、乙两组。

先将小鼠随意编为 1、2、3……8 号，再从随机排列表中任意指定一行，如第 3 行，依次将 0 ~ 7 之间的随机数字记录在小鼠编号下（遇 7 以上的数字应舍去）。按预先规定，将随机数字为奇数者分到甲组，偶数者分到乙组。分组情况见表 8–2。

表 8–2　用随机排列表分组举例（分为 2 组）

动物编号	1	2	3	4	5	6	7	8
随机数字	1	2	0	3	7	4	5	6
组　别	甲	乙	乙	甲	甲	乙	甲	乙

随机分组的结果是第 1、4、5、7 号小鼠被分到甲组；第 2、3、6、8 号小鼠被分到乙组。

例 1-2：按完全随机设计方法将 12 只大鼠随机分为甲、乙、丙三组。

先将大鼠随意编为 1、2、3……12 号，再从随机排列表中任意指定一行，如第 21 行，依次将 0 ~ 11 之间的随机数字记录在各编号下（遇 11 以上的数字应舍去）。按预先规定，将随机数字为 0 ~ 3 的大鼠分入甲组，4 ~ 7 的大鼠分入乙组，8 ~ 11 的大鼠分入丙组。结果见表 8-3。

表 8-3　用随机排列表分组举例（分为 3 组）

动物编号	1	2	3	4	5	6	7	8	9	10	11	12
随机数字	8	4	7	0	11	1	5	3	6	10	9	2
组　别	丙	乙	乙	甲	丙	甲	乙	甲	乙	丙	丙	甲

随机分组的结果是第 3、5、7、11 号大鼠分入甲组，第 1、2、6、8 号大鼠分入乙组，第 0、4、9、10 号大鼠分入丙组。

（二）用随机数字表分组

例 1-3：按完全随机设计方法将 8 只小鼠随机分配到甲、乙两组。

先将小鼠随意编为 1、2、3……8 号，然后任意指定随机数字表的某一行某一数字开始。如自第 6 行第一个数开始，按横的方向抄录，得 16、22……43 等 8 个数。设定单数代表甲组，双数代表乙组，如表 8-4 所示。

表 8-4　用随机数字表分组举例（分为 2 组）

动物编号	1	2	3	4	5	6	7	8
随机数字	16	22	77	94	39	49	54	43
组　别	乙	乙	甲	乙	甲	甲	乙	甲

随机分组的结果是第 3、5、6、8 号小鼠分入甲组，第 1、2、4、7 号小鼠分入乙组。

设有动物 12 只，随机分成 3 组。将动物随意编号后应用随机数字表分配。如从第十四行第 4 个数字开始，按斜角线抄下 19、12……30 等 12 个数字，每个数均用 3 除，用余数 1、2、3 分别代表甲、乙、丙组，结果分入甲组的动物 5 只，分入乙组的动物 3 只，分入丙组的动物 4 只。结果见表 8-5。

表 8-5　用随机数字表分组举例（分为 3 组）

动物编号	1	2	3	4	5	6	7	8	9	10	11	12
随机数字	19	12	40	83	95	34	19	44	91	69	03	30
余　数	1	3	1	2	2	1	1	2	1	3	3	3
组　别	甲	丙	甲	乙	乙	甲	甲	乙	甲	丙	丙	丙

如 3 组动物数不相等，则需将原归甲组的 5 只动物中的 1 只改分入乙组。可以用随机数字表继续按斜角线抄录一个数字——60。归入甲组的动物有 5 只，故用 5 除，余数为 0，可以视之相当于 5，就可以将第 5 只甲组动物，即编号为 9 的动物改为乙组。

随机分组的结果是第 1、3、6、7 号动物分入甲组，第 4、5、8、9 号动物分入乙组，第 2、10、11、12 号动物分入丙组。

八、受试药物

应为处方固定、生产工艺及质量稳定，并与临床研究用药基本相同的剂型及质量标准。注射给药或离体试验时，应注意药物中的杂质、不溶物质、无机离子及酸碱度等因素对试验的干扰。

九、常用统计方法与统计软件

（一）量反应资料

又称计量资料，指实验数据通过测量而得，每一观测对象都有一个具体的测量值，如血压、心律等，有三个主要参数，即均数、标准差及例数。

（二）质反应资料

又称计数资料，指机体对药物的反应只有“阳性”或“阴性”，只存在质的差别和归属问题，没有具体测量值，常表达为阳性率、死亡率等数据。将反应强度分为若干等级，然后根据各等级中计数的例数进行统计分析，也属于质反应资料。

（三）时反应资料

又称计时资料，指观察指标为某种质反应出现所需的时间或持续时间，即药效的显效时间或持续时间，是可测量的，不同于一般量反应资料。

（四）常用统计软件

1. SPSS（Statistical Product and Service Solutions） 即“统计产品与服务解决方案”软件。SPSS是世界上最早的统计分析软件，由美国斯坦福大学的三位研究生于20世纪60年代末研制。它最突出的特点就是操作界面友好，输出结果美观。它将多种功能以统一、规范的界面展现出来，用户只要掌握一定的windows操作技能，粗通统计分析原理，就可以使用该软件进行统计分析服务。

SPSS采用类似EXCEL表格的方式输入与管理数据，数据接口较为通用，能方便地从其他数据库中读入数据。SPSS的基本功能包括数据管理、统计分析、图表分析、输出管理等。SPSS统计分析过程包括描述性统计、均值比较、一般线性模型、相关分析、回归分析、对数线性模型、聚类分析、数据简化、生存分析、时间序列分析、多重响应等几大类，每类中又分为多个统计内容，例如回归分析中又分线性回归分析、曲线估计、Logistic回归、Probit回归、加权估计、两阶段最小二乘法、非线性回归等多个统计项目，而且每个过程中又允许用户选择不同的方法及参数。SPSS也有专门的绘图系统，可以根据数据绘制各种图形。SPSS的输出结果美观，存储时采用专用的SPO格式，可以方便地转存为HTML格式或文本格式。

2. SAS（Statistical Analysis System） 是由美国北卡罗来纳州州立大学1966年开发的统计分析软件。SAS是一个模块化、集成化的大型应用软件系统。它由数十个专用模块构成，功能包括数据访问、数据储存及管理、应用开发、图形处理、数据分析、报告编制、运筹学方法、计量经济学与预测等。

SAS系统可分为四大部分：SAS数据库、SAS分析核心、SAS开发呈现工具、SAS对分布处理模式的支持及其数据仓库设计。SAS系统主要完成以数据为中心的四大任务：数据访问、数

据管理、数据呈现及数据分析。

案例：治疗痛经中药的药效学试验

痛经是指妇女在经期或其前后出现周期性的下腹疼痛为主症，伴有其他不适症状的一种疾病，是妇科临床常见病、多发病，可分实证（气滞血瘀、寒湿凝滞、湿热瘀阻）及虚证（气血虚弱、肝肾亏虚）等型。原发性痛经常见于青春期少女或未生育的年轻女性，继发性痛经则继发于盆腔炎、子宫内膜异位病变等。研究治疗痛经药物的药效学试验方法和指标如下。

（一）对痛经动物模型的治疗试验

1. 大鼠痛经模型

方法 1：雌性大鼠，体重 120 ~ 150g。在大鼠股部皮下植入一个己烯雌酚小丸（每丸 15mg），饲养 8 周。在最后 3 天分组给药治疗 3 天，末次给药后 1 小时，每只腹腔注射缩宫素 ED_{50} 量（每只 2U）。观察 15 分钟内各组动物出现扭体反应率（也可用出现扭体反应的潜伏期和 15 分钟内扭体次数作观测指标），判断药物的抗痛经作用。

方法 2：雌性大鼠，体重 120 ~ 150g。大鼠股部皮下注射己烯雌酚，每日注射 1 个剂量，分别为 0.8mg、0.4mg、0.6mg、0.8mg，共 4 天，以提高子宫对缩宫素的敏感性。在注射己烯雌酚的第 2 天开始给药治疗 3 天。第 4 天注射己烯雌酚后 1 小时，每只大鼠腹腔注射缩宫素 2U，观察 30 分钟内引起扭体反应次数和各组动物扭体发生率。

方法 3：雌性大鼠，体重 120 ~ 150g。大鼠连续皮下注射雌二醇 10 天，每天 1 次，第 1 天和第 10 天每只皮下注射 0.5mg，其余者其余时间均每只 0.2mg。第 10 天开始，每天给大鼠灌胃试验药物 1 次，连续 3 天。末次给己烯雌酚 24 小时，给试验药 40 分钟后，腹腔注射缩宫素每只 2U，记录 30 分钟内大鼠发生扭体反应次数。

方法 4：雌性大鼠，体重 120 ~ 150g。大鼠连续皮下注射己烯雌酚 10 天，每天 1 次，第 1 天和第 10 天为每只 0.8mg，第 2 天和第 9 天为每只 0.4mg，皮下注射己烯雌酚第 9 天开始给试验药物治疗，连续 3 天。末次给己烯雌酚 24 小时，给试验药 40 分钟后，腹腔注射缩宫素每只 2U，记录 30 分钟内大鼠发生扭体反应次数。

方法 5：雌性大鼠，体重 120 ~ 150g。$MPGF_{2\alpha}$（15- 甲基前列腺素 $F_{2\alpha}$）诱发大鼠痛经模型。大鼠连续 4 天每天腹腔注射己烯雌酚，分别为 0.8mg、0.4mg、0.6mg、0.8mg。末次给己烯雌酚后 1 小时，对大鼠腹腔注射 $MPGF_{2\alpha}$ 1mg/kg，观察 30 或 60 分钟内扭体反应次数。

2. 小鼠痛经模型

方法 1：雌性小鼠，体重 20g 左右。皮下注射己烯雌酚每只 0.2mg，连续 3 天。第 4 天给药 1 次，药后 1 小时小鼠腹腔注射缩宫素每只 2U。观察小鼠 30 分钟内的扭体反应次数和扭体发生率。

方法 2：雌性小鼠，体重 20g 左右。给药第 6 天时，皮下注射己烯雌酚每只 0.2mg，24 小时后再注射己烯雌酚 1 次，1 小时后腹腔注射前列腺素 E_1（PGE_1）12.5μg/10g，随即观测 15 分钟内小鼠扭体发生率与扭体次数。

方法 3：雌性小鼠，体重 20g 左右。连续 12 ~ 15 天灌胃己烯雌酚 2mg/kg，末次给雌激素后再腹腔注射缩宫素 20U/kg（0.4U/20g 体重），记录小鼠出现扭体反应的潜伏期和 30 分钟内的扭体次数。模型建立后可维持约 1 周。缩宫素诱发扭体反应作用大于 $MPGF_{2\alpha}$；与相同方法建立的大鼠痛经模型比较，扭体次数约是大鼠模型的 6 倍；扭体次数 90% 集中在注射后 30 分钟内。

3. 实验 四物汤对小鼠痛经模型扭体次数的影响

实验动物与分组：选取体重 18 ~ 22g 昆明种小鼠 90 只，全雌。适应数天后，随机分为空白对照组、模型组、阳性（田七痛经胶囊）组、四物汤药物组。

痛经模型建立：除空白对照组外，其余各组连续给予己烯雌酚（2mg/kg）12 天，于第 4 天开始给予药物治疗。四物汤为经方，药效学实验为验证性实验，故可设立一个剂量组，四物汤组给药剂量 4.5g/kg（四物汤日服生药量 36g，人日服剂量 36g ÷ 70kg=0.51 g/kg，换算成小鼠剂量 0.51 × 8.75=4.5g/kg），阳性组给药剂量 0.75g/kg，空白组和模型组灌胃等容量生理盐水，每日早晨灌胃各组药液，下午灌胃己烯雌酚，连续 7 天。实验当天，灌胃药液 1 小时后灌胃己烯雌酚，40 分钟后腹腔注射缩宫素 20U/kg，观察 30 分钟内小鼠发生扭体反应次数和扭体发生率。结果见表 8–6。

扭体发生率 =（各组发生扭体反应动物数 / 各组实验动物数）× 100%。

表 8–6 四物汤对小鼠痛经模型扭体次数的影响

组别	动物数	给药剂量（g/kg）	扭体次数（次）	扭体发生率（%）
空白对照组	10	—	—	—
模型组	10	—	$33.1 \pm 8.5^{▲▲}$	100%
阳性组	10	0.75	$15.6 \pm 5.3^{**}$	70%
四物汤组	10	4.5	$17.0 \pm 5.2^{**}$	70%

注：与空白对照组比较，▲$P< 0.05$，▲▲$P< 0.01$；与模型组比较，*$P< 0.05$，**$P< 0.01$。

由表 8–6 可知，田七痛经胶囊阳性组、四物汤组与模型组相比，均能显著降低缩宫素致小鼠扭体反应的次数（$P< 0.01$）。

（二）对子宫活动影响的试验

1. 在体子宫试验 大鼠、豚鼠、兔、猫、犬。已孕或未孕子宫。观察药物对正常子宫收缩活动的影响。也可加用缩宫素、垂体后叶素、麦角新碱、前列腺素等引起子宫痉挛性收缩后，观察药物的拮抗作用。例如 $MPGF_{2\alpha}$ 致大鼠在位子宫痉挛模型：描记大鼠在体子宫活动，加入 $MPGF_{2\alpha}$ 150μg/0.75mL 溶液，描记 10 分钟。待使子宫呈明显性收缩后，再给试验药物，观察药物对 $MPGF_{2\alpha}$ 的拮抗作用。

2. 离体子宫试验 兔、大鼠。观察药物对正常子宫收缩活动的影响及拮抗垂体后叶素、缩宫素、麦角新碱或 MPGF2α 诱发子宫的痉挛性收缩作用。例如 MPGF2 致大鼠离体子宫痉挛模型：体重 200 ~ 260g 雌性大鼠，腹腔注射苯甲酸雌二醇或己烯雌酚 1mg/kg，连续 2 天。第 3 天进行大鼠离体子宫试验，待子宫收缩最大张力和频率稳定后，加入 MPGF2α 50μg（麦氏浴皿内洛氏液 30mL 时）。当子宫收缩达到最大程度甚至痉挛时，滴加试验药物，观察药物的作用。

3. 实验 四物汤对大鼠离体子宫平滑肌痉挛的影响

实验方法：选取体重 250 ~ 300g 的未孕雌性 SD 大鼠 12 只，适应数天后开始实验。正式实验前 3 天，每天皮下注射己烯雌酚 1mg/kg 促使动物处于动情期，以提高子宫对药物的敏感性；第 3 天注射己烯雌酚 1 小时后，用颈椎脱臼法处死大鼠，剖腹取出子宫条（2cm），置于盛有已

预热的Locke's液中（NaCl 9.0g，KCl 0.42g，$CaCl_2$ 0.24g，$NaHCO_3$ 0.2g，Glucose 1.0g），剥离附着于子宫的脂肪组织，阴道端结扎并固定于盛有65mL洛氏液的小槽下端，另一端与张力换能器相连（负荷1g），恒温水浴保持工作温度37±0.5℃，并不断向营养液中通入95%O_2和5%CO_2的混合气体（60～80个气泡/分），但不得影响子宫平滑肌的舒缩活动，用生物功能实验系统记录运动曲线（仪器参数：麦氏浴槽，纸速2.5mm/min，灵敏度0.2mV/cm，时间常数DC，滤波10Hz）。

记录一段正常子宫收缩曲线后，待子宫肌条活动稳定，加入缩宫素使终浓度为10U/L，加入缩宫素后子宫立即呈强直性收缩，前5分钟内平均收缩张力变化较大，但在5～30分钟内变化较为恒定，为周期性收缩。加入缩宫素15分钟后滴加药液。观察给药前10分钟及给药后10分钟子宫收缩张力的变化（空白对照组给予生理盐水），观察子宫收缩曲线（图8-1），计算抑制率（%）=［（给药前曲线下面积-给药后曲线下面积）/给药前曲线下面积］×100%。

实验结果见表8-7。

表8-7　四物汤对大鼠离体子宫平滑肌痉挛的影响

组别	标本数	药液浓度（mg/mL）	抑制率（%）
空白对照组	6	—	22.75±9.47
四物汤组	6	6.57	65.05±9.07**

注：与空白对照组比较，$^*P<0.05$，$^{**}P<0.01$。

由表8-7说明，四物汤组能显著减轻缩宫素致大鼠离体子宫痉挛性疼痛（$P<0.01$）。

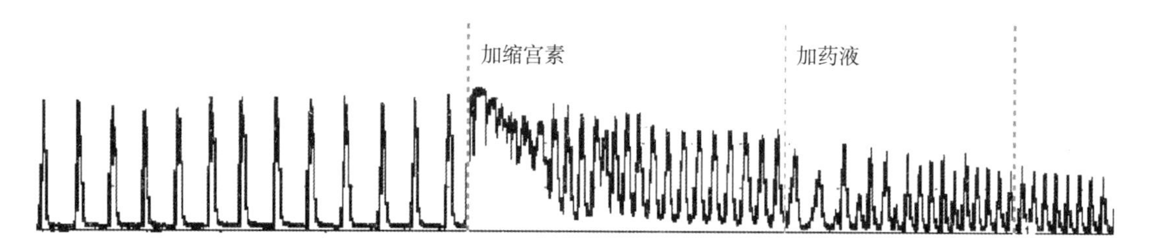

图8-1　子宫收缩曲线

（三）对动物血浆和子宫内膜前列腺素$F_{2\alpha}$（$PGF_{2\alpha}$）含量的测定

近年很多文献证明痛经与激素间平衡失调有关，原发性痛经的子宫平滑肌过度收缩与$PGF_{2\alpha}$大量产生及释放有关。可应用放射免疫法测定动物血浆或子宫内膜中的$PGF_{2\alpha}$含量，以观察药物的作用。

实验　四物汤对小鼠痛经模型血浆和子宫内膜前列腺素含量的影响

实验动物与分组：动物选取体重18～22g昆明小鼠，全雌。适应性饲养1周后，按体重分为空白对照组、模型对照组、阳性对照组（元胡止痛分散片）、四物汤组，每组10只。

痛经模型建立：除空白对照组外，其余各组皮下注射苯甲酸雌二醇，1次/天，连续7天，首次与末次给药剂量为20 mg/kg，第2至第5天给药剂量为10 mg/kg。第5天上午皮下注射苯甲酸雌二醇，下午开始腹腔注射各组药物（给药剂量4.5g/kg），连续3天。最后一次给予苯甲酸雌二醇24小时后，给药，40分钟后，腹腔注射缩宫素20 U/kg，30分钟后取材。

血浆中 PGE_2、$PGF_{2\alpha}$ 的测定：小鼠摘眼球取血至含有肝素的离心管中混匀，立即以 3000 转 / 分离心 10 分钟，取血浆，测定其含量。结果见表 8–8。

表 8–8　四物汤对小鼠痛经模型血浆和子宫内膜前列腺素含量的影响

组　别	动物数	剂量（g/kg）	PGE_2（ng/mL）	$PGF_{2\alpha}$（ng/mL）
空白对照组	10	—	73.70 ± 6.20	25.89 ± 1.35
模型对照组	10	—	55.17 ± 5.48▲▲	52.59 ± 4.14▲▲
阳性对照组	10	0.12	72.05 ± 6.51**	39.94 ± 2.17**
四物水煎液组	10	4.5	101.66 ± 4.68**	39.55 ± 1.68**

注：与空白对照组比较，▲P< 0.05，▲▲P< 0.01；与模型组比较，*P< 0.05，**P< 0.01。

与模型组相比，四物水煎液组 PGE_2 水平明显升高，$PGF_{2\alpha}$ 水平明显降低（P< 0.01），说明其能通过调控 PGE_2 和 $PGF_{2\alpha}$ 信号转导抑制子宫痉挛收缩，从而对痛经具有较好的治疗作用。

（四）对雌性幼鼠生殖器官发育影响的试验

雌性小鼠、大鼠。观察药物对体重、子宫及卵巢重量的影响；测定其血清雌激素、孕激素含量。

（五）其他作用试验

1. 镇痛试验　可选小鼠扭体法和小鼠热板法试验。

2. 抗炎试验　选小鼠耳郭肿胀、大鼠足跖肿胀及肉芽肿等试验法。

3. 血液流变学试验　观察药物对血瘀证动物全血黏度、血清黏度、血浆黏度、纤维蛋白原含量、RBC 电泳时间、RBC 压积等指标的影响。

4. 大鼠子宫微循环试验　分离动物一侧子宫及其韧带，固定于微循环恒温浴槽中，以管径、流速、流态及毛细血管网的交叉点数目等作为观测指标。亦可在浴槽中滴加垂体后叶素、缩宫素或 $PGF_{2\alpha}$ 使血管收缩，观察药物的拮抗作用。

第二节　一般药理学研究

中药新药的一般药理学是指中药在治疗或以上剂量下、潜在的、不期望出现的对机体不良影响的研究，主要观察新药对整体动物神经系统、心血管系统和呼吸系统的影响。当药物存在潜在的与人安全性有关的不良反应时，应在泌尿系统、自主神经系统、胃肠系统及内分泌系统等方面进行追加和（或）补充实验。按照中药新药申报要求，未在国内上市销售的从中药中提取的有效成分、有效部位及其制剂，应按要求逐步进行一般药理学研究，或根据受试药物自身特点和其他试验情况，综合其他非临床和临床资料基础上，根据具体实际选择相应的研究项目。

本节介绍中药新药的一般药理学研究的基本内容。

一、受试药物

应工艺稳定并由中试规模生产，符合临床试用质量标准，同时注明名称、来源、批号、含量、保存条件及配制方法等的产品作为受试药物，其质量要求与主要药效学研究中的受试药物相同，应能充分代表临床试验受试药物和上市药品。

二、试验系统

应根据研究项目需要选择最适合的动物或其他试验系统。影响试验系统的因素包括试验动物的种属、品系、性别和年龄，受试药物的背景资料及药动学特点，试验系统的药效学反应及其灵敏度和重复性。

1. 实验动物 常用的实验动物有小鼠、大鼠、犬等。一般用健康清醒动物或麻醉动物进行试验。小鼠、大鼠应符合国家实验动物标准 SPF 级要求，犬应符合国家实验动物标准 Ⅰ 级及以上等级要求。

2. 离体试验系统 常用离体试验主要包括离体器官和组织、细胞、亚细胞、受体、离子通道和酶等。离体系统主要作为支持性研究（如研究受试药物的活性特点药理作用发生机制）。

3. 样本数和对照 一般药理学研究要有合适的受试动物数和离体样本数，以能够科学合理地解释所获得的试验结果。一般小鼠和大鼠每组不少于 10 只，犬每组不少于 6 只，动物一般雌雄各半。试验设计应遵守对照原则，采用合理的空白、阴性对照，必要时还应设阳性对照。

4. 给药途径 整体动物试验的给药途径一般与临床拟用途径一致，对采用不同于临床拟用给药途径的要说明理由。

5. 剂量或浓度 一般药理学研究选用整体动物做实验时，一般应设 3 个剂量组。低剂量组应相当于主要药效学的有效剂量，高剂量以不产生严重毒性反应为限。用离体实验方法研究时，应尽量确定受试药物的量效关系。受试药物的上限浓度应尽可能不影响试验系统的理化性质和其他药效评价的特殊因素。

6. 给药次数和测量时间 一般采用单次给药。如果受试药物的药理作用仅在治疗一段时间后才出现，或者多次给药非临床研究和临床试验结果出现安全性问题时，应根据这些作用合理设计一般药理学研究的给药次数。应根据受试药物的药效学和药动学特性，选择检测一般药理学参数的时间点。

三、必需观测指标

1. 中枢神经系统 给药后观察动物的一般行为表现、姿势、步态、有无流涎、肌颤及瞳孔变化等；定性定量评价给药后动物的自发活动及机体协调能力，观察药物与睡眠阈剂量和阈下剂量戊巴比妥钠是否具有协同作用。如出现明显的中枢兴奋、抑制或其他中枢系统反应时，应进行进一步研究。

2. 心血管系统 测定并记录给药前后血压（包括收缩压、舒张压和平均动脉压）、心电图（包括 QT 间期、PR 间期、QRS 波、ST 段和 T 波等）和心率等的变化。治疗剂量出现明显的血压或心电图改变时，应进行相关功能的进一步研究。

3. 呼吸系统 测定并记录给药前后的呼吸频率、节律和呼吸深度。治疗剂量出现明显的呼吸兴奋或抑制时，应进行进一步研究。

四、其他观测指标

根据对中枢神经系统、心血管系统和呼吸系统的一般观察及临床研究、离体和在体试验或文献等，预知受试药物可能产生某些不良反应时，应适当选择追加和补充安全药理学实验研究内容，以进一步阐明产生这些不良反应的可能原因。

1. 追加的安全性药理学研究

（1）中枢神经系统　观察药物对行为药理、学习记忆、神经生化、视觉、听觉和电生理等的影响。

（2）心血管系统　观察药物对心排出量、心肌收缩力、血管阻力等血流动力学的影响。

（3）呼吸系统　观察药物对气道阻力、肺动脉压力、血气分析、血液 pH 值等的影响。

2. 补充安全性药理学研究

（1）泌尿系统　观察药物对肾功能的影响，如对尿量、比重、渗透压、pH、电解质平衡、蛋白质、细胞和血生化（如尿素、肌酐、蛋白质）等指标的检测。

（2）自主神经系统　观察药物对自主神经系统的影响，如与自主神经系统有关受体的结合，体内或体外对激动剂或拮抗剂的功能反应，对自主神经系统刺激作用和对心血管反应、压力反射和心率的影响。

（3）胃肠系统　观察药物对胃肠系统的影响，如胃液分泌量和 pH、胃肠损伤、胆汁分泌、体内转运时间、体外回肠收缩的测定。

（4）其他器官系统　当出于对安全性问题时，在其他有关研究中尚未研究药物对下列器官系统的影响，如潜在的依赖性，对骨骼肌、免疫和内分泌功能的影响，则应考虑药物对这方面的影响。

五、结果及分析

详细记录试验结果，并对结果进行定量和定性的统计分析，说明具体的统计方法和选择理由，同时应注意对个体试验结果的评价。根据统计结果，分析受试药物一般药理作用，结合其他安全性试验、有效性试验及质量可控性试验结果，权衡利弊，分析受试药物的开发前景。

中药新药一般药理研究内容中，中枢神经系统、心血管系统和呼吸系统三系统的研究是最重要、最基本和必须保证完成的研究工作，也是容易达到要求的研究工作。一般药理研究的试验方法及实验动物都没有做具体的规定，应与研究主要药效学基本相同。在进行主要药效学设计时，可兼顾一般药理研究的指标，常可节约动物，节省实验时间。可用小鼠、大鼠、兔、猫或犬等动物观察给药后动物的自然活动情况和行为改变情况。对心血管系统的影响，可用大鼠、猫或犬在麻醉状态下描记心电图及检测血压，但最好用猫和犬，因为猫和犬的血压恒定，较大鼠、兔等小动物更接近于人体，对药物反应灵敏并与人基本一致，血管较粗，管壁弹性强，便于手术操作，心搏力强，能描绘出完好的血压曲线。目前随着技术的提高，建议采用清醒动物进行心血管系统指标的测定，更符合实际（如遥测技术等）。对呼吸系统的影响，最好选用兔，它性情温顺，便于在清醒状态下记录呼吸活动，观察药物对呼吸频率、节律和深度的影响。一般药理研究用清醒或麻醉的正常动物进行试验。在一般药理研究中，也应设立空白对照组，甚至设立阳性药物对照组，以便比较研究，排除因为麻醉、室温、时辰等因素对实验结果的影响。

第三节　药物代谢动力学研究

在中药新药研究中，药物代谢动力学（简称药代动力学）研究是一项重要工作。药代动力学研究包括非临床药代动力学研究及临床药代动力学研究。临床药代动力学研究应该获得临床批文后在Ⅰ期临床时进行，在此重点介绍非临床药代动力学研究。

非临床药代动力学研究是通过体外和动物体内的研究方法，揭示药物在体内的动态变化规律，获得药物的基本药代动力学参数，阐明药物的吸收、分布、代谢和排泄的过程和特征。其目的主要有：阐明中药复方组方的原理，为研制新药提供科学依据；指导中药剂型改革，优选制备工艺；有利于阐明中药功效及机制；指导制定临床用药方案；评价新药毒性作用。

在研究中遵循以下原则：对于提取的单一成分制剂，参考化学药物非临床药代动力学研究要求；其他制剂，视情况（如安全性风险程度）进行药代动力学研究或药代动力学探索性研究；缓、控释制剂，临床前应进行非临床药代动力学研究，以说明其缓、控释特征；若为改剂型品种，还应与原剂型进行药代动力学比较研究；若为同名同方药的缓、控释制剂，应进行非临床药代动力学比较研究。在进行中药非临床药代动力学研究时，应充分考虑其成分的复杂性，结合其特点选择适宜的方法开展体内过程或活性代谢产物的研究，为后续研发提供参考。若拟进行的临床试验中涉及与其他药物（特别是化学药）联合应用，应考虑通过体外、体内试验来考察可能的药物相互作用。

药代动力学研究报告应按照以下内容和顺序提交：分析方法及验证报告、吸收、分布（血浆蛋白结合率、组织分布等）、代谢（体外代谢、体内代谢、可能的代谢途径、药物代谢酶的诱导或抑制等）、排泄、药代动力学药物相互作用（非临床）、其他药代试验。

一、中药有效成分的药动学研究

中药和中药复方制剂一般可分为有效成分明确，且能用定量分析法控制的和有效成分不明确，或者缺乏含量测定法控制的两大类型。主要研究方法如下。

1. 放射性核素标记研究中药有效成分药动学　方法灵敏简单，能准确定量、定位且符合所研究对象的生理条件，但对环境有污染，实际应用少。

2. 分光光度法研究中药有效成分药动学　包括紫外分光光度法、可见分光光度法（比色法）和荧光分光光度法。紫外和可见分光光度法操作简便，但灵敏度较低，专一性差。

3. 气相色谱法（GC）研究中药有效成分药动学　GC具有快速、精确度高、分离效率高，1次测定能够得到多种组分的定量结果等优点。

4. 高效液相色谱法（HPLC）研究中药有效成分药动学　HPLC具有分离效能高、快速、灵敏、预处理简单和适用范围广等优点。

5. 薄层色谱法（TLC）研究中药有效成分药动学　TLC同时具有分离和测定两种功能，具有简便、快速、灵敏度高的优点。

6. 放射免疫法（RIA）研究中药有效成分药动学　RIA具有快速、简便、精确、专一、超微量、样品不需纯化等优点。目前已建立多种植物成分的免疫检测含量的方法。

二、中药复方制剂和有效成分不明确中药的药动学研究

临床广泛应用的中药或中药复方制剂组成复杂，多数有效成分不明确，尚缺乏微量定量的检

测方法，这对药动学参数的测定带来一定的困难。中药和中药制剂的化学成分虽然复杂，但是从用药的角度来看，不外乎有效成分和毒性成分两部分。药动学研究时可针对二者分别进行实验，然后分别推算药动学参数，根据两种参数决定用药方案，以达到较充分发挥药效和保证安全的目的。根据国内目前的研究报道，测定方法主要有两种。

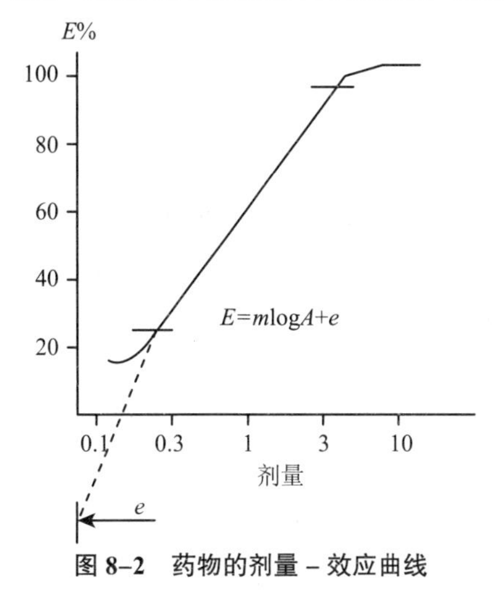

图 8-2　药物的剂量 – 效应曲线

1. 药理效应法　中药或中药制剂的药理作用类型较复杂，往往 1 个药物有多个指标，而且影响的因素亦多，但由于某些药理指标能定量地、可逆地反映出药物在体内的动态变化，因此应用药理效应进行药动学研究时，要求选用测定准确、灵敏度高、效应强度与剂量成正比相关的药理效应指标。其具体的做法如下。

（1）绘制剂量 – 效应曲线　药理效应试验时设立 3 ~ 5 组有效剂量组，平均地进行效应时程测定（即给药后在不同的间隔时间测定药效，至药效消失为止）。绘制量 – 效曲线，以纵坐标表示效应强度（选择各剂量组的最大效应值），以横坐标表示对数剂量，由此所得到的量 – 效曲线，几乎呈对称的 S 形曲线。在一般情况下，在药物最大效应的 20% ~ 80% 之间，该线段呈一直线，成立下面的关系式（图 8–2）。

$$E = m\log A + e \qquad (1)$$

式中：E 为药理效应强度（以百分率计算）；m 为剂量效应曲线的斜率；A 为剂量；e 为剂量效应曲线的纵截距。

剂量 – 效应曲线是把药理效应转换成药量（剂量）的依据，斜率 m 在药动学参数计算中常常需要它。

（2）绘制效应 – 时间曲线　以纵坐标表示效应强度（%），以横坐标表示时间，即绘制效应 – 时间曲线（图 8–3）。曲线的下降段呈一直线，其关系式为

$$E = E_0 - \frac{mK}{2.303}t \qquad (2)$$

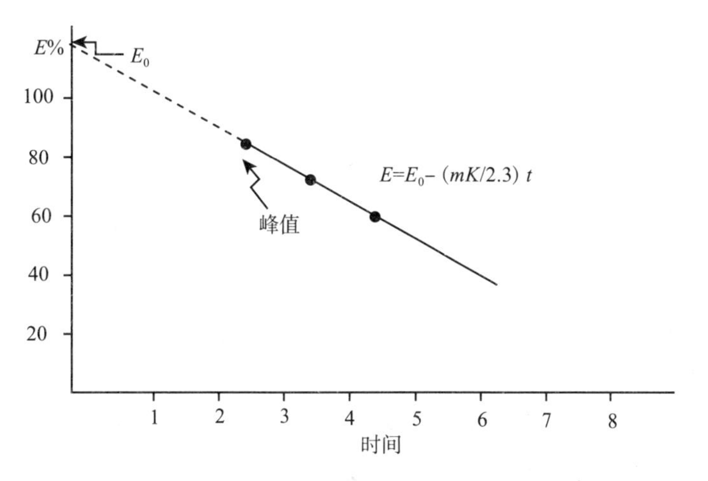

图 8–3　药物的效应 – 时间曲线

式中 E 为 t 时（药效已下降后，由给药时起算）的药理效应强度（%）；E_0 为效应 – 时间曲线（下降段）的纵截距；t 为消除的时间过程；K 为药物的一级消除速率常数。

效应 – 时间曲线的下降段直线，其斜率为 $mK/2.303$。计算出 mK 值，则可求得药物的消除速率常数 K。

$$K = mK/m \tag{3}$$

式中 m 为公式（1）中量效曲线的斜率。

（3）绘制体存生物相当药量 – 时间曲线　从剂量 – 效应曲线上查出效应 – 时间曲线中各时间的效应所相当的剂量值。作为体存的生物相当药量（此药量实际反映了当时在作用部位的药量，以下简称体存量），可绘制体存量 – 时间曲线。该曲线类同于“血药浓度 – 时间曲线”。据此可分析药物的药动学特征和求得各种动力学参数。

应用药理效应法进行药动学研究的中药及中药制剂有生脉散、附子与四逆汤、党参、麻黄汤、桂枝汤、银翘散和桑菊饮等研究案例。

Levy 和 Smolen 以药理效应数据求取药动学参数。

1）从药效维持时间求消除速率常数（K）及阈剂量（A_{min}）　对于一种快速吸收的药物来说（最标准的静注药物），由给药后体内药量 A_0 降到阈剂量 A_{min} 所需要的时间就是药效维持时间。它可用药动学中药物一级消除的公式得到。

$$\begin{aligned}\log A_{min} &= \log A_0 - \frac{K}{2.303}t \\ t &= \frac{2.303}{K}\log A_0 - \frac{2.303}{K}\log A_{min}\end{aligned} \tag{4}$$

式中 t 为药效维持时间；可用几种不同的剂量 A_0 给药，测出各种剂量下的药效维持时间 t。以对数剂量 $\log A_0$ 为横坐标，以药效维持时间 t 为纵坐标，测得一条直线（图 8–4）。

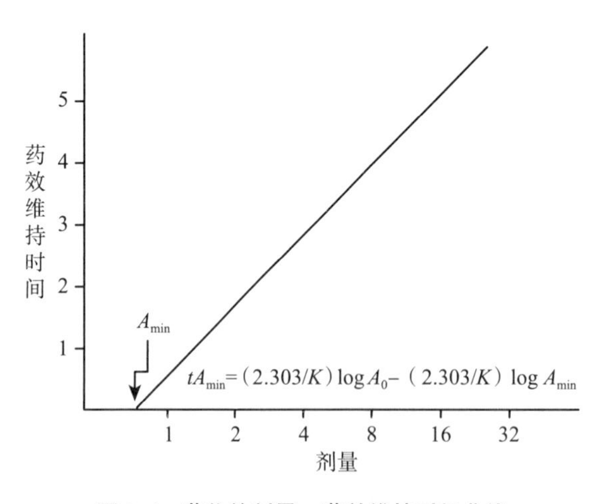

图 8–4　药物的剂量 – 药效维持时间曲线

直线与横坐标交点为 $\log A_{min}$，可算得 A_{min} 的值，其直线的斜率为 2.303/K，由斜率可求出消除速率常数（K）的值。

2）吸收速率常数的求取　根据药物的吸收速率与消除速率的高低，可分为下列两种情况。

对吸收速率甚高而消除速率甚低的药物：在吸收过程中其消除药量可以不计。对这一类药物，其吸收速率常数与药效出现时间（t）的关系可用下列公式表示。

$$\frac{1}{t}=\frac{Da}{A_{\min}}\bullet C \tag{5}$$

式中 t 为药效出现时间；Da 为在相同品种、相同动物体重、相同吸收部位上的相对吸收速率常数；$A_{\min}$ 为阈剂量；C 为给药剂量。

上式要求同品种、同体重的动物做实验，设立几个剂量组，测定其药效出现时间（t）。以 $1/t$ 作为纵坐标，以剂量 C 作为横坐标，绘制坐标系，并用已知的可做比较的标准药物进行对照实验，可求出相对的吸收速率常数（Da）。

对吸收速率甚低而消除速率甚高的药物：其吸收速率常数（Ka）与药效维持时间（t）的关系可依下面的一级动力学的公式。

$$\log A'_{\min}=\log A'_0-\frac{Ka}{2.303}t \tag{6}$$

式中 A'为在给药部位未吸收的药物量（A'_0 为给药剂量，$A'_{\min}$ 为阈剂量），t 为药物在肠道（或其他吸收部位）由 A'_0 降到 $A'_{\min}$ 所需要的时间。

如果药物消除很快，且药物效应下降亦同样的快，t 就大致相当于药物作用维持时间。

$$t=\frac{2.303}{Ka}\log A'_0-d\,\frac{2.303}{Ka}\log A'_{\min} \tag{7}$$

可以从上式中的线性斜率求得吸收速率常数 Ka 值。

以上的各种计算在应用时都有其规定的前提：①效应与体内剂量（对数）应满足线性关系。②药物的消除应为一级动力学消除（恒比消除），即单位时间内消除的百分比相同。③所有的过程都是在一个较为典型的药动学系统中进行的，某些复杂的药物作用机制，如药物引起体内酶系统的改变、生理的自动调节作用、代谢物的作用等，这些情况都不在以上讨论范围之内。在实际工作中常常会有各种矛盾情况出现，应具体研究解决。

例：李耐三等应用药理效应法研究了生脉散的药动学参数。以增加小鼠心肌营养性血流量（增加心肌摄取 ^{86}Rb）的作用作为药理效应指标。实验选择 10、20、30 和 40mg/kg 共四个剂量组，可绘制剂量 - 效应曲线。又对 30 和 40mg/kg 两个剂量给药后 20、40、60、80、100 和 120 分钟各时程设立动物组进行小鼠心肌摄取 ^{86}Rb 测定，可绘制效应 - 时间曲线。经计算得消除速率常数 K 为 0.01813，消除半衰期 t（1/2）=38 分钟。本试验选用心肌血流量 ^{86}Rb 摄取率为药理测定的指标，基本适合本药临床应用的情况。测得生脉散 t（1/2）=38 分钟，说明其半衰期比较短，这一情况在临床应用时可予以适当考虑。

药理效应法的关键在于药理效应指标的选择与测定。复方制剂的作用是多方面的，其某种作用的药动学参数并不能代表或完全代表该药的全部特点，所以选择指标应是该药的主要作用，而且与临床用药目的相一致，已报道的有睡眠时间、止血时间、血压、体温、心率、瞳孔大小、眼压、血小板凝聚、汗点增多率、炎症肿胀率、肠蠕动亢进抑制率、镇痛、毛细血管通透性亢进的抑制率、原虫抑制率等。对于可反复检测且重现性好的指标，可于用药后不同时间检测其变化；对于变化迟缓、不能迅速恢复，甚至不可逆的药剂指标，如原虫的消长、炎症肿胀程度的轻重等，可将药物分为若干时间组，分别于造模前的不同时间给药，再按均匀一致的原则造模，以模型指标变化的达峰时间检测不同时间组药效强度的变化。

2. 药物累积法　用药物累积法研究药动学的方法有两种，即以动物死亡率作为观测指标的“累积法”和药物疗效作为观测指标的“累积法”。

（1）*以动物死亡率作为观测指标的“累积法”* 该法以药物毒性为指标，其直接测定指标为死亡率，因此指标测定简便易行。用药物累积法测得表现药动学的参数与血药浓度法有一致性，但毒效指标不一定与药效平行，试验所需动物较多，剂量也大于临床实际用量。第一次给药后如引起组织器官损伤，第二次给药时，体内的药物可能已经消除，但机体的损伤还未恢复正常，结果动物对药物的耐受性降低，可能导致动力学参数改变。用此法较适用于有毒中药及其复方制剂，对毒性小、作用缓和的中药不太适宜。

例：消渴冲剂的药动学试验。潘思源等应用累积法观察消渴冲剂的急性毒性，先用序贯法测 LD_{50}，而后在第 1 次给药后不同时间内，再用同法测 LD_{50}，2 个 LD_{50} 的差值就是该时间内药物的体存量。具体的做法：测得消渴冲剂口服给药的最大耐受量 90g/kg，用寇氏法腹腔注射测得 LD_{50} 为 30.280±2.990g/kg，序贯法静脉注射测得 LD_{50} 为 20.890±0.021g/kg，以此作为间隔 0 小时。另取小鼠分 7 组，第 1 次腹腔注射 20g/kg，间隔 0.5、1、2、4、6、10、18 小时，再用序贯法测得不同时间内的 LD_{50}。计算的方法：体存量 = 间隔 0 小时的 LD_{50} — 第 1 次腹腔注射后间隔不同的时间所测得的 LD_{50} 值；体存率 = 体存量 ÷ 第 1 次给药量 ×100%。结果：消渴冲剂的药动学呈一室模型。按公式消除速率常数 $K=(\ln x_1-\ln x_2)/(t_2-t_1)$、$t_{(1/2)}=\ln 2/k$，求得其消除速率常数 K=0.182/h，$t_{(1/2)}$=3.808h。本法的优点是所用动物较少，实验时可以根据动物的死亡情况及时地调整给药剂量，但只能用于静脉注射且在短时间内引起死亡的中药制剂。

（2）*以药物疗效作为观测指标的“累积法”* 本方法的具体步骤：①绘制剂量 - 效应曲线。分别给予若干剂量组后测定各组药物疗效强度，一般宜以各剂量下所规定的药理效应的最大反应值作为疗效指标，其量 - 效关系应呈典型“S”形曲线，其效应与对数剂量应呈线性关系。②测定不同时间内的药物体存量和体存率。2 次给药，剂量相等，剂量相当于 ED_{50} 的 80% 左右，分若干组别，各组 2 次给药间隔不同的时间。然后用量 - 效关系实验相同的方法测定各组的药物疗效，再从上面的量 - 效关系曲线求出各间隔时间动物体内的药物相当量，则药物的体存量和体存率为

$$\text{体存量} = \text{相当量} - \text{第1次用药量}$$
$$\text{体存率}(\%) = \frac{\text{体存量}}{\text{第1次给药量}} \times 100\% \qquad (9)$$

以给药间隔时间作为横坐标，分别以体存百分率及其对数值作为纵坐标绘图，可观察出药物的体内过程及房室模型，可计算药动学参数。

例：潘思源等用本法测定了党参水溶性部分的体存率和表观半衰期。小鼠分为 6 组，每组 10 只，分别腹腔注射党参水溶性部分 10、7、4.9、3.43、2.48 和 1.68g/kg。20 分钟后用活动记录仪测定每只小鼠在 10 分钟内的活动次数。结果各剂量组小鼠平均活动次数分别是 85、120、308、461、563 和 527。通过作图发现该药的量 - 效关系呈典型“S”曲线。ED_{50}=4.7g/kg。通过回归方程计算得相关系数 r=0.99，a=8.220，b=−0.010。

另取小鼠随机分 5 组，测定不同时间内的药物体存率。腹腔注射党参水溶部分 2 次，每次给药剂量均为 4g/kg，此剂量相当于 ED_{50} 的 85%。各组小鼠 2 次给药的时间间隔依次为 0、20、40、100 和 200 分钟，第 2 次给药后如上法测小鼠自主活动。结果按 $X=a+by$ 公式求间隔时小鼠体内党参的相当量（X），y 为各间隔时间的小鼠自主活动次数，并计算体存量和体存率：体存量 = 相当量 — 第 1 次用药量；体存率 = 体存量 ÷ 第 1 次用药量 ×100%。以给药时间间隔为横坐标，分别以体存百分率及其对数值为纵坐标作图，发现党参水溶性部分体内药动学过程呈二室模型。40 分钟前为分布相，以后为消除相，按分布和消除速率常数 $K=(\ln x_1-\ln x_2)/(t_2-t_1)$，

$t_{(1/2)}=\ln2/k$，求得其 α 相速率常数 $K=0.029$/ 分钟，$t_{(1/2)}=23.902$ 分钟；取 40、200 分钟体存量计算出 β 的速率常数 $K=0.007$/ 分钟，$t_{(1/2)}=99.021$ 分钟。

疗效指标的药物累积法研究中药及其制剂的各种药动学参数，所用的观察药物疗效指标不是死亡指标，有如下优点：①判断指标与临床用药目的相吻合。②假如以死亡率为指标，所用剂量偏大。在第 1 次用药后引起组织的损伤，当第 2 次用药时，可能体内药物已经消除，但机体的损伤可能还未恢复，结果动物对药物的耐受性降低。另外有的动物在第 1 次给药后就会死亡。而应用药物的临床效应法所需剂量偏小，可以避免这个问题。③该方法对无法测定 LD_{50}，但有一定疗效的中药或中药制剂可以进行药动学参数研究。④如果对某一中药或中药制剂同时用疗效或死亡为指标进行药动学研究，则可以初步判断该药的致死作用与治疗作用是否为同一成分。假如用这两种方法所求出的各种药动学参数相差甚远，则可以肯定所研究的中药或中药制剂的治疗作用和致死作用不是同一成分。如果区别不大则难以排除这种可能性，因为不同成分的体内过程可能相似。用药物疗效法的缺点是，中药及中药制剂的作用是多方面的，其某种作用的药动学过程并不能代表或完全代表该药的全部作用特点，所以观测指标应是中药或中药制剂的主要药理作用，而且尽可能地与临床用药目的相一致。

3. 微生物指标法　微生物法已广泛用于抗菌药物的效价测定，其原理主要是在含有试验菌株的琼脂平板中抗菌药扩散产生的抗菌圈直径大小与抗菌药浓度的对数呈线性关系。选择适宜的敏感菌株测定体液中抗菌中草药的浓度，然后按照药动学原理确定房室模型，并计算其药动学参数。

例：王家葵等以抗菌效应为指标测定川芎挥发油药动学参数，结果：$Ke=0.164h^{-1}$，$Ka=1.1617h^{-1}$，$T_{1/2}(Ka)=0.60h$，$t(Ke)=4.14$，$T_{(peak)}=2.68h$，$C_{max}=587.4534\mu g/mL$，$AUC=4861.68720(\mu g/mL)\cdot h$，其药动学参数符合一室开放模型。

微生物指标法测定药动学有如下优点：①测定的是体液总体抗菌药效，与临床关心的实际药效相一致，对临床有指导价值。②适用于具有抗菌活性或以抗菌活性为主要药效的中药制剂。③具有简便、操作容易、灵敏度高（10μg/mL）、样品用量少（3～5μL）等优点，可不进行分离提取，测定的指标直接反映药效。缺点：①参数反映的可能是药物抗菌成分、具有抗菌活性的药物代谢产物、机体本身的抗菌活性成分等多成分总体的经时效应变化。②机体内外抗菌效应作用强度的差异、细菌选择的得当与否可在一定程度上影响药代参数的准确性。不足之处：中药复方干扰因素多，如果用含药血清进行试验的话，血清有效成分很难达到抑菌浓度，因此微生物指标在中药复方药动学研究中应用较少。

三、常用的药代动力学软件

1. NONLIN 软件　本软件是国外应用最广的药动学软件，为美国 Pharsight 公司的产品，被认为可用于几乎所有的药代、药效及非房室模型的分析。

2. NONMEN 软件　本软件主要用于群体药动学的参数估算及分析，由美国旧金山加州大学编制，近年来有多种算法及软件可用于群体药动学的分析，使用较简便。

3. 3P87/3P97 实用药动学计算程序　本计算程序是由我国六位专家集体编制，在国内应用很广，可处理各种用药途径的线性和非线性药动学模型，给出有关的药动学参数及各种图表的详细结果。

4. 新药统计软件　本软件由孙瑞元编制，可进行临床前药理及临床新药研究关系密切的各种统计计算。21 世纪版（NDST-21）增加了生物检定统计、药物联用效应分析、药物代谢动力学

及药物受体动力学等内容，其中用于药动学分析的有“临床药动学分析模块”和“生物等效性统计模块”。WinNonlin 软件是国外应用最广的药动学软件，由美国 Pharsight 公司研发，可用于几乎所有的药动学、药效学的分析。

5. 自动生物利用度等效性检验软件 ABE 本软件由孙瑞元编制，在 Windows 操作系统下使用，输入输出采用电子表格形式，用户只要输入一些基本信息（如测血点数、受试人数、周期数及时间血药浓度数据等），即可立刻得出合乎规范的一系列报表及图形，更加符合新药、临床研究和审评的要求。

第九章
中药新药临床前毒理学研究

第一节　概述

中药的毒性即有毒还是无毒，在历代本草书籍中都有记载。古代对于“毒”的概念是广义的，认为毒性是药物的性能之一，是一种偏性，以偏纠偏也就是药物治病的基本原理。但是为了确保用药安全，后世许多本草书籍在药物性味之下所标注的“大毒”“小毒”“有毒”，大多是指一些具有一定毒性而用之不当就会导致中毒的药物。因此，“毒”的含义已不是古时那样广义的概念。

一、意义和目的

随着中药及其制剂的广泛应用及毒理学研究的深入，中药的不良反应越来越引起人们的关注，重视中药制剂的安全性已经成为共识。因此，在进行中药新药临床前研究中，采用动物实验进行毒理学研究对中药新药的安全性做出科学评价，为临床试验及临床用药提供科学依据，保证临床用药的安全性是十分必要的。

中药的临床前毒理学研究主要是对各种中药及其制剂通过相应的给药途径进入机体后所产生的毒性反应进行评价，成功的临床前毒理学研究结果能够回答以下几个问题：①中药产生毒性反应的最小剂量、严重中毒或最小致死剂量；②毒性反应的起始时间、持续时间及结束时间；③通过一系列生理、生化、病理等指标检测，分析判断中毒靶器官、中毒机制和毒性反应的性质；④毒性的可逆性及是否具有延迟性。

从毒理学研究结果推测临床研究的安全参考剂量和安全范围，预测临床用药时可能出现的人体毒性，拟定临床需特别监测的安全性参数，以保证进入临床的中药新药的危害性降低到最低程度，为临床安全用药提供足够、可靠和科学的实验依据。特别是因技术手段、伦理及可行性等因素限制而在人体试验中难以获得的安全用药信息，如遗传毒性、生殖毒性、致癌性等。遗传物质非肉眼所见、非人体能够感知，需借助现代手段才能检测到，例如关木通、广防己及其相关制剂引起的肾功能衰竭和肾肿瘤事件，通过实验研究发现是其中的毒性成分马兜铃酸插入肾细胞DNA形成DNA加合物，从而发生了遗传毒性。

二、主要研究内容

中药的临床前毒理学研究主要内容包括单次给药毒性试验（也称急性毒性试验）、重复给药毒性试验（也称长期毒性试验）、遗传毒性试验、生殖毒性试验、致癌性试验、依赖性试验，刺

激性、过敏性、溶血性等与局部、全身给药相关的制剂安全性试验，其他毒性试验等。不同类别的新药需要提交的资料不同，请参考《药品注册管理办法》附录及国家药品监督管理部门相关规定。

按照《药品注册管理办法》要求，不同类别的新药进行毒理学研究的具体要求如下。

中药创新药应尽可能获取更多的安全性信息，以便对其安全性风险进行评价。根据品种特点，对其安全性的认知不同，毒理学试验要求会有所差异。

新药材及其制剂应进行全面的毒理学研究，包括安全药理学试验、单次给药毒性试验、重复给药毒性试验、遗传毒性试验、生殖毒性试验等，根据给药途径、制剂情况可能需要进行相应的制剂安全性试验，其余试验根据品种具体情况确定。

提取物及其制剂，根据其临床应用情况及可获取的安全性信息情况，确定其毒理学试验要求。如提取物立题来自试验研究，缺乏对其安全性的认知，应进行全面的毒理学试验。如提取物立题来自传统应用，生产工艺与传统应用基本一致，一般应进行安全药理学试验、单次给药毒性试验、重复给药毒性试验，以及必要时其他可能需要进行的试验。

中药复方制剂，根据其处方来源及组成、人用安全性经验、安全性风险程度的不同，提供相应的毒理学试验资料，若减免部分试验项目，应提供充分的理由。

对于采用传统工艺，具有人用经验的，一般应提供单次给药毒性试验、重复给药毒性试验资料。

对于采用非传统工艺，但具有可参考的临床应用资料的，一般应提供安全药理学、单次给药毒性试验、重复给药毒性试验资料。

对于采用非传统工艺且无人用经验的，一般应进行全面的毒理学试验。临床试验中发现非预期不良反应时，或毒理学试验中发现非预期毒性时，应考虑进行追加试验。

中药改良型新药，根据变更情况提供相应的毒理学试验资料。若改良目的在于或包含提高安全性的，应进行毒理学对比研究，设置原剂型 / 原给药途径 / 原工艺进行对比，以说明改良的优势。

中药增加功能主治，需延长用药周期或者增加剂量者，应说明原毒理学试验资料是否可以支持延长周期或增加剂量，否则应提供支持用药周期延长或剂量增加的毒理学研究资料。

一般情况下，安全药理学、单次给药毒性、支持相应临床试验周期的重复给药毒性、遗传毒性试验资料、过敏性、刺激性、溶血性试验资料或文献资料应在申请临床试验时提供。后续需根据临床试验进程提供支持不同临床试验给药期限或支持上市的重复给药毒性试验。生殖毒性试验根据风险程度在不同的临床试验开发阶段提供。致癌性试验资料一般可在申请上市时提供。

药物研发的过程中，若受试物的工艺发生可能影响其安全性的变化，应进行相应的毒理学研究。

毒理学研究资料应列出试验设计思路、试验实施过程、试验结果及评价。

毒理学研究报告应按照以下顺序提交（按要求选择提供）。

1. 单次给药毒性试验

2. 重复给药毒性试验

3. 遗传毒性试验

4. 致癌性试验

5. 生殖毒性试验

6. 制剂安全性试验（刺激性、溶血性、过敏性试验等）

7. 其他毒性试验

新药安全性评价研究方法与要求，我国已经部分与国际接轨，依据国际人用药品注册技术要求协调会（ICH）相关文件执行，具体可参考国家药品审评中心相关要求，关注新药研究相关政策法规的最新政策法规及要求。

三、总体要求

（一）GLP 的要求

根据新的《中华人民共和国药品管理法》及《药品注册管理办法》，中药临床前毒理学研究应执行《药物非临床研究质量管理规范》（GLP）。

（二）试验设计的要求

临床前毒理学研究的试验设计应符合药理毒理学研究的随机、对照和重复三大基本原则。

（三）受试物的要求

毒理研究用样品包括受试物和毒理试验用给药制剂。毒理试验用给药制剂是指毒理学试验中给予实验系统的具体物质，一般为受试物经适当溶媒配制而成。中药新药的受试物应采用能充分代表临床试验拟用样品及上市样品质量和安全性的样品。应采用工艺路线及关键工艺参数确定后的工艺制备，一般应为中试或中试以上规模的样品。如果由于给药容量或给药方法限制，可采用原料药进行试验。由于中药的特殊性，建议现用现配，当给药时间较长时，应考察配制后体积是否存在随放置时间延长而膨胀造成终浓度不准的因素。

（四）实验系统的要求

实验系统是指“用于非临床安全性评价研究的动物、植物、微生物以及器官、组织、细胞、基因等”。整体动物实验系统应尽可能避免和减少因动物质量差异造成的实验结果的差异；离体实验系统应根据所借助的实验系统（如组织、细胞等）和受试物的具体情况，合理设计实验系统及配制受试物。实验动物应符合国家规定的等级动物要求，必要时可选用特定年龄、性别的动物或特殊模型动物。

（五）结果统计及分析要求

应注意区别统计学意义与生物学意义，有时数据通过统计学分析可能存在统计学差别，但分析每一个体的具体数据可能都在正常生理数据的范围之内，属正常范围内的波动或影响，那么这种差异就属于具有统计学差异，可能无生物学意义。另外，有时统计学分析无差别的数据，但某些个体数据的改变可能具有生物学意义，特别是大动物实验，例如 Beagle 犬的实验结果，更应关注动物个体的异常反应及给药前后的指标变化。

（六）结合中药特点的具体问题具体分析

由于中药物质基础的多样性、特殊性及对其安全性认识的不同，在进行临床前毒理学研究时应结合其特点进行考虑，运用具体问题具体分析的方法，并充分考虑和结合药学、药效学及临床拟应用情况和已有的临床应用基础等信息，对试验结果进行全面分析，对药物的安全性做出综合

评价，并注意提示临床研究应注意的问题。

对受试物引起的严重毒性反应，应尽可能查找产生毒性的原因，根据相关文献或试验资料，推测可能的毒性成分，提出是否对处方工艺及处方中的某些药材或某些成分进行特别控制等，并结合临床适应证，权衡利弊，考虑其开发前景。

第二节　中药新药急性毒性试验

一、目的和要求

急性毒性试验（acute toxicity test）又称为单次给药急性毒性试验（single dose toxicity test），是指在24小时内单次或多次给予动物受试物后所产生的毒性反应试验。急性毒性试验对初步阐明药物的毒性作用和了解其毒性靶器官具有重要意义，所获得的信息对长期毒性试验的剂量设计和某些药物临床试验起始剂量的选择具有重要参考价值，并能提供一些与人类药物过量所致急性中毒相关的信息。

（一）目的

急性毒性试验研究的目的是通过试验获得：①受试中药在临床拟用给药途径下对于受试动物的急性毒性剂量，与临床拟用剂量的倍数关系，或者出现毒性的最低剂量及剂量－毒性关系。②毒性反应的类型和程度，毒性的出现时间、持续时间及恢复时间。③死亡情况及原因（濒死动物症状、死亡时间、大体解剖及病理检查结果）。④观察期结束时的肉眼或病理变化情况等。

（二）要求

急性毒性试验研究对不同注册分类中药新药的要求不同，对于中药复方制剂的处方组成符合中医药理论，有一定的临床应用经验，通常可以采用一种动物、按临床拟用途径进行急性毒性反应的观察。对于物质基础较传统中药发生了明显改变或较少应用经验的中药创新药，例如未在境外上市的从中药中提取得到的提取物及其制剂、新药材及其制剂、药材新的药用部位及其制剂和中药注射剂等，需要采用啮齿类和非啮齿类两种动物全面考察受试物的急性毒性反应情况。如生产工艺的改变会引起物质基础的明显改变，或对药物的吸收利用可能产生明显影响，要进行一种动物按临床拟用的给药途径比较工艺改变前后的急性毒性反应。因此，对具体品种进行研究时，应具体问题具体对待，不应一概而论。

二、基本内容

（一）试验动物

1. 种属　不同种属的动物各有其特点，对同一受试中药的反应可能会有所不同。从充分暴露受试中药毒性的角度考虑，采用不同种属的动物进行试验可获得较为充分的安全性信息。急性毒性试验通常采用哺乳动物进行试验，包括啮齿类动物和非啮齿类动物，根据所研究的受试中药自身特点及新药注册分类的要求，选择一种或两种动物进行试验。

2. 性别　通常采用两种性别的动物进行试验，雌雄各半。若受试中药拟用人群为单一性别，则用单一性别的动物进行试验。

3. 年龄　通常采用健康成年动物进行试验。如果受试中药拟用人群是儿童，必要时应采用幼年动物进行试验。

4. 动物数　应根据动物种属、研究目的及所选择的试验方法来确定试验中所需的动物数，动物数应符合试验方法及结果分析评价的需要。

5. 体重　试验中的每批动物初始给药时的体重差异不宜过大，啮齿类动物初始给药时体重不应超过或低于平均体重的 20%。

（二）给药途径

给药途径不同，受试中药吸收率、吸收速度和暴露量会有所不同，为了尽可能观察到动物的急性毒性反应，可允许采用多种给药途径进行急性毒性试验研究，但是通常情况下给药途径中应至少包括临床拟用途径。

（三）试验方法和给药剂量

1. 试验方法　急性毒性试验的常用试验方法有近似致死量法、最大给药量法、最大耐受量法、固定剂量法、上下法（序贯法）、累积剂量法（金字塔法）、半数致死量法等。根据受试中药的特点选择合适的方法，对于毒性较小无法测定出其毒性剂量或致死剂量的中药，最大给药量法或最大耐受量法最为常用。

（1）致死量（lethal dose，LD）法　主要包括最小致死量（LD_5）、半数致死量（LD_{50}）和最大致死量（LD_{95}）。由于 LD_{50} 的测定较简便，故致死量的测定一般采用 LD_{50}。LD_{50} 值的大小是评价一个药物毒性大小的重要指标，其值的大小与毒性的大小成反比。

（2）最大耐受量（maximal tolerance dose，MTD）法　MTD 是指动物能够耐受而不引起动物死亡的最高剂量，超过该剂量，就会出现受试动物死亡的情况。实验过程中应密切观察动物的毒性反应，同时对死亡动物进行大体解剖观察，必要时做病理学检测。从获得安全性信息的角度考虑，有时对试验动物的异常反应和病理过程的观察分析，较以死亡为观察指标更有毒理学意义。

（3）最大给药量（maximal feasible dose，MFD）法　最大给药量是指单次或 24 小时内 2～3 次给药所采用的最大给药剂量。最大给药量试验是在合理的给药浓度及合理的给药容量的条件下，采用临床试验的给药途径给予试验动物，观察动物出现的反应，同时设立空白对照组或溶媒 / 赋形剂对照组。最后结果以总给药量 g 生药 /kg 表示，并计算出相当于临床人拟用量的倍数，倍数越大，急性毒性越小。如用小鼠进行试验，则每组动物数不得少于 20 只，雌雄各半。中药新药往往因受到药物浓度和给药容量的限制，单次给药无法测出 LD_{50}，最大给药量法最为常用。

2. 给药剂量　原则上，给药剂量应包括从未见毒性反应的剂量到出现严重毒性反应的剂量，或达到最大给药量。经口给药，大鼠给药容积每次一般不超过 20mL/kg，小鼠每次一般不超过 40mL/kg。

考虑到胃内容物会影响受试中药的给药容量、肠道内吸收和药物代谢酶活性，从而影响中药毒性的暴露，动物经口给药前应进行一段时间的禁食，不禁水。

（四）观察时间与指标

急性毒性试验观察的间隔和频次应适当，以便能观察到毒性反应的出现时间、持续时间及恢复时间，动物死亡时间等。通常给药后几小时内应密切观察动物的反应情况，之后每天上下午各观察一次，至少连续观察 14 天，如果毒性反应出现较慢或恢复较慢，应适当延长观察时间。

观察指标包括临床症状（如动物外观、行为、饮食、对刺激的反应、分泌物和排泄物等）、死亡情况（死亡时间、濒死前的反应等）、体重变化（给药前、观察期结束时各称重一次，观察期间可多次称重，动物死亡或濒死时应称重）等。当动物出现异常症状时，应密切观察并记录症状的起始时间、严重程度和持续时间，体重变化等。

所有的试验动物应进行大体解剖。试验过程中因濒死而安乐死的动物和死亡动物应及时进行大体解剖，其他动物在观察期结束后安乐死并进行大体解剖。当组织器官出现体积、颜色、质地等改变时，应进行组织病理学检查。

为获得更为全面的急性毒性信息，有些情况在试验中可设多个剂量组，观察更多的指标，如血液学、血液生化学等指标，以更好地确定毒性靶器官及剂量－毒性反应的关系。

三、结果分析与评价

急性毒性试验的结果可作为后续毒理试验剂量选择的参考，也可提示一些后续毒性试验需要重点观察的指标，因此对试验结果需要详细、客观和科学地分析。

对试验结果采用合理的计算方法和规范的统计学方法进行统计分析。根据所观察到的各种反应出现的时间、持续时间及严重程度等，分析各种反应在不同剂量时的发生率、严重程度；对观察结果进行归纳分析，得出每种反应的剂量－反应及时间－反应关系。结合不同种属动物及实验室的历史背景数据、病理学检查结果及同类药物的特点，判断所出现的毒性反应的性质及其与药物的相关性；根据出现的各种毒性反应及大体解剖中肉眼可见的病变和组织病理学检查的结果，初步判断可能的毒性靶器官。

例：银翘柴桂方是广州中医药大学第一附属医院临床经验方，临床用于流行性感冒疗效良好，为扩大其应用范围，将其研制成银翘柴桂颗粒，对该中药复方制剂的临床前安全性进行研究。在急性毒性试验的预试验发现，银翘柴桂颗粒由于药物浓度和体积的限制，无法测出其 LD_{50}，故选择大鼠为受试动物，进行 MFD 试验。每次以药物最大允许浓度［2.256g/kg（生药）］按最大给药容量（20mL/kg）24 小时内连续 3 次灌胃给药，进行药物急性毒性评价。给药当天及给药后第 1、4、7、14 天分别测量试验动物体重，给药当天及给药后每天观察试验动物状况，停药后第 14 天对大鼠进行大体解剖，肉眼观察主要脏器的改变等检测结果表明，银翘柴桂颗粒的给药剂量为 135.36g/kg（生药），相当于成人临床用量的 188 倍，该剂量下大鼠未见急性毒性反应。

第三节 中药新药长期毒性试验

一、目的和要求

长期毒性试验（ chronic toxicity test）又称为重复给药毒性试验（repeated dose toxicity test），是描述动物重复接受受试物后的毒性特征，是非临床安全性评价的重要内容。中药的长期毒性试验是中药研发体系的有机组成部分，是中药新药从实验室研究进入临床试验的重要环节。

（一）目的

长期毒性试验研究的主要目的：① 预测受试中药可能引起的临床不良反应，包括不良反应的性质、程度、剂量－毒性和时间－毒性关系及可逆性等。②判断受试中药重复给药的毒性

靶器官或靶组织。③确定未观察到临床不良反应的剂量水平（no observed adverse effect level，NOAEL）。④推测第一次临床试验（first in human，FIH）的起始剂量，为后续临床试验提供安全剂量范围。⑤为临床不良反应监测及防治提供参考。

（二）新药注册分类对长期毒性试验的要求

考虑到中药各类药物处方来源、立题依据等的差别，进行具体试验时在遵循新药开发的客观规律的同时，可结合受试药物的特点考虑需开展的试验项目。根据目前的新药注册管理办法，对中药新药各品种长期毒性试验是选择一种动物还是必须选择两种动物进行试验有如下规定。

1. 应采用啮齿类和非啮齿类两种动物进行长期毒性试验的中药品种　主要包括中药注射剂、中药有效成分及其制剂、新药材及其制剂、新的中药材代用品、药材新的药用部位及其制剂、新的中药有效部位制成的制剂，以及处方中含有毒性药材（见下文中药毒性药材品种）、无法定标准药材，或有十八反、十九畏等配伍禁忌的中药复方等。Olson 等的调查表明啮齿类和非啮齿类两种动物进行毒理学试验所表现出的毒性反应与人体毒性反应之间的一致性可达 71%，高于单用啮齿类动物的一致性概率（43%）和单用非啮齿类动物的一致性概率（63%），因此为了增加动物实验预测人体毒性反应的全面性和准确性，对于这些物质基础较传统中药发生了明显改变或应用经验较少的中药新药，应采用两种动物全面考察受试中药的重复给药毒性反应情况。

中药毒性药材品种

毒性药材：指收入国务院《医疗用毒性药品管理办法》的中药品种：砒石、砒霜、水银、生马钱子、生川乌、生草乌、生白附子、生附子、生半夏、生南星、生巴豆、斑蝥、青娘虫、红娘虫、生甘遂、生狼毒、生藤黄、生千金子、生天仙子、闹羊花、雪上一枝蒿、红升丹、白降丹、蟾酥、洋金花、红粉、轻粉、雄黄。另外，凡近年来发现的有毒性作用的药材（原材料）或在复方中含有明显有毒组分的，均按毒性药材处理。

2. 采用一种动物进行长期毒性试验的情况　对于一些有前期安全性考察，以及有一定临床应用基础的中药新药，可以先采用啮齿类动物进行长期毒性试验，当发现有明显毒性时，再采用非啮齿类进行第二种动物的长期毒性试验。这些中药新药品种主要包括中药非注射给药的复方制剂、改良型或同名同方中药非注射制剂等。

二、基本内容

（一）受试动物

1. 种属　理想的动物应具有以下特点：①对受试中药的代谢与人体相近；②对受试物敏感；③已有大量历史对照数据，来源、品系、遗传背景清楚。在长期毒性试验前应采用合适的试验方法对实验动物种属或品系进行选择。在长期毒性试验中常用的实验动物，啮齿类首选大鼠，非啮齿类首选 Beagle 犬。特殊情况下可选用其他种属或品系动物，必要时选用疾病模型动物进行试验。

2. 年龄、性别　采用健康成年动物进行试验，如果儿童为主要拟用药人群，而已有毒理学或药理学研究结果提示可能发生发育毒性，应考虑在幼年动物上进行长期毒性试验。一般成年动物大鼠为 6～9 周龄，Beagle 犬 6～12 月龄，猴 3～5 岁，同一批次试验所选动物年龄应尽量接近，每批同性别动物初始给药时的体重差异不宜过大，啮齿类动物体重不应超过或低于平均体重的

20%。

通常采用雌雄各半两种性别的动物进行试验。若受试药物临床拟用人群为单一性别，需采用单一性别的动物进行试验。

3. 动物数 根据动物种属和研究目的确定试验中所需的动物数，每组动物数应能满足对试验结果的分析和评价的需要。一般每个剂量组啮齿类动物雌、雄各 10 ~ 30 只，非啮齿类动物雌、雄各 3 ~ 6 只。

（二）给药方案

长期毒性试验至少应设低、中、高 3 个剂量组，以考察毒性的剂量 – 反应关系，同时设立 1 个溶媒（或辅料）对照组。高剂量原则上使动物产生明显的毒性反应，或达到最大给药量，或系统暴露量达到临床系统暴露量的 50 倍（基于 AUC）。低剂量原则上相当于或高于动物药效剂量或临床使用剂量的等效剂量，中剂量应结合毒性作用机制和特点在高剂量和低剂量之间设立。有些特殊受试药物的研究，为了更准确地判断受试中药的毒性大小和毒性靶器官，可以增加阳性对照组。阳性对照药的剂量一般选择与受试药的高剂量一致。

试验中给药途径应与临床拟用途径一致，局部给药应保证其充分的接触时间。实验过程中动物每天给药，特殊类型的受试中药可根据其毒性特点和临床给药方案设计给药频率，例如通常对在体内代谢特别快的药物，可以考虑增加给药频次，在体内滞留时间较长的药物，最好参考血药浓度适当延长给药间隔时间。

（三）试验期限

给药期限的长短主要与拟定的临床疗程长短、临床适应证、用药人群相关，应与拟开展的临床试验期限和上市要求相匹配，具体实验期限见表 9–1。建议分阶段进行长期毒性试验，通过较短试验期限的毒性试验获得的信息，可以为较长试验期限的毒性试验设计提供给药剂量、给药频率、观察指标等方面的参考。同时，临床试验中获得的信息有助于设计较长试验期限的动物毒性试验方案，降低药物开发的风险。以不同试验期限的长期毒性试验支持不同用药期限的临床试验及上市评价时，各期限的试验内容都应完整、规范，结果分析评价强调客观性，注重科学性。如果临床适应证有若干项，应按最长疗程的临床适应证来确定长期毒性试验的试验期限。

实验期间按照试验期限要求给药结束后需留取部分动物（总动物数的 1/3 ~ 1/2）进行恢复期观察，以了解毒性反应的可逆性和可能出现的延迟性毒性反应。通常留取的恢复期动物需继续观察不少于 4 周，在此期间，除不给予受试中药外，其他观察内容与给药期间相同，对于引起不可逆损伤的中药要慎重考虑临床试验的问题。

表 9–1 长期毒性试验期限

支持药物临床试验

最长临床试验期限	长期毒性试验的最短期限	
	啮齿类动物	非啮齿类动物
≤ 2 周	2 周	2 周
2 周 ~ 6 个月	同临床试验	同临床试验
>6 个月	6 个月	9 个月

支持药物上市申请

临床拟用期限	啮齿类动物	非啮齿类动物
≤2周	1个月	1个月
2周~1个月	3个月	3个月
1个月~3个月	6个月	6个月
>3个月	6个月	9个月

（四）检测指标

给药前应对动物进行适应性饲养，啮齿类动物应不少于5天，非啮齿类动物不少于2周。在适应性饲养时，对实验动物进行外观体征、行为活动、摄食情况和体重检查，非啮齿类动物至少应进行2次体温、血液学、血液生化学和至少1次心电图检测。

给药期间，根据试验期限的长短和受试中药的特点确定检测时间和检测次数。当试验期限较长时，应根据受试中药的特点及相关信息选择合适的时间点进行阶段性检测。试验期间对濒死或死亡动物应及时采集标本进行检测，分析濒死或死亡的原因。原则上应尽早发现毒性反应，并反映出观测指标或参数变化与试验期限的关系。

给药全部结束，对动物施行安乐死后进行一次指标的全面检测。试验组动物进行系统的大体解剖，称重主要脏器并计算脏器系数；进行组织病理学检查并出具完整的病理学检查报告，如发现有异常变化，应附有相应的组织病理学照片。非啮齿类动物对照组和各给药组主要脏器组织均应进行组织病理学检查；啮齿类动物对照组、高剂量组、尸检异常动物应进行详细检查，如高剂量组动物某一组织发生病理改变，需要对其他剂量组动物的相同组织进行组织病理学检查；通常需要制备骨髓涂片，以便当受试中药可能对动物造血系统有影响时进行骨髓检查。

给药结束后，继续观察恢复期动物，以了解毒性反应的可逆性和可能出现的迟发毒性；应根据受试中药代谢动力学特点、靶器官毒性反应和恢复情况确定恢复期的长短，一般情况下应不少于4周。恢复期结束时进行一次全面的检测。

除常规检测的指标外，还应根据受试中药的特点、在其他试验中已观察到的改变或背景信息，在不影响正常毒性观察和检测的前提下增加合理的指标。另外，由于中药复方的药效物质基础与毒性成分不够清晰，中药作用往往较为温和，故其毒性反应也往往轻微或是一种远期效应，因此，岑小波等建议可以增加一些灵敏指标或早期生物标志物以探测潜在的或隐匿性的毒性，例如，检测反映肾小球滤过功能的血清 β_2 微球蛋白与血清半胱氨酸蛋白酶抑制剂C、反映肾小管功能的 β_2 微球蛋白、α_1 微球蛋白及肾损伤分子1等毒性标志物，可早期识别肾损害，反映损伤位点与毒性机制，这些毒性标志物现已成为美国FDA或EMA推荐的检测指标。实验动物相关指标的历史背景数据在长期毒性试验中具有重要的参考意义。

在试验给药结束、恢复期及给药中期全面检测的常规指标见表9-2。

表 9-2　长期毒性试验常规检测指标

项目类别		指标
1. 临床观察		外观、体征、行为活动、腺体分泌、呼吸、粪便性状、给药局部反应、死亡情况等
2. 摄食量、体重、眼科检查		
3. 体温和心电图检测（非啮齿动物）		
4. 血液学检测		红细胞计数、血红蛋白、红细胞容积、平均红细胞容积、平均红细胞血红蛋白、平均红细胞血红蛋白浓度、网织红细胞计数、白细胞计数及其分类、血小板计数、凝血酶原时间、活化部分凝血活酶时间等
5. 血液生化学检测		天门冬氨酸氨基转换酶、丙氨酸氨基转换酶、碱性磷酸酶、肌酸磷酸激酶、尿素氮（尿素）、肌酐、总蛋白、白蛋白、血糖、总胆红素、总胆固醇、甘油三酯、γ-谷氨酰转移酶、钾离子浓度、氯离子浓度、钠离子浓度
6. 尿液观察和分析		尿液外观、比重、pH 值、尿糖、尿蛋白、尿胆红素、尿胆原、酮体、隐血、白细胞
7. 组织病理学检查的脏器组织	（1）需称重并计算脏器系数的器官	脑、心脏、肝脏、肾脏、肾上腺、胸腺、脾脏、睾丸、附睾、卵巢、子宫、甲状腺（含甲状旁腺）[1]
	（2）需进行组织病理学检查的组织或器官	肾上腺、主动脉、骨（股骨）、骨髓（胸骨）、脑（至少 3 个水平）、盲肠、结肠、子宫和子宫颈、十二指肠、附睾、食管、眼、胆囊（如果有）、哈氏腺（如果有）、心脏、回肠、空肠、肾脏、肝脏、肺脏（附主支气管）、淋巴结（一个与给药途径相关，另一个在较远距离）、乳腺、鼻甲[2]、卵巢和输卵管、胰腺、垂体、前列腺、直肠、唾液腺、坐骨神经、精囊（如果有）、骨骼肌、皮肤、脊髓（3 个部位：颈椎、中段胸椎、腰椎）、脾脏、胃、睾丸、胸腺（或胸腺区域）、甲状腺（含甲状旁腺）、气管、膀胱、阴道、所有大体观察到异常的组织、组织肿块和给药部位

注：1. 仅在非啮齿类动物称重；2. 针对吸入给药的给药制剂。

三、结果分析与评价

长期毒性试验的最终目的在于预测人体可能出现的毒性反应。通过对试验结果的科学分析和全面评价，能够清楚描述动物的毒性反应，推断出其与人体的相关性。

（一）结果分析

分析长期毒性试验结果，判断动物是否发生毒性反应及确定毒性靶器官，描述毒性反应的性质和程度（包括毒性反应的起始时间、程度、变化规律和消除时间），如果有动物死亡应分析死亡原因，确定安全范围，注意毒性反应出现的时间和恢复的时间及动物的死亡时间，并探讨可能的毒性作用机制。

1. 正确理解试验数据的意义　在对长期毒性试验结果进行分析时，应正确理解均值数据和个体数据的意义。啮齿类动物长期毒性试验中数据均值的意义通常大于个体动物数据的意义，实验室历史背景数据和文献数据可以为结果的分析提供参考；非啮齿类动物单个动物的试验数据往往具有更重要的毒理学意义，大动物如犬的试验动物数量较少，个体差异较大，因此要对个例动物进行具体分析，特别关注和分析那些数值上有明显差异，但无统计学意义的指标。此外，非啮齿类动物试验结果必须与给药前数据、对照组数据和实验室历史背景数据进行多重比较。

在分析长期毒性试验结果时应综合考虑数据的统计学意义和生物学意义，正确利用统计学假设检验有助于确定试验结果的生物学意义，但具有统计学意义并不一定代表具有生物学意义；在判断生物学意义时要考虑参数变化的剂量－反应关系、其他关联参数的改变、与历史背景数据的比较等因素；分析试验结果时，对异常数据应判断出是否是由受试中药毒性引起并给予科学解释。

2. 正确判断毒性反应　给药组和对照组之间检测结果的差异可能来源于受试中药有关的毒性、动物对药物的适应性改变或正常的生理波动，也可能源于试验操作失误和动物应激。在分析试验结果时，应关注参数变化的剂量－反应关系、组内动物的参数变化幅度和性别差异，同时综合考虑多项毒理学指标的检测结果，分析其中的关联和受试中药作用机制，以正确判断药物的毒性反应。单个参数的变化往往并不足以判断受试药物的毒性。

（二）动物毒性反应对于临床试验的意义

将长期毒性试验结果外推至人体时，不可避免地会涉及受试中药在动物和人体内毒性反应之间的差异。首先，不同物种、同物种不同种属或个体之间对于某一受试中药的毒性反应可能存在差异；其次，由于在长期毒性试验中通常采用较高的给药剂量，受试中药可能在动物体内呈非线性动力学代谢过程，从而导致与人体无关的毒性反应；再次，长期毒性试验难以预测一些在人体中发生率较低的毒性反应或仅在小部分人群中出现的特异质反应；最后，有些毒性反应目前在动物中难以描述，如头痛、头昏、头晕、皮肤瘙痒、视物模糊等。鉴于以上原因，动物长期毒性试验的结果不一定完全再现于人体临床试验。但如果没有试验或文献依据证明受试中药对动物的毒性反应与人体无关，在进行药物评价时必须首先假设人最为敏感，长期毒性试验中动物的毒性反应将会在临床试验中出现。

（三）综合评价

长期毒性试验是药物非临床安全性研究的有机组成部分，是药物非临床毒理学研究中综合性最强、获得信息最多和对临床指导意义最大的一项毒理学试验。对其结果进行评价时，应结合受试中药的药学特点，药效学、药代动力学和其他毒理学的试验结果，以及已取得的临床试验结果，进行综合评价。对于长期毒性试验结果的评价最终应落实到受试中药的临床不良反应、临床毒性靶器官或靶组织、安全范围、临床需重点检测的指标，以及必要的临床监护或解救措施。

例：复方一枝蒿颗粒是维吾尔族医学中治疗感冒发热和咽喉肿痛的中药临床经验方，因有研究发现其对儿童手足口病有较好的治疗效果，故为了将其临床适应证扩大到儿童的手足口病，王永等进行了复方一枝蒿颗粒重复给药对幼龄大鼠的长期毒性实验研究。该实验中，选择3周龄的幼年大鼠，药物剂量的设定是根据前期药效学实验的有效剂量，低、中、高剂量（5.0、10.0、24.6 $g \cdot kg^{-1}$）分别设定为药效起始剂量的20、40和100倍。模拟临床给药方式，采用每天灌胃的方法进行给药，连续给药1个月，此周期可以用于支持临床疗程在2周内的安全性，并且预留部分动物作为停药后的恢复期毒性观察，对给药结束及恢复期结束的检测指标进行综合评价。复方一枝蒿颗粒重复给药1个月，NOAEL为10.0 $g \cdot kg^{-1} \cdot d^{-1}$，约为药效学有效剂量的40倍。当剂量为24.6 $g \cdot kg^{-1}$（约为药效学有效剂量的100倍）时，可导致幼龄大鼠可逆性的部分血液、凝血和尿液指标的异常，但不会影响生长发育、血液生化和激素水平。该长期毒性实验结果可以作为临床前安全性的资料用于评价该药申报在儿童中的用药，针对该药拟适用人群的特殊性增加了对激素

影响的指标检测，大剂量的毒副作用指标可以给安全临床用药提供参考。

第四节　中药新药特殊毒性试验

一、遗传毒性试验

（一）目的和要求

遗传毒性试验（genotoxicity test）是指用于检测通过不同机制直接或间接诱导遗传学损伤的受试物的体外和体内试验，这些试验能检出 DNA 损伤及其损伤的固定。中药遗传毒性试验是中药新药非临床安全性评价的重要内容，也是药物进入临床试验及上市的重要环节。中药注册分类中一类、二类和四类新药必须报送遗传毒性试验资料及文献资料；三类药中除具有法定标准的中药材、天然药物外，必须报送遗传毒性试验资料及文献资料；如果处方中含有无法定标准的药材，或来源于无法定标准药材的有效部位，以及用于育龄人群并可能对生殖系统产生影响的新药（如避孕药、性激素、治疗性功能障碍药、促精子生成药、保胎药或有细胞毒作用等的新药），应进行相应的遗传毒性试验研究。

1. 目的　遗传毒性试验的目的是通过一系列试验来预测受试物是否有遗传毒性，在降低临床试验受试者和药品上市后使用人群的用药风险方面发挥重要作用。

2. 要求　中药的遗传毒性试验属于安全性评价研究，根据《中华人民共和国药品管理法》的规定，必须执行《药物非临床研究质量管理规范》，具体实验要求可以按照《药物遗传毒性研究技术指导原则》《人用药品注册国际技术要求》（ICH）进行。

遗传毒性试验应该在对受试物认知的基础上，遵循“随机、对照、重复”和“具体问题具体分析”的原则，根据受试物的结构特点、理化性质、已有的药理毒理研究信息、适应证和适用人群特点、临床用药方案选择合理的试验方法，设计适宜的试验方案，并综合上述信息对试验结果进行全面的分析评价。

遗传毒性试验方法有多种，但没有任何单一试验方法能检测出所有的遗传毒性物质，因此通常采用体外和体内遗传毒性试验组合的方法，以减少遗传毒性物质的假阴性结果。具体而言，一般包括：一项体外细菌基因突变实验；一项体外哺乳动物细胞染色体损伤细胞遗传学评价或小鼠体外淋巴瘤 TK 检测实验；一项啮齿类动物造血细胞染色体损伤体内实验。

（二）基本内容

1. 体外试验

（1）细菌回复突变试验中采用的基本菌株的选择　在细菌回复突变试验中至少应采用 5 种菌株，包括用于检测组氨酸靶基因中鸟嘌呤 – 胞嘧啶（G–C）位点碱基置换或移码突变的 4 种组氨酸营养缺陷型鼠伤寒沙门菌（TA1535；TA1537/TA97/ TA97a；TA98；TA100），以及用于检测组氨酸或色氨酸基因中腺嘌呤 – 胸腺嘧啶（A–T）位点碱基置换或移码突变的鼠伤寒沙门菌 TA102 或埃希氏大肠杆菌 WP2 uvrA 或埃希氏大肠杆菌 WP2 uvrA（pKM101）。因为检测 G–C 位点突变的 4 种菌株无法检测交联剂，所以检测交联剂时最好采用 TA102 菌株或增加一种修复准确型大肠杆菌［如埃希氏大肠杆菌 WP2 uvrA（pKM101）］。

（2）体外试验中受试药物最高浓度的确定　体外试验中受试药物的最高浓度主要取决于受试

物对细菌 / 细胞的毒性和溶解度。中药、天然药物由于情况复杂，应综合考虑多方面因素，在指导原则的基础上，试验时应根据具体情况进行合理的设计。

1）无毒化合物的高浓度　对易溶解的无毒化合物，细菌试验应达到的最高浓度为每皿 5mg，哺乳动物细胞试验为 5mg/mL 或 10mmol/L（选用较低者）。

2）要求达到的细胞毒性水平　在遗传毒性体外试验中，某些遗传毒性致癌剂只有在检测浓度高达可产生一定程度的细胞毒性时才可检出，但毒性过高又可影响对相应的遗传终点进行恰当的评价。当哺乳类动物细胞存活率很低时，一些遗传毒性以外的作用如细胞毒性作用会导致遗传毒性的假阳性结果。此时遵循的受试物浓度选择原则：在细菌回复突变试验中，最高浓度应能显示明显的毒性，如回复突变数减少、背景菌斑减少或消失；哺乳动物细胞体外遗传毒性试验中，毒性水平应高于 50% 细胞抑制率或细胞融合率，对培养的淋巴细胞，有丝分裂指数抑制率应高于 50%；哺乳动物细胞体外基因突变试验中，理想的最高浓度应能产生至少 80% 毒性（即存活率不大于 20%），对于细胞存活率低于 10% 时获得的阳性结果应谨慎对待。

3）难溶受试物的最高浓度　在用细菌和哺乳动物细胞遗传毒性试验检测某些受试物时，在不溶解的浓度范围内也能检测出剂量相关性的遗传毒性。此时，若未观察到细胞毒性，应以产生沉淀的最低浓度作为最高浓度；若观察到剂量相关性的细胞毒性或诱变性，则不管溶解度如何，应按上述细胞毒性水平的要求来确定最高浓度。

（3）实验方法与观察指标　体外实验一般有细菌恢复突变试验，考察每皿的回复突变菌落数；体外哺乳动物细胞染色体畸变试验，考察染色体结构畸变细胞的百分率；小鼠淋巴瘤细胞试验，考察各组细胞突变率。

2. 体内试验

（1）实验动物　一般选用啮齿类动物。骨髓试验通常采用小鼠和大鼠，如合适也可选用其他哺乳动物；检测外周血时推荐采用小鼠。如果是脾无法清除带微核的红细胞的种属，或已证明用于检测可引起结构和 / 或数目的染色体畸变的药物有足够敏感度的种属也可使用。微核试验，除非性别间在毒性或代谢方面有明显差异，一般单用雄性动物即可。如果受试物专用于一种性别，则通常选用相应性别的动物进行试验。

（2）给药剂量与途径　至少应设置 3 个剂量组，根据相关毒性试验或预试验的结果确定高剂量。一般情况下，给药途径应与临床拟用途径一致。若不一致，应说明理由。

（3）实验方法与观察指标　通常可采取哺乳动物体内微核试验检测造血细胞染色体损伤。每只动物至少计数 200（骨髓）或 1000（外周血）个红细胞以确定嗜多染红细胞（PCE）和总红细胞［嗜多染红细胞和正染红细胞（NCE）］的比例；至少计数 2000 个嗜多染红细胞以判断嗜多染红细胞的微核率。

（三）结果分析与评价

在对遗传毒性试验结果进行评价时，应结合受试物的药学特点、药效学、药代动力学和其他毒理学研究的结果等信息进行综合分析。中药、天然药物还应结合处方组成特点、方中药味毒性情况、临床应用背景情况等进行综合分析。试验结果的评价最终应落实到临床研究受试者范围限定、风险效益评估及必要防治措施的制定和应用上。遗传毒性试验组合检测的是主要通过直接的遗传损伤机制的致癌剂（如绝大多数已知的人类致癌剂），该类组合无法检测出非遗传毒性致癌剂。体外试验的一些实验条件，如有限的体外代谢活化能力，可能导致假阴性结果，但是任何一种遗传毒性试验中的阳性结果并不一定能说明受试物对人体真正具有遗传毒性或致癌性的危险。

在对体内外试验结果进行评价时，对阳性或阴性的结果均应予以充分考虑，尤其是在有疑义时。因此，需进行综合分析和评价。

例： 喜炎平注射液是从爵床科植物穿心莲中提取制成的水溶性穿心莲内酯磺化物，为给临床广泛用药提供理论依据，由振强等进行了喜炎平注射液的遗传毒性实验研究，包括微生物回复突变试验、小鼠骨髓嗜多染红细胞微核试验和中国仓鼠肺成纤维细胞染色体畸变试验。结果喜炎平注射液在每皿＜5 000 μg，代谢和非代谢活化条件下，对所测5种菌株均未见致回复突变作用；亦未见诱发微核作用和染色体畸变诱发作用。喜炎平注射液在所测剂量范围内，未显示遗传毒性，提示其临床应用安全性。

二、生殖毒性试验

（一）目的和要求

生殖毒性试验（reproductive toxicity test）是指用于检测药物对雌性和雄性生殖系统，从生殖细胞分化至整个细胞发育，也包括对胚胎细胞发育损害的试验。生殖毒性非临床安全性评价的重要内容用于育龄人群并可能对生殖系统产生影响的新药（如避孕药、性激素、治疗性功能障碍药、促精子生成药、保胎药，以及遗传毒性试验阳性或有细胞毒作用等的新药），应根据具体情况进行相应的生殖毒性研究。

1. 目的　通过动物试验反映受试物对哺乳动物生殖功能和发育过程的影响，预测其可能产生的对生殖细胞、受孕、妊娠、分娩、哺乳等亲代生殖功能的不良影响，以及对子代胚胎－胎儿发育、出生后发育的不良影响。生殖毒性研究在限定临床研究受试者范围、降低临床研究受试者和药品上市后使用人群的用药风险方面发挥重要作用。

2. 要求　中药的生殖毒性试验具体要求可以依照《药物生殖毒性研究技术指导原则》。生殖毒性试验的设计应在对受试物认知的基础上，遵循“具体问题具体分析”的原则。应根据受试物的结构特点、理化性质、已有的药理毒理研究信息、适应证和适用人群特点、临床用药方案等选择合理的试验方法，设计适宜的试验方案，并综合上述信息对试验结果进行全面分析评价。

（二）基本内容

1. 试验动物　应采用哺乳动物进行生殖毒性试验。在选择动物种属和品系时，应考虑动物的背景资料、实用性、与人的相关性等。应从受试物、采用的试验方案和阐明试验结果的角度考虑所选择动物种属和品系的优缺点。家兔为优先选用的非啮齿类动物。家兔不适合时，可根据具体情况选择另一种可替代的非啮齿类动物或第二种啮齿类动物。

通常选用年轻、性成熟的成年动物，雌性动物未经产。个体动物初始体重不应超出平均体重 ±20%，并将其生命周期划分为如下阶段。

A. 从交配前到受孕（成年雄性和雌性生殖功能、配子的发育和成熟、交配行为、受精）。

B. 从受孕到着床（成年雌性生殖功能、着床前发育、着床）。

C. 从着床到硬腭闭合（成年雌性生殖功能、胚胎发育、主要器官形成）。

D. 从硬腭闭合到妊娠终止（成年雌性生殖功能、胎仔发育和生长、器官发育和生长）。

E. 从出生到离乳（成年雌性生殖功能、幼仔对宫外生活的适应性、离乳前发育和生长）。

F. 从离乳到性成熟（离乳后发育和生长、独立生活的适应能力、达到性成熟的情况）。

2. 给药剂量及途径　至少应设三个剂量组，高剂量应出现一些轻微的母体毒性反应，或为最大给药量（最大耐受量），低剂量为生殖毒性方面的“未观察到不良反应的剂量水平”。给药途径通常与临床拟用途径一致，如果拟用途径有多种，若研究提示不同给药途径的药代动力学特点（包括分布）类似，建议采用暴露量较高的给药途径。此外，腹腔注射时可能会对子宫或胎仔产生直接作用，故采用妊娠动物进行试验时一般不用该途径。

3. 试验方法与观察指标　常用的试验方案相当于对下述各阶段影响的联合研究：生育力和早期胚胎发育、胚胎－胎仔发育、围产期发育（包括母体功能）。

（1）生育力与早期胚胎发育毒性试验　包括上述生命周期的 A 阶段和 B 阶段，对雌、雄动物由交配前到交配期直至胚胎着床给药，以评价受试物对动物生殖的毒性或干扰作用。评价内容包括配子成熟度、交配行为、生育力、胚胎着床前阶段和着床等。对于雌性动物，应对动情周期、受精卵输卵管转运、着床及胚胎着床前发育的影响进行检查。对于雄性动物，应观察生殖器官组织学检查方法可能检测不出的功能性影响（如性欲、附睾精子成熟度等）。

过程观察指标为动物体征和死亡情况，每周至少记录 2 次体重变化，每周至少测量 1 次摄食量（交配期除外），交配期间至少每日进行阴道涂片检查，以检查是否对交配或交配前时间有影响，其他毒性研究中已证明有意义的指标。

终末检查观察指标为所有亲代动物，保存肉眼观察出现异常的器官，必要时进行组织学检查，同时保留足够的对照组动物的相应器官以便比较，保存所有动物的睾丸、附睾或卵巢、子宫，必要时进行组织学检查，根据具体情况进行评价、建议，计数附睾中的精子数并进行精子活力检查，计数黄体数，活胎、死胎、吸收胎并计算着床数。

（2）胚胎－胎仔发育毒性试验　包括上述生命周期的 C 阶段至 D 阶段，妊娠动物自胚胎着床至硬腭闭合给药，评价药物对妊娠动物、胚胎及胎仔发育的影响。

过程观察指标为动物体征和死亡情况，每周至少称量体重 2 次，每周至少 1 次检测摄食量，其他毒性研究中已证明有意义的指标。

终末检查指标为所有成年动物，保存肉眼观察出现异常的器官，必要时进行组织学检查，同时保留足够的对照组动物相应器官以便比较，计数黄体数，活胎、死胎、吸收胎并计算着床数，胎仔体重、胎仔顶臀长、胎仔异常（包括外观、内脏、骨骼）、胎盘肉眼观察。

（3）围产期毒性试验　包括上述生命周期中的 C 阶段至 F 阶段，检测从胚胎着床到幼仔离乳给药对妊娠 / 哺乳的雌性动物及胚胎和子代发育的不良影响。由于对此段所造成的影响可能延迟，试验应持续观察至子代性成熟阶段。

过程观察指标为母体每天至少 1 次进行体征和死亡情况观察，分娩前至少每周 2 次称量体重，分娩前至少每周 1 次测量摄食量，其他毒理研究中已证明有意义的指标，妊娠期、分娩。

终末检查指标为所有成年动物，保存肉眼观察出现异常的器官，必要时进行组织学检查，同时保留足够的对照组动物相应器官以便比较，着床、畸形、出生时存活的子代，出生时死亡的子代，子代出生时体重，离乳前后的存活率和生长 / 体重，性成熟程度和生育力，应说明是否进行了窝仔动物剔除，体格发育、感觉功能和反射行为。

（4）其他试验方案　可根据受试物、拟用适应证及临床用药等特点，综合考虑其他试验方案，以全面、合理地反映受试物的生殖毒性特点。主要包括单一（全程）试验设计（啮齿类动物）、两段试验设计（啮齿类动物）、毒代动力学研究等。

（三）结果分析与评价

通常情况下，应对受试物在动物中表现出来的生殖和发育两方面的毒性进行分析评价。生殖

毒性主要包括可能影响 F_0 代生殖能力的结构和功能性改变，包括对生育力、分娩和哺乳的毒性影响等。发育毒性主要包括对 F_1 代的毒性影响，包括死亡、畸形（结构异常）、生长异常和功能性毒性等。另外，很多情况下，亲代和子代所表现出来的生殖毒性可能是母体毒性所继发的，应结合相关毒性研究结果判断表现出来的生殖毒性是否为母体毒性的继发结果。同时，生殖毒性研究不能与药效学、药代动力学和其他毒理学研究割裂，试验结果应力求与其他药理毒理试验结果互为印证、说明和补充。

例：红花如意丸是传统藏族验方，属于藏药合成中成药，为给临床广泛用药提供理论依据，周莉等研究了红花如意丸对大鼠胚胎 - 胎仔发育影响。不同剂量的红花如意丸在着床至硬腭闭合期间灌胃给予 SD 妊娠大鼠，以纯水和环磷酰胺分别作为溶媒对照和阳性对照，考察指标为母鼠体重、摄食量、孕鼠子宫肌张力、激素（雌二醇、孕酮和睾酮）、胚胎着床、胎仔吸收，以及对胎仔发育和畸形情况。结果表明红花如意丸对孕鼠的妊娠结局（平均黄体数和死胎率等）和胎仔的外观、内脏和体格生长发育（窝均体重、身长、尾长和胎盘重）均未见明显影响；对母鼠的毒性主要表现为 5 和 15g/kg 组母鼠体重增长缓慢和高剂量导致的宫外增重减少；对胚胎 - 胎仔发育毒性表现为 15g/kg 组活胎率降低，吸收胎率增加，以及 5 和 15g/kg 组胎仔胸骨节骨化点发育迟缓。因此，得出结论红花如意丸无致畸作用，对大鼠胚胎 - 胎仔发育毒性的最大无毒性反应剂量是 1g/kg，是临床剂量的 12.5 倍。

三、致癌试验

（一）目的和要求

致癌试验（carcinogenic test）是指通过一定途径使动物在正常生命期的大部分时间内反复接触不同剂量或浓度的受试物，观察受试物对试验动物的致癌作用。新药在长期毒性试验中发现有细胞毒作用，或者对某些脏器组织生长有异常促进作用，以及致突变试验结果为阳性的，必须提供致癌试验资料及文献资料。

1. 目的　致癌试验的目的是考察药物在动物体内的潜在致癌作用，从而评价和预测其可能对人体造成的危害。

2. 要求　致癌试验耗费大量时间和动物资源，当确实需要通过动物长期给药研究评价人体中药物暴露所致的潜在致癌性时才应进行致癌试验。

（二）基本内容

药物致癌性评价选择较多，目前的评价方法主要为啮齿类动物的长期致癌实验和哺乳动物细胞体外转化试验。

1. 啮齿类动物的长期致癌实验

（1）试验动物　通常用刚离乳的小鼠或大鼠。一般每组动物数为 100 只，每组实验动物性别雌雄各半。

（2）给药剂量及途径　至少设 3 个药物剂量组，高剂量通常为最大耐受剂量，另设空白对照组和溶媒或赋形剂对照组。通常大鼠为 2 年，小鼠为 1.5 年。给药方式原则上与临床拟用途径相同，否则应说明理由。

（3）观察指标　实验过程中有无肿瘤出现、肿瘤出现时间及死亡时间。

（4）结果分析与评价　试验结束时，应计算各组动物的肿瘤发生率、潜伏期、多发性等。根据给药组肿瘤发生率是否显著高于对照组，有无剂量－效应依赖关系，提出判断为阳性或阴性结果的充分证据与分析，做出全面的科学评价。

2. 哺乳动物细胞体外转化试验　体外细胞转化试验是检测受试物对体外培养的哺乳动物细胞转化的遗传毒理试验。目前，大多选用叙利亚仓鼠胚胎细胞。该试验是将动物细胞在体外培养的环境下，将细胞暴露于致癌物，高度模拟致癌物在体内致癌的作用进行致癌物检测的一种技术，可以有效地进行致癌物质致癌活性的体外筛查。体外细胞转化试验是以所培养的细胞发生恶性转化从而产生的形态改变为试验终点，可直接在体外观察并记录细胞由正常转化为具有肿瘤细胞性质的过程。

第五节　中药新药其他安全性试验

过敏性、刺激性、溶血性是指药物制剂经皮肤、黏膜、腔道、血管等非口服途径给药，对用药局部产生的毒性（如刺激性和局部过敏性等）和/或对全身产生的毒性（如全身过敏性和溶血性等）；药物依赖性是药物长期与机体相互作用，使机体在生理功能、生化过程或形态学发生特异性、代偿性和适应性改变的特性，停止用药可导致机体的不适或心理上的渴求。药物的原形及其代谢物、辅料、有关物质及理化性质（如 pH 值、渗透压等）均有可能引起刺激性和/或过敏性和/或溶血性的发生，因此药物在临床应用前应研究其制剂在给药部位使用后引起的局部或全身毒性，以提示临床应用时可能出现的毒性反应、毒性靶器官、安全范围。人用药物免疫毒性实验也是新药安全性评价的重要组成部分，我国目前要求参照国际人用药品注册技术要求协调会（ICH）“人用药物免疫毒性研究 S8”进行相关研究，具体方法和研究参照相关政策法规。

本节中主要介绍这四种安全性评价的试验。

一、过敏性试验

（一）目的和要求

过敏性又称超敏反应，指机体受同一抗原再刺激后产生的一种表现为组织损伤或生理功能紊乱的特异性免疫反应。过敏性试验（allergic test）是观察动物接触受试物后的全身或给药局部的过敏反应。

（二）基本内容

进行何种过敏性试验应根据药物特点、临床适应证、给药方式、过敏反应发生机制、影响因素等确定。

通常局部给药发挥全身作用的药物（如注射剂和透皮吸收剂等）需考察Ⅰ型过敏反应，如注射剂需进行主动全身过敏试验（active systemic anaphylaxis，ASA）和被动皮肤过敏试验（passive cutaneous anaphylaxis，PCA），透皮吸收剂需进行主动皮肤过敏试验。吸入途径药物应采用豚鼠吸入诱导和刺激试验。黏膜给药应结合受试物的特点参照经皮给药过敏性试验方法进行。如受试物的化学结构与文献报道产生其他过敏反应的化合物相同或相似者，建议考虑采取适当的试验方法以考察其是否能引起其他过敏反应（如光过敏性反应等）。Ⅱ型和Ⅲ型过敏反应可结合在重复给药毒性试验中观察，如症状、体征、血液系统、免疫系统及相关的病理组织学改变等。经皮给药制剂（包括透皮剂）应进行Ⅳ型过敏反应试验，包括豚鼠最大化试验（guinea-pig maximization test，GPMT），或豚鼠封闭斑贴试验（buehler test，BT），或其他合理的试验方法，如小鼠局部淋巴结试验（local lymph node assay，LLNA）等。

（三）结果分析与评价

由于实验动物模型的局限性，如目前仍无理想的Ⅱ型和Ⅲ型过敏反应的动物模型，光过敏性动物模型的临床意义尚不明确等，一些药物的过敏性临床前评价可采取灵活的方式，建议采用多种方法。

二、溶血性试验

（一）目的和要求

溶血性是指药物制剂引起的溶血和红细胞凝聚等反应。溶血性反应包括免疫性溶血与非免疫性溶血。溶血性试验（hemolytic test）是观察受试物是否能够引起溶血和红细胞凝聚等。

（二）基本内容

溶血试验包括体外试验和体内试验，常规采用体外试管法评价药物的溶血性，若结果为阳性，应与相同给药途径的上市制剂进行比较研究，必要时进行动物体内试验或结合重复给药毒性试验，应注意观察溶血反应的有关指标（如网织红细胞、红细胞数、胆红素、尿蛋白，肾脏、脾脏、肝脏继发性改变等），如出现溶血时，应进行进一步研究。

（三）结果分析与评价

在溶血性试验中，若出现红细胞凝聚现象，应判定是真凝聚还是假凝聚。若体外出现可疑溶血现象，应采用其他方法进一步试验，以确定或排除受试物的溶血作用。利用分光光度法进行溶血性试验时，应注意离心速度及温度对结果的影响。此外，因不同的注射剂颜色及深浅不同，若其色泽对血红素的最大吸收有干扰，则应注意排除非药物因素。

三、刺激性试验

（一）目的和要求

刺激性是指非口服给药制剂给药后对给药部位产生的可逆性炎症反应，若给药部位产生了不可逆性的组织损伤则称为腐蚀性。刺激性试验（irritative test）是观察动物的血管、肌肉、皮肤、黏膜等部位接触受试物后是否引起红肿、充血、渗出、变性或坏死等局部反应。

（二）基本内容

主要包括血管刺激性试验、肌肉刺激性试验、皮肤刺激性试验、黏膜刺激性试验。

1. 试验动物 动物应符合国家有关规定的等级要求，并具有实验动物质量合格证。动物种属的选择根据观察指标和模型合理性确定，如刺激性试验应选择与人类皮肤、黏膜等反应比较相近的动物，如兔、小型猪等。

2. 给药方法 给药剂量可选择几种不同浓度，至少应包括临床拟用最高浓度。如果技术上难以达到临床拟用最高浓度，如皮肤刺激性试验，在给药面积不变的情况下，可通过改变给药频次进行剂量调整，而不应通过增加厚度来达到增加给药量的目的。同时要设立以溶媒和 / 或赋形剂作为阴性对照，必要时采用已上市制剂做对照。

设计给药浓度、剂量与体积时，应根据临床用药情况，并考虑受试动物给药部位的解剖和生理特点，保证受试物在给药部位的有效暴露。

给药频率与周期应根据临床用药情况，一般给药周期最长不超过 4 周。建议进行恢复期观察，同时评价给药局部及周围组织毒性反应的可逆性。

给药途径一般应选择与临床给药相似的部位，并观察对可能接触到受试物的周围组织的影响。一般应与临床用药途径一致，否则应加以说明。

3. 观察指标

（1）肉眼观察　应详细描述局部反应，包括红斑、水肿、充血程度及范围，计分表示。同时观察动物的一般状态、行为、体征等。

（2）组织病理学检查　应详细描述给药部位的病理变化，并半定量分析、判断。提供相应的组织病理学照片。

（三）结果分析和评价

刺激性试验应重视给药浓度、体积、速度、次数与有效暴露时间对结果的影响。注射剂的给药浓度、速度及次数与药物的血管刺激性密切相关，建议根据受试物的性质、临床用药情况采用适当的方法，尽最大可能地暴露毒性，如可适当增加浓度，或通过增加给药次数等。经皮给药的受试物应保证在局部的有效暴露浓度和时间。

四、依赖性试验

（一）目的和要求

依赖性可分为躯体依赖性和精神依赖性。躯体依赖性主要是机体对长期使用依赖性药物所产生的一种适应状态，包括耐受性和停药后的戒断症状。精神依赖性是药物对中枢神经系统作用所产生的一种特殊的精神效应，表现为对药物的强烈渴求和强迫性觅药行为。依赖性倾向可以在动物或人体的药物研究过程中反映出来。依赖性试验（dependency test）是采用动物试验对有潜在依赖性的药物进行的评价。依赖性试验在新药研发中主要适用范围包括：①与已知具有潜在依赖性化合物结构相似的新的化合物；②作用于中枢神经系统，产生明显的镇痛、镇静、催眠及兴奋作用的药物；③复方中含有已知较强依赖性成分的药物；④直接或间接作用于中枢阿片受体、大麻受体、多巴胺受体、去甲肾上腺素受体、5- 羟色胺受体、N- 胆碱受体、γ - 氨基丁酸受体、苯二氮卓受体等受体的药物；⑤已知代谢物中有依赖性成分；⑥拟用于戒毒的药物；⑦原认为不具依赖性，而在临床研究或临床应用中发现有依赖性倾向的药物。

（二）基本内容

1. 受试动物　常用实验动物包括小鼠、大鼠、猴等，一般情况下选用雄性动物，必要时增加雌性动物。通常选用大、小鼠，对于高度怀疑具有致依赖性潜能的药物，而啮齿类动物试验结果为阴性，则应选择灵长类动物。动物应符合国家有关规定的等级要求。

2. 给药途径　原则上给药途径应和临床一致，尽可能增加静脉给药途径。由于模型的选择或者考虑到以后可能的非临床滥用的不同给药途径，也可考虑增加其他给药途径。

3. 试验方法 药物依赖性研究一般包括神经药理学试验、躯体依赖性试验和精神依赖性试验三部分内容。

（1）神经药理学试验 如有早期的体外依赖性试验，所获阳性试验结果还应通过体内研究来进一步确认。可利用神经药理学方法对行为学效应和神经递质进行测定，初步判断受试物有无依赖性倾向，这些内容可通过药效学试验、一般药理学试验或毒理学试验进行观察，具体方法不再列出。

1）一般情况下，充分揭示药物的药理特性之后，还需要进行进一步潜在躯体依赖性和精神依赖性的研究。同时出现下述三种情况除外：①在有效浓度范围内，药物与依赖性相关的分子靶点无相互作用，或者虽然观察到药物与相关靶点的结合，但这种结合不会引起相应的功能变化。②体内研究结果未显示出潜在依赖性。③未发现此药物具有可能与依赖有关的新的作用机制。

2）当潜在依赖性的类别和程度已经从体外试验中充分暴露出来（例如一个完全μ受体激动剂），就不需再进行进一步的研究。

3）如果发现此药物有可能与依赖有关的新的作用机制，则需要做进一步的研究。

（2）躯体依赖性试验 各种有依赖潜力的药物产生躯体依赖症状不同，没有理想的反映躯体依赖性的单一指标，所以需要多种指标来综合评价。生理指标可采用体重、体温、呼吸、摄食量等；在行为学试验中，可采用反映运动功能、学习能力、记忆能力和动机行为改变的指标。指标选择的标准：适宜在给药前、给药期间和给药后进行动态观察，从而有利于描述机体产生的耐受及敏化的程度、特征及发展过程。

1）方法评价 药物躯体依赖性的一般试验方法有三种：自然戒断试验、催促戒断试验、替代试验。无论是自然戒断还是催促戒断，动物都会出现一系列程度不同的表现，但不是所有戒断症状在一个受试动物身上都能出现。由于每种方法观察的指标都不相同，可结合药效学、一般药理学表现选择适当的方法。结合我国的具体情况，可以采用小鼠自然戒断试验、小鼠催促戒断试验、大鼠自然戒断试验、大鼠催促戒断试验、大鼠替代试验、小鼠替代试验、猴自然戒断试验、猴催促戒断试验，也可采用其他的方法，但需加以说明。

2）戒断反应 观察主要注意事项：①给药剂量、频率和周期应该使动物产生神经适应性反应。②戒断反应的观察应该有足够时间和频度，并且注意给药前后的自身比较。③自然戒断和催促戒断两种方式都需进行，但可在不同动物模型上进行。④尽可能采用仪器检测的客观指标。⑤有依赖性的药物在戒断后往往表现出反跳现象（急性药理学作用相反的症状），在选择观察指标时加以注意。

（3）精神依赖性试验 具有精神依赖性的药物能促使用药者周期性或连续性地出现感受欣快效应的用药渴求，但这是一种主观体验，只能间接用药物所导致的动物行为改变来反映。常选用的方法有自身给药试验、药物辨别试验、条件性位置偏爱试验、行为敏化试验。

1）方法 猴自身给药试验、大鼠自身给药试验、大鼠条件性位置偏爱试验、小鼠条件性位置偏爱试验、大鼠药物辨别试验、小鼠行为敏化试验、大鼠行为敏化试验，也可采用其他的方法，但需加以说明。

2）精神依赖性研究主要注意事项 ①在自身给药试验中需要注意药物毒副作用相关的无应答期（动物表现出觅药行为之前的一段时间）、增加剂量的时间点和替代的程序。②自身给药试验中，尽可能结合躯体依赖性试验结果，设计合适的剂量，并至少变换三次剂量。③在条件性位置偏爱实验中应使用平衡的实验设计，避免动物天然倾向性影响。

例： 雪莲注射液是以新疆雪莲为药材制成的中药注射液，为给临床用药提供安全性提供依据。陶海英等进行了三个剂量雪莲注射液的豚鼠主动全身过敏实验、大鼠被动皮肤过敏实验、家兔肌肉刺激性实验及溶血性实验研究。结果表明雪莲注射液在豚鼠及大鼠给药后未出现过敏反应，肌内注射未见明显刺激性，且无明显溶血性。雪莲注射液的制剂安全性实验结果为临床用药提供了参考。

第十章

中药新药临床试验

第一节　概述

临床试验（clinical trial）指以人体（患者或健康受试者）为对象的试验，旨在发现或验证某种试验药物的临床医学、药理学以及其他药效学作用、不良反应，或者试验药物的吸收、分布、代谢和排泄，以确定药物的疗效与安全性的系统性试验。药物临床试验需要遵循两个基本原则：其一，要遵循伦理原则，保护受试者的权益和安全；其二，保证临床试验过程规范，数据和结果的科学性、真实性和可靠性。

根据《中华人民共和国药品管理法》《中华人民共和国疫苗管理法》《中华人民共和国药品管理法实施条例》规定，临床试验必须执行《药物临床试验质量管理规范》，即GCP。GCP是药物临床试验全过程的质量标准，包括方案设计、组织实施、监查、稽查、记录、分析、总结和报告。

我国药物临床试验开始于20世纪80年代，当时世界上很多国家已经开始加强对药物临床试验的管理。世界卫生组织（WHO）于1995年颁发了GCP指导原则，即WHO-GCP。美国、日本、欧盟于1996年通过国际人用药品注册技术协调会（ICH）制定了统一的GCP标准，即ICH-GCP。ICH-GCP详尽而规范，成为国际上认可的通行临床试验准则。我国的GCP是参照WHO-GCP、ICH-GCP指导原则，结合我国临床试验的实际情况制定而成，于1998年3月由卫生部颁发《药品临床试验管理规范（试行）》，经对试行版进行修订后，于1999年9月正式颁发，并相继于2003年、2020年再次修订。我国现行的《药物临床试验质量管理规范》于2020年7月1日起实施，全文共分9章，83条。近年来，为进一步指导、规范中药新药的临床研究，国家药监局发布了《中药新药临床研究一般原则》《证候类中药新药临床研究技术指导原则》等技术指导原则。此外，根据不同疾病的特点，针对恶性肿瘤、原发性骨质疏松症、中风、流行性感冒、肠易激综合征、功能性消化不良、咳嗽变异性哮喘、慢性心力衰竭、类风湿关节炎、慢性便秘、糖尿病肾脏疾病、慢性胃炎、胃食管反流病等某一疾病的中药新药临床研究技术指导原则也相继出台并不断完善。

药物的临床试验根据试验目的不同，分为不同的试验阶段。根据《药品注册管理办法》相关要求，新药的临床试验分为四期。

Ⅰ期临床试验：初步的临床药理学及人体安全性评价试验，包括人体耐受性试验和人体药代动力学等研究。人体耐受性试验是观察人体对于药物的耐受程度，其目的是为Ⅱ期临床试验确定合适的剂量，为用药间隔和疗程等提供依据。中药新药的人体药代动力学研究应参照化学药品关于药代动力学的技术要求。由于中药具有成分复杂等特点，在无法进行药代动力学研究时，Ⅰ期临床试验主要进行人体耐受性试验。受试对象一般为健康志愿者，在特殊情况下也选择患者作为受试对象。受试例数一般为20至30例。

Ⅱ期临床试验：治疗作用初步评价阶段。其目的是初步评价药物对目标适应证患者的治疗作用和安全性，也包括为Ⅲ期临床试验研究设计和给药剂量方案的确定提供依据。此阶段的研究设计可以根据具体的研究目的，采用多种形式，包括随机盲法对照临床试验。通常应该与标准疗法进行比较，也可以使用安慰剂。该期试验中试验组和对照组的例数都不得低于100例。

Ⅲ期临床试验：治疗作用确证阶段。其目的是进一步验证药物对目标适应证患者的治疗作用和安全性，评价利益与风险关系，最终为药物注册申请的审查提供充分的依据。试验一般应为具有足够样本量的随机盲法对照试验。试验组例数一般不低于300例，对照组与治疗组的比例不低于1 ∶ 3。

Ⅳ期临床试验：新药上市后应用研究阶段。其目的是考察在广泛使用条件下的药物疗效和不良反应，评价在普通或者特殊人群中使用的利益与风险关系，以及改进给药剂量等。一般可不设对照组，但应在多家医院进行，观察例数通常不少于2000例。

生物等效性试验：是指用生物利用度研究的方法，以药代动力学参数为指标，比较同一种药物的相同或者不同剂型的制剂，在相同的试验条件下，其活性成分吸收程度和速度有无统计学差异的人体试验。

此外，随着《药品注册管理办法》《基于人用经验的中药复方制剂新药临床研发指导原则（试行）》等一系列政策法规的修订与出台，中药新药临床试验有了更为灵活的形式。对于无任何人用经验基础的1.1类中药复方制剂，遵循常规临床试验路径，即按照探索性试验和确证性随机对照试验（RCT）的顺序开展临床研究。基于既往人用经验数据的1.1类中药复方制剂和3.2类其他来源于古代经典名方的中药复方制剂，根据人用经验数据质量的不同，临床试验的研发路径也有所不同。如具有高质量人用经验数据的1.1类中药复方制剂，可以直接开展确证性RCT；3.2类其他来源于古代经典名方的中药复方制剂，存在免临床直接注册的形式。这都体现了在中药新药研发过程中，坚持以临床价值为导向，注重临床实践，以及对中医药传承创新发展的重视。

第二节　药物临床试验遵循的伦理原则

一、临床试验相关的伦理法规和规章

临床试验是一系列涉及人的临床研究，由于多数情况下新药的作用还不确定，其可能引起的安全性问题尚不明确，因此临床试验的伦理学考虑是适当和必要的。几百年来，临床研究都是分散进行的。由于多数治疗手段都是试验性治疗，所以很难区分是治疗还是试验。但在“二战”时期，德国、日本等一些纳粹“医生”为了本国的医学和治疗的发展，利用战俘、儿童、贫民等弱势人群，在没有获得受试者同意的情况下进行了一些惨无人道的试验，给这些人带来了极大的伤害。因此，在1946 ~ 1947年纽伦堡审判中，对20名纳粹“医生”和3名其他人员进行了审判，并在审判末期出台了《纽伦堡法典》，其中包括10条与人体实验相关的道德规范。《纽伦堡法典》认同了临床研究对社会带来的潜在价值，但其强调必须征求研究参与者的知情同意，并保证临床研究必须优先考虑受试者的权利和利益。《纽伦堡法典》为临床试验操作的伦理学和受试者保护提供了基础。

1964年在芬兰举行的第18次世界医学大会（WMA）发表了《赫尔辛基宣言》，其中明确指出，包含人类受试者的研究必须符合普遍接受的科学原则，必须明确地在书面的方案中叙述，必须由具有相关资格的人员进行，而且要得到参与者的书面知情同意。另外，受试者本人不能给出知情同意，但可以从其法定监护人获取知情同意的情况也是具有合法性的。《赫尔辛基宣言》是全世界医务人员参与人体研究的指南和必须遵循的伦理准则。此后，《赫尔辛基宣言》经过多次修订（1975年、1983年、1989年、1996年、2000年、2002年、2004年、2008年），最近一次是2013年在巴西召开的第64届世界医学协会联合大会进行的。

此外，美国的《贝尔蒙特报告》指出临床研究的三条普遍伦理原则是尊重个人、善行和公证。国际医学科学组织理事会（CIOMS）联合世界卫生组织于1982年发布了《人体生物医学研究国际道德指南》，以帮助发展中国家应用《赫尔辛基宣言》和《纽伦堡法典》。在此后的修订过程中，CIOMS将其与2009年发布的《流行病学研究的国际伦理准则》合并，并将原来的"涉及人的生物医学研究"改为"涉及人的健康相关研究"，于2016年发布了《涉及人的健康相关研究国际伦理准则》，扩大了其应用范围。

在我国，国家中医药管理局于2010年颁布了《中医药临床研究伦理审查管理规范》，国家食品药品监督管理局同年颁布了《药物临床试验伦理审查工作指导原则》，国家卫生与计划生育委员会于2016年颁布了《涉及人的生物医学研究伦理审查办法》，以规范和指导药物临床试验伦理审查工作。此外，为进一步规范临床研究，不断加强伦理审查委员会的制度建设和能力建设，国家卫生健康委医学伦理专家委员会和中国医院协会牵头建立了我国的临床研究伦理审查委员会建设和评估指南，即《涉及人的临床研究伦理审查委员会建设指南（2020版）》《涉及人的临床研究伦理审查委员会建设评估细则（试行）》，旨在通过第三方行业组织推动行业规范发展。

二、受试者权益的保护

在药物临床试验的过程中，必须对受试者的个人权益给予充分的保障，并确保试验的科学性和可靠性。受试者的权益和安全是考虑的首要因素，优先于对科学和社会的获益。伦理审查与知情同意是保障受试者权益的重要措施。

伦理委员会（Institutional Review Board，IRB / Independent Ethics Committee，IEC）指由医学、药学及其他背景人员组成的委员会，其职责是通过独立地审查、同意、跟踪审查试验方案及相关文件，获得和记录受试者知情同意所用的方法和材料等，确保受试者的权益、安全受到保护。伦理委员会的组成和一切活动不受临床试验组织和实施者的干扰或影响。伦理委员会对药物临床试验项目的科学性、伦理合理性进行审查，旨在保证受试者的尊严、安全和权益，促进药物临床试验科学、健康地发展，增强公众对药物临床试验的信任和支持，尤其应特别关注弱势受试者。我国的《药物临床试验伦理审查工作指导原则》规定，伦理委员会应由多学科背景的人员组成，包括从事医药相关专业人员、非医药专业人员、法律专家，以及独立于研究 / 试验单位之外的人员，至少5人，具有不同性别。同时，有书面文件说明伦理委员会的组织构架、主管部门、伦理委员的职责、成员的资质要求、任职条件和任期、办公室工作职责，建立选择与任命伦理委员会委员和秘书的程序等，并制定有相应的标准操作规程。伦理委员会应当对申请人提交的药物临床试验项目的伦理问题进行独立、公正、公平和及时的审查。试验方案需经伦理委员会审议同意并签署批准意见后方可实施。在试验进行期间，试验方案的任何修改均应经伦理委员会批准；试验中发生严重不良事件，应及时向伦理委员会报告。伦理委员会应从保障受试者权益的角度严格审议试验方案：①研究者的资格、经验、是否有充分的时间参加临床试验，人员配备及设备条件等

是否符合试验要求。②试验方案是否充分考虑了伦理原则，包括研究目的、受试者潜在的风险和获益，以及试验设计的科学性。③受试者入选的方法，向受试者（或其家属、监护人、法定代理人）提供有关本试验的信息资料是否完整易懂，获取知情同意书的方法是否适当。④受试者因参加临床试验而受到损害甚至发生死亡时，给予的治疗和／或保险措施。⑤对试验方案提出的修正意见是否可接受。⑥定期审查临床试验进行中受试者的风险程度。

知情同意（informed consent，IC）指受试者被告知可影响其做出参加临床试验决定的各方面情况后，确认同意自愿参加临床试验的过程。该过程应当以书面的、签署姓名和日期的知情同意书作为文件证明。知情同意书（informed consent form，ICF）是每位受试者表示自愿参加某一试验的文件证明。研究者需向受试者说明试验性质、试验目的、可能的受益和风险、可供选用的其他治疗方法，以及符合《赫尔辛基宣言》规定的受试者的权利和义务等，使受试者充分了解后表达其意愿。受试者参加试验应是自愿的，而且有权利在试验的任何阶段随时退出试验而不会遭到歧视或报复，其医疗待遇与权利不会受到影响。必须给受试者充分的时间以便考虑是否愿意参加试验，对无能力表达同意的受试者，应向其法定代理人提供上述介绍与说明。知情同意过程应采用受试者或法定代理人能理解的语言和文字，试验期间，受试者可随时了解与其有关的信息资料；如发生与试验相关的损害时，受试者可以获得治疗和相应的补偿。

知情同意书和提供给受试者的其他资料包括以下内容。

1. 临床试验概况。

2. 试验目的。

3. 试验治疗和随机分配至各组的可能性。

4. 受试者需要遵守的试验步骤，包括创伤性医疗操作。

5. 受试者的义务。

6. 临床试验所涉及试验性的内容。

7. 试验可能致受试者的风险或者不便，尤其是存在影响胚胎、胎儿或者哺乳婴儿的风险时。

8. 试验预期的获益，以及不能获益的可能性。

9. 其他可选的药物和治疗方法，以及重要的潜在获益和风险。

10. 受试者发生与试验相关的损害时，可获得补偿以及治疗。

11. 受试者参加临床试验可能获得的补偿。

12. 受试者参加临床试验预期的花费。

13. 受试者参加试验是自愿的，可以拒绝参加或者有权在试验任何阶段随时退出试验而不会遭到歧视或者报复，其医疗待遇与权益不会受到影响。

14. 在不违反保密原则和相关法规的情况下，监查员、稽查员、伦理委员会和药品监督管理部门检查人员可以查阅受试者的原始医学记录，以核实临床试验的过程和数据。

15. 受试者相关身份鉴别记录的保密事宜，不公开使用。如果发布临床试验结果，受试者的身份信息仍保密。

16. 有新的可能影响受试者继续参加试验的信息时，及时告知受试者或者其监护人。

17. 当存在有关试验信息和受试者权益的问题，以及发生试验相关损害时，受试者可联系的研究者和伦理委员会及其联系方式。

18. 受试者可能被终止试验的情况以及理由。

19. 受试者参加试验的预期持续时间。

20. 参加该试验的预计受试者人数。

第三节　临床试验的设计

一、临床试验设计的要素

临床试验设计的目的是控制随机误差（random error）和偏倚（bias）。随机误差是不可避免的，控制随机误差的主要措施就是扩大临床试验的样本量，但在实际临床试验过程中，还应当考虑其他因素，利用统计学方法控制误差标准，估计出合理的样本量。而临床试验设计时着重要考虑的是如何控制偏倚，也就是系统误差（systematic error）。研究对象、干预措施和研究结局是临床试验设计的三个关键要素。临床试验实际上是干预措施作用于研究对象，并通过观察和比较研究对象所产生的研究结局，对结果进行推导。

（一）干预措施

干预措施就是所要研究的、作用于研究对象可能产生效应的因素，对于中药新药临床试验，其干预措施就是中药新药。临床试验的干预措施可有不同的类别，观察一个类别的作用，为单因素研究；同时观察多个类别的作用，为多因素研究。同一类别的因素，可有不同的水平，如不同剂量、作用时间、给药方式等。临床试验实施过程中，干预措施应当保持稳定和平衡。

（二）研究对象

研究对象是干预措施所干预的对象，由研究目的所决定的具有某种特征的个体所组成的群体。研究对象应当具有代表性，即从具有某种同类性质事物的总体中，随机抽取的具有代表性的一部分人群，也就是样本与总体的概念。抽取样本进行研究的目的是用样本来推论总体，故总体中的本质特点、变异等规律都应当体现在样本中，而且应当具有一定的数量能够代表总体。

在中药新药的临床试验中，选择研究对象应严格按照研究目的所规定的总体性质和范围选择样本。其中包括：①建立符合国际国内公认的疾病诊断标准。②根据方药组成和中医对疾病的认识，建立符合中医“辨证论治”的中医诊断标准及中医证候标准。③建立纳入标准，符合西医、中医诊断标准的人群中，还应当根据研究目的，对纳入患者做出规定，如限定疾病的病情、病型、病期、病程等，对年龄、性别的限定等。④建立排除标准，除了排除不符合纳入标准的人群外，对符合纳入标准但会影响研究结论评价的因素也应当排除，如同时患有其他疾病、已经接受了相关治疗，可能影响疗效判定的患者、特殊人群（包括孕妇、婴幼儿、老年人等）、有精神疾病、肝肾功能不全等患者。

研究对象应当严格按照随机化原则抽取和分配，这是为了避免人为的主观挑选受试对象所带来的各种偏倚，保证临床试验的准确性。随机化就是指总体中个体在完全均等的机会下被抽取或分配。要使样本具有代表性，就必须遵循随机抽样的原则。此外，接受干预的研究对象应当保证是足以代表总体的样本含量。一般来说，样本含量越大，则越能反映客观的真实情况，但因人力、物力、时间等条件所限，不可能采用很大的样本量进行研究，只要采用能足以代表总体规律的样本含量即可。

例如：

XXX 药用于改善慢性稳定型心绞痛气滞血瘀证的有效性、安全性临床试验

1. 疾病诊断标准

1.1 慢性稳定型心绞痛西医诊断标准

参照XXXX制定（选择的诊断标准应当权威、公正），需列出疾病症状、分型、分级和分度等。

1.2 中医证候诊断标准

参照XXXX制定（选择权威、公正的诊断标准），列出中医疾病病名、符合该证型的主要和次要症状、舌脉及中医症状量化分级等。符合方证合一的标准。

2. 纳入标准

2.1 符合慢性心绞痛西医诊断标准（一般需根据特点和临床前研究结果限定合理的分级）。

2.2 符合中医证候诊断标准。

2.3 年龄在18～65岁之间。

2.4 自愿签署知情同意书。

3. 排除标准

3.1 年龄小于18岁、大于65岁的患者。

3.2 不符合慢性心绞痛西医诊断标准和中医证候标准的患者。

3.3 合并严重心脏病、恶性高血压、严重心衰、严重心律失常、介入治疗3个月内、应用心脏起搏器者等。

3.4 其他引起心电图ST–T改变的其他原因。

3.5 静息时有心绞痛发作的患者。

3.6 合并有心、肝、肾及造血系统等严重原发性疾病，以及精神病患者。

3.7 3个月内服用过类似中成药的患者。

（三）研究结局

研究结局是指干预因素作用于研究对象所呈现的效应。临床试验的研究结局就是在药物治疗下所发生的有临床意义的临床事件和相关指标的变化。临床试验研究结局的制定应当与研究目的有本质的关联性，并能确切反映新药的临床效应，其包括了疗效性和安全性相关指标。结局指标应当具有客观性、准确性、精确性、灵敏性和特异性。

1. 疗效性指标设定　在临床试验中根据研究目的不同和不同疗效指标在临床试验中的重要性，可将疗效性指标分为主要疗效指标和次要疗效指标。

（1）*主要疗效指标*　主要疗效指标是反映临床试验主要目的的指标。在确证性临床试验中，反映药物有效性的主要疗效指标一般应该是该目标适应证的临床结局指标或公认的替代指标。主要疗效指标的选择需注意：①不能随意确定，应该与药物拟定的目标适应证、临床定位和临床试验目的相一致。②不宜太多，通常只有一个。但有些适应证应选择多个不同维度、相关性较低的主要疗效指标，并应考虑对Ⅰ类错误进行控制。③应具有较好的效度和信度并被广泛采用，容易理解。④应该符合当前国内外相应适应证领域的共识。

（2）*次要疗效指标*　次要疗效指标是指与临床试验主要目的相关的重要支持性疗效指标，或与主要目的相关的疗效指标。次要疗效指标可以是多个。次要疗效指标可以为疗效确定提供支持，但不能作为疗效确证性依据。如与主要疗效指标相关性较强的次要疗效指标应当与主要疗效指标之间显示相应的逻辑关系。

例如：

XXX 药用于改善慢性稳定型心绞痛气滞血瘀证的有效性、安全性临床试验

以改善慢性稳定型心绞痛的症状为目标，因此，本试验的疗效评价指标可以设定如下。

1.1 主要疗效指标

平板运动负荷试验的运动耐受量

1.2 次要疗效指标

1.2.1 硝酸甘油停减率

1.2.2 心绞痛分级的变化

1.2.3 中医证候改善情况

2. 安全性指标的设定 安全性指标的确定和评价是临床试验的一个重要部分。上市前安全性研究的目的是识别新药带来的安全信号，评估安全风险，为药物风险 / 受益评估提供安全性数据，为上市后确定风险控制和风险最小化提供依据和方法。

中药新药在临床试验前，需依据处方组成、既往临床经验、纳入目标适应证人群特点及药理毒理研究结果，进行安全性方面的临床试验设计与实施。安全性研究还应充分重视早期临床试验所发现的问题，在后续的临床试验（特别是确证性临床试验）中及时补充和完善有针对性的、敏感的安全性观测指标。

需要指出的是，安全性指标不仅是指实验室检查指标，还应当包括所有的症状、体征等临床表现。

例如：

XXX 药用于改善慢性稳定型心绞痛气滞血瘀证的有效性、安全性临床试验

安全性指标的制定

2.1 患者一般情况、生命体征（体温、呼吸、心率、血压）

2.2 血、尿、便常规

2.3 肝、肾功能

2.4 心电图

二、临床试验设计的原则

临床试验设计必须遵循随机、对照、盲法和重复的原则。

（一）随机

随机是指在研究中，抽取或分配样本时，每个受试对象都有完全均等的机会被抽取或分配到某一组，而不受研究者或研究对象主观意愿或客观上无意识的影响所左右。随机的方法很多，在临床试验中，一般是随机分配。

随机方法通常分为三类：简单随机、区组随机和分层随机。通常用计算机编程来产生随机分组方案。随机分组方案需有重现性。

1. 简单随机 简单随机的方法很多，比如抛硬币、抽签、掷骰子等，这些方法都很简单，但临床研究中很少使用，比较常用的简单随机方法是查随机表法。

查随机数字表（表 10–1）的方法：将欲纳入研究的对象依次编号，并查阅随机数字表的任意行或列，将表内的数字顺序抄下，再将被纳入的研究对象编号与其相对。如确定随机表的奇数代表试验组，那么偶数就代表对照组，其组间分配的机遇大致相等。若两组例数不等，可对其进

行调整，但不可以任意调动，一定要再查随机表中原同一行或列紧邻的下一个数字，用要调整组的总例数去除，余数就是代表要被调整的对象。

表 10-1　随机数字表

编号	1 ~ 10	11 ~ 20	21 ~ 30	31 ~ 40	41 ~ 50
1	22 17 68 65 81	68 95 23 92 35	87 02 22 57 51	61 09 43 95 06	58 24 82 03 47
2	19 36 27 59 46	13 79 93 37 55	39 77 32 77 09	85 52 05 30 62	47 83 51 62 74
3	16 77 23 02 77	09 61 84 25 21	28 06 24 25 93	16 71 13 59 78	23 05 47 47 25
4	78 43 76 71 61	20 44 90 32 64	97 67 63 99 61	46 38 03 93 22	69 81 21 99 21
5	03 28 28 26 08	73 37 32 04 05	69 30 16 09 05	88 69 58 28 99	35 07 44 75 47
6	93 22 53 64 39	07 10 63 76 35	84 03 19 79 88	08 13 13 85 51	55 34 57 72 69
7	78 76 58 54 74	92 38 70 96 92	52 06 79 79 45	82 63 18 27 44	69 66 92 19 09
8	23 68 35 26 00	99 53 93 61 28	52 70 05 48 34	56 65 05 61 86	90 92 10 70 80
9	15 39 25 70 99	93 86 52 77 65	15 33 59 05 28	22 87 26 07 47	86 96 98 29 06
10	58 71 96 30 24	18 46 23 34 27	85 13 99 24 44	49 18 09 79 49	74 16 32 23 02
11	57 35 27 33 72	24 53 63 94 09	41 10 76 47 91	44 04 95 49 66	39 60 04 59 81
12	48 50 86 54 48	22 06 34 72 52	82 21 15 65 20	33 29 94 71 11	15 91 29 12 03
13	61 96 48 95 03	07 16 39 33 66	98 56 10 56 79	77 21 30 27 12	90 49 22 23 62
14	36 93 89 41 26	29 70 83 63 51	99 74 20 52 36	87 09 41 15 09	98 60 16 03 03
15	18 87 00 42 31	57 90 12 02 07	23 47 37 17 31	54 08 01 88 63	39 41 88 92 10
16	88 56 53 27 59	33 35 72 67 47	77 34 55 45 70	08 18 27 38 90	16 95 86 70 75
17	09 72 95 84 29	49 41 31 06 70	42 38 06 45 18	64 84 73 31 65	52 53 37 97 15
18	12 96 88 17 31	65 19 69 02 83	60 75 86 90 68	24 64 19 35 51	56 61 87 39 12
19	85 94 57 24 16	92 09 84 38 76	22 00 27 69 85	29 81 94 78 70	21 94 47 90 12
20	38 64 43 59 98	98 77 87 68 07	91 51 67 62 44	40 98 05 93 78	23 32 65 41 18
21	53 44 09 42 72	00 41 86 79 79	68 47 22 00 20	35 55 31 51 51	00 83 63 22 55
22	40 76 66 26 84	57 99 99 90 37	36 63 32 08 58	37 40 13 68 97	87 64 81 07 83
23	02 17 79 18 05	12 59 52 57 02	22 07 90 47 03	28 14 11 30 79	20 69 22 40 98
24	95 17 82 06 53	31 51 10 96 46	92 06 88 07 77	56 11 50 81 69	40 23 72 51 39
25	35 76 22 42 92	96 11 83 44 80	34 68 35 48 77	33 42 40 90 60	73 96 53 97 86
26	26 29 31 56 41	85 47 04 66 08	34 72 57 59 13	82 43 80 46 15	38 26 61 70 04
27	77 80 20 75 82	72 82 32 99 90	63 95 73 76 63	89 73 44 99 05	48 67 26 43 18
28	46 40 66 44 52	91 36 74 43 53	30 82 13 54 00	78 45 63 98 35	55 03 36 67 68
29	37 56 08 18 09	77 53 84 46 47	31 91 18 95 58	24 16 74 11 53	44 10 13 85 57
30	61 65 61 68 66	37 27 47 39 19	84 83 70 07 48	53 21 40 06 71	95 06 79 88 54
31	93 43 69 64 07	34 18 04 52 35	56 27 09 24 86	61 85 53 83 45	19 90 70 99 00
32	21 96 60 12 99	11 20 99 45 18	48 13 93 55 34	18 37 79 49 90	65 97 38 20 46
33	95 20 47 97 97	27 37 83 28 71	00 06 41 41 74	45 89 09 39 84	51 67 11 52 49
34	97 86 21 78 73	10 65 81 92 59	58 76 17 14 97	04 76 62 16 17	17 95 70 45 80
35	69 92 06 34 13	59 71 74 17 32	27 55 10 24 19	23 71 82 13 74	63 52 52 01 41

续表

编号	1 ~ 10	11 ~ 20	21 ~ 30	31 ~ 40	41 ~ 50
36	04 31 17 21 56	33 73 99 19 87	26 72 39 27 67	53 77 57 68 93	60 61 97 22 61
37	61 06 98 03 91	87 14 77 43 96	43 00 65 98 50	45 60 33 01 07	98 99 46 50 47
38	85 93 85 86 88	72 87 08 62 40	16 06 10 89 20	23 21 34 74 97	76 38 03 29 63
39	21 74 32 47 45	73 96 07 94 52	09 65 90 77 47	25 76 16 19 33	53 05 70 53 30
40	15 69 53 82 80	79 96 23 53 10	65 39 07 16 29	45 33 02 43 70	02 87 40 41 45
41	02 89 08 04 49	20 21 14 68 86	87 63 93 95 17	11 29 01 95 80	35 14 97 35 33
42	87 18 15 89 79	85 43 01 72 73	08 61 74 51 69	89 74 39 82 15	94 51 33 41 67
43	98 83 71 94 22	59 97 50 99 52	08 52 85 08 40	87 80 61 65 31	91 51 80 32 44
44	10 08 58 21 66	72 68 49 29 31	89 85 84 46 06	89 73 19 85 23	65 09 29 75 63
45	47 90 56 10 08	88 02 84 27 83	42 29 72 23 19	66 56 46 65 79	20 71 53 20 25
46	22 85 61 68 90	49 64 92 85 44	16 40 12 89 88	50 14 49 81 06	01 82 77 45 12
47	67 80 43 79 33	12 83 11 41 16	25 58 19 68 70	77 02 54 00 52	53 43 37 15 26
48	27 62 50 96 72	79 44 61 40 15	14 53 40 65 39	27 31 58 50 28	11 39 03 34 25
49	33 78 80 87 15	38 30 06 38 21	14 47 47 07 26	54 96 87 53 32	40 36 40 96 76
50	13 13 92 66 99	47 24 49 57 74	32 25 43 62 17	10 97 11 69 84	99 63 22 32 98

例如：

有 12 例病例为研究对象，按随机分配到试验组（A 组）和治疗组（B 组），查询随机数字表。规定从第 6 行第 2 列开始连续选取数字，单数（1、3、5、7、9）为 A 组，双数（0、2、4、6、8）为 B 组，依次列入表 10–2。

表 10–2　患者入组序号与对应的随机数字表

编号	1	2	3	4	5	6	7	8	9	10	11	12
随机数	22	53	64	39	07	10	63	76	35	84	03	19
归组	B	A	B	A	A	B	A	B	A	B	A	A

表中 A 组 =7 例，B 组 =5 例。两组间例数不等，因此需从 A 组中调一例到 B 组，调哪一例，需再查表中原来抄的那一行（或列）的紧邻的下一数字为 79，于是用 7 去除，余数是 2（79 ÷ 7=11，余 2）。依此法就将第二个 A，即第 4 个被研究对象从试验组调到对照组（B 组），这样两组例数就相等了。平衡后的分组情况为表 10–3。

表 10–3　纳入病例分组情况表

组别	被纳入的研究对象编号					
A 组	2	5	7	9	11	12
B 组	1	3	4	6	8	10

2. 区组随机　先把观察对象分成若干区组，再在区组内进行随机分配。例如：纳入 24 个病例进行研究，每 4 例作为一个区组，组间病例数相等，组成 6 个区组，在每个区组内查随机分配表进行随机分配，其组合方式可能为 AABB、ABAB、ABBA、BBAA、BABA、BAAB，两组间病例数相等。

区组随机可以保证两组间病例数相差不大，且在临床研究期间可以保证在某一段时间内入组的病例数均衡，克服因时间因素对试验结果造成的影响，但其在试验过程中容易被破盲。

3. 分层随机　在对研究对象分组前，先根据某种因素进行分层，然后再进行随机分配以确保组间的均衡性。分层因素一般都是对疾病预后有重大影响的因素，可以是性别、年龄、病情轻重等。分层的因素不宜太多，一般 1 ~ 2 个为佳。例如：用于治疗流行性感冒的中药新药，是否合并病毒感染是对疾病治疗的重要影响因素，可以根据是否有病毒感染作为分层因素。病毒检测阴性的患者为一组，病毒检测阳性的患者为另一组，然后再在各组内进行区组、随机分配。

无论应用何种随机化方法，均应重视随机隐藏，没有随机隐藏的随机实施过程不是真正的随机化。

（二）对照

对照指的是在试验研究或调查研究的过程中，确立可供相互比较的组别。疾病的发生、转归和预后往往不是单因素作用的后果，且许多疾病本身存在自愈性，如果不通过对照，对非处理因素加以控制，则难以识别研究过程中有关因素对疾病的发生或结局影响的作用，降低了临床试验的真实性和可靠性。

临床试验中对照的设置常采用安慰剂对照或阳性药对照。

1. 安慰剂对照　安慰剂对照试验适用于以下情况：所研究疾病目前尚无已知公认有效的治疗方法；自限性疾病；某些慢性病自然病程反复波动变化，短期不治疗不至于明显影响疾病的预后；某些易受心理因素影响的疾病，具有精神症状的疾病或精神疾病；疗效判断缺少明确客观的检测指标；受试者使用常规治疗存在不能忍受的不良反应，且已证明常规治疗无效或其风险超出预先的估计。

使用安慰剂对照应符合伦理学要求，不应损害受试者健康和加重其病情。急危重症不适宜单纯应用安慰剂，可采用加载试验设计。如果受试药物和安慰剂对人体的固有反应有较大差别而使得临床试验难以保持盲态，则应采用相应的技术尽量保证试验的盲态。

2. 阳性药物对照　阳性药物原则上应选用有充分临床研究证据，且当前临床普遍使用的同类药物中疗效较好的已上市药物。

所选阳性药物应该在说明书标明的适应证人群、剂量、给药途径、给药间隔、给药周期范围内使用，即其说明书适应证应与药物拟定适应证一致，且阳性药物使用的剂量、给药方案必须是该药的最优剂量和最优方案。在选择已上市中成药作为阳性药物对照时，还应考虑受试药物与阳性药物在功能主治、中医辨证分型上的可比性；在选择化学药品作为阳性药物对照时，在适应病种上应具有可比性。

如果使用阳性药物对照进行等效、非劣效性比较，需注意预先合理设定等效、非劣效性比较的“界值”，既要符合统计学原则，也要符合临床医学专业要求。“界值”应是临床上能接受的最大差别，并应当小于历史上阳性药物与安慰剂的优效性试验所观察到的差异，确定此差异时要考虑其变异性。对阳性药物对照的等效性试验需指定这一“界值”的上限和下限；而对阳性药物对照的非劣效性试验只需要指定下限。

（三）盲法

盲法是为了控制试验过程中的各种偏倚，包括评价偏倚、统计分析时的解释偏倚等。临床试验根据设盲的程度分为开放（非盲）、单盲、双盲。双盲试验需要试验中所采用的处理方法在用药前或用药时都无法从感官上识别出来，且在整个试验过程中都保持盲态。

如果基于伦理学和可行性的考虑，不适宜采用双盲，则应考虑单盲试验或开放试验。此类试验需要注意避免由于临床试验参与人员可能知道受试者的随机化分组情况，而影响进入试验的受试者分组。同时，在此类试验中由于受试者知晓所接受的治疗，他们可能从心理上对治疗做出相应的反应，对试验结果产生偏倚。即使是疗效观测指标属于客观的指标，如生存率、病死率等，对于研究者而言，如果知晓受试者的治疗措施，则对于受试者死因的确定及死因的诊断等都有可能引起偏倚。因此，采用单盲或开放试验均应制订相应的控制偏倚的措施，使已知的偏倚达到最小。

另外，当受试药物和对照药物的剂型、用法、用量不同时，则采用模拟技术，如双盲双模拟技术，即为受试药物与对照药物各准备一种安慰剂，以达到试验组与对照组在用药的外观与给药方法上的一致。

（四）重复

重复是指在相同试验条件下独立重复试验的次数，在临床试验中指各组受试者的数量。足够多的重复可以增加试验的可靠性，从而正确地反映药物的疗效和安全性。样本量的计算方法可参照指导原则中“样本量”的有关要求和相关生物统计学指导原则。

三、临床试验设计的类型

（一）平行组设计

平行组设计是指将受试者随机地分配到试验的各组，同时进行临床试验。平行对照不一定只有试验组和对照组两个组别，可为受试药物设置多个对照组，受试药物也可按若干剂量分组。例如，临床试验可设置试验组、阳性对照组和空白（安慰剂）对照组，也可以分为高剂量组、低剂量组、阳性对照组或空白对照组。对照组的选择应符合设计方案的要求。本设计的优点是有利于贯彻随机化的原则，避免非处理因素的影响，增强试验组和对照组的可比性，控制试验误差和偏性。

（二）交叉设计

交叉设计是一种特殊的自身对照设计，将每个受试者随机地在两个或多个不同试验阶段接受指定的处理（受试药物和对照药物）。这种设计有利于控制个体间的差异，减少受试者人数。最简单的交叉设计是 2×2 形式（AB/BA）。每个受试者需经历几个试验过程，即筛选期、第一试验阶段、洗脱期、第二试验阶段。在两个试验阶段分别观察两种药物的疗效和安全性。交叉设计资料分析时易于混杂延滞效应（前一个试验阶段处理效应对后一阶段试验的影响）。由于 2×2 交叉设计不能检测延滞效应，使用该设计需说明如何消除延滞效应，或可采用重复交叉设计，例如 ABBA/BAAB 设计。每个试验阶段后需安排足够长的洗脱期（5 至 7 个药物消除半衰期），以消除前一阶段的延滞效应对后一阶段试验的影响。交叉设计要求每个阶段的病情经恰当的洗脱后具有可比性，多用于控制病情的药物的临床试验，对于进行性疾病或有望治愈的疾病不能使用交叉设计。在临床试验中生物等效性试验常用此方法进行临床试验。

例如：XXXX 药物与原研药的生物等效性试验，采用 2×2 交叉设计。试验共纳入 20 例病例，试验设计见图 10–1。

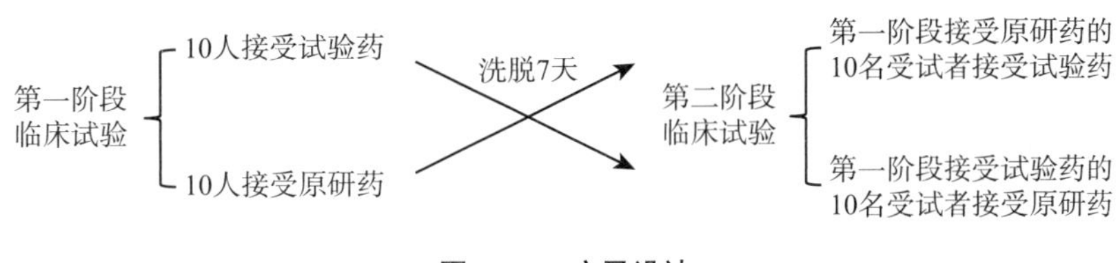

图 10-1 交叉设计

（三）析因设计

析因设计是将试验中涉及的各因素的所有水平进行完全交叉而形成分组的试验设计，用于检验各因素间是否存在交互作用，或通过比较找出最佳组合，或比较各因素不同水平的效应大小。如最简单的 2×2 析因设计，有两个因素 A 和 B，每个因素有两个水平 1 和 2，将各个因素的各个水平间进行排列组合和交叉分组，见表 10-4。

表 10-4 析因设计模型表

A	B	
	B1	B2
A1	A1B1	A1B2
A2	A2B1	A2B2

析因设计的缺点在于当因素过多或因素的水平数过多时，分组较多，所需要的样本量太多。因此，进行析因设计一般要求处理因素最好在 4 个以内，各因素包括的水平数也不宜划分得过多。

（四）成组序贯设计

成组序贯设计是将整个临床试验分成几批，逐批序贯进行，每一批受试者试验结束后，及时对主要变量（包括有效性和安全性）进行分析，一旦可以得出结论（无效结论或有效结论）即停止试验。每一批受试者中试验组与对照组的例数相等或比例相同，且不宜太少，批次以不大于 5 为宜，以减少多次揭盲带来的 α 消耗。统计学方法必须事先说明关于处理结果和病例所指定的处理（如破盲）信息的可获得性。该设计的优势在于当受试药物的疗效明显优于对照药物，或安全性风险明显高于对照药物时，可以较早终止临床试验，缩短试验时间，减少受试者的数量和风险暴露的时间。受试者以序贯的方式分批入组，对临床观察结果定期进行评估，盲底要求一次产生，分批揭盲和分析。成组序贯设计是一种方便进行期中分析的方法。尽管成组序贯设计不是唯一的可用于期中分析的方法，但它应用得最广泛。成组序贯的实施要求由申请人设立一个独立的数据安全监查委员会，定期对研究进展、安全性数据和有效性终点进行评估，向申请人建议是否继续或停止试验。

（五）加载设计

加载设计是联合治疗设计的一种方法，当所研究的疾病已经有一种标准治疗并且被证实能够降低该病的病死率、复发率等时，基于伦理学原则，临床试验时一般不宜中断原来的标准治疗，只能继续保持。如果使用安慰剂的盲法对照设计，则所有受试者在接受这种标准治疗的基础上，随机给予受试药物和安慰剂治疗。

由于加载设计通常是在现有临床标准治疗基础上加上受试药物或安慰剂，得到的疗效是多

种施加因素的结果，必然给受试药物的疗效确认带来困难。一般在临床试验中仅采用安慰剂对照难以实施，或仅以标准治疗作阳性对照难以评价，为了保护受试者，客观评价药物的真实效应时可考虑加载设计。如果联合用药方能体现中药新药的临床价值，也可以采用加载试验设计。

在采用加载设计时，所选择的标准治疗应被公认，疗效指标要明确和恰当，应能反映出所加载药物的作用。受试者选择应有可比性，一般筛选出既往使用标准治疗已经取得最大疗效，但未达到治疗目标，同时病情保持稳定的目标适应证人群作为受试者。

在采用加载设计时，应注意标准治疗的标准化和一致性，其中包括规定允许标准治疗的条件，允许使用药物的种类及其剂量、方法，使用的时间等。观测指标选择应全面，除了评价受试者疾病主要疗效指标外，有时一些标准治疗药物的耗用量或使用频率，某些标准治疗已知不良反应发生的频率或严重程度的改变，也可能作为评价药物作用的指标。

当标准治疗所用药物的作用机制与受试药物不同时，加载设计研究显得更加有效。由于加载设计取得的是一种联合治疗效果，对受试药物作用的评价要恰如其分。同时需要注意的是，加载试验设计还需证明没有影响或干扰标准治疗的有效性。

加载设计的缺陷：①由于是多种药物同时使用，容易受到混杂偏倚的影响。②出现罕见或不常见的不良反应时，往往无法确定是由哪种药物或两种药物共同造成的，受试者需要承担两种药物未知的混合作用的风险，解释有时显得较为复杂或困难。③如标准治疗本身的疗效过高，由于“天花板”效应导致无法鉴别药物的疗效。

加载设计由于存在以上缺陷，故使用时需慎重。

（六）剂量－效应研究设计

中药有效成分和有效部位制剂等需进行剂量－效应关系研究。中药复方制剂一般也应进行剂量－效应关系研究。

中药新药剂量－效应的探索性临床试验通常在Ⅱ期临床试验中完成，其研究设计的类型一般有平行量效研究、交叉量效研究、强制剂量滴定和供选择的剂量滴定等。

平行量效研究是剂量研究中的常用设计方法，即随机平行的剂量－效应研究，把受试者随机分为数个有各自固定剂量的组。固定剂量指最终的或维持的剂量；受试者可开始时即用此剂量，也可以安全地逐渐滴定到此剂量（通常是通过强制的滴定方案）。在以上两种情况下，最终剂量应维持足够的时间来进行量效关系比较研究。

在平行量效研究中，中药有效成分、中药有效部位的制剂应设置多个剂量组，通过试验获得剂量－效应曲线，以证明剂量－效应关系；中药复方制剂除安慰剂组以外至少应有 2 ~ 3 个剂量组。

在平行量效研究中，即使未设立对照，也可以进行剂量－效应研究。值得注意的是，如果选择的多个剂量过大或剂量组间剂量梯度过小，则有可能导致不能形成量效曲线，无法获得量效关系。在此情况下，如果试验中设置了安慰剂对照，并且某剂量组与安慰剂组效应差别有统计学意义，则可以说明药物存在量效关系。因此，建议在符合伦理的前提下使用安慰剂对照。另外，增加阳性对照也可以为剂量的确定提供一定的依据。

一般情况下，剂量－效应关系临床试验要求各剂量组的效应形成较完整的量效曲线，量效曲线一般采用曲线拟合的方法获得，拟合的曲线应有统计学意义。一般不要求各剂量组间两两比较显示出统计学差异。对于中药复方制剂，由于剂量组设置相对较少，则应采用组间效应两两比较来确定量效关系，最终推荐的最佳剂量其效应与其他剂量组的效应比较，至少有一个剂量组的差异应该表现出有统计学意义的趋势。

一般而言，设置的剂量组越多，剂量梯度越合理，每组所需的样本量越少，反之所需的样本量则越多。

此外也可以选择交叉量效研究、强制剂量滴定等试验设计方法进行剂量－效应研究。

第四节 临床试验过程中的质量控制

一、临床试验前的准备

药物临床试验应当有充分的科学依据。临床试验应当权衡受试者和社会的预期风险和获益，只有当预期的获益大于风险时，方可实施或继续临床试验。申办者应当对临床试验的质量负责，应当建立药物临床试验的质量管理体系。

（一）制定临床试验计划和临床试验方案

临床试验计划应当涵盖临床试验的整个过程，包括临床试验的设计、实施、记录、评估、报告和文档保存等，以及临床试验过程的质量管理。

进行临床试验前应当制定详细的临床试验方案，临床试验方案应当通过伦理委员会的审查，并且获得通过后才能开始进行临床试验。临床试验期间临床试验方案的任何修订都必须经过伦理委员会的批准，并且需给临床试验的受试者以充分的告知。

临床试验开始前，申办者应当对参加临床试验的研究者进行临床试验方案的培训，研究者应当熟悉申办者提供的临床试验方案、研究者手册，以及试验药物相关资料信息。

（二）选择具有资质的临床试验机构和研究者

我国的新药临床试验必须是在国家认证的药物临床试验机构和认证的专业中进行，临床试验机构应当具有完备的质量管理体系。

进行临床试验的研究者应当在其医疗机构中供职，具备临床试验所需的专业知识和执业许可，并能入选足够数量符合试验方案的受试者；接受过 GCP 的培训，熟悉并能遵守 GCP 和相关的法律法规。临床试验开始前，主要研究者应当对本机构中的研究者进行分工授权。

在多中心临床试验中，申办者应当选择、确定临床试验的主要研究者和其供职的医疗机构作为临床研究的负责人和组长单位。

（三）选择合适的合同研究组织和监查员

合同研究组织（CRO）是指通过签订合同授权，执行申办者或者研究者在临床试验中的某些职责和任务的单位。CRO 的特点是专业性强、效率高。申办者在开始临床试验前，可根据自身实际情况，决定是否需要 CRO 公司，并考察合适的 CRO 公司。

在临床试验期间申办者应当派遣合格的监查员，负责对临床试验整个过程的监查。申办者派遣的监查员应当是具备医学、药学等临床试验监查所需的知识，接受过 GCP 培训，熟悉临床试验用药物和临床试验方案的人员。监查员是申办者与研究者之间的主要联系人。

（四）提供合格的临床试验药品

申办者负责提供符合《药品生产质量管理规范》（GMP）要求的、合格的临床试验用药品，并提供与方案相同批号的药品质量检测合格报告。试验用药物的包装、标签应当符合 GCP 规范的要求，应当注明是试验药物“仅用于临床试验”。药物的编码和标签必须保持临床试验的盲法状态，药物标签中必须注明试验用药品的储存温度、储运条件、有效期等信息。示例见图 10–2。

XXXXX 临床试验用药
（仅供临床试验使用）
批 件 号：　　　　　　　　　　　　　　　　　　　　　药物编号：
适 应 证：
规　　格：XXX 克 / 粒，XXX 粒 / 盒
用法用量：XXX 次 / 日，XXX 粒 / 次
贮藏条件：密闭，在凉暗处保存
药物批号：　　　　　　有效期：
注意事项：有任何问题及时咨询指导医生，未用完药物及包装需统一回收
申办单位：XXXXX 公司

图 10–2　临床试验药品

在拟订方案时，申办者应有充足的非临床安全性、有效性的研究数据支持临床试验，并将已知的新药信息、已知的临床人用经验等信息写入研究者手册，并将最新信息及时更新，以辅助研究者进行临床试验。

（五）制定研究者手册

申办者制定和更新研究者手册。研究者手册（investigator’s brochure）是关于试验药物人体研究的药学、非临床和临床资料的汇编，其内容包括试验药物的化学、药学、毒理学、药理学和临床的（包括以前和正在进行的试验）资料和数据。研究者手册是帮助研究者和参与试验的其他人员更好地理解和遵守临床试验方案，帮助研究者理解临床试验方案中诸多关键的基本要素，包括临床试验的给药剂量、给药次数、给药间隔时间、给药方案、给药方法，主要和次要疗效指标及安全性的观察和监测。在临床试验期间，研究者手册应当根据获得的相关的药物安全性、有效性的新信息，及时进行更新。

（六）制定临床试验监查计划

申办者在临床试验前应当制定监查计划，保证临床试验数据的准确、完整，保证临床试验期间严格按照临床试验方案、GCP 的要求进行临床试验，保证临床试验期间受试者的权益。监察计划应特别强调保护受试者的权益，保证数据的真实性，保证应对临床试验中的各类风险。监查计划还应描述具体的监查策略、试验各方的监查职责、监查的方法等。

二、临床试验期间的质量控制

在临床试验过程中，任何质量管理和控制活动都应当有记录，并且应当确保其质量控制活动

的有效性和适用性。

（一）临床试验过程中的质量控制

1. 研究者　研究者和其所在的医疗机构能够接受申办者组织的监查、稽查，以及药品监督管理部门的检查。在临床试验期间，研究者应当严格按照临床试验方案的要求进行临床试验，若对方案的执行有偏离，研究者需要给予记录和解释。研究者应确保所有临床试验数据是从临床试验的源文件和试验记录中获得的，是准确、完整、可读和及时的。研究者应当保证知情同意书的签署和临床试验数据的获得符合伦理、GCP 等相关法律法规的要求。

2. 药品的管理　药物临床试验机构应当提供符合试验用药品保存条件的场所保存药品，并指定有资格的药师对临床试验药品进行管理。临床试验用药品的接收、储存、分发、回收、退还及未使用药物的处置应遵守相应的规定并保留记录。药品的发放应遵守临床试验随机化的程序。

试验用药品管理的记录应包括日期、数量、批号 / 序列号、有效期和分配编码、签名等。研究者应保存每位受试者使用试验用药品数量和剂量的记录。试验用药品的使用数量和剩余数量应与申办者提供的数量一致。

3. 临床试验数据的可溯源性　临床试验中产生的原始医学记录、医疗文件和数据被称为临床试验的源文件。源文件包含了源数据，如医院病历、医学图像、实验室记录、临床试验的相关备忘录、受试者临床试验日记或评估表单、发药记录、仪器自动记录的数据、缩微胶片、照相底片、磁介质、X 射线片，以及药房保存的处方、实验室和医技科室的相关文件和记录，包括复制或抄录的核证副本。源文件可以是纸质的和 / 或电子的。

临床试验的源数据应当是可溯源的、清晰的、同步记录的、原始的、准确的和完整的。源数据的修正必须留痕，不能掩盖初始数据，需要时应解释修正数据的理由和依据。

4. 知情同意书　在开始临床试验前，研究者或指定研究人员应充分告知受试者有关临床试验的所有相关信息，应该给受试者充分的时间和机会了解试验的详细情况，并获得知情同意书。知情同意书签署的日期应在所有临床试验开始之前，且在临床试验过程中，若知情同意书发生改变，应当再次获得受试者的知情同意。知情同意书中应当留有研究者的联系方式，方便受试者在临床试验期间发生意外时能及时联系到研究者。知情同意书应当由受试者本人签署，若受试者无能力签署时，可由其法定代理人代替签署。若受试者或法定代理人均缺乏阅读能力时，需要有一位公正的见证人协助和见证知情同意。受试者应当留有一份已签署姓名、日期和联系方式的知情同意书副本和其他提供给受试者的书面资料，若临床试验期间有更新的知情同意书，也应当留取所有版本号的副本。

5. 临床试验过程的监查、稽查和检查

（1）临床试验的监查　申办者派遣的监查员负责临床试验的监查（monitoring），监查员应遵循标准操作规程，督促临床试验的进行，以保证临床试验按方案执行；了解临床试验的进展情况；确认试验前取得受试者的知情同意书，并获得合格的受试者；确认数据的记录和报告正确完整，所有病例报告表填写正确，并与原始资料一致；确认所有不良事件均应记录在案，并在规定的时间内对严重不良事件做出报告和记录；确认试验用药品的供应、储藏、分发、收回等符合法规要求，并有相应的记录等。监查员应将每次访视的时间、地点、内容、发现问题等写入访视报告中，并且应当将访视报告递送申办者。

（2）临床试验的稽查　申办者对临床试验的稽查（audit）是临床试验的质量保证措施的一部分。稽查的目的是评估临床试验的实施情况，评估临床试验中执行试验方案、SOP、GCP 规范

和相关法律法规的依从性。申办者选定的稽查员应当是独立于临床试验和试验相关体系之外的人员。

（3）临床试验的检查　临床试验的检查（inspection）是药品监督管理部门对一项临床试验的有关文件、设施、记录和其他方面进行官方审阅，检查可以在试验单位、申办者所在地或合同研究组织所在地进行。

（二）临床试验期间对不良事件的观察与报告

1. 不良事件的观察及处理　不良事件（adverse event，AE）是指临床试验受试者接受试验用药品后出现的所有不良医学事件，可以表现为症状体征、疾病或实验室检查异常，但不一定能推论出与试验用药品有明确的因果关系。若受试者在临床试验期间出现不良事件，包括有临床意义的实验室异常，研究者应当给予妥善的医疗处理，并将相关的情况如实告知受试者。所有不良事件和医疗处理均应当详细记录。申办者应将临床试验中发现的与药物相关的安全信息，尤其是严重的、非预期的药物不良反应，及时报告给所有参加临床试验的医疗机构、研究者。

严重不良事件（serious adverse event，SAE）是指因使用任何剂量的试验用药品发生的、任何引起人体损害的不利医学事件：导致死亡；危及生命；受试者需要住院治疗或延长住院时间；导致永久的或严重的残疾或功能丧失；或者先天性异常、出生缺陷。发生严重不良事件时，研究者应当及时给予医疗救治，保证受试者的安全，必要时可进行紧急揭盲，以了解受试者接受的是何种试验药物。同时，及时告知申办者，并且在规定的时限内向伦理委员会、药品监督管理部门和卫生行政部门报告。严重不良事件的医疗救治、处理、报告过程均应当完整记录并保存。

2. 不良事件的判断　不良事件是临床试验开始后发生的不良的医学事件，在这里临床试验的开始时间为受试者签署知情同意书的时间，而非开始服药时间，且一定是发生的不良的医学事件，不良事件的发生不一定与药物有关。与药物相关的不良医学事件是药物的不良反应（adverse reaction，AR）。

判断 AE 是否与药物有关，可从以下五点考虑：①开始使用药物的时间和不良事件出现的事件是否有先后关系。②是否可由此药物所含成分、已知的不良反应类型，推理出所出现的症状、体征。③是否用药物的作用、患者的临床症状 / 体征，或其他治疗方法的影响来解释。④停药或减量后，不良事件是否消失或减轻。⑤再次给药后，相同的症状 / 体征是否再次出现。AE 与试验药物的因果关系判断为肯定有关、很可能有关、可能有关、可疑、不可能有关（表 10–5）。

表 10–5　不良事件与试验药物的因果关系表

因果关系判断原则	肯定	很可能	可能	可疑	不可能
开始使用药的时间和不良反应出现的时间有无合理的先后关系	+	+	+	+	−
所怀疑的不良反应是否符合该药已知的不良反应类型	+	+	+	−	−
所怀疑的不良反应是否可用药物的作用、患者的临床状态或其他疗法的影响来解释	−	−	±	±	+
停药或减量后，反应是否消失或减轻	+	+	±	±	−
再次接触可疑药品是否再次出现同样的反应	+	?	?	?	−

3. 不良事件的记录与报告　发生不良事件后，研究者应当对不良事件进行详细的记录、随访和报告。不良事件记录的内容包括发生的时间、症状 / 体征、程度、是否采取相应的措施、采取哪些措施（包括用药名称、剂量、用药开始时间、用药结束时间）、结局是什么、与试验药物的相关性等。在处理不良事件过程中发生的任何医疗文件（如检查检验报告单、医疗记录文件等）都应当作为原始资料进行保存。研究者应当对不良事件进行治疗、随访、监视，一般需要跟踪随访至痊愈或有结局的终点。示例见表 10-6。

表 10-6　严重不良事件报告表（SAE）

新药临床研究批准文号：　　　　　　　　　　　　　　　　　编号：

<table>
<tr><td>报告类型</td><td colspan="4">□首次报告　□随访报告　□总结报告</td><td colspan="2">报告时间：　　年　月　日</td></tr>
<tr><td>专业科室名称</td><td colspan="4"></td><td>电话</td><td></td></tr>
<tr><td rowspan="2">试验用药品名称</td><td colspan="6">中文名称</td></tr>
<tr><td colspan="6">英文名称</td></tr>
<tr><td>药品类别</td><td colspan="5">□中药　□化学药　□新生物制品　□放射性药品　□进口药品　□其他</td><td>第　类</td></tr>
<tr><td>临床研究分期</td><td colspan="4">□Ⅰ期 □Ⅱ期 □Ⅲ期 □Ⅳ期 □进口药 □临床验证</td><td colspan="2">剂型：</td></tr>
<tr><td rowspan="2">受试者情况</td><td>* 姓名：</td><td>性别：</td><td colspan="2">出生时间：　　年　月　日</td><td colspan="2">民族：</td></tr>
<tr><td colspan="6">疾病诊断：</td></tr>
<tr><td>SAE 情况</td><td colspan="6">□导致住院　□延长住院时间　□伤残　□功能障碍
□导致先天畸形　□危及生命或死亡　□其他</td></tr>
<tr><td colspan="2">*SAE 发生时间：　　年　月　日</td><td colspan="5">SAE 反应严重程度：□轻度　□中度　□重度</td></tr>
<tr><td colspan="2">对试验用药采取的措施</td><td colspan="5">□继续用药　□减小剂量　□药物暂停后又恢复　□停用药物</td></tr>
<tr><td colspan="2">SAE 转归</td><td colspan="5">□症状消失（后遗症□有　□无）
□症状持续　□死亡（死亡时间：　　年　月　日）</td></tr>
<tr><td colspan="2">SAE 与试验药的关系</td><td colspan="5">□肯定有关　□可能有关　□可能无关　□无关　□无法判定</td></tr>
<tr><td colspan="2">破盲情况</td><td colspan="5">□未破盲　□已破盲（破盲时间：　　年　月　日）</td></tr>
<tr><td colspan="2">SAE 报道情况</td><td colspan="5">国内：□有　□无　□不详　　国外：□有　□无　□不详</td></tr>
<tr><td colspan="7">SAE 发生及处理的详细情况：</td></tr>
</table>

报告人职务 / 职称：　　　　　　　　　　　　报告人签名：

监察员确认签名：　　　　　　　　　　　　　确认日期：　　年　月　日

（三）试验的记录和报告

临床试验过程中需要记录的文件很多，其中包括药物管理的记录，研究者分工、授权的记录，临床试验培训的记录，受试者鉴认、筛选、入组的记录，原始医疗文件的记录，病例报告表的记录，不良事件和严重不良事件的记录等。根据 ICH-GCP 的要求，没有记录就是没有发生。临床试验过程中发生的所有行为均应当真实、准确、完整、及时、规范地记录。

病例报告表（case report form，CRF）是向申办者报告的、按照试验方案要求设计的一种印刷的、光学的或电子的文件，用于记录每一名受试者在试验过程中的全部信息。CRF 中的数据均应当来源于源文件，且与源文件一致。CRF 的填写应当准确、完整、清晰和及时，任何数据的修改应使初始记录清晰可辨，保留修改轨迹，必要时需注明修改理由，修改者签名并注明修改日期。

三、临床试验病例收集结束后的质量控制

临床试验病例收集结束后，申办者应当按照 GCP 中相关要求，整理、收集、保存临床试验的文件。临床试验后一些必备文件是药品监督管理部门检查临床试验的真实性和数据完整性的重要依据。GCP 对临床试验的保存文件有详细的规定，必备文件根据临床试验的不同阶段归类为临床试验准备阶段、临床试验进行阶段、临床试验完成后阶段三个阶段。临床试验文件保存地点应当具备防水、防火、防盗等条件，并应有相关的文件保存、管理、借阅等制度和 SOP。研究者应保存临床试验资料至临床试验终止后 5 年。申办者应保存临床试验资料至试验药物被批准上市后 5 年。

第五节　临床试验方案

试验方案通常包括基本信息、研究背景资料、试验目的、试验设计、实施方式（方法、内容、步骤）等内容。

1. 基本信息　包含试验方案标题、编号、版本号和日期，申办者的名称和地址，申办者授权签署、修改试验方案的人员姓名、职务和单位，申办者的医学专家姓名、职务、所在单位地址和电话，研究者姓名、职称、职务，临床试验机构的地址和电话，参与临床试验的单位及相关部门名称、地址。其中，临床试验的标题应当体现该临床试验的试验药和对照药名称、治疗病症、设计类型和研究目的等，如“××药与××药对照治疗××（病症）评价其有效性和安全性的随机、双盲、多中心临床研究”。临床试验方案需要有版本号和日期，方案的任何修订也应当有修订方案的版本号和日期。伦理委员会批准的临床试验方案编号应当与临床试验实施的版本号、日期一致。

2. 研究背景　试验用药品名称与介绍，试验药物在非临床研究和临床研究中与临床试验相关、具有潜在临床意义的发现，受试人群的已知和潜在的风险和获益，试验用药品的给药途径、给药剂量、给药方法及治疗时程的描述，并说明理由，强调临床试验需要按照试验方案、GCP 及相关法律法规实施，临床试验的目标人群，临床试验相关的研究背景资料、参考文献和数据来源。

3. 实验目的　详细描述本次临床试验的主要目的和次要目的。

4. 试验设计　明确临床试验的主要终点和次要终点。对照组选择的理由和试验设计的描述

（如双盲、安慰剂对照、平行组设计），并对研究设计、流程和不同阶段以流程图形式表示。减少或者控制偏倚所采取的措施，包括随机化和盲法的方法和过程，采用单盲或者开放性试验需要说明理由和控制偏倚的措施。阐明治疗方法，试验用药品的剂型、剂量、包装、标签、给药方案，受试者参与临床试验的预期时长和具体安排，包括随访等，受试者、部分临床试验及全部临床试验的“暂停试验标准”“终止试验标准”，试验用药品管理流程。盲底保存和揭盲的程序。明确源数据并记录在病例报告表中。

5. 临床和实验室检查项目 包括临床和实验室检查的项目内容、访视时点和访视计划，临床试验期间、试验终点、不良事件评估及试验结束后的随访和医疗处理等。

6. 受试者的选择和退出 疾病的诊断标准应当是国内外公认的最新的、最权威的诊断标准，明确受试者的入选标准、排除标准，明确受试者退出试验的标准和程序。

7. 受试者的治疗 受试者在临床试验各组应用的所有试验用药品名称、给药剂量、给药方案、给药途径和治疗时间及随访期限，临床试验前和临床试验中允许的合并用药（包括急救治疗用药）或者治疗、禁止使用的药物或者治疗。评价受试者依从性的方法。

8. 制定明确的访视和随访计划 包括临床试验期间、临床试验终点、不良事件评估及试验结束后的随访和医疗处理等。

9. 有效评价 详细描述临床试验的有效性指标及其评价、记录、分析方法和时间点。

10. 安全性评价 详细描述临床试验的安全性指标及其评价、记录、分析方法和时点，不良事件和伴随疾病的记录和报告程序，不良事件的随访方式与期限。

11. 统计 确定受试者样本量，并根据前期试验或者文献数据说明理由。显著性水平，如有调整，说明考虑。说明主要评价指标的统计假设，包括原假设和备择假设，简要描述拟采用的具体统计方法和统计分析软件。若需要进行期中分析，应当说明理由、分析时点及操作规程，缺失数据、未用数据和不合逻辑数据的处理方法，明确偏离原定统计分析计划的修改程序。明确定义用于统计分析的受试者数据集，包括所有参加随机化的受试者、所有服用过试验用药品的受试者、所有符合入选的受试者和可用于临床试验结果评价的受试者。

12. 质量控制与质量保证 明确实施临床试验质量控制和质量保证的具体措施。

13. 伦理学遵循 临床试验必须遵循《赫尔辛基宣言》及相关法规的要求，获得知情同意书的时间和方式等。

14. 数据管理和记录保存 临床试验数据的采集和管理流程、数据管理与采集所使用的系统、数据管理各步骤及任务，以及数据管理的质量保障措施。

15. 其他 如果合同或者协议没有规定，试验方案中通常包括临床试验相关的直接查阅源文件、数据处理和记录保存、财务和保险。

第六节 临床试验的总结与报告

药物临床试验总结报告是反映药物临床试验研究设计、实施过程，并对试验结果做出分析、评价的总结性文件是正确评价药物是否具有临床实用价值（有效性和安全性）的重要依据，是药品注册所需的重要技术资料。药物临床试验总结报告应符合《药物临床试验质量管理规范》《临床研究报告的结构和内容指导原则》《中药注册分类及申报资料要求》《药品注册管理办法》的规定。

真实、完整地描述事实，科学、准确地分析数据，客观、全面地评价结局是撰写试验总结

报告的基本准则。GCP 规定临床试验总结报告内容应与试验方案一致，包括：①随机进入各组的实际病例数，纳入和排除、脱落和剔除的病例数。②不同组间的基线特征比较，以确定可比性。③所有疗效评价指标进行统计分析和临床意义分析，统计结果的解释应着重考虑其临床意义。④安全性评价应有临床不良事件和实验室指标合理的统计分析，对严重不良事件应详细描述和评价。⑤多中心试验评价疗效，应考虑中心间存在的差异及其影响。⑥对试验药物的疗效和安全性、风险和受益之间的关系做出简要概述和讨论。

一、临床试验总结报告的内容

（一）摘要

摘要是临床试验报告主要内容的简短、扼要而连贯的概述，要求把报告本身创新点、特色的东西反映出来。内容包括试验题目、临床批件文号、主要研究者和临床试验单位、试验的起止时间、试验的目的及观察指标、药物的功能主治、试验设计类型、受试人群、随机分组方法、对照的形式、给药方案及疗程、有效性和安全性评价指标、基线结果、有效性和安全性结果、结论等。

（二）报告正文

1. 试验题目

2. 前言 简要说明该研究是由某单位（或个人）发起申办，并在中国已注册，通过与对照药或安慰剂的比较，评价其有效性和安全性，研究目标适应人群。研究得到国家药品监督管理局批准（批准文号），并通过研究单位的医学伦理委员会审查，获得伦理批件（批件号），购买了相应的临床试验保险，组织召开研究者会议，讨论、确定试验方案，对参加试验的所有研究人员开展培训，申办者与各研究单位分工明确，相互配合，各司其职，按期完成病例入组，开展全过程质量控制，完成数据统计及盲态审核，最终完成临床试验。

3. 试验目的 描述本次临床试验的主要目的和次要目的。

4. 试验方法

（1）试验设计 包括试验方案设计、设计的依据及合理性、样本量估算等。

（2）随机化设计 描述随机化分组的方法。

（3）设盲水平 说明设盲的水平和依据，描述盲法的具体操作，说明个例破盲的规定和操作程序。

（4）研究对象 描述受试者的选择标准，包括诊断标准及依据（西医诊断标准及依据、中医诊断和辨证标准及依据）、纳入标准、排除标准，以及脱落、剔除、中止标准等。

（5）对照方法及依据 说明对照的类型和对照的方法，并说明合理性。

（6）治疗过程 包括受试药物和对照药物的名称、组成、来源、规格、批号、包装和标签。提供阳性对照药的说明书。说明用药的方法，确定使用剂量的依据。

（7）疗效评价指标与方法 应确定主要疗效指标和次要疗效指标，描述需进行的实验室检查项目、时间节点及测定方法。

（8）安全性评价指标与方法 明确评价安全性的指标，包括症状、体征、实验室检查项目及其时间节点、测定方法、评价标准；明确预期的不良反应；描述临床试验对不良反应观察、记录、处理、报告的规定。说明药物与不良事件因果关系、不良事件严重程度的判定方法和

标准。

（9）质量控制和保证　明确实施临床试验过程中的质量控制和保证的具体措施。

（10）数据管理　检查数据质量及试验实施，用适当的程序保证数据库的保密性，应具有计算机数据库的维护和支持程序。

（11）统计学分析　描述统计分析计划和获得最终结果的统计方法；明确列出统计分析集的定义、主要指标和次要指标的统计分析方法、疗效及安全性评价等。

5. 试验结果

（1）受试人群分析　描述所有进入试验的受试者的总人数，提供进入试验不同组别的受试者人数、进入和完成试验每个阶段的受试者人数、剔除或脱落的受试者人数。

分析人口统计学和其他基线特征的均衡性；分析依从性；分析和说明合并用药；伴随治疗情况；分析受试者被剔除或脱落的原因。

（2）有效性评价　全数据集和符合方案数据集分别进行疗效分析，并对有关疗效的重要结论做出简明扼要的说明。通常包括：详细描述临床试验的有效性指标；详细描述有效性指标的评价、记录、分析方法和时间点。

（3）安全性分析　对用药程度进行描述，分析不良事件，分析与安全性有关的实验室检查，并对出现的安全性问题进行小结。通常包括：详细描述临床试验的安全性指标；详细描述安全性指标的评价、记录、分析方法和时间点；不良事件和伴随疾病的记录和报告程序；不良事件的随访方式与期限。

6. 讨论　在对试验方法、试验质量控制、统计分析方法进行评价的基础上，综合试验结果的统计学意义和临床意义，对受试药物的有效性和安全性结果、风险和受益之间的关系做出讨论和评价。

7. 结论　说明本试验的最终结论，重点在于安全性、有效性最终的综合评价，明确是否推荐继续研究或申报注册。

8. 参考文献　列出有关的参考文献目录。

二、新药申请生产注册所需要的临床试验材料

1. 中药创新药

（1）处方组成符合中医药理论、具有人用经验的创新药

1）中医药理论　包括处方组成、功能、主治病证，中医药理论对主治病证的基本认识，拟定处方的中医药理论，处方合理性评价，处方安全性分析，和已有国家标准或药品注册标准的同类品种的比较。

2）人用经验　包括证明性文件，既往临床应用情况概述、文献综述，既往临床应用总结报告，拟定主治概要、现有治疗手段、未解决的临床需求，人用经验对拟定功能主治的支持情况评价。

3）临床试验　临床试验计划与方案及其附件，包括临床试验计划和方案、知情同意书样稿、研究者手册、统计分析计划；临床试验总结报告及其附件（完成临床试验后提交），包括临床试验总结报告、病例报告表样稿、患者日志等，与临床试验主要有效性、安全性数据相关的关键标准操作规程，临床试验方案变更情况说明、伦理委员会批准件、统计分析计划、临床试验数据库电子文件。申请人在完成临床试验提出药品上市许可申请时，应以光盘形式提交临床试验数据库。数据库格式及相关文件等具体要求见临床试验数据递交相关技术指导原则。参考文献应提供

全文，外文文献还应同时提供摘要和引用部分的中文译文。

4）临床价值评估　基于风险获益评估，结合中医药理论、人用经验和临床试验，评估本品的临床价值及申报资料对于拟定功能主治的支持情况。

（2）其他来源的创新药

1）研究背景　拟定功能主治及临床定位，应根据研发情况和处方所依据的理论，说明拟定功能主治及临床定位的确定依据，包括但不限于文献分析、药理研究等。疾病概要、现有治疗手段、未解决的临床需求，说明拟定适应病证的基本情况、国内外现有治疗手段研究和相关药物上市情况，现有治疗存在的主要问题和未被满足的临床需求，以及说明本品预期的安全性、有效性特点和拟解决的问题。

2）临床试验　按照"中药创新药3）临床试验"项下的相关要求提交资料。

3）临床价值评估　基于风险获益评估，结合研究背景和临床试验，评估本品的临床价值及申报资料对于拟定功能主治的支持情况。

2. 中药改良型新药

（1）研究背景　应说明改变的目的和依据。如有人用经验，可参照"中药创新药2）人用经验"项下的相关要求提交资料。

（2）临床试验　按照"中药创新药3）临床试验"项下的相关要求提交资料。

（3）临床价值评估　结合改变的目的和临床试验，评估本品的临床价值及申报资料对于拟定改变的支持情况。

3. 古代经典名方中药复方制剂

（1）按古代经典名方目录管理的中药复方制剂　提供药品说明书起草说明及依据，说明药品说明书中临床相关项草拟的内容及其依据。

（2）其他来源于古代经典名方的中药复方制剂

1）古代经典名方的处方来源及历史沿革、处方组成、功能主治、用法用量、中医药理论论述。

2）基于古代经典名方加减化裁的中药复方制剂，应提供加减化裁的理由及依据、处方合理性评价、处方安全性分析。

3）人用经验包括证明性文件，既往临床实践情况概述，文献综述，既往临床实践总结报告，人用经验对拟定功能主治的支持情况评价。

4）临床价值评估，基于风险获益评估，结合中医药理论、处方来源及其加减化裁、人用经验，评估本品的临床价值及申报资料对于拟定功能主治的支持情况。

5）药品说明书起草说明及依据，说明药品说明书中临床相关项草拟的内容及其依据。

4. 同名同方药

（1）研究背景　提供对照同名同方药选择的合理性依据。

（2）临床试验　需开展临床试验的，应按照"中药创新药3）临床试验"项下的相关要求提交资料。

5. 临床试验期间的变更（如适用）

第十一章
中成药的二次开发

扫一扫，查阅本章数字资源，含PPT、音视频、图片等

第一节　概述

中成药为中药成药的简称，指以中药饮片或中药材为主要原料，在中医药理论的指导下，经药品注册管理部门批准的处方和制法大量生产，有特有名称并标明功能主治、用法用量和规格的药品，包括中药单方制剂和中药成方制剂。

中成药历史悠久，临床应用广泛，在中医药理论指导下，本着“继承是基础，现代科学是手段，发扬是目的，临床是后盾，现代化是目标”的原则，应用和推广制药新技术、新工艺、新设备和新辅料，以提高中成药的研究水平，改进某些传统剂型，逐步创制出既具有中国传统医药特色，又与现代科学发展相适应的中成药新品种，在防病治病、保障人民群众健康方面发挥了重要的作用。特别是随着国家《药品注册管理办法》等法规颁布、修订后，中成药的研制与生产逐步规范化、法治化，并取得了可喜的成果。2004 年，国家食品药品监督管理局启动了“提高国家药品标准行动计划”，重点是提高中成药标准工作，将原部颁标准 1 ~ 20 册、新药转正 1 ~ 23 册收载的品种作为标准提高行动计划的基本品种范围，共计 3991 个品种。2020 年版《中华人民共和国药典》在 2015 年版基础上又新增 116 种中成药。

国务院发布的《中医药发展战略规划纲要（2016—2030 年）》在重点任务“着力推进中医药创新”篇章，明确提出促进中药工业转型升级，必须“开展中成药上市后再评价，加大中成药二次开发力度，开展大规模、规范化临床试验，培育一批具有国际竞争力的名方大药”。2017 年 7 月 1 日实施的《中华人民共和国中医药法》第三章第二十九条明确提出：国家鼓励和支持中药新药的研制和生产。国家保护传统中药加工技术和工艺，支持传统剂型中成药的生产，鼓励运用现代科学技术研究开发传统中成药。第五章第三十八条明确：国家鼓励科研机构、高等学校、医疗机构和药品生产企业等，运用现代科学技术和传统中医药研究方法，开展中医药科学研究，加强中西医结合研究，促进中医药理论和技术方法的继承和创新。

所谓的中成药二次开发是指在前期研究的基础上，采用多学科理论和技术，针对已上市中成药药品质量与临床用药深入研究和探讨完善的过程。它既可以是完善、细化、补充、修订中成药说明书中有效性、安全性、经济性的相关内容，亦可针对目标疾病（证候）、人群、药物进行筛选、确定、重组，形成更具市场竞争力的产品或系列产品的组合过程。

一、中成药二次开发的必要性

近年来，中医药防治疾病越来越受到世界各国的重视和认可，开发现代中药新药是推动中

医药走向世界的重要环节。中医药是一个巨大的宝库，其中有大量传统经典处方可以继承和发掘，因此应用现代研究技术与手段，对古方进行系统开发与研究，形成物质基础清楚、作用机理明确的现代中药十分必要。但受到历史条件的限制，我国中成药的发展相对比较落后，具体表现如下。

1. 中成药制备工艺相对较为落后，需要提高 传统的“前堂后坊”医疗模式（前堂诊病售药，后坊生产加工膏、丹、丸、散等）使得早期的中成药剂型相对单一，制剂品种较少。近年来，在现代药品生产技术与医药科技快速发展的背景下，新的提取、分离及制药技术的广泛应用，如微波辅助提取技术、超临界萃取技术、酶提取技术、高速逆流提取技术、半仿生提取等提取技术，大孔树脂吸附技术、膜分离技术、分子蒸馏技术、吸附澄清等分离纯化技术，喷雾干燥技术、固体分散技术、乳化技术、薄膜包衣技术、微囊技术、环糊精包合等制药技术，使得中成药的生产效率大大提高，涌现了大量的颗粒剂、片剂、胶囊剂、注射剂等剂型，如板蓝根颗粒、牛黄解毒片、连花清瘟胶囊、生脉注射剂等，产品质量得到了一定的提高。然而，受限于中药复方药效物质基础研究不明确，目前在市场上，缓控释制剂、靶向制剂、脂质体制剂等新剂型的中成药还较少。而随着人们对于药品质量要求的不断提高，迫切需要制药工作者借鉴和引用新技术、新工艺、新设备，发展中成药的新剂型、新制剂，提高制剂的质量和稳定性，降低制剂的刺激性与毒副作用，提高生产效率，降低药品成本。

2. 中成药质量评价相对简单，需要完善 我国新药的研制，在《药品注册管理办法》中明确要求要制定临床研究用质量标准及生产用质量标准。目的是保证临床研究试验药品的质量稳定一致及上市药品的质量，从而保证药品的安全和有效。由于中成药化学成分的复杂性和多样性，现行版《中国药典》对于中成药的质量评价虽然较以前有提高，但仍主要通过外观性状、薄层检识，常规制剂项下检查。在含量测定方面，停留在某一个成分或者某几个成分的量化指标上，缺乏对中成药中其他成分的精细定性、定量检测，质量标准不能反映产品的功能主治，不能系统、科学地评价中成药的安全有效。以《中国药典》2020 年版一部为例，质量标准研究技术要求：含量测定首选处方中君药、贵重药及毒性药中的有效成分进行检测；如有效成分不明或无专属性方法测定时，也可选择组方中佐、使药或其他成分进行检测。然而，《中国药典》2020 年版一部熟地黄品种项下的含量测定成分为地黄苷 D，但是六味地黄丸并没有测定处方中君药熟地黄的有效成分，而是测定处方中其他饮片的有效成分马钱苷、莫诺苷、丹皮酚。此外《中国药典》2020 年版一部中，同名不同剂型成药的质量控制指标也存在差异，如中成药一清胶囊含量测定项下测定的指标成分是黄芩苷、大黄素、大黄酚；而同一处方的一清颗粒含量测定则只测定了黄芩饮片中的黄芩苷含量。上述中成药在质量控制方面存在的问题值得我们深思，中成药的质量标准评价应该符合中医方剂的理论要求，保证研制的中成药疗效显著，保持中医遣方用药的特色，这种质量评价模式才具有真正的意义价值。因此，构建符合自身特点的质量标准规范体系是中成药发展的当务之急。

3. 中成药临床适应证较为宽泛，需要明确 中药方剂临床应用上，讲究“君、臣、佐、使”配伍与辨证论治。从历史传承上看，中药方剂往往药味较多，组分繁杂，临床上，中医临床辨证分型存在一定的医师主观性，部分疾病尚缺乏统一的辨证分型与疗效评价标准；从实验研究上看，目前病证结合的动物药效学评价模型的合理性、准确性、科学性及可复制性存在一定缺陷，使得中成药的药效物质基础研究相对薄弱，导致其有效成分不明确，药理作用机制不清晰，并且缺乏对中成药的系统体内药代动力学研究，最终导致中成药的功能主治模糊，临床适应证宽泛，一定程度上阻碍了中成药走向国际市场。因此，在中医药理论指导下，开展基于多中心、大样本

的临床病例观察，创制符合中医药特点的方证相应的动物模型，借助现代药学、分子生物学的新技术、新方法，开展中成药的药效学评价，对于明确药物作用靶点、定位临床适应证具有重要的意义。

鉴于以上原因，中成药的二次开发已迫在眉睫，完善中成药的制备工艺、药效物质基础、作用机理和质量标准，在安全、有效、稳定、可控等方面规范化，并与国际标准接轨，有利于提升中成药产品的核心科技竞争力，促进中成药产业的升级。例如，张伯礼院士课题组历时8年，完成了32个中成药品种的二次开发，其取得的经济效益成果明显，其中销售额过亿元品种由原来的3个增加到12个，2013年销售额达50亿元，是开发前的4.2倍，累计销售额超过200亿元，初步构建了天津中药大品种集群，促进了名优中成药向中药大品种的转化，实现了我国现代中药产业新的跨越，推动了中医药事业的发展。

二、中成药二次开发的策略与方法

1. 中药药效物质基础的研究　中药药效物质基础研究工作是中成药二次开发的关键前提。目前，在中药领域存在有效成分、药效、安全性及质量标准等方面说不清、道不明的问题，归根到底是中药的药效物质基础不明确。当前，中药化学成分的研究主要是两个思路：一是单味中药的化学成分研究，这种研究思路存在明显的局限性，忽略了复方中药化学成分的相互影响；另一种思路是复方中药化学成分的研究，尽管国内外不少学者提出诸如“霰弹理论”“血清药物化学”“谱效结合”“中药药效组分理论”等中药药效物质研究方法，但由于复方成分的复杂性和整体性，研究工作进展缓慢，未能取得明显突破。因此，如何在中医药理论指导下，采用现代科学技术与评价指标，深入研究能保持中医方剂特色的中药提取、纯化工艺条件参数，达到“去粗存精”的目的，获得体现原方剂功能主治的中药有效物质（活性混合物），通过建立科学、合理的动物模型，证实中药化学成分的有效性，还存在相当大的困难。这是中成药二次开发必须解决的重要课题之一。

2. 中成药临床组方的优化研究　中医方剂多由复方组成，按照“君、臣、佐、使”原则进行配伍使用。在历代医学文献所记载的大量方剂中，不乏久经考验的安全有效良方，如汉代名医张仲景的《伤寒论》中所收载的113个方剂，其辨证准确、组方全面、用药精练，国内外医学家广为推崇。然而，我们应该看到，中医复方客观存在药味繁多，部分复方中存在多味药材的气味、归经是相同的情况。这些复方是否可以在中医药理论的指导下进一步优化、精简呢？实践证明，通过拆方研究（常用的拆方方法有撤药分析法、简单拆方法和正交设计法）能够一定程度上减少药味，便于制剂，利于临床。如古方苏合香丸共有15味药，改成冠心苏合香丸后仅有5味药，而苏冰滴丸仅含苏合香和冰片2味。通过拆方研究得到的新组方既保持原方治疗寒凝气滞血瘀证之心痛疗效，又可快速起效，更适合临床应用，充分体现了拆方研究的优越性。又如通过对含11味中药的当归芦荟丸进行拆方研究，发现了对慢性白血病的治疗效果优于原方的成分靛玉红。因此，中成药二次开发可以从复方药味组成精简、优化着手，特别是药味比较多的中成药的二次开发。

3. 中成药制剂工艺的优化研究　中成药制剂的发展由于受到历史条件及实验技术的限制，普遍存在“粗、大、黑”现象，中药在提取、分离、浓缩、干燥、成型工艺等单元操作技术相对落后。如目前多数的中成药制剂普遍采用的是水提、醇提或水提醇沉等方法，无法将部分糖类、蛋白质等有效成分提取分离；另外在浓缩、干燥环节，常常由于受热温度高、受热时间长而导致部分有效成分破坏，这些都严重影响了中成药产品的质量和疗效。

近年来，随着科学技术的进步，一些先进的提取分离技术已应用到中药制药中，如超临界流体萃取技术、微波萃取技术、超声波提取技术、半仿生提取技术、大孔树脂吸附分离技术、膜分离技术、分子蒸馏技术、分子印迹技术等，为较好地提取分离有效成分提供了可能。此外，随着新辅料的研发及制剂新技术、新方法的发展，如超微粉碎技术、喷雾干燥技术、固体分散技术、微型包囊技术、多元定时释药技术、控释缓释技术、透皮吸收技术等现代化制药技术的应用，不仅能解决中成药制剂目前存在的技术含量不高的问题，如中成药片剂的松片、裂片问题，颗粒剂的吸潮结块，口服液的澄清度等问题，而且极大地丰富了中成药新产品的给药形式，满足了中药临床用药需求。

如双黄连分散片的研发过程中，分别采用超临界萃取技术、分散片制剂技术，与原制剂比较，既富集了处方中的脂溶性成分，又提高了片剂的崩解时限和有效成分的溶出度，满足了临床用药的需求。

4. 中成药质量标准的优化研究　药品标准是衡量药品质量的尺度和准则，具有较高的权威性、科学性和进展性。然而，目前中成药的质量标准还存在诸多需要完善的方面，如定性鉴别方法落后，重现性、专属性方法不高，含量测定指标与药效相关性不明确等，急需优化解决。特别是近年来，为保障公众安全有效用药，积极应用现代药品质量控制与检验技术，国家药品监督管理部门做出了“提高国家药品标准行动计划”的战略决策，中成药成为首先实施的药品类别。鉴于中成药与西药的差异，在制订优化中成药质量标准之前，必须保证处方组成固定，原料（饮片）稳定，制备工艺稳定。在中成药二次开发中，结合前期的药效物质基础研究结果，可借助现代分析技术手段，如 HPLC-MS、GC-MS、UPLC-MS /MS、UPLC-Q-TOF-MS 等，建立多维多息指纹图谱的中成药质量控制方法，科学、全面地进行中药的有效成分及不良反应物质限度的控制。如中成药桂枝茯苓胶囊从药材、半成品、成品的指纹图谱标准进行研究和工艺优选工作，完善了相关药理毒理等实验研究，已被美国 FDA 批准进入Ⅱ期临床试验。

5. 中成药的临床适应证及不良反应系统研究　合理、准确的临床适应证定位是中成药新药临床试验顺利开展的基础，但由于历史条件限制，早期的中成药新药开发团队多数以药学专业人员为主，对于中成药的临床适应证具体专业要求及定位不明确，导致目前部分中成药产品存在适应证定位范围过宽问题。如某产品功效为活血祛瘀，临床用于冠心病治疗，但实际上冠心病包含了心绞痛、心肌梗死等，它可能源于不同的发病机制，或多种疾病或一类疾病的相同临床表现。在这种情况下，药物的临床前药效研究、进一步的临床研究设计和临床试验困难重重，也很难取得良好的临床评价结果。因此，如何在中医药理论的指导下，根据疾病的分型、分类、病情分期等，精准定位药物的适应证，开展中成药的二次开发，有利于提高临床疗效，同时也是新药研发的一种新途径。近年来，多中心、大样本的中医临床疗效评价模式提出、中医循证医学的发展及基于大数据挖掘的中医诊疗规范化、客观化、信息化的研究为中成药的临床适应证定位提供了可能。

此外，已上市品种的不良反应系统研究也是中成药二次开发的重要内容。特别是随着人们健康意识的提高及中成药用药人群的上升，关于已上市中成药的不良反应时有报道。在中成药二次开发过程中，可重点关注在中成药制备过程中是否可能带入一些过敏原，如蛋白质、鞣质、多肽等；是否在原新药申报过程中，忽略了制剂过程中可能产生的其他引起不良反应的痕量物质等。能否经过中成药二次开发，补充完善中成药中涉及药品安全性项目的说明书内容，如明确其不良反应、配伍禁忌、注意事项、特殊人群用药等。如清开灵注射液，针对其具有血管刺激反应、致热反应、过敏反应等不良反应问题进行的二次开发就是一个典型的例子（图 11-1）。

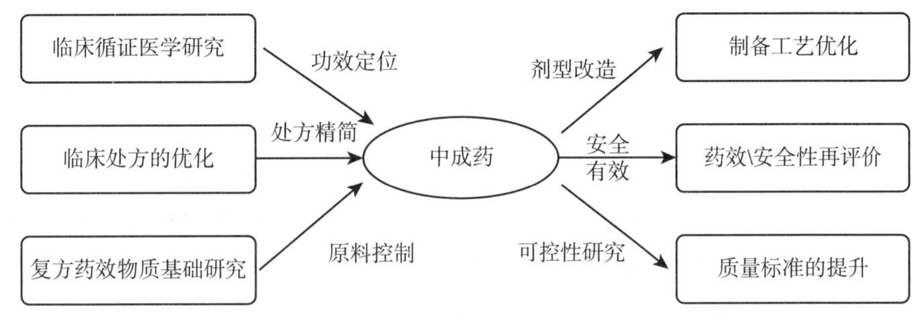

图 11-1　中成药二次开发的策略与方法图

三、中成药二次开发的意义

在国家创新体系建设、产业结构调整和卫生医疗制度改革的大背景下，开展中成药的二次开发符合国家《中医药发展战略规划纲要（2016—2030年）》的指示精神，项目的实施有利于促进中药产业结构调整，有利于提高创新能力和产品国际竞争能力，更有利于保障人民用药安全，具有重要的社会和经济效益。

1. 有利于提高中成药的质量，保障人民“安全、有效”的用药需求　中成药中所含成分繁多且复杂，使得目前在揭示其物质基础的科学内涵及作用机制研究上存在一定的研究瓶颈，对于中成药的认识仅局限于功能主治，而对其药物成分与药效作用及不良反应之间的相关性还存在一定的盲区。中成药的二次开发是在原有中成药的研究基础上的再评价，进一步探讨中成药的药效物质基础及其作用机理，阐明中成药的有效成分，分析可能引起中成药不良反应的毒性成分，从而减少或消除其不良反应，有效解决“量大效低”现象，赋予传统中成药现代的科技含量。与此同时，中成药的二次开发可以借助现代高灵敏度、高准确性的分析技术，在中成药的原料质检、制剂生产过程、成品质检等三大环节进行管控，实验生产与质量管理的系统化，强化“可控”“稳定”，全面提升中成药质量，满足人民“安全、有效”的用药需求。

2. 有利于中药产业结构调整，提升产品的国际核心竞争力　我国加入世界贸易组织后，随着世界经济一体化的进程加速，我国的企业面临着激烈的竞争与挑战。中成药产业作为我国独具特色和优势的民族产业和战略产业，由于大量的外资和合资的西药厂进入中国市场，中药产业创新能力弱，新产品研发和产品的二次开发严重不足的问题越发凸显，使中成药的发展相对滞后于西药的发展。因此，在继承的基础上发展创新，加大中药制药企业产品的二次开发，用高新技术改造传统产业，实施中成药的“精品战略”，引导生产企业向科技型、规模化的方向发展，逐步形成以企业为主体的国家技术创新体系，实现中成药产品结构、技术结构、产业结构的全面升级和优化，让我国具有知识产权优势的中成药产品进入国际市场，获得国际专利，这既符合我国积极参与国际竞争的要求，也能够为中药产业的国际竞争获得战略优势。

3. 有利于建立国家基本药物制度，完善我国医疗保险药物制度　通过中成药的二次开发，不仅能提高中成药品种的质量，同时还能降低药物成本，结合政府的宏观调控与市场的不断竞争，筛选并优化符合我国实际情况和广大人民群众健康需求的中成药，保证临床常见病、多发病的防治用药既符合我国基本药物遴选遵循的“防治必需、安全有效、价格合理、使用方便、中西药并重、基本保障、临床首选和基层能够配备”原则，又可促进国家基本药物制度和医疗保险药物制度的不断完善。

第二节　中成药二次开发合理性研究

中成药制剂沿用至今已有几千年的历史，方剂组成、工艺和剂型都相对较古老。实践已证明，中成药的二次开发是一条风险低、周期短、创新驱动中药产业跨越发展的有效途径，不仅能推动调整产业结构、转变经济发展方式，同时服务医改、惠及民生，可为重大疾病防治提供安全有效、质优价廉的药物，对保障我国医改成功、促进医药产业发展将起到重大推动作用。针对存在的问题进行中成药品种的二次开发，既是一个提升中成药先进性的过程，也是一种积极发展中医药的新途径、新方法，对中医药现代化乃至中医药事业的发展都起着至关重要的作用。

一、中成药二次开发的基本原则及要求

（一）“必要、科学、合理”原则

中成药的二次开发应体现必要性、科学性、合理性。中成药二次开发应是在充分考虑疾病治疗的市场前景下，以既往中成药注册阶段及实际生产过程中的研究和数据积累为基础，在全面评估药品安全性、有效性及其质量可控性前提下，对已上市的中成药进行产品质量、稳定性、生物学性质等方面的优化研究。

（二）“安全、有效、质量可控”原则

中成药二次开发应保证其安全、有效及质量可控。企业需要通过一定的研究工作考察和评估二次开发对药品安全性、有效性及质量可控性的影响，具体研究工作宜根据具体情况确定。同时，充分考虑中成药二次开发可能带来的风险，任一环节的疏漏或缺失均可能对药品的安全、有效及质量控制产生不良影响，应加强系统研究和评估。

中成药二次开发需特别关注其对药品安全性的影响，尤其应关注以下几类制剂的安全性，开展相关研究。

1. 含大毒（剧毒）药材的制剂。
2. 含有现代研究发现有严重毒性的药材的制剂。
3. 含有分类为有毒药材，且为儿科用药、妊娠期和哺乳期妇女用药的制剂。
4. 含有孕妇禁用或慎用的药材，且功能主治为妊娠期和哺乳期妇女用药的制剂。

二、中成药二次开发的合理性研究

1. 中成药二次开发中处方的合理性研究　中成药的处方来源主要包括经典名方、临床经验方、科研方及医院院内制剂等，在进行中成药处方合理性评价时，可重点关注处方来源或临床应用历史的可靠性。如果是来源于经典名方，应明确出处，明确处方药材饮片是否炮制，如何炮制，明确处方剂量，是否经过加减，如何加减等；如果是来源于临床经验方，应能提供具体规范的临床观察总结报告，明确其临床适应证定位、用法用量、疗程、疗效特点、安全性情况等材料。在进行该类型中成药的二次开发前，建议归纳整理临床观察实例，应尽量说明病例纳入标准，药效指标及疗效判定标准，以及是否随机、双盲对照，所采用的统计分析方法和临床质量控制方法等详细内容。

中成药组方合理性阐述主要从中医药理论和中医临床用药的特点角度来分析说明组方的合理性与科学性，包含组方中君、臣、佐、使药味划分及各味中药的功效、性味归经是否符合中医遣方用药的习惯，复方功效的概括是否符合中医方剂基本理论的认识，整体治疗原则是否符合中医常规的认识，即中医的“理－法－方－药”是否对应等；明确处方中是否含有毒性药材及“十八反”“十九畏”等配伍禁忌，毒性药材的用量是否超出现行版《中国药典》规定，是否可能存在安全隐患等。当然，处方来源及组方合理的阐述也只能为中成药有效性和安全性提供一定的参考，至于已上市中成药处方是否完全合理，是否能够进一步优化精简组方，还需要更多的后续科学研究数据支撑。

2. 中成药二次开发中生产工艺的合理性研究 中成药生产工艺涉及原料的前处理、提取、分离纯化、浓缩、干燥、制剂工艺等。在进行中成药二次开发的生产工艺合理性研究时，可以参考借鉴国家药品监督管理部门2011年颁布的《已上市中药变更研究技术指导原则（一）》、2017年颁布的《已上市中药生产工艺变更研究技术指导原则》及2021年颁布的《已上市中药药学变更研究技术指导原则（试行）》。在药材的前处理方面，需重点关注原料前处理，特别是炮制工艺是否造成药材中有效成分的损失或者毒性成分的增加，从而影响中成药的疗效和安全性；在提取分离纯化方面，早期申报的中成药制剂常采用水提醇沉的方法，往往除去蛋白质、多糖等成分，这些成分是否真的是无效成分值得进一步探讨。此外，上述提取分离方法往往忽略了复方中的脂溶性成分。在浓缩干燥工艺方面，由于受热温度高和受热时间长的影响，可能对中成药制剂性状项颜色产生影响，甚至直接导致有效成分的损失，影响中成药制剂质量稳定。在制剂工艺方面主要体现在剂型改造的合理性。一般来说，中成药在剂型方面的二次开发应体现改剂型后，与原中成药剂型相比，不会增加用药安全性方面的风险；不会降低药品的有效性；不会对临床用药的顺应性产生不良影响，如药材全部粉碎入药的制剂（如丸剂）不宜改为中药颗粒剂，水溶性成分为主的制剂一般不宜改为采用油溶性基质制成的软胶囊，含有酸碱性条件下不稳定的成分不宜制成泡腾制剂。此外，还需结合改剂型后的服用剂量、临床用药的顺应性等问题合理选择辅料种类及用量。总之，中成药二次开发中生产工艺的合理性研究需要遵循“必要、科学、合理”和“安全、有效及质量可控”的原则。

3. 中成药二次开发中质量标准的合理性研究 国家药品标准是国家对药品的质量和检验方法所做的技术规定，是在正常的原辅料与正常的生产条件下生产的药品质量是否符合要求的判断标准，是药品生产、销售、使用和检验部门共同遵守的法定依据。“简便、实用”是药品标准制订的合理性原则。药品标准的建立是在实现科学性的前提下考虑其合理性，即不必要制订操作繁琐、费用高昂的检测方法去控制那些用简单方法即可实现的检测项目。

提高中成药质量标准的项目应根据不同品种的特性确定，以达到简便实用的目的。一个完善的质量标准既要设置通用性项目，又要设置体现产品自身特点的针对性项目，并能灵敏地反映产品质量的变化情况。一般来说，原中成药标准中具有专属性强的鉴别，如具有快速、灵敏、毒性小、成本低等优点的理化反应和显微鉴别，在进行二次开发时不宜删除；对于二次开发中拟新增的含量测定，原则上应按国家药典委员会下达的“国家药品标准提高行动计划中成药品种增修订项目任务表”中规定的检测方法进行研究，如未规定采用何种方法的，可根据实际情况自行研究检测方法；对于方法不够成熟而不能收入正文的须将研究情况在起草说明中写明，并根据实验情况对项目进行增加或改变，但要注明理由，以使质量研究的内容能充分地反映中成药产品的特性及质量标准变化的情况。此外，在中成药二次开发质量标准提升中，需根据品种的具体情况建立与安全性相关的检查项的，如检查残留溶剂，建立毒性成分的限量检查项，含矿物药的进行重金

属、砷盐检查等内容。总之，中成药二次开发质量标准合理性研究，应在“科学、规范、实用”总指导原则下，根据具体品种特性，借助现代的分离分析手段，客观、全面筛选质量控制的指标与方法，以便制订简便实用的中成药标准。

第三节　中药新药研发与中成药二次开发的关系

一、中成药二次开发是中药新药研发的重要手段

中药有着悠久的应用历史和长期的临床实践，通过这些总结出来的功能主治和毒副作用对于新形势下中药新药开发具有极高的指导意义。中成药就是在中医药理论指导下，基于传统名方或长期沿用的经方验方开发出来的适应当代患者日常使用或临床需求的中药主要应用形式。与绝大多数药用植物中的活性成分相比，中成药具有较为确切的疗效和使用安全性，在社会上的知名度和认可度较高，具有极大的潜在应用群体。但目前市场上的多数名优中成药都是早年开发的产品，其生产工艺落后，服用剂量大，质量控制水平低，基础研究和规范化临床研究缺乏，严重影响了名优中成药的临床使用和市场的进一步开拓。

采用活性组分为导向的中药新药研究是目前研制新药的一种有效途径。由于中药成分的复杂性，这些活性成分的分离仍然是中药新药开发的难题，至今研究人员的多数时间仍然耗费在化合物分离和制备工艺的建立上。即使依靠这种方法得到了纯度较高的单体化合物或某类成分的富集物，仍然要面对中药新药的安全与有效要求，尤其是有效成分和有效部位新药的要求是主要成分明确，作用机制和体内过程基本清楚，我国基础研究和新药研发是严重脱节的，多数中药新药基本没有基础研究的工作，更不要谈作用机制和体内过程清楚的问题了。我国中药已有近万个品种，如果盲目开发新的复方中成药或有效部位、有效成分药物，势必造成一定的工作重复和资源浪费。中成药二次开发是在有较好的临床实践和药学基础的前提下，吸收现代有关学科提供的新理论、新观念、新技术、临床研究和方剂研究的最新成果，对已有中成药产品内在的或外延的质量的再开发，以便得到更加安全有效并适合市场需求的产品。对那些已经临床验证、疗效可靠、市场前景广阔且有一定研发基础的复方中成药进行二次开发，不仅在组方和临证上符合中医基础理论，保持了中药的本质特征，而且其临床有效性亦可提高新药开发的针对性，减少盲目性，降低中药企业的研发风险，易于开拓市场，加快中药药剂学“从经验开发向现代科学技术开发”过渡，因此中成药二次开发是中药新药研发的重要手段。

二、中成药二次开发是创新中药研制的有力支撑

创新中药的研究与开发已成为一个国际性的热门课题，随着人类需要回归大自然的趋势，国际社会越来越重视对天然药物的开发和利用，我国的中药新药研究开发也逐步走上了规范化的良性循环轨道，至今已有1100余种中药新药通过注册，中药新药发展前景十分广阔。

然而，随着社会公众和医疗卫生机构对获取新治疗手段迫切性的不断提高，全社会对中药新药的有效性、安全性及质量可控性提出了更高的要求，中药新药研发和注册的技术门槛也随之提高。现行药品注册管理法规和技术要求较以往更加强调临床应用的有效性和安全性，部分注册人员和研究机构尚未完全适应这种社会需求及法规技术要求的变化，尤其对于一些早年就开始开展研发工作的品种，参考的是以往的研究标准，沿用的是以往的思路和方法，这和现行要求存在较大的差异。同时，由于科技发展和中药化学成分研究技术的进步，中药和天然药物

中新活性物质的挖掘和开发呈现出跨越式的走向，绝大多数的成果都已经转化为新药或保健食品应用在医药产业之中。因此，通过对中药中有效单体或组分的分离鉴定和活性筛选的模式进行新药创制的空间越来越小，已经进入瓶颈状态，急需开辟新的研发途径来加快中药现代化的脚步。

现代药理学实验表明，绝大多数中药及其复方制剂发挥功效的物质基础比较复杂，绝非各种成分生物活性的简单加和，通过复方配伍可以达到多成分、多途径、多靶点的作用目的，其疗效要远远大于单味中药或单一成分所能起到的效果。目前，这种基于中医药配伍理论的协同作用机制被国际上广泛认可，也产生了一些“西药中化”的趋势。例如，日本和一些欧美国家研制的“单体化合物复方”就是这种趋势的代表。然而，这种化合物的组合并非随机设计的，如果缺乏临床数据的支持，仍然是一种相对盲目的低效新药开发手段。实际上，目前已经上市或处于临床试验阶段的绝大多数单体化合物复方研究思路的来源均始于已有悠久应用历史的中成药二次开发过程。通过对名优中成药进行拆方研究，在中医药理论指导下，结合现代药理学实验对拆方后的不同组合进行药效学和安全性评价，揭示复方“君、臣、佐、使”配伍的规律和药味之间的复杂关系，并以此为依据精简复方、优化配伍组合，研制成新型复方中药作为创新中药进行申报、注册和生产。出自《太平惠民和剂局方》的六神丸是主治肺胃热盛引起的咽喉肿痛、无名肿毒症的良药，处方由牛黄、蟾酥、珍珠粉、冰片、麝香、雄黄、百草霜 7 味药组成。而早在 1968 年，国内外药理研究表明该药有强心作用，能增加冠脉流量，促进心肌收缩，改善缺血性心脏疾患及其他部位的循环障碍。我国药学工作者根据中医“不通则痛”“活血化瘀”的理论，以方中温通活血化瘀的川芎和芳香开窍止痛的冰片配伍组成新方，由天津第六制药厂研发而成“速效救心丸”。该产品剂量小，疗效高，作用快，能维持 4 ~ 12 小时，为治疗心血管系统疾病的良药，成为畅销国内外的急救中成药之一，已成为中成药二次开发中创新中药的成功范例。

中成药二次开发的基础研究对于科学指导中药新药创制策略也非常重要。采用系统的提取分离方法将复方药物提取分离成为各类有效成分进行药理药效研究，既可解决未知成分药效作用的丢失问题，还有可能发现制剂过程中化学成分的变化问题，进而反映出制剂过程中化学成分的变化对其作用环节、靶点影响的本质规律。在此基础上，逐一分析研究中成药处方组成药物与治疗病症相关的有效组分，再进行组合研究，最终获得该中成药的效应物质基础。基于以上研究成果，我们就可以将复方中不同中药针对特定功效靶标的效应物质作为创新中药研制的原料进行开发。当然，这些效应物质的化学构成并不能代表其在体内发挥生物效应的化学形式，特别是很多药物在口服后经过胃肠道吸收、肝脏代谢及体内的多层变化，最终转化成其他结构发挥生物活性。鉴于这种情况的普遍存在，可以进一步对中药中的效应物质进行体内代谢研究，找出入血成分，构建体内作用网络，从分子水平阐明中成药中各化学成分在体内的作用机制，并以此为依据打造科技含量高、化学成分明确、毒副作用小、作用机理清晰的现代创新中药。

另外，中成药二次开发的过程也是一个新的活性先导化合物发现的过程，中成药的原料药材在经过制剂工艺和体内代谢之后，往往会产生一些新的化学成分，经过拆方验证和药理研究之后，就会对这些新成分的生物活性及作用机制有较为清晰的认识。因此，可以将这些新化合物进行深入研究之后开发成中药一类新药，以此来提高我国原创药物的核心价值。

三、中成药二次开发是提升中药新药核心竞争力的便捷途径

我国现行《药品注册管理办法》对中药、天然药物新药（注册分类按照中药创新药、中药改

良型新药、古代经典名方中药复方制剂、同名同方药进行）研制申报资料要求做了系统的规定。根据这些要求，就中药产品研发经费投入而言，目前研发一个品种至少要数千万元才能获得生产批准文号；就时间而言，药物临床前实验研究（不包括筛选阶段）要3年左右，进入临床试验研究需要3～5年时间；就开发的风险而言，主要有临床研究结果是否达到预期疗效的风险和经营风险，即产品上市后是否得到用户的认可等。国际上开发一个新药需要3亿～10亿美元，耗时8～10年，从2000～10000个化合物中选出一个新药投入临床，往往得不到应有的结果。中药制药企业由于资金匮乏，企业在结息还贷、生产成本提高、市场竞争激烈、药品降价的压力下，无力在产品研发上投入。即使某些中药企业能够在新药研发上进行一定比例的投入，但是起步较晚，起点较低，发展缓慢，具体表现为低水平重复现象严重，中药新药制剂使用尚不广泛，传统制剂（丸、散、膏、丹、酒、露）仍然占主导地位，剂型少、单剂量服用量大等问题。如果不尽快扶持和推动这些企业对其主打产品进行二次开发，为企业发展补足后劲的话，那么这些企业的产品可能被其他企业仿制，甚至面临被淘汰。目前，中药产品在市场上流通的主要形式是中成药，随着中药基础研究的不断深入和中药现代化的发展，常用中药的有效成分基本得到阐明，因此中成药大品种的二次开发具有周期短、风险低等特点，不受审批限制，开发过程也不影响原有品种的销售，不触及药企过多的现实利益，可以作为一条投入少、见效快、创新驱动中药产业跨越发展的有效途径。

从国际上看，已有不少企业在对中药进行二次开发。国内市场上热销的德国和法国的银杏叶制剂、日本的救心丹，以及川贝枇杷膏、保心安油、驱风油、红花油等都是中药二次开发的“衍生物”。其处方主要来自我国古代名医名方名药，绝大多数原料均由我国输入，在国外二次开发加工后又返销我国，赢得高额利润。这些产品主要是在研发的思路和方法上完全遵循了现代药物的要求和规律，融进了现代的科学技术和理论。

对我国的中药企业而言，在努力提高原始创新能力的同时，通过对中成药大品种的拆方、重组、物质基础分析等进行研究，发现新的产品，不仅是对已上市产品科技含量的富集，也是提升中药新药核心竞争力的捷径。例如，天津天士力公司的“复方丹参滴丸”是1995年在“复方丹参片”的基础上进行二次开发上市的，该产品现已成为连续8年稳坐国内中成药单品销量超10亿元的第一品牌。广州王老吉药业的保济丸、广州奇星的护心灵，陈李济药厂的喉疾灵等产品通过二次开发，应用了新的制剂工艺，采用了新的中药剂型，改变了传统剂型口感不佳的缺点，同时应用了现代制药制剂工艺而取得成功。

目前市场上畅销且疗效肯定的中成药制剂采用现代科学技术方法，深入分析研究，找出其中的有效成分，除去无生物活性成分，通过简单的剂型调整和拆方重组即可实现价值的提升；通过资源整合、技术升级、技术改造，能增加产品科技含量，挖掘疗效潜力，开发出针对性强、临床疗效提高明显、质量标准安全稳定可靠、药效机制清楚、制剂工艺科学、剂型合理、充分体现中医辨证论治特色的中药新药，为提高中药企业核心竞争力起到重大推动作用。

实例：经典名方三黄泻心汤的二次开发

三黄泻心汤又名“三黄汤”“伊尹三黄汤”，全方由大黄、黄连、黄芩组成。该方为商朝伊尹所创，首载于东汉张仲景所撰之《金匮要略·惊悸吐衄下血胸满瘀血病脉证治第十六》，其方曰：“心气不足、吐血、衄血，泻心汤主之。大黄二两，黄连、黄芩各一两，上三味以水三升，煮取一升，顿服之。”唐朝孙思邈所著《备急千金方》称其为“三黄汤”。宋朝《太平惠民和剂局方》沿用了孙思邈的名称，并改剂型为蜜丸，其成方制剂名曰“三黄丸”。其后《普济本事方》又载

散剂，其名曰“三黄散”。

以三黄泻心汤开发的三黄片于1997年收载于部颁标准，2000年收载于《中国药典》。因其显著的疗效与巨大的市场需求，205个药品生产企业均生产该制剂，目前三黄片已有223个国药准字批准文号，而三黄系列其他剂型药物的研发也取得了诸多成绩。开发稍晚的一清系列制剂目前已有一清片、一清颗粒、一清胶囊/软胶囊、一清滴丸4种剂型，在临床应用上主要将其用于邪火内炽、迫血妄行所致病证，包括吐血、衄血；积热上冲所致之目赤肿痛，口舌生疮；疮疡，兼有心膈烦热、大便干结、便秘；湿热内蕴所致之黄疸，兼有胸痞烦热等。此外，现代临床还将其用于肺结核顽固性痰血、慢性溃疡性结肠炎、小儿急性细菌性痢疾等疾病的治疗，并可与其他药物联用治疗多种疾病，也备受医生与患者的青睐。其中一清颗粒是一清系列制剂中生产规模最大、临床应用最广的品种，年产值近10个亿，为目前临床上治疗口舌生疮、咽炎出血的首选药物。

1. 基础研究成果多为二次开发奠定雄厚的基础　三黄泻心汤大量的化学成分研究表明，其主要药效物质基础为3味中药所含的大黄酸、大黄素、芦荟大黄素、盐酸小檗碱、黄连碱、巴马汀、黄芩苷、黄芩素、汉黄芩素等成分，是一个典型的多成分中药复方汤剂。

三黄泻心汤近50年来的药理研究表明，其具有抗细菌内毒素、抗菌、保护胃黏膜、降血糖等作用。对心血管系统及血液系统的影响包括调血脂、降血压、促进凝血功能、降低血液黏稠度等，对大脑缺血再灌注也具有很好的保护作用。此外，还有一些研究表明三黄泻心汤具有降低抗癌药顺铂的毒性、速效镇静及改善苯肼中毒家兔肝肾功能的作用，但由于相关文献数量少且年代较为久远，还有待进一步证实。以上药理学研究中，保护胃黏膜、抗病原微生物、抗炎、促凝血等作用使三黄泻心汤传统功能主治得到了科学的印证，而对高血糖、高血压、脑缺血再灌注等疾病动物模型的药理作用的发现对三黄泻心汤的二次开发提供了新的参考。

2. 中成药开发多而有序且剂型丰富　在大量的基础研究与临床实践的基础上，紧跟中药制剂现代化的发展原则，在几代中医药人的努力下，三黄泻心汤已被开发成多个中成药品种，包括三黄系列制剂、一清系列制剂。

1958年在三黄泻心汤的基础上研制出三黄片，1992年在三黄片的基础上研制出三黄胶囊，近几年在前两个剂型的基础上经过研究研制出速释片、滴丸剂两个新剂型。为适应不同剂型的特点，三黄系列制剂的原料也不断做出调整。三黄片处方中涉及的原料为大黄细粉、大黄醇提物、盐酸小檗碱、黄芩浸膏，而为配合滴丸载药量小的特点，三黄滴丸剂处方进一步衍化为大黄提取物、黄连提取物、黄芩提取物。

作为三黄泻心汤发展的另一大类品种，一清系列制剂目前已有4种剂型，分别为一清片、一清颗粒、一清胶囊/软胶囊、一清滴丸。与三黄系列制剂不同，一清系列制剂分别将大黄、黄连、黄芩用水煎煮提取，水煎液干燥制备浸膏粉，最后制成中成药。强调复方合煎是传统的三黄泻心汤的制法，而一清系列药材分煎是依据三黄泻心汤基础研究的成果，是为避免药材复方合煎过程中有效成分产生“絮状物”而被除去，造成有效物质损失而采取的优化工艺。

3. 三黄方系列制剂质量控制有进一步提高的需要　自三黄泻心汤开发而来的三黄系列制剂、一清系列制剂已成为我国普通家庭常备药物，市场需求量巨大。中药化学成分的复杂性、制备工艺条件与参数差异等是影响中成药药效成分的组成、含量及理化性质的重要因素。生产三黄泻心汤制剂的企业众多，涉及药材基原较多，生产设备及工艺各不相同，这些因素都不同程度地影响着产品质量。

质量控制与评价是确保中药制剂安全、有效的重要手段，且应以质量过程控制为主，以质量

检测评价为辅。质量控制主要包括化学成分控制、理化性质控制。目前对三黄系列制剂、一清系列制剂的质量控制尚处于“检测评价”阶段，如一清颗粒《中国药典》2020年版一部质量标准中采用薄层色谱法，以大黄、黄芩、黄连3味药的对照药材，以及大黄素、黄芩苷、盐酸小檗碱3个有效成分的化学对照品为对照进行定性鉴别，采用高效液相色谱法，以黄芩苷为指标进行定量鉴别控制其质量。这样依靠规定的个别指标来判定药品是否合格对药品质量的控制力度有限。而备受推崇的质量“过程控制”体系，通过在线控制技术可以监控药品的整个生产过程，使药品化学成分、理化性质的均一性得到保障。

中成药制药技术要走向现代化，质量控制由“检测评价”阶段过渡到“过程控制”阶段是大势所趋，而作为临床使用量颇大的三黄泻心汤开发的中成药，在其质量控制中引入“过程控制”的理念，有利于引导中成药质量控制理念转变，保障用药的安全性与有效性。

第十二章

中药新药研发过程中的知识产权保护

扫一扫，查阅本章数字资源，含PPT、音视频、图片等

新药研制是一项协同创新活动，发明人投入了大量的人力和物力，其中凝结了发明人大量的创造性劳动，由此而产生的知识产权应当受到法律的保护。我国已经形成一套完整的知识产权保护体系，新药研制的研究团队和开发者必须了解和熟悉这一套保护体系的内容。

第一节　知识产权及其保护方式

一、知识产权的概念

知识产权 (intellectual property) 是指公民、法人或其他组织在科学技术方面或文化艺术方面，对创造性的劳动所完成的智力成果依法享有的专有权利。知识产权为“知识财产权”或“知识所有权”，其对象是人类知识的创造物。根据最新颁布的《中华人民共和国民法典》第一百二十三条规定，知识产权是权利人依法就下列客体享有的专有权利：①作品；②发明、实用新型、外观设计；③商标；④地理标志；⑤商业秘密；⑥集成电路布图设计；⑦植物新品种；⑧法律规定的其他客体。

二、知识产权的保护方式

从知识产权的核心内容来讲，主要包括工业产权和著作权（亦称版权）。工业产权包括专利、商标、服务标志、厂商名称、原产地名称、制止不正当竞争，以及植物新品种权和集成电路布图设计专有权等，其中专利权和商标权最为重要。因此，知识产权的保护方式主要通过专利权保护、商标权保护和版权保护来实现。目前，在中药的新药研制过程中，涉及的知识产权主要包括专利权、商标权、版权等内容，其中专利权在新药研发初期就可能涉及并延续至整个研发过程。因此，本节重点讨论新药研制中的专利权保护问题，对于涉及后续的商标及版权保护略做说明。

1. 专利权保护　专利权的保护是通过取得专利权而获得的一种法律保护方式。发明人寻求专利保护的途径首先是就其发明创造申请专利，获得专利权是专利保护的前提。一旦获得专利权，该发明创造的专利技术就受到专利法的保护。

（1）专利权人的权利与义务　专利权人具有一定的权利，主要包括以下四点。

①对发明创造成果享有专有权：专利权人可以在一定期限内独占使用其专利权，垄断专利产品的市场，从中回收科研投资，并获取更大的收益。专利权人以外的其他任何人，未经专利权人许可不得利用专利技术进行生产经营，否则即构成专利侵权行为。

②禁止他人利用其发明创造的权利：禁止他人利用其发明创造是专利权人享有的最主要的权利。

③处分权：与普通财产所有权人一样，专利权人有权决定他所拥有的专利权的命运，诸如转让、赠予、放弃等，这就是专利权人享有的处分权。

④标记权：专利法规定，专利权人有权在其专利产品或者该产品的包装上标明专利标记和专利号，这就是专利权人享有的标记权。

专利权人的义务主要包括以下两点。

①缴纳年费：我国专利法规定，为了维持专利权的效力，专利权人必须缴纳年费。不缴纳年费的后果是造成专利权人丧失已拥有的专利权。

②充分公开发明内容的义务：发明或者实用新型专利权的保护范围以其权利要求的内容为准，外观设计专利权的保护范围以表示在图片或者照片中的该产品的外观设计为准。

（2）专利保护的类型　专利在我国包括发明专利、实用新型专利和外观设计专利三种类型。

①按照我国专利法的规定，发明是指对产品、方法或者其改进所提出的新的技术方案。

②实用新型是指对产品的形状、构造或者其结合所提出的适于实用的新的技术方案。

③外观设计是指对产品的整体或者局部的形状、图案或者其结合，以及色彩与形状、图案的结合所作出的富有美感并适于工业上应用的新设计。

（3）专利权归属　新药研发过程是一种先期投入、后期收益的创新过程，由于存在利益的分配问题，所以对于知识产权的权利归属应当界定清楚，以免发生纠纷。

《中华人民共和国专利法》第 6 条和第 8 条对于发明创造的专利权归属做出了明确的规定，内容如下。

执行本单位的任务或者主要是利用本单位的物质技术条件所完成的发明创造为职务发明创造。职务发明创造申请专利的权利属于该单位；非职务发明创造，申请专利的权利属于发明人或者设计人。

利用本单位的物质技术条件所完成的发明创造，单位与发明人或者设计人订有合同，对申请专利的权利和专利权的归属做出约定的，遵从其约定。

两个以上单位或者个人合作完成的发明创造，一个单位或者个人接受其他单位或者个人委托所完成的发明创造，除另有协议的以外，申请专利的权利属于完成或者共同完成的单位或者个人。

根据上述规定，单位在接受委托或者投资者在委托科研机构开发新药时一定要签订协议，明确界定所研发新药的专利权归属，否则有可能产生专利权归属纠纷。

（4）药品的国际专利申请　专利保护是具有地域性的，在中国申请的专利只能在中国范围内获得法律保护。如果发明人想寻求其他国家的专利保护，则必须申请其他国家的专利。申请其他国家的专利有两种途径：一种是申请国际专利，另一种是直接向所要寻求保护的国家递交专利申请。相关的国际条约有保护工业产权巴黎公约、专利合作条约（PCT）等。

2. 商标权保护　商标权是指商标所有人在一定期限内把某一特定商标用于其特定的商品上的一种专用权，即商标专有权。商标权是财产权的一种，商标注册拥有该商标的专用权，并受法律保护。

商标权保护内容包括独立使用权、转让权、许可使用权、继承权及诉讼权。

3. 版权保护　版权又称著作权，是指公民、法人或者非法人单位依照法律规定对于自己创作的文学、科学和艺术作品享有的专有权利。这里所说的作品是指作者以某种具体形式表现出来的科学研究和文学艺术创作成果，包括已经发表和尚未发表的，包括自己创作的和翻译、改编、编

篡他人的。

版权保护范围包括以下两方面内容。

（1）*人身权*　也称精神权利，主要指在作品上署名权、发表权、修改权、保护作品完整权等项权利。

（2）*财产权*　也称经济权利，主要是指以复制、表演、播放、展览、发行、摄制电影、电视、录像或者改编、翻译、注释、编辑等方式使用作品的权利，以及许可他人以上述方式使用作品，并由此获得报酬的权利。

第二节　中药新药研发过程中的专利保护

中药新药研发过程中能够受专利保护的内容

中药的新药研发包括处方设计、工艺设计、药理实验、临床研究等一系列的理论、实验和临床实践工作。在这些科研工作过程中会产生各式各样的发明创造，具体哪些内容属于专利法保护的范围是发明人最关心的内容之一。一般来讲，在中药领域能够受专利法保护的内容按照专利的类型划分有三种：发明专利、实用新型专利和外观设计专利。

1. 发明专利保护的内容　由于中药领域的产品主要是药品，能够申请发明专利的发明创造一般包括产品发明、方法发明和用途发明。

（1）*产品保护*　中药的产品一般是指药物制剂产品，但是作为专利保护客体的中药产品还包括了原料产品和中间产品，例如中药材的炮制品和提取物。

1）复方中药产品　所谓复方中药产品是指以两个或两个以上具有药理活性的中药原料组成处方而制备的中药制剂。中药领域的全部复方产品均可以申请发明专利保护，而且根据《专利法》及其实施细则的规定，药品原料及其组方制剂也只适宜申请发明专利。

复方中药制剂组方是依据中医药理论，在中医辨证论治基础上按照君、臣、佐、使的组方原则配伍而成，体现了中医药的理论特色。从专利保护的角度分析，复方中药产品实际上是由多味中药材加工制备而成，其化学组成并不十分清楚，尽管有的药物制剂当中所含有的主要活性成分已经清楚，就是一种药物组合物，在专利保护领域称这种中药制剂为混合物。

鉴于中药产品组成的复杂性，在专利保护的范围描述方面，即专利申请的权利要求撰写方面，具有其独特的撰写方式。一般来说，以制备药物的原料处方组成为特征表述该药物产品能够获得较为宽泛的保护范围，由于原料处方当中的各组分用量表示了处方组成配伍的比例关系，因此在权利要求当中一般要记载各组分的用量关系。这种表述可以有如下几种。

①完全以原料为特征表述所要求保护的产品

［**例 1**］　一种治疗心绞痛的中成药，其特征在于它是由下述重量配比的原料制成的药剂。

川芎 3 ~ 10 份　红花 3 ~ 10 份　三七 5 ~ 8 份　当归 3 ~ 10 份　丹参 3 ~ 10 份

②以原料和产品剂型为特征表述所要求保护的产品

［**例 2**］　一种治疗高脂血症的中成药，其特征在于它是由下述重量配比的原料制成的胶囊剂。

水蛭 10 ~ 15 份　地龙 8 ~ 10 份　川芎 3 ~ 10 份　钩藤 8 ~ 10 份　大黄 5 ~ 10 份

三七 5 ~ 8 份

③以原料、产品剂型和方法步骤为特征表述所要求保护的产品：这种表述当中的制备方法步

骤可以是常规方法，也可以是特定方法。

［例3］ 一种治疗冻疮的外用药，其特征在于它是以下述重量比的原料和方法制成的药膏。

肉桂2份　乳香2份　附子1份　白及1份　当归1份　五灵脂1份　没药2份

川芎1份　大黄1份　麝香4份　羊脂5份　蜂蜡15份　香油64份

制法：将上述配比的肉桂、附子、白及、当归、五灵脂、川芎、大黄用香油煎，过滤后，将药油与蜂蜡、羊脂混合制成膏，再加入研磨后的乳香、没药、麝香拌匀。

2）单方中药产品　所谓单方中药产品是指以一种具有药理活性的中药原料制备而成的中药制剂。对于单方产品来说，其中的单味中药一般要经过提取其有效成分之后才制成制剂，所以单方产品的权利要求撰写方式一般是以原料和制备方法为特征进行表述。

［例］ 一种丹参注射液，其特征在于该丹参注射液由0.1%～2%的丹参精制液作为活性成分与药用载体组成。其中，丹参精制液的制备方法如下：取丹参药材，去除杂质后，加10倍量水煎煮2小时，过滤，保留第一次煎液，药渣再用8倍量水煎煮2小时，过滤，保留第二次煎液，药渣再用5倍量水煎煮1小时，过滤，保留第三次煎液，药渣再用5倍量水煎煮1小时，过滤，保留第四次煎液，去除药渣，合并四次煎煮液，减压蒸发浓缩至含丹参为2g/mL的丹参浓缩液；将上述丹参浓缩液加入乙醇至含醇量为70%～80%，于0～5℃条件下放置12～36小时，过滤，去除沉淀，滤液蒸馏浓缩至含丹参为3g/mL的浓缩液，再加入乙醇至含醇量为80%～90%，于0～5℃条件下放置48～72小时，过滤去除沉淀，滤液蒸馏浓缩至含丹参为3g/mL的浓缩液，加入4倍量的注射用水，于0～5℃条件下放置12～36小时，过滤去除沉淀，滤液加热浓缩至含丹参为5g/mL的浓缩液，再加入4倍量的注射用水，于0～5℃条件下放置48～72小时，过滤去除沉淀，滤液减压蒸发浓缩至含丹参为5g/mL的浓缩液，加入活性炭，加热煮沸，制得丹参精制液。

3）中药有效部位及其制剂　所谓中药有效部位，通常是指从中药原料当中提取分离的药物活性成分。由于所分离出的活性成分只是一类或几类化学物质，而尚不能分离到化合物的水平，因此严格来说，中药有效部位也是一种混合物。在此将其单独列为一类产品，主要是因为这种有效部位相对于上述几种产品来说是相对纯的活性物质，只不过还不能清楚地描述其化学结构式。正是由于这一原因，这种产品的权利要求撰写方式也是以原料和提取、分离方法为特征进行描述。

［例1］ 一种葛根有效部位，其特征在于它是以下述方法获得：用80%乙醇回流提取葛根干鲜切片，减压浓缩得乙醇浸膏，用选择性吸附大孔树脂吸附总黄酮有效部位，去除非有效部位，再用水醇解吸，减压浓缩至干，得黄色粉末。

对于这类产品，还可以在权利要求当中增加光谱学特征。

［例2］ 一种栾树提取物，其特征在于它是从无患子科栾树属植物中提取的有效部位，其主要成分是没食子酸、没食子酸乙酯、没食子酸糖苷、没食子酸黄酮等多酚类化合物，呈棕黄色粉末状，遇三氯化铁试剂呈蓝绿色，盐酸镁粉反应阳性，呈樱桃红色；紫外光谱为 $\lambda_{[max]}$（甲醇）：215和271nm处有最大吸收峰，215nm约为1.02，271nm百分吸收系数值约为0.44；红外光谱为 $cm^{[-1]}$（KBr压片）：3700～2500（OH）、1700（–O–C=O）、1600、1510、1520、1440（芳香核）、1300、1200、1090（–C–O–）等处有吸收峰。

一般以上述有效部位为活性成分的药物制剂，所含有的辅料采用常规辅料，所以中药有效部位的制剂也是以该有效部位为特征描述其保护范围的。

4）由中药获得的纯化合物产品及其制剂　在分离获得的中药有效部位基础上，进一步分离

可以获得结构式清楚的化合物，这种纯的化合物虽然是从中药当中分离获得的，但如果获得其化学结构式，也可以通过化学合成的途径获得该化合物。例如，紫杉醇就是从药用植物红豆杉当中分离获得的一种具有抗癌活性的化合物。

这类化合物及其制剂的权利要求撰写方式是以该化合物的结构式或者其化学通式为特征进行描述的。

（2）*方法保护*　方法保护是指对新药研发过程中的一些有关炮制方法、提取分离方法、制备方法、测定方法等方法类发明给予专利保护。

①中药的炮制方法：对于中药材的加工处理等炮制工艺也是方法类型的发明，可以申请专利。一般来说，能够申请炮制工艺方法专利的发明创造包括对已知炮制方法的改进、新的炮制工艺方案等，这类专利申请的权利要求撰写方式也是以该方法的步骤和技术参数为特征的。

[例]　一种大黄炮制新工艺，其特征在于将生大黄饮片加黄酒与水闷润后，分层置于压力容器内，在 0.09 ~ 0.1MPa 压力下，热压 2 ~ 6 小时，降至常压后闷 1 小时，取出晾干或烘干。

②中药的提取分离方法：从中药当中提取、分离其有效成分的方法属于方法类型的发明创造，可以申请发明专利。一般这种类型的发明是与特定的方法步骤和技术参数相联系的，因此这类专利申请的权利要求撰写方式是以该方法的步骤和技术参数为特征的。

③中药的制备生产方法：中药的制备方法一般是指中成药的制备过程，只要该过程具备能够授予专利权的条件，就可以作为专利保护的对象。作为中药的制备方法，其内容包括制备药物的原料组成、制备步骤和产品剂型。一般来讲，能够获得专利保护的中药制备方法是具有特殊工艺或者具有特殊剂型的制备方法。这种方法专利申请的权利要求撰写方式一般以其独特的制备工艺步骤为特征描述其要求保护的范围，由于原料属于方法的一个组成部分，所以在撰写制备方法权利要求时，作为一个完整的方法应当包括原料的内容。

④中药的测定方法：这里所说的测定方法包括对单味药分离出的有效成分的测定方法，也包括中药产品质量控制的测定方法，以及在中药新药研发过程中所发明的任何新的测定方法。这种方法类型的发明创造，其保护范围也是与其方法步骤及参数和试剂密切相关的，因此其权利要求的撰写一般也就包括了上述这些特征。

（3）*药物用途发明保护*　药物用途发明保护主要是指对已知药物新用途的专利保护。一般来说，作为一种已知的药物产品，如果在实验研究或者临床研究过程中发现该药物新的医疗用途，就是一种发明创造，属于专利法保护的范围。为了对药物领域里的老药新用途的发明创造给予专利保护，以鼓励发明人从事药物新用途的开发研究，专利制度里设置了这种用途发明的保护方式。这对于促进医药技术的进步、降低药物开发成本、扩大药物使用范围都具有重要的意义。

①中药用途保护的内容：中药用途专利保护的内容实质上就是已知药物的新适应证。也就是说，一旦申请人获得用途专利保护，未经该专利权人的许可，任何人不得以经营性目的使用该用途。

②中药用途保护的方式：药物用途专利申请的权利要求不能是产品形式，只能将药物的用途权利要求撰写成用途形式。一般描述为“物质 X 用于制备治疗 Y 病的药物”或者“物质 X 在制备治疗 Y 病的药物中的应用”。又如“阿司匹林在制备治疗心血管疾病的药物中的应用”。对于复方中药产品的新用途，可以写成“药物组合物 X 在制备治疗 Y 病中的应用”。例如：对于一种已知中成药，发现它具有戒鸦片毒瘾的作用，可以用该已知中成药的原料来描述其用途权利要求。如下述药物组合物在制备戒鸦片毒瘾的药物中的应用。

两面针 250 份　蝎子 50 份　曼陀罗花 150 份　大黄 45 份　制乌头 100 份　当归 20 份

白花蛇 100 份　牛黄 10 份　蜈蚣 65 份

上述份数均为重量份。

2. 授予中药专利权的必要条件　中国专利法规定了授予专利权的必要条件，即授予专利权的发明和实用新型应当具备新颖性、创造性和实用性。具体到中药新药研发过程中的专利授权条件如下。

（1）中药专利申请的新颖性审查　新颖性是指在申请日以前没有同样的发明或者实用新型在国内外出版物上公开发表过、在国内公开使用过或者以其他方式为公众所知，也没有同样的发明或者实用新型由他人向国务院专利行政部门提出过申请并且记载在申请日以后公布的申请文件中。中药专利申请的新颖性要求是在申请日以前的现有技术当中没有记载与专利申请完全相同的技术方案。如果记载相同的技术方案，该专利申请丧失新颖性。

（2）中药专利申请的创造性审查

1）中药产品专利申请的创造性判断　按照中药产品的组成可将其划分为多活性组分的复方产品和单活性组分的单方产品。对于中药的复方产品申请来说，大多数申请的产品是以本领域的常规技术工艺制成，而产品的医疗作用与生产该产品的原料配方组成有着密切的关系，原料组成这一重要的技术特征是大多数复方中药专利申请的发明点之所在。因此，在评价中药复方产品的创造性时，制备该产品的原料组成是决定性因素。

首先，中药复方产品的创造性判断分如下几种情况。

如果申请人所要求保护的产品，其原料组成是对现有方剂的改进，进行药味加减或替代，申请人应当提供可信性的对比实验数据或者对比疗效资料，说明这种改进与已有技术相比产生了何种意外的突出效果，其创造性才可以被确认。例如，现有技术中的生脉饮口服液用于治疗心悸、气短等心气虚证，如果在此基础上增加了黄芪，制成一种新的口服液，申请人应当有可信性的对比实验资料或者对比疗效资料，说明在现有技术的基础上增加黄芪之后，制成的新产品与已知的生脉饮口服液相比具有什么突出的意外效果。又如，一种清热解毒治疗咽喉肿痛的专利申请药物是由下述组分组成的口服液：银花 10 份、连翘 10 份、板蓝根 10 份、地丁 10 份。而现有技术当中记载了治疗相同疾病的药物是由下述组分制成的口服液：金银花 10 份、连翘 10 份、大青叶 10 份、蒲公英 10 份。两者在组方原则上是相同的，都是清热解毒，不同之处是以大青叶替换了板蓝根，以蒲公英替换了地丁，由于板蓝根和大青叶在清热解毒功效方面类似，地丁和蒲公英也是清热解毒作用相类似的药，所替换的药物在作用、在方剂中的地位及用量方面均没有实质性的差别，也没有产生意外的突出效果，因此这种替换属于本领域普通技术人员的一般性选择，发明与现有技术的药物相比在剂型、原料、方法方面不具备实质性区别，是不具备创造性的。再如，中药经典方调胃承气汤，由大黄 10g、芒硝 10g、甘草 6g 制成，功用是缓下热结，主治阳明病胃肠燥热；另一个经典方大陷胸汤，由大黄 10g、芒硝 10g、甘遂 1g 制成，功用是泄热逐水，主治结胸证。两者区别在于后者以甘遂替换了前者的甘草，但是这两个药是功用主治完全不同的药物，替换之后的药物在功用和主治方面已经有很大的区别，假设前者是现有技术，后者是专利申请的话，后者应当是具备创造性的。

如果专利申请要求保护的中药产品，其原料组成是现有方剂的相加组合，申请人应当以可信性的数据证明这种相加产生了协同增效作用或产生了新的医疗用途，其创造性才可以被确认。

如果一项专利申请的中药是以原料处方中各组分之间的相互配比为特征，申请人应当以可信性的对比数据或临床对比观察资料说明由于这种特殊的配比改变，使得形成的新产品产生了意外的突出效果或新的医疗用途，该产品才具备创造性。例如，小承气汤与厚朴三物汤均由大黄、

厚朴和枳实制成，但是两者的用量不同，小承气汤的用量为大黄12g、厚朴6g、枳实9g，以大黄为君药，功用轻下热结，主治阳明腑实证。而厚朴三物汤的用量为厚朴24g、大黄12g、枳实15g，功用消胀除满，主治腹满痛而大便秘者。假设前者作为现有技术，后者作为专利申请的话，后者则具有创造性。

如果专利申请的中药其组成是一种全新的配方，现有技术当中没有记载与之相近或类似的产品，这种全新的中药具备创造性。

如果一种中药由于制备方法的不同使得所制备的产品性能产生了意外的突出效果，这种方法制备的产品具备创造性。在此需要特别注意的是，首先这种产品要具备新颖性。也就是说，经过这种不同的制备方法生产出的产品，在产品的特征上应当有别于现有技术，如果是已知的产品，作为产品已经不具备新颖性，这种情况下只能获得方法专利。

其次，中药单方产品的创造性判断。

对于单方中药专利申请来说，如果一种物质（植物、动物、矿物等）在文献中从未有过记载，或者虽然记载过，但从未记载过具备药用作用，只要这种物质制成的中药具有诊断、治疗或预防疾病的作用，用这种物质制成的药物具备创造性。如果一项中药产品的专利申请是以一种从已知中药原料中提取的有效部位作为活性成分，且这种活性成分是新分离出来的过去未曾报道过的物质，由于和已有技术相比从该已知原料中分离出了新物质，只要申请人以可信性的药效资料证实了其医疗作用，该产品即具备创造性。

2）中药制备方法专利申请的创造性判断　对于已知产品（复方或单方）的制备方法，在生产过程中如果采用了不同于现有技术的炮制工艺、提取工艺、分离工艺或其他制剂工艺，可以是某一过程方法的改进，也可以是多步骤的改进，而且对于该方法的每一具体步骤来说，可能均属于常规方法，只要该专利申请的有益效果是由于工艺方法产生的，与现有技术相比有实质性区别或产生了意外的突出效果，这种方法就具备创造性。

对于所产生的有益效果来说分两种情况：①由于方法的改进给产品性能带来了改善，如增加了新用途，或者使得原来的疗效有所提高，或降低了不良反应，或延长了储存期，提高了纯度，改善了口感等。②给生产过程带来了改善，例如成本的降低、生产危险程度的降低、生产能耗的降低、原料资源的保护和利用、环境污染的降低、工艺的简化、质量控制的再现性提高等。

3）中药用途专利申请的创造性判断　关于用途创造性的判断，应当是与现有技术的对比，也就是说一种已知的产品过去没有这种用途，该用途也不能从其组成或现有技术当中轻易推导出来，专利申请给出了一种新用途，只要这种新用途是可信的，则被认为是与现有技术相比具备创造性。由于新用途发明的关键之处在于新的药理作用，因此这种申请对于药效资料的可信性要求比较严格。

（3）中药专利申请的实用性审查　实用性是指发明的客体必须能够在产业上制造或者使用，并且能够产生积极效果。授予专利权的发明必须是能够达到实际目的且能够应用的。

对于中药来说，发明一种药物应当是具有医疗作用的产品，能够再现性地达到其治疗目的，这种再现性包括了产品的再现性和医疗效果的再现性。如果所发明的产品疗效不固定，无再现性，不能达到其发明目的，则不具备实用性。由此可见，一种中药产品专利申请所发明的药物具备医疗效果是符合实用性的起码要求；而对于方法专利申请来说，该方法应当在产业上能够实施或使用；对于用途发明申请来说，该应用能够在产业上实现即可。

对于一件复方中药专利申请，如果现有技术当中没有记载与之相类似的药物，这种情况下需要证实该药物具有医疗效果，并且该药物能够工业化生产，其实用性才能够被确认。

对于单方中药专利申请来说，如果一种物质（植物、动物、矿物等）在文献中从未记载过，或者虽然记载过，但从未记载过具备药用作用，只要申请人以可信性的数据或临床资料证明用这种物质制成的中药具有诊断、治疗或预防疾病的作用，并且该药物能够进行工业化生产，用这种物质制成的药物具备实用性。

3. 中药新药研发过程中属于实用新型和外观设计专利保护的内容 在中药研发过程当中，鉴于方法或剂型的改进而伴随着发明了相应的器械、设备，可以就这些器械、设备申请实用新型专利。

对于药物产品的外包装，可以就其外部的图案设计、色彩等内容申请外观设计专利。

第三节 申请专利的时机

专利是对创制新药最直接的保护方式。根据《中华人民共和国专利法》，发明专利权的期限为 20 年，实用新型专利权的期限为 10 年，外观设计专利权的期限为 15 年，均自申请日起计算。由于专利保护具有时间性，所以申请专利的时机就格外重要。新药的研发周期较长，从研发开始到投入生产需要很长的一段时间，如果过早地申报专利，而产品还没有上市，等到产品上市时专利保护期限已经过去几年，相对的保护期限缩短，这对于发明人来说无疑是一种损失。而过多地考虑上述因素会导致技术内容泄密或者公开，使申请专利的时机丧失，损失更加惨重。因此，对于专利的申请要把握住时机。

一、申请专利与发表文章的时间关系

由于在 1985 年以前我国没有专利制度，科技工作者的发明创造一般都是将其发表于期刊等学术刊物上，或者申报科研成果奖，作为一种学术上的荣誉象征。但从专利制度上讲，如果发明人将其发明创造的技术内容（比如一种新药的配方和生产工艺等）公开发表，也就意味着发明人将其技术无条件地奉献给了社会，公众谁都可以使用，这种情况下由于该技术丧失了新颖性而不再具有被批准专利的可能性。因此，发明人在研发一种新药的同时，可以先不急于发表文章，以免丧失申请专利的时机。如果出于某种需要必须尽早发表文章的话，可以先申请专利，只要是在申请日之后的公开，均不影响专利申请的新颖性。

二、申请专利与技术鉴定或申报成果奖的时间关系

一般情况下，在新药研发过程当中，有时需要召开技术鉴定会，聘请一些有关方面的专家进行技术鉴定或者论证，并邀请一些新闻记者予以宣传。这种新闻媒介的宣传也属于一种公开，如果涉及该药物的配方及生产工艺等技术内容，同样会导致该药物及工艺专利申请的新颖性丧失。因此，技术鉴定会最好放在专利申请之后。如果在申请专利之前必须召开技术论证会或鉴定会，可以要求技术鉴定会的参加人员签署保密协议，并且不进行技术内容的新闻宣传。至于申报技术成果奖，一般也应先申请专利，这样可以避免技术内容的公开。

三、申请专利与申报药品注册证书的时间关系

药品注册证书是指国务院药品监督管理部门根据药品注册申请人的申请，依照法定程序对拟上市销售药品的安全性、有效性和质量可控性等进行系统综合审评，对于符合条件的药品所颁发的批准证明文件。当药品注册申请人取得药品注册证书后，成为药品上市许可持有人。至于申请

专利和申报药品注册证书应该谁在先谁在后，针对不同的具体情况应当区别对待。一般情况下，在新药研发的过程当中，一旦在药效上或工艺上有较为理想的结果，能够作为药物使用，即可以申请专利，而不需要等待其毒理、临床、质量标准等研究工作全部完成以后再申请专利。从这一点上来说，可以先申请专利保护，等待其他一系列实验或临床数据完善后再申报药品注册证书。这样做的优点是首先在法律上对该技术内容取得保护，而防止以后的技术泄密或仿制。但由于药品注册证书从申报到正式批准要进行动物实验、临床观察、专家评审等过程，需要一定的时间。这段时间即使取得了专利权，但由于没有实施生产，没有带来经济效益，而专利权的期限已经过去几年（专利权期限从申请日开始算起），对于申请人来说专利权保护期限内实际获益的时间不到 20 年，相对来说等于缩短了保护期限，这对于申请人来说是一种损失。

避免这种缺陷的办法就是先申报药品注册证书，等待药品注册证书批准之后再申请专利。这样把申请专利的时间（也就是申请日）向后推迟一段时间，等于实际获益期间受保护的时间增加了。当然，这也不是绝对的优选办法。一方面增加了非新药审批人员技术泄密（如参加研究人员、合作单位等）的可能性；另一方面也不能排除这样一种可能性，即其他研究机构或人员进行着同样的研究工作，并且抢先就相同的技术方案向专利局申请了专利。因此，要想获得更多的实际获益保护期限是要冒一定风险的。具体是先申请专利还是先申报药品注册证书，还是两者同时申请，这需要发明人权衡利弊和考虑其技术内容的保密程度而谨慎选择。但无论怎样选择时间，如果在药品注册证书审批过程中或批准之后因某种需要而有公开程序，都必须在该公开日之前先申请专利，避免丧失申请专利的机会。

四、申请专利与技术转让的时间关系

有相当一部分发明人（特别是非职务发明）在研发出一种新药后，自己不具备实施生产的能力，需要通过技术转让的方式转让给生产厂家。在这种情况下，一般是先申请专利再进行转让。这样做的优点是有了专利保护，专利权人就不必担心别人了解其配方和工艺后仿造其产品，在技术转让谈判过程中可以放心地公开其配方和工艺，占据主动权，而且具有专利保护的新药其价值含量更高。从生产厂家的角度来说，也希望得到具有专利保护的产品，这样在将来的生产过程中可避免侵权的发生，垄断产品市场。

综上所述，申请专利的时机不能一概而论，什么方案最佳，需要根据实际情况，具体问题具体分析。

主要参考书目

［1］程怡，傅超美．制药辅料与药品包装．北京：人民卫生出版社，2014.

［2］谢秀琼．中药新制剂开发与应用．北京：人民卫生出版社，2009.

［3］约翰·Ⅰ．加林，费雷德里克·P. 奥格尼本．临床研究原理与实践．2 版．张玉峰，高丽逊，黄碧宏，等译．北京：科学出版社，2008.

［4］赖世隆．中药临床试验．广州：广东人民出版社，2001.

［5］皮安泰斗斯·史蒂芬．临床试验：方法学探究．2 版．李国庆，高晨燕，黄钦，等译．北京：中国医药科技出版社，2012.

［6］田少雷，邵庆翔．药物临床试验与 GCP 实用指南．2 版．北京：北京大学医学出版社，2010.

全国中医药行业高等教育“十四五”规划教材

全国高等中医药院校规划教材（第十一版）

教材目录

注：凡标☆号者为“核心示范教材”。

（一）中医学类专业

序号	书　名	主　编		主编所在单位	
1	中国医学史	郭宏伟	徐江雁	黑龙江中医药大学	河南中医药大学
2	医古文	王育林	李亚军	北京中医药大学	陕西中医药大学
3	大学语文	黄作阵		北京中医药大学	
4	中医基础理论☆	郑洪新	杨　柱	辽宁中医药大学	贵州中医药大学
5	中医诊断学☆	李灿东	方朝义	福建中医药大学	河北中医药大学
6	中药学☆	钟赣生	杨柏灿	北京中医药大学	上海中医药大学
7	方剂学☆	李　冀	左铮云	黑龙江中医药大学	江西中医药大学
8	内经选读☆	翟双庆	黎敬波	北京中医药大学	广州中医药大学
9	伤寒论选读☆	王庆国	周春祥	北京中医药大学	南京中医药大学
10	金匮要略☆	范永升	姜德友	浙江中医药大学	黑龙江中医药大学
11	温病学☆	谷晓红	马　健	北京中医药大学	南京中医药大学
12	中医内科学☆	吴勉华	石　岩	南京中医药大学	辽宁中医药大学
13	中医外科学☆	陈红风		上海中医药大学	
14	中医妇科学☆	冯晓玲	张婷婷	黑龙江中医药大学	上海中医药大学
15	中医儿科学☆	赵　霞	李新民	南京中医药大学	天津中医药大学
16	中医骨伤科学☆	黄桂成	王拥军	南京中医药大学	上海中医药大学
17	中医眼科学	彭清华		湖南中医药大学	
18	中医耳鼻咽喉科学	刘　蓬		广州中医药大学	
19	中医急诊学☆	刘清泉	方邦江	首都医科大学	上海中医药大学
20	中医各家学说☆	尚　力	戴　铭	上海中医药大学	广西中医药大学
21	针灸学☆	梁繁荣	王　华	成都中医药大学	湖北中医药大学
22	推拿学☆	房　敏	王金贵	上海中医药大学	天津中医药大学
23	中医养生学	马烈光	章德林	成都中医药大学	江西中医药大学
24	中医药膳学	谢梦洲	朱天民	湖南中医药大学	成都中医药大学
25	中医食疗学	施洪飞	方　泓	南京中医药大学	上海中医药大学
26	中医气功学	章文春	魏玉龙	江西中医药大学	北京中医药大学
27	细胞生物学	赵宗江	高碧珍	北京中医药大学	福建中医药大学

序号	书　名	主　编		主编所在单位	
28	人体解剖学	邵水金		上海中医药大学	
29	组织学与胚胎学	周忠光	汪　涛	黑龙江中医药大学	天津中医药大学
30	生物化学	唐炳华		北京中医药大学	
31	生理学	赵铁建	朱大诚	广西中医药大学	江西中医药大学
32	病理学	刘春英	高维娟	辽宁中医药大学	河北中医药大学
33	免疫学基础与病原生物学	袁嘉丽	刘永琦	云南中医药大学	甘肃中医药大学
34	预防医学	史周华		山东中医药大学	
35	药理学	张硕峰	方晓艳	北京中医药大学	河南中医药大学
36	诊断学	詹华奎		成都中医药大学	
37	医学影像学	侯　键	许茂盛	成都中医药大学	浙江中医药大学
38	内科学	潘　涛	戴爱国	南京中医药大学	湖南中医药大学
39	外科学	谢建兴		广州中医药大学	
40	中西医文献检索	林丹红	孙　玲	福建中医药大学	湖北中医药大学
41	中医疫病学	张伯礼	吕文亮	天津中医药大学	湖北中医药大学
42	中医文化学	张其成	臧守虎	北京中医药大学	山东中医药大学
43	中医文献学	陈仁寿	宋咏梅	南京中医药大学	山东中医药大学
44	医学伦理学	崔瑞兰	赵　丽	山东中医药大学	北京中医药大学
45	医学生物学	詹秀琴	许　勇	南京中医药大学	成都中医药大学
46	中医全科医学概论	郭　栋	严小军	山东中医药大学	江西中医药大学
47	卫生统计学	魏高文	徐　刚	湖南中医药大学	江西中医药大学
48	中医老年病学	王　飞	张学智	成都中医药大学	北京大学医学部
49	医学遗传学	赵丕文	卫爱武	北京中医药大学	河南中医药大学
50	针刀医学	郭长青		北京中医药大学	
51	腧穴解剖学	邵水金		上海中医药大学	
52	神经解剖学	孙红梅	申国明	北京中医药大学	安徽中医药大学
53	医学免疫学	高永翔	刘永琦	成都中医药大学	甘肃中医药大学
54	神经定位诊断学	王东岩		黑龙江中医药大学	
55	中医运气学	苏　颖		长春中医药大学	
56	实验动物学	苗明三	王春田	河南中医药大学	辽宁中医药大学
57	中医医案学	姜德友	方祝元	黑龙江中医药大学	南京中医药大学
58	分子生物学	唐炳华	郑晓珂	北京中医药大学	河南中医药大学

（二）针灸推拿学专业

序号	书　名	主　编		主编所在单位	
59	局部解剖学	姜国华	李义凯	黑龙江中医药大学	南方医科大学
60	经络腧穴学☆	沈雪勇	刘存志	上海中医药大学	北京中医药大学
61	刺法灸法学☆	王富春	岳增辉	长春中医药大学	湖南中医药大学
62	针灸治疗学☆	高树中	冀来喜	山东中医药大学	山西中医药大学
63	各家针灸学说	高希言	王　威	河南中医药大学	辽宁中医药大学
64	针灸医籍选读	常小荣	张建斌	湖南中医药大学	南京中医药大学
65	实验针灸学	郭　义		天津中医药大学	

序号	书　名	主　编	主编所在单位
66	推拿手法学☆	周运峰	河南中医药大学
67	推拿功法学☆	吕立江	浙江中医药大学
68	推拿治疗学☆	井夫杰　杨永刚	山东中医药大学　长春中医药大学
69	小儿推拿学	刘明军　邰先桃	长春中医药大学　云南中医药大学

（三）中西医临床医学专业

序号	书　名	主　编	主编所在单位
70	中外医学史	王振国　徐建云	山东中医药大学　南京中医药大学
71	中西医结合内科学	陈志强　杨文明	河北中医药大学　安徽中医药大学
72	中西医结合外科学	何清湖	湖南中医药大学
73	中西医结合妇产科学	杜惠兰	河北中医药大学
74	中西医结合儿科学	王雪峰　郑　健	辽宁中医药大学　福建中医药大学
75	中西医结合骨伤科学	詹红生　刘　军	上海中医药大学　广州中医药大学
76	中西医结合眼科学	段俊国　毕宏生	成都中医药大学　山东中医药大学
77	中西医结合耳鼻咽喉科学	张勤修　陈文勇	成都中医药大学　广州中医药大学
78	中西医结合口腔科学	谭　劲	湖南中医药大学
79	中药学	周祯祥　吴庆光	湖北中医药大学　广州中医药大学
80	中医基础理论	战丽彬　章文春	辽宁中医药大学　江西中医药大学
81	针灸推拿学	梁繁荣　刘明军	成都中医药大学　长春中医药大学
82	方剂学	李　冀　季旭明	黑龙江中医药大学　浙江中医药大学
83	医学心理学	李光英　张　斌	长春中医药大学　湖南中医药大学
84	中西医结合皮肤性病学	李　斌　陈达灿	上海中医药大学　广州中医药大学
85	诊断学	詹华奎　刘　潜	成都中医药大学　江西中医药大学
86	系统解剖学	武煜明　李新华	云南中医药大学　湖南中医药大学
87	生物化学	施　红　贾连群	福建中医药大学　辽宁中医药大学
88	中西医结合急救医学	方邦江　刘清泉	上海中医药大学　首都医科大学
89	中西医结合肛肠病学	何永恒	湖南中医药大学
90	生理学	朱大诚　徐　颖	江西中医药大学　上海中医药大学
91	病理学	刘春英　姜希娟	辽宁中医药大学　天津中医药大学
92	中西医结合肿瘤学	程海波　贾立群	南京中医药大学　北京中医药大学
93	中西医结合传染病学	李素云　孙克伟	河南中医药大学　湖南中医药大学

（四）中药学类专业

序号	书　名	主　编	主编所在单位
94	中医学基础	陈　晶　程海波	黑龙江中医药大学　南京中医药大学
95	高等数学	李秀昌　邵建华	长春中医药大学　上海中医药大学
96	中医药统计学	何　雁	江西中医药大学
97	物理学	章新友　侯俊玲	江西中医药大学　北京中医药大学
98	无机化学	杨怀霞　吴培云	河南中医药大学　安徽中医药大学
99	有机化学	林　辉	广州中医药大学
100	分析化学（上）（化学分析）	张　凌	江西中医药大学

序号	书　名	主　编		主编所在单位	
101	分析化学（下）（仪器分析）	王淑美		广东药科大学	
102	物理化学	刘　雄	王颖莉	甘肃中医药大学	山西中医药大学
103	临床中药学☆	周祯祥	唐德才	湖北中医药大学	南京中医药大学
104	方剂学	贾　波	许二平	成都中医药大学	河南中医药大学
105	中药药剂学☆	杨　明		江西中医药大学	
106	中药鉴定学☆	康廷国	闫永红	辽宁中医药大学	北京中医药大学
107	中药药理学☆	彭　成		成都中医药大学	
108	中药拉丁语	李　峰	马　琳	山东中医药大学	天津中医药大学
109	药用植物学☆	刘春生	谷　巍	北京中医药大学	南京中医药大学
110	中药炮制学☆	钟凌云		江西中医药大学	
111	中药分析学☆	梁生旺	张　彤	广东药科大学	上海中医药大学
112	中药化学☆	匡海学	冯卫生	黑龙江中医药大学	河南中医药大学
113	中药制药工程原理与设备	周长征		山东中医药大学	
114	药事管理学☆	刘红宁		江西中医药大学	
115	本草典籍选读	彭代银	陈仁寿	安徽中医药大学	南京中医药大学
116	中药制药分离工程	朱卫丰		江西中医药大学	
117	中药制药设备与车间设计	李　正		天津中医药大学	
118	药用植物栽培学	张永清		山东中医药大学	
119	中药资源学	马云桐		成都中医药大学	
120	中药产品与开发	孟宪生		辽宁中医药大学	
121	中药加工与炮制学	王秋红		广东药科大学	
122	人体形态学	武煜明	游言文	云南中医药大学	河南中医药大学
123	生理学基础	于远望		陕西中医药大学	
124	病理学基础	王　谦		北京中医药大学	
125	解剖生理学	李新华	于远望	湖南中医药大学	陕西中医药大学
126	微生物学与免疫学	袁嘉丽	刘永琦	云南中医药大学	甘肃中医药大学
127	线性代数	李秀昌		长春中医药大学	
128	中药新药研发学	张永萍	王利胜	贵州中医药大学	广州中医药大学
129	中药安全与合理应用导论	张　冰		北京中医药大学	
130	中药商品学	闫永红	蒋桂华	北京中医药大学	成都中医药大学

（五）药学类专业

序号	书　名	主　编		主编所在单位	
131	药用高分子材料学	刘　文		贵州医科大学	
132	中成药学	张金莲	陈　军	江西中医药大学	南京中医药大学
133	制药工艺学	王　沛	赵　鹏	长春中医药大学	陕西中医药大学
134	生物药剂学与药物动力学	龚慕辛	贺福元	首都医科大学	湖南中医药大学
135	生药学	王喜军	陈随清	黑龙江中医药大学	河南中医药大学
136	药学文献检索	章新友	黄必胜	江西中医药大学	湖北中医药大学
137	天然药物化学	邱　峰	廖尚高	天津中医药大学	贵州医科大学
138	药物合成反应	李念光	方　方	南京中医药大学	安徽中医药大学

序号	书名	主编		主编所在单位	
139	分子生药学	刘春生	袁 媛	北京中医药大学	中国中医科学院
140	药用辅料学	王世宇	关志宇	成都中医药大学	江西中医药大学
141	物理药剂学	吴 清		北京中医药大学	
142	药剂学	李范珠	冯年平	浙江中医药大学	上海中医药大学
143	药物分析	俞 捷	姚卫峰	云南中医药大学	南京中医药大学

（六）护理学专业

序号	书名	主编		主编所在单位	
144	中医护理学基础	徐桂华	胡 慧	南京中医药大学	湖北中医药大学
145	护理学导论	穆 欣	马小琴	黑龙江中医药大学	浙江中医药大学
146	护理学基础	杨巧菊		河南中医药大学	
147	护理专业英语	刘红霞	刘 娅	北京中医药大学	湖北中医药大学
148	护理美学	余雨枫		成都中医药大学	
149	健康评估	阚丽君	张玉芳	黑龙江中医药大学	山东中医药大学
150	护理心理学	郝玉芳		北京中医药大学	
151	护理伦理学	崔瑞兰		山东中医药大学	
152	内科护理学	陈 燕	孙志岭	湖南中医药大学	南京中医药大学
153	外科护理学	陆静波	蔡恩丽	上海中医药大学	云南中医药大学
154	妇产科护理学	冯 进	王丽芹	湖南中医药大学	黑龙江中医药大学
155	儿科护理学	肖洪玲	陈偶英	安徽中医药大学	湖南中医药大学
156	五官科护理学	喻京生		湖南中医药大学	
157	老年护理学	王 燕	高 静	天津中医药大学	成都中医药大学
158	急救护理学	吕 静	卢根娣	长春中医药大学	上海中医药大学
159	康复护理学	陈锦秀	汤继芹	福建中医药大学	山东中医药大学
160	社区护理学	沈翠珍	王诗源	浙江中医药大学	山东中医药大学
161	中医临床护理学	裘秀月	刘建军	浙江中医药大学	江西中医药大学
162	护理管理学	全小明	柏亚妹	广州中医药大学	南京中医药大学
163	医学营养学	聂 宏	李艳玲	黑龙江中医药大学	天津中医药大学
164	安宁疗护	邸淑珍	陆静波	河北中医药大学	上海中医药大学
165	护理健康教育	王 芳		成都中医药大学	
166	护理教育学	聂 宏	杨巧菊	黑龙江中医药大学	河南中医药大学

（七）公共课

序号	书名	主编		主编所在单位	
167	中医学概论	储全根	胡志希	安徽中医药大学	湖南中医药大学
168	传统体育	吴志坤	邵玉萍	上海中医药大学	湖北中医药大学
169	科研思路与方法	刘 涛	商洪才	南京中医药大学	北京中医药大学
170	大学生职业发展规划	石作荣	李 玮	山东中医药大学	北京中医药大学
171	大学计算机基础教程	叶 青		江西中医药大学	
172	大学生就业指导	曹世奎	张光霁	长春中医药大学	浙江中医药大学

序号	书　名	主　编	主编所在单位	
173	医患沟通技能	王自润　殷　越	大同大学	黑龙江中医药大学
174	基础医学概论	刘黎青　朱大诚	山东中医药大学	江西中医药大学
175	国学经典导读	胡　真　王明强	湖北中医药大学	南京中医药大学
176	临床医学概论	潘　涛　付　滨	南京中医药大学	天津中医药大学
177	Visual Basic 程序设计教程	闫朝升　曹　慧	黑龙江中医药大学	山东中医药大学
178	SPSS 统计分析教程	刘仁权	北京中医药大学	
179	医学图形图像处理	章新友　孟昭鹏	江西中医药大学	天津中医药大学
180	医药数据库系统原理与应用	杜建强　胡孔法	江西中医药大学	南京中医药大学
181	医药数据管理与可视化分析	马星光	北京中医药大学	
182	中医药统计学与软件应用	史周华　何　雁	山东中医药大学	江西中医药大学

（八）中医骨伤科学专业

序号	书　名	主　编	主编所在单位	
183	中医骨伤科学基础	李　楠　李　刚	福建中医药大学	山东中医药大学
184	骨伤解剖学	侯德才　姜国华	辽宁中医药大学	黑龙江中医药大学
185	骨伤影像学	栾金红　郭会利	黑龙江中医药大学	河南中医药大学洛阳平乐正骨学院
186	中医正骨学	冷向阳　马　勇	长春中医药大学	南京中医药大学
187	中医筋伤学	周红海　于　栋	广西中医药大学	北京中医药大学
188	中医骨病学	徐展望　郑福增	山东中医药大学	河南中医药大学
189	创伤急救学	毕荣修　李无阴	山东中医药大学	河南中医药大学洛阳平乐正骨学院
190	骨伤手术学	童培建　曾意荣	浙江中医药大学	广州中医药大学

（九）中医养生学专业

序号	书　名	主　编	主编所在单位	
191	中医养生文献学	蒋力生　王　平	江西中医药大学	湖北中医药大学
192	中医治未病学概论	陈涤平	南京中医药大学	
193	中医饮食养生学	方　泓	上海中医药大学	
194	中医养生方法技术学	顾一煌　王金贵	南京中医药大学	天津中医药大学
195	中医养生学导论	马烈光　樊　旭	成都中医药大学	辽宁中医药大学
196	中医运动养生学	章文春　邬建卫	江西中医药大学	成都中医药大学

（十）管理学类专业

序号	书　名	主　编	主编所在单位	
197	卫生法学	田　侃　冯秀云	南京中医药大学	山东中医药大学
198	社会医学	王素珍　杨　义	江西中医药大学	成都中医药大学
199	管理学基础	徐爱军	南京中医药大学	
200	卫生经济学	陈永成　欧阳静	江西中医药大学	陕西中医药大学
201	医院管理学	王志伟　翟理祥	北京中医药大学	广东药科大学
202	医药人力资源管理	曹世奎	长春中医药大学	
203	公共关系学	关晓光	黑龙江中医药大学	

序号	书　名	主　编	主编所在单位
204	卫生管理学	乔学斌　王长青	南京中医药大学　南京医科大学
205	管理心理学	刘鲁蓉　曾　智	成都中医药大学　南京中医药大学
206	医药商品学	徐　晶	辽宁中医药大学

（十一）康复医学类专业

序号	书　名	主　编	主编所在单位
207	中医康复学	王瑞辉　冯晓东	陕西中医药大学　河南中医药大学
208	康复评定学	张　泓　陶　静	湖南中医药大学　福建中医药大学
209	临床康复学	朱路文　公维军	黑龙江中医药大学　首都医科大学
210	康复医学导论	唐　强　严兴科	黑龙江中医药大学　甘肃中医药大学
211	言语治疗学	汤继芹	山东中医药大学
212	康复医学	张　宏　苏友新	上海中医药大学　福建中医药大学
213	运动医学	潘华山　王　艳	广东潮州卫生健康职业学院　黑龙江中医药大学
214	作业治疗学	胡　军　艾　坤	上海中医药大学　湖南中医药大学
215	物理治疗学	金荣疆　王　磊	成都中医药大学　南京中医药大学